AF551813

EUL
VERLAG

Rechnungslegung und Wirtschaftsprüfung

Herausgegeben von Prof. (em.) Dr. Dr. h. c. Jörg Baetge, Münster, Prof. Dr. Hans-Jürgen Kirsch, Münster, und Prof. Dr. Stefan Thiele, Wuppertal

Band 55
Torsten Moser
Einflussfaktoren auf den Bilanzansatz selbst geschaffener immaterieller Güter nach dem BilMoG – Eine empirische Untersuchung zum Aktivierungsverhalten deutscher Unternehmen
Lohmar – Köln 2015 ◆ 324 S. ◆ € 62,- (D) ◆ ISBN 978-3-8441-0431-8

Band 56
Ilka Lappenküper
Anteile an anderen Unternehmen im IFRS-Konzernanhang – Eine empirische Analyse der Informationsbedürfnisse von Kapitalmarktexperten gemäß IFRS 12
Lohmar – Köln 2016 ◆ 308 S. ◆ € 59,- (D) ◆ ISBN 978-3-8441-0461-5

Band 57
David Sonius
Dynamik von Unternehmenskrisen – Eine empirische Untersuchung zur Reaktion von Kreditinstituten und Krisenunternehmen im Vorfeld des manifesten Krisenstadiums
Lohmar – Köln 2016 ◆ 328 S. ◆ € 68,- (D) ◆ ISBN 978-3-8441-0470-7

Band 58
Alois Panzer
Statusändernde Anteilsveräußerungen im IFRS-Konzernabschluss – Eine fallübergreifende Untersuchung der Regelungen zur Übergangskonsolidierung
Lohmar – Köln 2016 ◆ 308 S. ◆ € 66,- (D) ◆ ISBN 978-3-8441-0473-8

Band 59
Thorsten Ohliger
Berücksichtigung nichtlinearer Zusammenhänge bei der Insolvenzprognose – Eine empirische Untersuchung unter Verwendung Generalisierter Additiver Modelle
Lohmar – Köln 2016 ◆ 324 S. ◆ € 68,- (D) ◆ ISBN 978-3-8441-0474-5

JOSEF EUL VERLAG

Reihe: Rechnungslegung und Wirtschaftsprüfung · Band 59

Herausgegeben von Prof. (em.) Dr. Dr. h. c. Jörg Baetge, Münster, Prof. Dr. Hans-Jürgen Kirsch, Münster, und Prof. Dr. Stefan Thiele, Wuppertal

Dr. Thorsten Ohliger

Berücksichtigung nichtlinearer Zusammenhänge bei der Insolvenzprognose

Eine empirische Untersuchung unter Verwendung Generalisierter Additiver Modelle

Mit einem Geleitwort von Prof. Dr. Stefan Thiele, Bergische Universität Wuppertal

Bibliografische Information der Deutschen Nationalbibliothek

Die Deutsche Nationalbibliothek verzeichnet diese Publikation in der Deutschen Nationalbibliografie; detaillierte bibliografische Daten sind im Internet über <http://dnb.d-nb.de> abrufbar.

Dissertation, Bergische Universität Wuppertal, 2016

ISBN 978-3-8441-0474-5
1. Auflage August 2016

JOSEF EUL VERLAG GmbH
Brandsberg 6
53797 Lohmar
Tel.: 0 22 05 / 90 10 6-6
Fax: 0 22 05 / 90 10 6-88
E-Mail: info@eul-verlag.de
http://www.eul-verlag.de

Bei der Herstellung unserer Bücher möchten wir die Umwelt schonen. Dieses Buch ist daher auf säurefreiem, 100% chlorfrei gebleichtem, alterungsbeständigem Papier nach DIN 6738 gedruckt.

Geleitwort

Seit jeher wird versucht, aus Jahresabschlüssen von Unternehmen Erkenntnisse über deren weitere wirtschaftliche Entwicklung zu gewinnen. Besonders bedeutsam ist dabei die Prognose von Unternehmensinsolvenzen. Die klassischen Arbeiten, die deskriptiv Kennzahlenunterschiede zwischen solventen und insolventen Unternehmen analysieren, ermöglichen noch keine Prognose. Eine Prognose ist erst durch die Verwendung ökonometrischer Verfahren möglich. Solche ökonometrischen Verfahren wurden erstmals von Beaver (1966) und Altman (1968) untersucht. Seitdem sind in zahlreichen Arbeiten diverse ökonometrische Methoden verwendet worden. Abgesehen von künstlichen neuronalen Netzen, bei denen allerdings Transparenzdefizite bestehen, wurden dabei bislang nur lineare Zusammenhänge zwischen Kennzahlenwerten und Insolvenzwahrscheinlichkeit abgebildet. Nichtlineare Zusammenhänge sind indes ökonomisch plausibel, und erste Untersuchungen anhand klassifizierter Daten geben Hinweise auf die Existenz solcher Zusammenhänge.

Vor diesem Hintergrund untersucht Herr Ohliger, welche nichtlinearen Zusammenhänge zwischen den metrischen Ausgangskennzahlen und der Insolvenzwahrscheinlichkeit bestehen. Die Untersuchung ist empirischer Natur und basiert auf einem umfangreichen Datensatz deutscher Unternehmen. Herr Ohliger schätzt die Insolvenzwahrscheinlichkeit erstmals mit Hilfe Generalisierter Additiver Modelle und vergleicht diese Ergebnisse mit Schätzungen auf der Basis Generalisierter Linearer Modelle. Beide eingesetzten Modelle unterscheiden sich allein dadurch, dass bei Generalisierten Additiven Modellen die Linearitätsannahme aufgehoben ist. Dadurch kann der Effekt aus der Berücksichtigung nichtlinearer Zusammenhänge eindeutig separiert werden. Die vorliegende Untersuchung zeichnet sich ferner durch eine umfangreiche Datenaufbereitung aus, so dass strukturelle Verzerrungen auszuschließen sind. Hervorzuheben ist darüber hinaus, dass Brancheneffekte eliminiert worden sind und beim

Gütevergleich der Verfahren die ökonomisch relevanten Klassifikationskosten berücksichtigt worden sind.

Im Ergebnis gelingt es Herrn Ohliger zu zeigen, dass nichtlineare Zusammenhänge nicht nur aus ökonomischer Sicht zu erwarten, sondern auch tatsächlich vorhanden sind. Außerdem erbringt Herr Ohliger den Beleg dafür, dass sich die Prognosegüte verbessern lässt, indem diese Nichtlinearitäten in Regressionsmodellen abgebildet werden. Die vorliegende Untersuchung ist damit wissenschaftlich hochrelevant. Aber auch für die Praxis liefert Herr Ohliger wichtige Erkenntnisse: Die Untersuchung zeigt, wie Unternehmen ihr Kreditrisiko durch die Berücksichtigung nichtlinearer Zusammenhänge besser schätzen können, ohne dass das Modell die notwendige Interpretierbarkeit verliert. Dieser Aspekt gewinnt auch durch die steigende Beachtung des Modellrisikos durch die Bankenaufsicht an Bedeutung. Sowohl Wissenschaftler als auch Praktiker sollten daher die bemerkenswerten Ergebnisse der Untersuchung von Herrn Ohliger beachten.

Wuppertal, im Juli 2016 Prof. Dr. Stefan Thiele

Vorwort

Die vorliegende Arbeit entstand während meiner Tätigkeit am Lehrstuhl für Wirtschaftsprüfung und Rechnungslegung sowie am Lehrstuhl für Controlling an der Bergischen Universität Wuppertal. Den erfolgreichen Abschluss der Arbeit habe ich der Hilfe und der Unterstützung besonderer Menschen zu verdanken. Ihnen möchte ich hiermit besonders danken.

Meinem Doktorvater Prof. Dr. Stefan Thiele danke ich für die Möglichkeit zur Promotion und dafür, dass er mich stets zu einer strukturierten und problemorientierten Arbeitsweise ermuntert hat. Meinem Zweitprüfer Prof. Dr. Nils Crasselt danke ich für die unermüdliche Unterstützung der Arbeit. Ich konnte mich jederzeit mit Fragen und Problemen an ihn wenden. Aufgrund seiner herzlichen Art nahm ich seine Hilfe häufig in Anspruch, weshalb ich ihm ebenfalls für seine Geduld danke. Herrn Prof. (em.) Dr. Gerhard Arminger danke ich für die Unterstützung und Beurteilung der Arbeit hinsichtlich ökonometrischer Aspekte.

Meinen ehemaligen Kolleginnen und Kollegen an der Universität Wuppertal danke ich für die wertvolle Hilfc und die Anregungen zu meiner Arbeit. Von größerer Bedeutung ist allerdings, dass sie die Zeit an den Lehrstühlen durch die freundschaftliche Zusammenarbeit so unvergesslich gemacht haben. Namentlich hervorzuheben sind dabei Torben Engelmeyer, Henric Fründ, Matthias Hilser, Tobias Kahn, Nina Kalhöfer, Ulf Kühle, Sascha Lambeck, Michael Langer, Anja Lankes, Christian Lohmann, Martin Meermeyer, Sophie Meyer, Helene Nickel, Jan Pick, Rebekka Pohlmann, Sarah Schalwat, Florian Steinbach, Mathias Turowski, Simon Werker und Jana Wies.

Meine Freundin Daijana Supper hat mir insbesondere während der stressigen Schlussphase der Arbeit Ruhe und Kraft gegeben. Dafür danke ich ihr herzlich. Ebenso danke ich meiner gesamten Familie für ihren Rückhalt.

Meinen Eltern Frank und Birgit Ohliger verdanke ich indes mehr als allen anderen. Sie unterstützen mich uneingeschränkt und liebevoll auf meinem bisherigen Lebensweg. Sie erinnerten mich auch in den stressigen Phasen daran, dass es im Leben weitaus bedeutsamere Dinge als die Arbeit an einer Dissertation gibt.

Diese Arbeit sei deshalb meinen Eltern zum Dank gewidmet.

Solingen, im Juli 2016 Thorsten Ohliger

Inhaltsverzeichnis

Abbildungsverzeichnis

Tabellenverzeichnis

Abkürzungsverzeichnis

Abb.	Abbildung
abs.	absolut
Abs.	Absatz
Abschr.	Abschreibungen
a. F.	alte Fassung
AG	Aktiengesellschaft
AH	Arbeitshypothese
AIC	Akaike-Informationskriterium
AktG	Aktiengesetz
AM	Additives Modell
AR	accuracy ratio
AUC	area under curve
Aufl.	Auflage
BaFin	Bundesanstalt für Finanzdienstleistungsaufsicht
BCBS	Basel Committee on Banking Supervision
Begr./begr.	Begründer/begründet
BIC	Bayesianisches Informationskriterium
BIS	Bank for International Settlements
BilMoG	Bilanzrechtsmodernisierungsgesetz
BRD	Bundesrepublik Deutschland
B-Spline	Basic-Spline
bspw.	beispielsweise
BvD	Bureau van Dijk Electronic Publishing
bzgl.	bezüglich
bzw.	beziehungsweise

ca.	circa
CAP	cumulative accuracy curve
CaR	credit at risk
c. p.	ceteris paribus
CRD	capital requirements directive
CRR	capital requirements regulation
CV	cross validation
CVaR	credit value at risk
DBW	Die Betriebswirtschaft (Zeitschrift)
d. h.	das heißt
EAD	exposure at default
ebd.	ebenda
edf	equivalent degrees of freedom
eG	eingetragene Genossenschaft
EKQ	Eigenkapitalquote
EL	expected loss
engl.	englisch
ETF	exchange traded funds
EU	Europäische Union
FA	Finanzanlagen
FMStG	Finanzmarktstabilisierungsgesetz
G10	Group of Ten
GAM	Generalisierte(s) Additive(s) Modell(e)
GbR	Gesellschaft bürgerlichen Rechts
GCV	generalized cross validation
ggf.	gegebenenfalls
ggü.	gegenüber
GLM	Generalisierte(s) Lineare(s) Modell(e)
GLMM	Gemischte(s) Generalisierte(s) Lineare(s) Modell(e)
GmbH	Gesellschaft mit beschränkter Haftung
GuV	Gewinn- und Verlustrechnung
HGB	Handelsgesetzbuch
hrsg. v.	herausgegeben von

i. d. R.	in der Regel
InsO	Insolvenzordnung
IRB	internal ratings-based
IRBA	internal ratings-based advanced
IS	Iterationsschritte
i. S. (d.)	im Sinne (der/des)
IV	Intervall
i. V. m.	in Verbindung mit
Jr.	Junior
JÜ	Jahresüberschuss
Kat.	Kategorie
KG	Kommanditgesellschaft
KGaA	Kommanditgesellschaft auf Aktien
KL	Kreditlinie(n)
KLF	Kreditlinienfaktor
KNN	Künstlich Neuronale Netze
Koef.	Koeffizient
KQ	Kleinste-Quadrate
KStG	Körperschaftsteuergesetz
KV	Kreditvolumen
KWG	Kreditwesengesetz
LDM	lineare Diskriminanzanalyse
LGD	loss given default
LMU	Ludwig-Maximilians-Universität
LR	leverage ratio
LR-Test	Likelihood-Ratio-Test
LuL	Lieferungen und Leistungen
LWM	Lineares Wahrscheinlichkeitsmodell
M	maturity
MaRisk	Mindestanforderungen an das Risikomanagement
Mio.	Millionen
ML	Maximum-Likelihood
Mrd.	Milliarden

Nr.	Nummer
o. Ä.	oder Ähnliches
o. Ab.	oberer Abschnitt
o. J.	ohne Jahresangabe
o. g.	oben genannte(n)
OHG	offene Handelsgesellschaft
OVB	omitted variable bias
PD	probability of default
PG	Prüfgröße
PKQ	penalisierte Kleinste-Quadrate
PKW	Personenkraftwagen
ROC	receiver operating characteristic curve
Ph. D.	doctor of philosophy
P-IRLS	penalized iteratively re-weighted least squares
P-Spline	penalisierter Spline
p-value	probability value
rel.	relativ
RMIT	Royal Melbourne Institute of Technology
ROI	return on investment
RR	recovery rate
RW	Risikogewicht
S.	Seite
SBR	Schmalenbach Business Review (Zeitschrift)
SD	standard deviation
SE	Sensitivität
SF	Standardfehler
SFB	Sonderforschungsbereich
sog.	sogenannte/sogenannter/sogenannten
SolvV	Solvabilitätsverordnung
SP	Spezifität
SSRN	social science research network
Tab.	Tabelle
TP	truncated power series

TU	Technische Universität
Tz.	Textziffer
u.	und
u. a.	und andere
u. Ab.	unterer Abschnitt
UBRE	un-biased risk estimator
UL	unexpected loss
UV	Umlaufvermögen
VaR	value at risk
VG	Vermögensgegenstände
vgl.	vergleiche
VIF	Varianz-Inflations-Faktor
WZ	Wirtschaftszweig
z. B.	zum Beispiel
ZfB	Zeitschrift für Betriebswirtschaft (Zeitschrift)
ZfbF	Zeitschrift für betriebswirtschaftliche Forschung (Zeitschrift)
zzgl.	zuzüglich

Symbolverzeichnis

a(.)	Funktion zur Spezifizierung der Verteilung
A_m	Fläche zwischen geschätztem Modell und Zufallsmodell
A_p	Fläche zwischen perfektem Modell und Zufallsmodell
AIC	Akaike-Informationskriterium
AR	accuracy ratio
argmax(.)	Funktion zur Bestimmung des Maximums
AUC	area under curve
b(.)	Funktion zur Spezifizierung der Verteilung
B(.)	Basisfunktion
BIC	Bayesianisches Informationskriterium
$\mathbf{C}$	Restriktionsmatrix
CAP	cumulative accuracy curve
CV	cross validation
d	Dummy-Variable
d^*	Teststatistik Mittelwertvergleich
D	Devianz
df_f	äquivalente Freiheitsgrade
diag(.)	Diagonalmatrix
$\mathbf{e}$	Vektor zur Darstellung der Hypothesen
E(.)	Erwartungswertoperator
EAD	exposure at default
EL	expected loss
err	in-sample Missklassifikationsfehler
exp(.)	Exponentialfunktion
$f(.);(\hat{f}(.))$	unspezifizierte Funktion/Splinefunktion (geschätzt)

$f(.)_A; f(.)_{AdaB}$	Klassifizierer (Boosting)
F(.)	Verteilungsfunktion
$F'(.)$	Dichtefunktion
$\mathbf{Fi}(\boldsymbol{\beta})$	Fisher´sche Informationsmatrix
g	Grad des Splines
g(.)	Funktion im Rahmen der Boosting-Algorithmen
G	Designmatrix
GCV	generalized cross validation
h	absolute Häufigkeit
$h_{i\bullet}; h_{\bullet j}$	Randhäufigkeiten
h(.)	Reponsefunktion
$h^{-1}(.)$	Linkfunktion
HL	Hosmer-Lemeshow-Teststatistik
i	Index der Beobachtungen
I	Kennzahlenwerte insolventer Beobachtungen
I(.)	Indikatorfunktion
I_q	Summen der Insolvenzen in Gruppe q
k	Ordnung des Differenzenoperators
K	Gesamtkosten der Fehlklassifikation
K	Matrix zur Matrixdarstellung des Strafterms
KL	Kreditlinie(n)
KLF	Kreditlinienfaktor
KNZ	Kennzahl
KQ	Kleinste-Quadrate
KV	Kreditvolumen
l(.)	Log-Likelihood-Funktion
$l_{pen}(.)$	penalisierte Log-Likelihood-Funktion
L(.)	Likelihood-Funktion
L_0	Likelihood des Nullmodells
L_v	Likelihood des vollständigen Modells
LGD	loss given default
ln(.)	natürlicher Logarithmus
lr	Likelihood-Ratio-Teststatistik

LR	leverage ratio
M	maturity
MW_{KNZ}	branchenspezifischer Kennzahlenmittelwert
m	Knotenanzahl
n	Stichprobengröße
p	Anzahl der unabhängigen Variablen
$p_{1,k}$	Insolvenzrate der Gruppe k
P	Parameteranzahl
P(.)	Wahrscheinlichkeit
P_D	Insolvenzwahrscheinlichkeit eines insolventen Unternehmens
P_{ND}	Insolvenzwahrscheinlichkeit eines solventen Unternehmens
PD	probability of default
PKQ	Penalisierte Kleinste-Quadrate
q	Anzahl linear modellierter Variablen im GAM
Q	Zeilenrang der Restriktionsmatrix
r	Korrelationskoeffizient
R	Korrelation mit dem Systemrisiko
R^2	Bestimmtheitsmaß
ROC	receiver operating characteristic
RR	recovery ratio
s	empirische Standardabweichung/Kovarianz
s(.)	Scorefunktion
s_{ii}	Diagonalelement der Glättungsmatrix
S	Kennzahlenwerte solventer Beobachtungen
$\mathbf{S}; \mathbf{S}^*$	Glättungsmatrix
SE	Sensitivität
sp(.)	Spur
SP	Spezifität
t(.)	Funktion zur Spezifizierung der Verteilung
u	Intervalllänge
U(.)	Mann-Whitney-Statistik
UL	unexpected loss
v	Iterationsschritt im Boosting-Algorithmus

V	negativer Gradient
var(.)	Varianzoperator
VIF	Varianz-Inflations-Faktor
$w; \tilde{w}$	Gewichtung der Beobachtungen im Boosting-Algorithmus (normalisiert)
x	Realisation der unabhängigen Variable X
$\bar{x}$	arithmetischer Mittelwert
x_{IV_1}	Kennzahlenwert innerhalb des ersten Intervalls
x_{max}	Maximum von x
x_{min}	Minimum von x
x_{KNZ}	unbereinigte Kennzahl
$x_{mod;KNZ}$	branchenbereinigte Kennzahl
x_{α}	Quantil
X	unabhängige Variable
y	Realisation der abhängigen Variable Y
y^*	„Realisation" der latenten Variable Y^* (nicht messbar)
Y	abhängige Variable
Y^*	latente Variable
z	Gruppenanzahl beim Hosmer-Lemeshow-Test
z_{α}	Quantil der Standardnormalverteilung
$\boldsymbol{\beta}; (\hat{\boldsymbol{\beta}})$	Koeffizientenvektor (geschätzt)
$\tilde{\boldsymbol{\beta}}$	geschätzter Koeffizientenvektor des restringierten Modells
$\boldsymbol{\gamma}$	Koeffizientenvektor
Γ	Kontingenzkoeffizient
Δ	Differenzenoperator
$\boldsymbol{\varepsilon}$	Fehlervektor
$\boldsymbol{\eta}; (\hat{\boldsymbol{\eta}})$	Vektor der linearen Prädiktoren (geschätzt)
$\boldsymbol{\eta}^{add}; (\hat{\boldsymbol{\eta}}^{add})$	Vektor der additiven Prädiktoren (geschätzt)
θ	natürlicher Parameter der Exponentialfamilie
κ	Knoten
λ	Glättungsparameter
μ	Erwartungswert
π	Erwartungswert der unabhängigen Variable (Wahrscheinlichkeit)
ρ	Verlustfunktion

σ^2	Varianz
τ	Schwellenwert
ϕ	Dichtefunktion der Standardnormalverteilung
Φ	Verteilungsfunktion der Standardnormalverteilung
φ	Störparameter der Exponentialfamilie
ψ	Gewichtung im Boosting-Algorithmus

1 Einleitung

11 Problemstellung

Im Jahr 2009 erreichten die **Schäden durch Unternehmensinsolvenzen** mit 78,9 Mrd. Euro ihr Maximum in Deutschland. Sie verteilten sich auf insgesamt 32.930 Unternehmensinsolvenzen. Der größte Teil der Schäden mit 63,8 Mrd. Euro betraf dabei private Gläubiger. Auch wenn sich inzwischen die Beträge insgesamt und speziell für private Gläubiger wieder mehr als halbiert haben, zeigen diese Zahlen die Bedeutung von Insolvenzen für die Volkswirtschaft auf.[1]

Jeder individuelle Kreditgeber hat aus **ökonomischen Beweggründen** ein Interesse an der adäquaten Quantifizierung der Insolvenzrisiken seiner Schuldner. Der Gläubiger kann erst durch diese Quantifizierung sein notwendiges ökonomisches Eigenkapital bestimmen. Außerdem ist sie für eine adäquate Kalkulation des Kreditzinssatzes notwendig. Erst durch ausreichend hohe Zinserträge kann der Gläubiger die Aufwendungen aufgrund möglicher Kreditausfälle ausgleichen. Allerdings sollten die Zinssätze relativ zum Risiko nicht unangemessen hoch sein, um eine Abkehr der risikoärmeren Schuldner zu vermeiden.[2] Des Weiteren ist die Quantifizierung von Insolvenzrisiken aufgrund **gesetzlicher Regelungen** bedeutsam. Der Gesetzgeber implementierte die Regelungen des BASELER AUSSCHUSSES FÜR BANKENAUFSICHT in das Kreditwesengesetz (KWG), die Solvabilitätsverordnung (SolvV) sowie die Mindestanforderungen an das Risikomanagement (MaRisk). Diese Regelungen machen eine Quantifizierung

---

1 Vgl. CREDITREFORM, Insolvenzen in Deutschland, S. 5–7.

2 Aus einer Zinskalkulation, welche nicht nach dem Risiko differenziert, entsteht die Gefahr einer Adversen Selektion i. S. d. Abkehr der risikoärmeren Schuldner aufgrund für sie zu hoher Zinssätze. Vgl. KLEMENT, J., Kreditrisikohandel, S. 47; WERNZ, J., Banksteuerung, S. 48. Vgl. zu den risikoabhängigen Zinskomponenten BINDER, U., Schnelleinstieg Controlling, S. 207. Zu weiteren Ursachen einer zu geringen Spreizung neben einer inadäquaten Risikomessung vgl. OEHLER, A./UNSER, M., Finanzwirtschaftliches Risikomanagement, S. 347–348.

des Kreditrisikos für Banken zur Ermittlung der regulatorischen Eigenkapitalanforderungen notwendig, wobei das Kreditrisiko die Gefahr einer Schuldnerinsolvenz mit einschließt.[3] Außerdem müssen gemäß § 91 Abs. 2 AktG auf Aktien basierende Kapitalgesellschaften ein System zur Überwachung ihres eigenen Fortbestands implementieren.

Die Forschung hinsichtlich einer Unterscheidung solventer und insolventer Unternehmen anhand von Jahresabschlusskennzahlen begann schon in den 1930er Jahren.[4] Dabei blieb die Forschung zunächst bei einer Beschreibung der Kennzahlenunterschiede. Es wurde kein ökonometrisches Modell verwendet, welches eine Prognose[5] neuer Beobachtungen hinsichtlich der Insolvenzfrage ermöglichte. SCHULT beschreibt hingegen diese Prognose als das bedeutendste Ziel der Analyse.[6] Die ersten **ökonometrischen Modelle** wurden erst ab den 1960er Jahren in der wissenschaftlichen Literatur verwendet. Die grundlegenden Arbeiten von BEAVER[7] und ALTMAN[8] beruhen dabei auf der univariaten und der multivariaten Diskriminanzanalyse.

Die darauf folgenden Forschungsarbeiten im Bereich der Insolvenzprognose sind in drei Gruppen zu unterteilen.[9] Die erste Gruppe untersucht verschiedene **Modelltypen** zur Prognose von Insolvenzen. Die zweite Gruppe untersucht die **Eignung verschiedener Kennzahlen** hinsichtlich ihrer Prognosefähigkeit. Zur dritten Gruppe werden die Arbeiten zusammengefasst, die den Insolvenzprozess aus einer **theoretischen Sichtweise** analysieren. Obwohl die fehlende theoretische Untermauerung vieler empirischer Studien kritisiert wird[10], gehören vergleichsweise wenige Arbeiten zu der dritten Gruppe[11]. Der größte Teil der Untersuchungen wird in die ersten beiden Gruppen eingeordnet, wobei in der jüngeren Vergangenheit neue Erkenntnisse häufiger aus der ersten Gruppe stammen.[12] Zu der ersten Gruppe wird auch die vorliegende Arbeit am ehesten zugeordnet.[13] Aus diesem Grund beschränkt sich der

3 Vgl. BASELER AUSSCHUSS FÜR BANKENAUFSICHT, Neue Baseler Eigenkapitalvereinbarung, Tz. 453.
4 Vgl. FITZPATRICK, P. J., A comparison of ratios.
5 Vgl. zur Definition, zur Kritik und zur Widerlegbarkeit der Kritikpunkte des Insolvenzprognosebegriffs SCHELLBERG, B., Insolvenzprognosemodelle, S. 11–16.
6 Vgl. SCHULT, E., Bilanzanalyse, S. 14.
7 Vgl. BEAVER, W. H., Predictors of failure.
8 Vgl. ALTMAN, E. I., Financial ratios.
9 Vgl. LAITINEN, T./KANKAANPÄÄ, M., Failure prediction methods, S. 67–68.
10 Vgl. z. B. ALTMAN, E. I./SAUNDERS, A., Credit risk measurement, S. 6.
11 Vgl. z. B. WILCOX, J. W., Financial ratios as predictors of failure.
12 Vgl. LAITINEN, T./KANKAANPÄÄ, M., Failure prediction methods, S. 67–68.
13 Da sich die vorliegende Untersuchung mit nichtlinearen Transformationen der erklärenden Variablen beschäftigt, können Bestandteile auch der zweiten Gruppe zugeordnet werden.

weitere Forschungsüberblick auf die Untersuchungen dieser Gruppe.[14] Außerdem wird zur Einordnung der in dieser Arbeit betrachteten Modelle nur ein Überblick über die bedeutsamsten empirisch-statistischen Methoden zur Insolvenzprognose gegeben. An dieser Stelle sei allerdings darauf hingewiesen, dass in der Literatur viele weitere Methoden diskutiert werden. Dazu gehören u. a. heuristische Methoden, z. B. Expertensysteme[15], marktdatenbasierte Ansätze[16], z. B. strukturelle Modelle[17] und Reduktionsmodelle[18], Ansätze auf Basis der Chaostheorie[19], Modelle der Überlebenszeitanalyse[20] sowie in der jüngeren Vergangenheit Support Vector Machines.[21]

In der Folge der angesprochenen Untersuchungen von BEAVER und ALTMAN war die lineare Diskriminanzanalyse (LDM) in der wissenschaftlichen Literatur der 1960er und 1970er Jahre das gängige ökonometrische Verfahren zur Insolvenzprognose.[22] Ende der 1970er Jahre erschienen die ersten Publikationen zur Insolvenzprognose basierend auf **Generalisierten Linearen Modellen** (GLM).[23] Diese Untersuchungen verwenden das Logit-Modell[24] bzw.

14 Einen ausführlichen Überblick über Studien zur Insolvenzprognose geben z. B. ALTMAN, E. I./SAUNDERS, A., Credit risk measurement; BELLOVARY/GIANCOMINOAKERS, Bankruptcy prediction studies; DIMITRAS, A. I./ZANAHKIS, S. H./ZOPOUNNIDIS, C., Survey of business failures. In SCOTT, J., Probability of bankruptcy, sind die frühen Modelle zur Insolvenzprognose ausführlich beschrieben. Einen Überblick über die Forschung zur Insolvenzprognose, basierend auf den gängigen Methoden Diskriminanzanalyse und Generalisierte Lineare Modelle, geben BALCAEN, S./OOGHE, H., Studies on business failure. Alternative Methoden in diesem Kontext und die entsprechenden Forschungsbeiträge sind zu finden in BALCAEN, S./OOGHE, H., Alternative methodologies; ROSENBERG, E./GLEIT, A., Quantitative methods. Für einen Überblick der Methoden im Rahmen des Konsumentenkreditscorings vgl. GLASSON, S., Censored regression techniques for credit scoring, S. 48–59.

15 Vgl. z. B. MESSIER, W. F./HANSEN, J., Expert system development.

16 Als Übersicht vgl. THABE, T., Unvollständige Information, S. 16–26.

17 Vgl. z. B. BLACK, F./COX, J. C., Valuing corporate securities; MERTON, R. C., On the pricing of corporate debt. Zum Vergleich der Güte verschiedener struktureller Modelle vgl. FABOZZI, F. J. U. A., Performance of structural models. Zum Gütevergleich mit den empirisch-statistischen Modellen vgl. HILLEGEIST, S. A. U. A., Probability of bankruptcy. Zur Kritik, dass das Merton-Modell Liquiditätsprobleme als Insolvenzgrund nicht berücksichtigt, vgl. WEHRSPOHN, U., Marktdatenbasierte Verfahren, S. 107.

18 Vgl. z. B. JARROW, R. A./TURNBULL, S. M., Pricing derivatives.

19 Vgl. LINDSAY, D. H./CAMPBELL, A., A chaos approach.

20 Vgl. LANE, W. R./LOONEY, S. W./WANSLEY, J. W., Cox model and bank failure; LOUMA, M./LAITINEN, E. K., Company failure prediction; SHUMWAY, T., Forecasting bankruptcy.

21 Vgl. CHEN, S./HÄRDLE, W./MORO, R., Estimation of default probabilities; MIN, J. H./LEE, Y.-C., Bankruptcy prediction using SVM; WANG, Y./WANG, S./LAI,K. K., SVM to evaluate credit risk.

22 Vgl. z. B. ALTMAN, E. I./HALDEMAN, R. G./NARAYANAN, P., Zeta analysis; BLUM, M. P., Failing company discriminant analysis; DEAKIN, E. B., Predictors of business failure. Vgl. zum Z-Score- und zum Zeta-Modell sowie zu späteren Anpassungen außerdem ALTMAN, E. I., Predicting financial distress. Zu einer neueren Anwendung vgl. z. B. HÜLS, D., Früherkennung insolvenzgefährdeter Unternehmen. Zu den Problemen bei der Anwendung dieser Modellklasse vgl. EISENBEIS, R., Discriminant analysis.

23 Zu Erweiterungen der GLM als gemischte Modelle vgl. ALFÒ, M./CAIAZZA, S./TROVATO, G., Extending a logistic approach; JONES, S./HENSHER, D. A., Firm financial distress.

24 Vgl. z. B. MARTIN, D., Early warning of bank failure; OHLSON, J. A., Prediction of bankruptcy; ZAVGREN C. V., Assessing the vulnerability to failure. Vgl. im Kontext des Konsumentenkreditscorings WIGINTON, J. C., Comparison of logit and discriminant models.

etwas seltener das Probit-Modell[25]. Bei den GLM werden im Zusammenhang der Insolvenzprognose, wie schon bei der LDM, meist Kennzahlen der Jahresabschlussanalyse als erklärende Variablen verwendet. Indes haben die GLM einen wichtigen Interpretationsvorteil gegenüber der LDM: Der Erwartungswert der abhängigen Variable kann direkt als Insolvenzwahrscheinlichkeit interpretiert werden, welche wiederum ein zentraler Parameter zur Quantifizierung der Kreditrisiken ist.

Seit den 1990er Jahren wurden außerdem die **Künstlich Neuronalen Netze** (KNN) als Modellklasse zur Insolvenzprognose eingesetzt.[26] Die KNN werden in der Literatur als eine flexible Modellklasse beschrieben, welche sich gut bei vorhandenen Interaktionen eignet[27] und die Möglichkeit bietet, nichtlineare (nichtmonotone) Zusammenhänge zwischen den erklärenden und der zu erklärenden Variable zu berücksichtigen[28]. Mit dieser größeren Flexibilität geht indes auch eine gesteigerte Komplexität einher. ALTMAN/MARCO/VARETTO beschreiben in diesem Zusammenhang, dass mit der Komplexität des KNN auch verstärkt nicht-akzeptierbare Zusammenhänge im Modell entstehen.[29] Außerdem werden KNN häufig als undurchsichtig (Black-Box) beschrieben.[30] BAETGE/KRAUSE/MERTENS führen diese Eigenschaft als zentralen Kritikpunkt dieser Modellklasse an.[31] Es ist wahrscheinlich, dass diese Schwäche zu der vergleichsweise geringen praktischen Verbreitung[32] der KNN beiträgt. So ist zwar eine mögliche Steigerung der Prognosefähigkeit durch die größere Flexibilität[33] von Bedeutung, die gleiche Beachtung sollte allerdings der Modellverständlichkeit zukommen.[34]

25 Vgl. z. B. ZMIJEWSKI, M. E., Financial distress prediction models.

26 Vgl. z. B. HEITMANN, C., Bestandsfestigkeit von Unternehmen; PIRAMUTHU, S./SHAW, M. J./GENTRY, J. A., Multi-layer neural networks; TAM, K. Y./KIANG, M. Y., Applications of neural networks; ZHANG, G. U. A., Bankruptcy prediction. Vgl. im Zusammenhang des Konsumentenkreditscorings ENACHE, D., Künstliche neuronale Netze. Zum Zusammenhang zwischen den GLM und den KNN vgl. FRANKE, J./HÄRDLE, W./HAFNER, C., Statistik der Finanzmärkte, S. 394.

27 Vgl. HENKING, A./BLUHM, C./FAHRMEIR, L., Kreditrisikomessung, S. 210–211.

28 Vgl. ALPARSLAN, A./BÄCHSTÄDT, K.-H./GELDERMANN, A., Systeme und Kriterien des Finanzratings, S. 112; HAYDEN, E./PORATH, D., Statistical methods to develop rating models, S. 9.

29 Vgl. ALTMAN, E. I./MARCO, G./VARETTO, F., Corporate distress diagnosis, S. 526.

30 Vgl. HAYDEN, E./PORATH, D., Statistical methods to develop rating models, S. 9. Vgl. zur Kenntlichmachung der KNN-Regeln im Kontext der Bonitätsanalyse bei Konsumentenkrediten BAESENS, B. U. A., Credit-Risk Evaluation.

31 Vgl. BAETGE, J./KRAUSE, C./MERTENS, P., Kritik an den Klassifikationsmethoden, S. 1188.

32 Vgl. bzgl. der geringen Verbreitung bis zum Jahr 2000 GÜNTHER, T./GRÜNING, M., Insolvenzprognoseverfahren, S. 44.

33 Vgl. abweichend zu dieser Annahme ALTMAN, E. I./MARCO, G./VARETTO, F., Corporate distress diagnosis. Vgl. abweichend im Kontext der Konsumentenkredite BAESENS, B. U. A. Benchmarking classification algorithms.

34 Vgl. KOCAGIL, A. E. U. A., RiskCalc™, S. 3.

Das Zustandekommen der Prognose ist auf Basis der beschriebenen GLM und der LDM intuitiv verständlicher. Im Gegenzug lassen sich in den Ausgangsformen beider Modelltypen **nichtlineare (nichtmonotone) Zusammenhänge**[35] nicht berücksichtigen. In wissenschaftlichen Publikationen werden indes häufig solche Zusammenhänge vermutet.[36] Als mögliche Kennzahlen werden z. B. die Eigenkapitalquote[37] und der ROI[38] als relative Größen sowie der Jahresüberschuss[39] als absolute Größe genannt. Nichtmonotone Zusammenhänge werden vor allem bei Wachstumsgrößen[40] und Größenproxies[41] vermutet. Ebenso weisen erste empirische Untersuchungen auf die Existenz nichtlinearer Zusammenhänge hin. Diese Hinweise beziehen sich auf die meisten Bereiche der Jahresabschlussanalyse, wie die Finanzstruktur[42], die Analyse der Rentabilität[43], die Analyse der Liquidität[44], die Umschlaghäufigkeiten[45], die Wachstumskennzahlen[46] sowie die Größenvariablen[47]. Im Zusammenhang des Konsumentenkreditscorings werden nichtlineare Effekte des Kreditbetrags[48] und des Alters des Schuldners[49] beschrieben.

35 Als *nichtlinear* wird im Zusammenhang der GLM in dieser Arbeit der Einfluss auf den Prädiktor bezeichnet.

36 Vgl. z. B. ERLENMAIER, U., The shadow rating approach, S. 58–59; SAUNDERS, A./ALLEN, L., Credit risk measurement, S. 120.

37 Vgl. FALKENSTEIN, E./BORAL, A./CARTY, L. V., RiskCalc, S. 55.

38 Vgl. ATIYA, A. F., Bankruptcy prediction using neural networks, S. 930.

39 Vgl. GRAALMANN, B., Verfahren und Prozesse des Finanzratings, S. 59–60. Dort wird ein Zusammenhang beschrieben, der beim GLM allerdings linear auf den Prädiktor wirken kann.

40 Vgl. z. B. BERNET, B./WESTERFELD, S., KMU-Ratingmodelle und Ratingqualität, S. 1018; BLOCHWITZ, S./HOHL, S., Validation of internal rating systems, S. 257; HAYDEN, E., Accounting-based rating system, S. 32.

41 Vgl. BLÖCHLINGER, A., Default prediction models, S. 2.

42 Vgl. ESCOTT, P./GLORMANN, F./KOCAGIL, A. E., Moody's RiskCalc™ für nicht börsennotierte Unternehmen, S. 12; ESTRELLA, A./PARK, S./PERISTIANI, S., Predictors of bank failures, S. 40; FALKENSTEIN, E./BORAL, A./CARTY, L. V., RiskCalc, S. 34; SOBEHART, J. R./KEENAN, S. C./STEIN, R. M., Benchmarking risk models, S. 11.

43 Vgl. ESCOTT, P./GLORMANN, F./KOCAGIL, A. E., Moody's RiskCalc™ für nicht börsennotierte Unternehmen, S. 14; FALKENSTEIN, E./BORAL, A./CARTY, L. V., RiskCalc, S. 32–33; SOBEHART, J. R./KEENAN, S. C./STEIN, R. M., Benchmarking risk models, S. 10–11.; VAN GESTEL, T. U. A., Linear and non-linear credit scoring, S. 47.

44 Vgl. FALKENSTEIN, E./BORAL, A./CARTY, L. V., RiskCalc, S. 36; FERNANDES, J. E., Corporate credit risk modeling; S. 10; SERRANO-CINCA, C., Feedwork neural networks, S. 187–189; SOBEHART, J. R./KEENAN, S. C./STEIN, R. M., Benchmarking risk models, S. 11.

45 Vgl. FALKENSTEIN, E./BORAL, A./CARTY, L. V., RiskCalc, S. 37.

46 Vgl. ESCOTT, P./GLORMANN, F./KOCAGIL, A. E., Moody's RiskCalc™ für nicht börsennotierte Unternehmen, S. 15; FALKENSTEIN, E./BORAL, A./CARTY, L. V., RiskCalc, S. 37–38; HAYDEN, E., Estimation of a rating model, S. 17–18; HAYDEN, E./HALLING, M., Statistische Methoden, S. 82–83; SOBEHART, J. R./KEENAN, S. C./STEIN, R. M., Benchmarking risk models, S. 11.

47 Vgl. FALKENSTEIN, E./BORAL, A./CARTY, L. V., RiskCalc, S. 35; SOBEHART, J. R./KEENAN, S. C./STEIN, R. M., Benchmarking risk models, S. 11.

48 Vgl. LIU, S., Variable selection, S. 35.

49 Vgl. THOMAS, L. C., A survey of scoring, S. 155–156.

Bei diesen Untersuchungen werden die Kennzahlen meist in Quantile (bzw. Percentile) eingeteilt und der Ausfallanteil innerhalb der Quantile wird verglichen.[50] Durch den **Vergleich klassifizierter Daten** resultiert indes ein Informationsverlust gegenüber den metrischen Ausgangsdaten. So beschrieben teilweise die o. g. empirischen Untersuchungen nur nichtlineare Effekte bezüglich der Quantile. Die tatsächlichen Effekte auf Basis der Ausgangswerte könnten demgegenüber gestreckt/gestaucht sein und Schwankungen innerhalb der Intervalle werden nicht dargestellt. Außerdem resultieren die Hinweise auf nichtlineare Effekte bei den o. g. empirischen Untersuchungen auf **univariaten Analysen**. Es wird dabei kein geschlossenes multivariates Prognosemodell verwendet.

An diesem Punkt setzt die vorliegende Untersuchung an. **Ziel dieser Untersuchung** ist es, das Vorhandensein nichtlinearer Zusammenhänge im Zuge der Insolvenzprognose innerhalb eines multivariaten Modells zu beurteilen. Erst durch die multivariate Modellierung kann eine Verzerrung durch fehlende Variablen zumindest reduziert werden. Dabei soll auch die ökonomische Interpretierbarkeit möglicher nichtlinearer Zusammenhänge berücksichtigt werden. Ohne eine ausreichende ökonomische Plausibilität wird ein Insolvenzprognosemodell in der praktischen Anwendung kaum akzeptiert werden.[51] Die erste Forschungsfrage dieser Arbeit lautet wie folgt:

Forschungsfrage 1: Gibt es ökonomisch interpretierbare nichtlineare Zusammenhänge bei der Insolvenzprognose?

Die erste Forschungsfrage enthält somit den Aspekt der **statistischen Signifikanz** der nichtlinearen Effekte. Neben diesem Aspekt muss ebenso die **Relevanz** der nichtlinearen Effekte beurteilt werden. Ein Modell stellt immer nur eine Annäherung an die Realität dar. Wird das Modell durch die Berücksichtigung der nichtlinearen Effekte komplexer, sollte daraus ebenfalls eine höhere Güte resultieren. Diese Güteverbesserung sollte relevant sein, da ansonsten auch ein einfacheres Modell zur Approximation an die Realität ausreichen würde.[52] Aus diesem Grund wird auch die folgende zweite Forschungsfrage in dieser Arbeit untersucht.

50 Vgl. abweichend VAN GESTEL, T. U. A., Linear and non-linear credit scoring, S. 47. Dort werden sigmoide oder Box-Cox-Transformationen ohne einen vorherigen empirischen Hinweis verwendet.

51 Vgl. BLÖCHLINGER, A., Default prediction models, S. 2.

52 Zum Beispiel VAN GESTEL U. A. erzielen nur eine geringfügig höhere Güte durch die Berücksichtigung mit Support Vector Machines. Vgl. VAN GESTEL U. A., Linear and non-linear credit scoring, S. 53.

Forschungsfrage 2: Beeinflussen mögliche nichtlineare Zusammenhänge die Modellgüte so stark, dass die zusätzliche Modellkomplexität gerechtfertigt ist?

Um die Interpretationsvorteile der GLM weiter nutzen zu können, werden die Forschungsfragen durch eine **Erweiterung der GLM** analysiert. Dabei gibt es grundsätzlich drei Möglichkeiten, den linearen Prädiktor zu erweitern und dadurch nichtlineare Zusammenhänge zu berücksichtigen. Die erste Möglichkeit besteht darin, die metrischen erklärenden Variablen zu kategorisieren und anschließend im Modell durch entsprechende Dummy-Variablen zu berücksichtigen.[53] Die Variablen können über die Kennzahlenquantile klassifiziert werden, was ebenso die genannten Probleme bewirkt. Aus dieser Vorgehensweise resultiert ein Informationsverlust durch das niedrigere Skalenniveau. Innerhalb einer Klasse bleibt das Insolvenzrisiko konstant und an den Intervallgrenzen resultieren Sprungstellen. Die zweite Möglichkeit besteht darin, die Kennzahl polynomial in das Modell einfließen zu lassen.[54] Als dritte Möglichkeit können die Kennzahlen mit stetigen Funktionen transformiert werden und erst dann im GLM berücksichtigt werden.[55] Das bedeutet, dass die GLM mit einer anderen Modellklasse kombiniert werden. Hierdurch können nichtlineare Effekte häufig flexibler berücksichtigt werden als bei der polynomialen Modellierung.[56]

Dem letztgenannten Ansatz wird in dieser Untersuchung gefolgt, indem die Modellklasse der **Generalisierten Additiven Modelle** (GAM) verwendet wird. Diese Modellklasse wurde erstmals 1986 von HASTIE/TIBSHIRANI beschrieben[57] und 1990 von ihnen in einer ausführlichen Monografie[58] vertieft. Bei dieser Modellklasse wird der lineare Prädiktor der GLM auf einen additiven Prädiktor erweitert. Die erklärenden Variablen werden mit einer unspezifizierten Funktion transformiert. Aufgrund der Additivität werden Wechselwirkungen zwischen den erklärenden Variablen in der Grundform der GAM nicht berücksichtigt. Durch die unspezifizierten Funktionen lassen sich indes mögliche nichtlineare Effekte berücksichtigen. Lineare Zusammenhänge lassen sich als Spezialfall der unspezifizierten Funktionen

53 Vgl. BERG, D., Bankruptcy prediction, S. 141; EVERETT, J./WATSON, J., Small business failure, S. 378.

54 Vgl. EVERETT, J./WATSON, J., Small business failure, S. 378; LENNOX, C., Identifying failing companies, S. 356. BEMMANN erwähnt eine fehlende Güteverbesserung durch quadrierte Variablen. Vgl. BEMMANN, M., Simulationsmodell für die Insolvenzprognose, S. 24.

55 Vgl. GRAALMANN, B., Verfahren und Prozesse des Finanzratings, S. 59–60. VAN GESTEL U. A. kombinieren das Logit-Modell mit Support Vector Machines. Vgl. VAN GESTEL, T. U. A., Linear and non-linear credit scoring.

56 Vgl. FAHRMEIR, L./KNEIB, T./LANG, S., Regression, S. 294.

57 Vgl. HASTIE, T./TIBSHIRANI, R., Generalized Additive Models.

58 Vgl. HASTIE, T./TIBSHIRANI, R., GAM.

ebenfalls modellieren.[59] Ansonsten bleibt die Grundidee äquivalent zu den GLM. Deshalb können GAM anstelle der GLM grundsätzlich für alle Fragestellungen eingesetzt werden, bei denen für mindestens eine metrische Variable ein nichtlinearer Einfluss angenommen wird.[60]

Zu den **Anwendungsgebieten** der GAM gehört somit auch der Bereich der **Bonitätsanalyse**. In diesem Zusammenhang werden sie in ersten Untersuchungen eingesetzt zur Analyse der Ausfallwahrscheinlichkeiten von schweizerischer Hypothekendarlehen[61], zur Bonitätsanalyse bei Konsumentenkrediten[62] sowie zur Prognose von Staateninsolvenzen[63]. Die unspezifizierten Funktionen zur Modellierung der GAM werden häufig durch Splines approximiert. Im Zuge der Bonitätsanalyse verwendet ZHANG Splines zur Modellierung der Ausfallraten von Moody's.[64] SCHWERTBERGER nutzt ebenfalls Splines zur Schätzung von Diskontfunktionen.[65]

In verschiedenen Untersuchungen wurden bereits die **GAM im Zuge der Insolvenzprognose** verwendet.[66] Diese weisen allerdings teilweise Schwächen bezüglich des methodischen Vorgehens auf und/oder unterscheiden sich deutlich von der vorliegenden Arbeit hinsichtlich der angeführten Punkte:

- HWANG/CHENG/LEE nutzen die GAM zur Insolvenzprognose. Die Splineverläufe werden nicht dargestellt und interpretiert.[67] Die Untersuchung beruht außerdem auf einer

59 Teilweise wird deshalb auch der Ausdruck *Partiell Lineares Modell* verwendet. Vgl. CLAVERO RASERO, B., Setting up a credit rating system, S. 77–78.

60 Vgl. z. B. zur Anwendung in der Medizinforschung GEHRMANN, U. U. A., Sustained progression in MS; FRENCH, J. L./WAND, M. P., Cancer mapping, zur Anwendung in der Biologieforschung WALSH, W. A./KLEIBER, P./MCCRACKEN, M., Shark catch rates, sowie zur Anwendung in der Politikforschung BECK, N./JACKMAN, S., Beyond linearity by default.

61 Vgl. BURKHARD, J./DE GIORGI, E., Non-parametric default model.

62 Vgl. HAGGAG, M. M. M., Logistic regression models. PATILEA beschreibt im Zusammenhang des Kosumentenkreditscorings eine andere Art der semiparametrischen Erweiterung der GLM (Generalisierte Partiell Lineare Single-Index-Modelle). Vgl. PATILEA, V., Semiparametric regression models.

63 Vgl. ALP, Ö. S. U. A., CMARS and GAM & CQP.

64 Vgl. ZHANG, A., Statistical methods, S. 78–80.

65 Vgl. SCHWERTBERGER, T., Implizite Ausfallwahrscheinlichkeiten, S. 19–23.

66 Zusätzlich zu diesen Untersuchungen verweisen BERNET/WESTERFELD auf ein Praxismodell basierend auf den GAM. Vgl. BERNET, B./WESTERFELD, S., KMU-Ratingmodelle und Ratingqualität, S. 1018. Außerdem nutzen ZHOU U. A. ein GAM als Benchmarkmodell bei einer kurzfristigen Ausfallprognose für Unternehmen. Vgl. ZHOU, X. U. A., Private firm default probabilities, S. 63. In beiden Untersuchungen werden die GAM und deren Schätzungen nicht weiter beschrieben, sondern nur allgemein auf die Modellklasse verwiesen.

67 Vgl. HWANG,R.-C./CHENG, K. F./LEE, J. C., A semiparametric method.

kleinen Stichprobe von nur 235 Beobachtungen (79 Ausfälle). Um valide Schätzungen der Splines zu bekommen, sollte die Stichprobe größer sein.

- In ähnlicher Autorenzusammensetzung untersuchen CHENG/CHU/HWANG ein semiparametrisches Überlebenszeitmodell mit 2.353 Unternehmen (78 Ausfälle), welche im Beobachtungszeitraum an der US-amerikanischen Börse gelistet waren. Die Arbeit unterscheidet sich von der vorliegenden Arbeit hinsichtlich der unterschiedlichen Modellklassen sowie der dort fehlenden ökonomischen Beurteilung, z. B. anhand der kostengewichteten Fehlklassifikationen. Außerdem ist die Validität der Schätzungen zu hinterfragen: Der geschätzte Effekt der Größenvariable dreht sich um, sobald Marktvariablen in das Modell aufgenommen werden.[68]

- BERG untersucht vier Modelle (LDM, GLM, GAM, KNN) zur Insolvenzprognose norwegischer Unternehmen. Es werden nur Güteunterschiede beschrieben. Eine Darstellung der geschätzten Koeffizienten bzw. Splineverläufe und eine entsprechende Interpretation erfolgt nicht.[69]

- DAKOVIC/CZADO/BERG vergleichen GLM, gemischte GLM (GLMM) und GAM zur Insolvenzprognose norwegischer Unternehmen. Im ersten Schritt werden die Splines der GAM geschätzt und die Kennzahlen auf dieser Basis umfassend transformiert, z. B. durch Polynome, getrennt für negative und positive Kennzahlenwerte. Diese Transformationen fließen wiederum in die GLM und die GLMM ein. Dass sich die Modelle anschließend hinsichtlich ihrer Güte kaum unterscheiden, überrascht nicht. Die Fragestellung bei diesem Vorgehen ist eigentlich, wie gut sich das GAM nachbauen lässt und nicht, wie relevant die nichtlinearen Effekte sind. Dafür müsste ein tatsächlich lineares Modell verwendet werden. Außerdem werden die Kennzahlen nicht um Brancheneffekte bereinigt und die Splineverläufe werden nicht ökonomisch begründet.[70]

Für alle der vier erwähnten Untersuchungen gilt, dass sie gegenüber der vorliegenden Arbeit auf den Daten anderer Länder und anderen Rechnungslegungsvorschriften beruhen. Der wesentlichste Unterschied bezüglich der vorliegenden Arbeit liegt aber in der **unterschiedli-**

68 Vgl. CHENG, K. F/CHU, C. K./HWANG, R.-C., Predicting bankruptcy.
69 Vgl. BERG, D., Bankruptcy prediction.
70 Vgl. DAKOVIC, R./CZADO, C./BERG, D., Bankruptcy prediction in Norway.

chen Betrachtungsweise: Die o. g. Untersuchungen vergleichen verschiedene Modellklassen aus einer statistischen Sichtweise. Die Splineverläufe werden nicht ökonomisch i. S. d. Kennzahlenauswirkungen interpretiert. Außerdem wird das jeweilige Modell nicht mit der kostengewichteten Klassifikationsanalyse beurteilt, durch welche die ökonomische Bedeutung unterschiedlicher Fehlklassifikationen berücksichtigt wird.

Mit der vorliegenden Arbeit wird erstmals untersucht, ob und inwieweit Kennzahlen (der Jahresabschlussanalyse) nichtlinear auf die Insolvenzwahrscheinlichkeit deutscher Unternehmen wirken und wie mögliche nichtlineare Effekte aus einer ökonomischen Betrachtungsweise heraus zu interpretieren sind. Letzteres schließt die Berücksichtigung von Brancheneffekten auf die Kennzahlen, die ökonomische Interpretation der Splineverläufe und die Beurteilung der Relevanz der nichtlinearen Effekte unter Berücksichtigung unterschiedlicher Fehlklassifikationskosten mit ein.

12 Gang der Untersuchung

Im folgenden **zweiten Kapitel** werden die ökonomischen Grundlagen dieser Arbeit erläutert. Dabei werden im ersten Schritt Systematisierungsmöglichkeiten von Bankenrisiken erläutert und das Kreditrisiko wird definiert. Die zentralen Parameter des Kreditrisikos werden dargestellt. Einer dieser Parameter ist die Ausfall-/Insolvenzwahrscheinlichkeit. Dieser Parameter hat für die vorliegende Arbeit die größte Relevanz, sodass anschließend das Rating und das Scoring als seine Messverfahren genauer vorgestellt werden. Im nächsten Argumentationsschritt werden die eingangs erwähnten regulatorischen Eigenkapitalanforderungen vertieft dargestellt und die Bedeutung der Ausfall-/Insolvenzwahrscheinlichkeitsschätzung für diesen Bereich wird präzisiert.

Nachdem im zweiten Kapitel die ökonomischen Grundlagen für die vorliegende Arbeit erläutert wurden, werden im **dritten Kapitel** die ökonometrischen Grundlagen der in dieser Arbeit verwendeten Modelle beschrieben. Ausgehend von den Problemen des Linearen Wahrscheinlichkeitsmodells werden die GLM formal dargestellt. Anschließend wird die Idee der Regressionssplines ausgeführt. Darauf aufbauend werden die GAM als eine Verknüpfung der eingangs beschriebenen GLM mit den Regressionssplines dargestellt. Das dritte

Kapitel bildet zusammen mit dem zweiten Kapitel den theoretischen Grundlagenteil dieser Arbeit.

Im **vierten Kapitel** beginnt der empirische Teil der Untersuchung. Es dient der Präsentation und der ersten grundlegenden statistischen Analyse der verwendeten Datenbasis. Eingangs werden die zu erklärende Variable und die erklärenden Variablen beschrieben. Anschließend werden notwendige statistische Aufbereitungen erläutert. Dazu gehört u. a. die Bereinigung der Jahresabschlusskennzahlen um Brancheneffekte. Abschließend wird die Kennzahlenbasis hinsichtlich der Multikollinearität und der univariaten Trennfähigkeit analysiert.

Aufbauend auf den ersten empirischen Ergebnissen des vierten Kapitels werden im **fünften Kapitel** die Schätzungen der GLM sowie der GAM präsentiert. In diesem Kapitel soll die **erste Forschungsfrage** beantwortet werden. Die Schätzungen der GAM haben somit in diesem Kapitel die größte Bedeutung. Deshalb werden die geschätzten Splineverläufe durch die Verwendung eines Boosting-Algorithmus überprüft. Außerdem werden die Ergebnisse durch die zusätzliche Verwendung von Splines mit einem niedrigen Grad und einer geringen Knotenanzahl konkretisiert. Dieser letztgenannte Schritt resultiert aus den vorherigen Ergebnissen des fünften Kapitels.

Die **zweite Forschungsfrage** wird im **sechsten Kapitel** untersucht. In diesem Kapitel wird die Gütesteigerung durch die Berücksichtigung der nichtlinearen Zusammenhänge beurteilt. Dabei beruht die Beurteilung auf verschiedenen Gütemaßen, welche auf der Likelihood oder dem Klassifikationserfolg des betrachteten Modells basieren. Es wird auch das Konzept der kostenorientierten Klassifikationsanalyse verwendet, da die Fehlklassifikationsarten ökonomisch nicht gleich bedeutsam sind.

Die Arbeit schließt im **siebten Kapitel** mit einer Zusammenfassung der Ergebnisse. In diesem Kapitel werden ebenso die Limitationen der Untersuchung beschrieben und es wird ein Ausblick auf mögliche weiterführende Forschungsfragen gegeben.

2 Kreditrisiko im bankbetrieblichen Kontext

21 Begriff des Kreditrisikos

211 Definition und Systematisierung von Risiken

In der wirtschaftswissenschaftlichen Literatur findet sich keine einheitliche Definition des Risikos. Die unterschiedlichen Definitionen stimmen dahingehend überein, dass sie sich auf künftige Ereignisse beziehen, hinsichtlich welchen Unsicherheit besteht. Dies wird im allgemeinen Verständnis mit der Gefahr assoziiert, dass ein Schaden eintritt. Dieser Schadenseintritt definiert den **klassischen** Risikobegriff.[71] Der klassische Risikobegriff bezieht sich somit auf die negativen Auswirkungen eines Ereignisses. Der **entscheidungstheoretische** Risikobegriff ist hingegen definiert als die Abweichung von einem Erwartungswert. Dabei ist es unerheblich, ob die Abweichung negativ oder positiv ist. Somit werden im Gegensatz zum klassischen Risikobegriff auch positive Ereignisse bzw. Abweichungen zum Risiko hinzugezählt.[72]

---

71 Vgl. z. B. OTT, B., Interne Kreditrisikomodelle, S. 11. Gemäß § 252 Abs. 1 Nr. 4 HGB sind im handelsrechtlichen Jahresabschluss „[...] alle vorhersehbaren Risiken [...], die bis zum Abschlussstichtag entstanden sind, zu berücksichtigen [...].“ Durch die spezifischen Vorschriften des Handelsrechts entsprechen allerdings diese sog. *bilanziellen Risiken*, welche in der Bilanz bzw. der Gewinn- und Verlustrechnung eines Unternehmens abgebildet werden, nicht notwendigerweise dem klassischen Risikobegriff. Vgl. GÜNTER, J. R., Bankenrating, S. 63–64.

72 Vgl. SCHÜLER, T., Rating und Kreditvergabe an mittelständische Unternehmen, S. 9. GÜNTER bezeichnet das klassische Risiko als *ökonomisches Risiko*. Vgl. GÜNTER, J. R., Bankenrating, S. 61. VANINI bezeichnet das klassische Risiko als *Risiko im engeren Sinne* und das entscheidungstheoretische Risiko als *Risiko im weiteren Sinne* und beschreibt, dass Risikodefinitionen häufig an das Risiko im engeren Sinne angelehnt sind. Vgl. VANINI, U., Controlling, S. 196–198.

Entscheidungen unter Unsicherheit sind dadurch charakterisiert, dass der Entscheidungsträger zum Entscheidungszeitraum nicht vollständig informiert ist, welcher künftige Zustand in Abhängigkeit seiner Entscheidung eintritt. Sind in diesem Fall außerdem nicht alle Zustandsalternativen und/oder deren Eintrittswahrscheinlichkeiten bekannt, liegt eine Entscheidung unter **Ungewissheit** vor. Lassen sich alle möglichen Zustände und deren Eintrittswahrscheinlichkeiten in Abhängigkeit der Entscheidung bestimmen, wird dies als Entscheidung unter Risiko bezeichnet. In diesem Fall kann die Unsicherheit gemessen werden.[73]

Zur Quantifizierung des Risikos muss neben der Wahrscheinlichkeit der künftigen Ergebnisabweichung in Prozent die Höhe der künftigen Ergebnisabweichung in Geldeinheiten bestimmt werden. Diese beiden Dimensionen des Risikos werden als **Intensitätsdimension** und **Quantitätsdimension** bezeichnet.[74] In der Regel sind Banken[75] in der Lage, beide Risikodimensionen zu schätzen. Da die potenziellen Zustände im Kontext eines Bankgeschäftes i. d. R. bekannt sind und die Eintrittswahrscheinlichkeiten durch Experten (subjektiv) oder mithilfe empirischer Modelle (objektiv) geschätzt werden können, handelt es sich im Bankenkontext i. d. R. um Entscheidungen unter Risiko.[76] Bei einer Kreditvergabe als typisches Bankgeschäft muss bspw. über eine Kreditgewährung entschieden werden. Mit der vollständigen Kredittilgung (Szenario 1) und dem (teilweisen) Kreditausfall (Szenario 2) sind die möglichen Szenarien bekannt. Die Eintrittswahrscheinlichkeiten lassen sich mithilfe ökonometrischer Modelle[77] schätzen. Somit ist die Kreditvergabe per definitionem mit einem Kreditrisiko verknüpft.

Neben dem Risiko im Zuge einer Kreditvergabe existieren eine Reihe weiterer Risiken für Banken. In der wissenschaftlichen Literatur findet sich keine abschließende Aufzählung und keine einheitliche Gliederungssystematik der Bankenrisiken.[78] In der Literatur werden die

---

73 Dieses Konzept geht zurück auf KNIGHT, F. H., Risk.

74 Vgl. GÜNTER, J. R., Bankenrating, S. 61–62. Er bezieht sich auf eine negative Abweichung vom Erwartungswert.

75 Im Zuge dieser Arbeit werden die Begriffe *Kreditinstitute* und *Banken* synonym verwendet.

76 Vgl. ZUREK, J., Kreditrisikomodellierung, S. 14.

77 Vgl. z. B. die Modelle des Kapitels 3.

78 Vgl. GÜNTER, J. R., Bankenrating, S. 65. Vgl. für eine Systematisierung beispielhaft PIELERT, M., Rating als Monitoringtool, S. 60–76.

Bankenrisiken meist hinsichtlich ihrer Ursache oder ihrer Wirkung systematisiert.[79] Im ersten Fall, der **ursachenbezogenen Differenzierung**, werden Kontrahentenrisiken, Marktrisiken bzw. Marktpreisrisiken und operationelle Risiken unterschieden. Diese Systematik differenziert nach dem Verursacher der Risiken. Das Kontrahentenrisiko ist dabei abhängig von dem Verhalten des jeweiligen Vertragspartners. Das Marktrisiko resultiert aus einer Marktpreisentwicklung und ist somit nicht von einem bestimmten Vertragspartner abhängig. Das operationelle Risiko resultiert aus Fehlern bankinterner Prozesse, Systeme und/oder Personen. Demgegenüber zielt der zweite Fall, die **wirkungsbezogene Differenzierung**, auf die Wirkung des Risikos ab. Dabei wird die Existenzsicherung als Unternehmensziel angenommen und die Risiken werden dahingehend unterteilt, auf welche Art sie dieses Ziel gefährden. In Anlehnung an die Insolvenztatbestände eines Kreditinstituts[80] werden die Risiken in Liquiditätsrisiken und Erfolgsrisiken unterteilt. Die Liquiditätsrisiken gefährden die Zahlungsfähigkeit eines Kreditinstituts und die Erfolgsrisiken können zu einer Überschuldung durch Verluste bzw. die damit einhergehende Eigenkapitalminderung führen.[81]

Beide beschriebenen Systematisierungen sind bei der Strukturierung möglicher **Maßnahmen gegen Risiken** hilfreich. Bei der ursachenbezogenen Systematisierung lässt sich differenzieren, ob die Risiken interner oder externer Natur sind. Einem externen Kontrahentenrisiko bei einer Kreditvergabe kann durch entsprechend hohe Kreditzinsen entgegengewirkt werden. Resultieren die Risiken aus einer unzureichenden Diversifikation bei der Kreditvergabe, d. h. aus einem internen Kreditvergabesystem bzw. dem operationellen Risiko, ist die Anpassung des Kreditzinses kein geeignetes Mittel. Vielmehr sollte die Zusammensetzung des Kreditportfolios angepasst werden. Aus der wirkungsbezogenen Systematisierung wird wiederum abgeleitet, ob die Risiken durch mehr Eigenkapital (Erfolgsrisiken) oder mehr liquide Mittel (Liquiditätsrisiken) aufgefangen werden können.[82]

79 Seltener werden die Risiken anhand der Geschäftsbereiche eines Kreditinstituts systematisiert. Vgl. zu dieser Systematisierung ZUREK, J., Kreditrisikomodellierung, S. 21. Eine theoretisch mögliche Systematisierung, welche allerdings nicht zielführend ist, ist die Einteilung der Risiken nach historischen Zeiträumen, in welchen sie bedeutsam waren. BAXMANN beschreibt bspw. die Marktrisiken als zentrale Risiken der 70er Jahre, während die Länderrisiken erst in den 80er Jahren an Bedeutung gewannen. Vgl. BAXMANN, U. G., Risikomanagement, S. 7.

80 Vgl. Abschnitt 42.

81 Vgl. BAXMANN, U. G., Risikomanagement, S. 5.

82 Vgl. BAXMANN, U. G., Risikomanagement, S. 6.

212 Definition des Kreditrisikos

Der **Kreditbegriff** wird in eine weite und eine enge Definition unterteilt. Im weiten Sinne steht der Begriff für das Vertrauen[83] des Gläubigers, dass eine bestehende Schuld durch den Schuldner erfüllt wird. Die genaue Form der Schuld wird bei Vertragsabschluss festgelegt. In der Regel besteht sie aus Zins- und Tilgungszahlungen zu festgelegten Zeitpunkten. Die engere und heutzutage gängigere Begriffsdefinition bezieht sich auf den Vorgang eines Kreditgeschäfts. Dabei ist ein Kredit eine Kapitalüberlassung für einen festgelegten Zeitraum. Der Gläubiger überlässt dem Schuldner Zahlungsmittel zum gegenwärtigen Zeitpunkt und erhält als Ausgleich Zins- und Tilgungszahlungen in der Zukunft.[84] Das Vorgehen wird auch als Geldleihe bezeichnet. Abzugrenzen davon ist die Kreditleihe, bei welcher der Gläubiger gegenüber einer dritten Partei für die Schuld des Schuldners bürgt. Dabei übernimmt der Schuldner praktisch die Bonität des Gläubigers.[85] In der vorliegenden Arbeit wird der Kreditbegriff i. S. d. engeren Definition bzw. der Geldleihe verwendet.

Das **Kreditrisiko** leitet sich aus den Zeitpunkten der vereinbarten Leistungen ab. Der Gläubiger erbringt eine Leistung i. d. R. zum Zeitpunkt der Kreditvergabe, nämlich die Auszahlung des Kreditbetrags. Demgegenüber erfolgen die Leistungen des Schuldners, die Tilgung und die Zinszahlungen, erst in der Zukunft. Somit besteht die Unsicherheit bzw. das Risiko aus der Kreditvergabe nur für den Gläubiger. Es besteht darin, dass der Schuldner seine Zins- und Tilgungszahlungen nicht wie erwartet erfüllt. Das enthält den Umfang und auch den Zeitpunkt der Zahlungen. Auch teilweise Ausfälle und/oder verspätete Zahlungen zählen zum Risiko, soweit sie nicht zum Zeitpunkt der Kreditvergabe erwartet werden. Selbst eine vorübergehende Zahlungsstörung mit anschließender Anpassung der Schuldnerleistungen stellt ein Risiko dar, da ggf. die Refinanzierung angepasst werden muss, um wiederum Liquiditätsrisiken zu vermeiden. Diese Anpassung kann zu Kosten führen, die zum Zeitpunkt der Kreditvergabe nicht erwartet wurden.[86] Das Kreditrisiko in der beschriebenen Form wird als **Ausfallrisiko** oder Kreditrisiko im engeren Sinne bezeichnet.[87]

---

83 Vertrauen entspricht der Bedeutung des lateinischen Begriffs *credere*, aus dem das Wort *Kredit* entstammt.

84 Vgl. HÜTTEMANN, P., Kreditderivate im europäischen Kapitalmarkt, S. 5; WAGNER, E., CDS, S. 6. OEHLER/UNSER beschreiben einzelne Bestandteile des Kreditrisikos in Abhängigkeit des Prozesses der Schuldner-Gläubiger-Beziehung. Vgl. OEHLER, A./UNSER, M., Finanzwirtschaftliches Risikomanagement, S. 197–205.

85 Vgl. WIERICHS, G./SMETS, S., Bank und Börse, S. 99 u. 141.

86 Vgl. ZUREK, J., Kreditrisikomodellierung, S. 24.

87 Vgl. WAGNER, E., CDS, S. 7.

Der Kreditausfall resultiert aus einer Bonitätsverschlechterung des Schuldners bis zur Insolvenz. Allerdings können auch geringere Bonitätsverschlechterungen während der Kreditlaufzeit zu einem Wertverlust führen. Dies ist der Fall, wenn der entsprechende Aktivposten nicht bis zum Ende der Laufzeit gehalten werden soll. Dann führt die Bonitätsverschlechterung des Schuldners zu einem Wertverlust des Aktivpostens.[88] Der Barwert des Kredits sinkt, da durch die geringere Bonität die Risikoprämie und damit auch der Diskontierungsfaktor steigen.[89] Wird der Aktivposten hingegen bis zum Ende der Laufzeit gehalten, entsteht nur ein vorheriger Buchwertverlust, der durch die künftigen Erträge ausgeglichen wird.[90] Das Risiko aus einer Bonitätsverschlechterung wird als **Bonitätsrisiko** oder Kreditrisiko im weiteren Sinne bezeichnet. Das Ausfallrisiko wiederum ist der Extremfall des Bonitätsrisikos, bei dem die Bonität bis auf die niedrigste Bonitätsstufe, nämlich den Ausfall, sinkt.[91]

Da die Bonität des Emittenten Einfluss auf die Kursentwicklung einer entsprechenden gehandelten Anleihe hat, ließe sich das Bonitätsrisiko in diesem Fall auch in die erwähnte Definition des **Marktpreisrisikos** einordnen.[92] Eine genaue Zuordnung des Bonitätsrisikos zum Marktpreisrisiko oder zum Kreditrisiko ist in dieser Arbeit indes sekundär, da der Fokus auf das Ausfallrisiko gerichtet wird. Es ist das einzig relevante Kreditrisiko für endfällig gehaltene Bankkredite.[93] Im Folgenden werden deshalb die Begriffe *Kreditrisiko* und *Ausfallrisiko* synonym verwendet, i. S. d. Gefahr einer Differenz zwischen den tatsächlichen Zahlungen und den erwarteten Zahlungen aus einem Kredit durch seinen (teilweisen) Ausfall. Dabei wird das Risiko auf negative Abweichungen beschränkt. Es wird als ein Risiko betrachtet, das aus dem Verhalten des Schuldners entsteht.[94] Abzugrenzen davon wäre das **Länderrisiko** als Spezialfall des Ausfallrisikos. Es beschreibt die Gefahr, dass der Kredit zwar nicht wie erwartet bedient wird, dies hingegen nicht unmittelbar aus dem Schuldnerverhalten resultiert, sondern aus den Gegebenheiten des Schuldnerlandes. Den Zahlungsverpflichtungen

88 Vgl. WAGNER, E., CDS, S. 7–8.

89 Vgl. ZUREK, J., Kreditrisikomodellierung, S. 25. Dies ist auch die Folge des *Spread-Risikos*, bei welchem der Risikoaufschlag auf den risikolosen Zins steigt, obwohl die Bonität konstant bleibt. Vgl. KROON, G., Messung und Steuerung von Kreditrisiken, S. 13–14. Da das Spread-Risiko nicht aus der hier betrachteten Schuldnerbonität resultiert, wird es nicht weiter betrachtet.

90 Vgl. SCHIERENBECK, H., Quantifizierung bankbetrieblicher Ausfall- und Zinsänderungsrisiken, S. 46.

91 Vgl. OBERMANN, M.-O., Bilanzpolitik und Kreditvergabeentscheidungen, S. 77.

92 Vgl. KROON, G., Messung und Steuerung von Kreditrisiken, S. 14; ZUREK, J., Kreditrisikomodellierung, S. 23. GÜNTER bezeichnet dieses Risiko als bonitätsinduziertes Marktwertrisiko. Vgl. GÜNTER, J. R., Bankenrating, S. 70.

93 Vgl. WAGNER, E., CDS, S. 7.

94 Dabei wird zwischen der wirtschaftlichen Unfähigkeit und dem mangelnden Willen des Schuldners zur Zahlung nicht weiter unterschieden. Vgl. HERFURTH, S., Regulierung von Ratingagenturen, S. 45.

aus Auslandsverbindlichkeiten kann dabei aufgrund eines mangelnden Devisenbestandes (wirtschaftliches Länderrisiko) oder aufgrund der politischen/sozialen Ordnung (politisches Länderrisiko) im Land des Schuldners nicht erwartungsgemäß nachgekommen werden.[95] In der empirischen Analyse dieser Arbeit[96] werden nur Unternehmen mit Sitz in Deutschland betrachtet. Somit ist ein Ausfall aufgrund nationaler Gegebenheiten in dieser Arbeit nebensächlich.

22 Quantifizierung des Kreditrisikos

221 Erwarteter und unerwarteter Verlust

Die **Identifikation des Kreditrisikos** ist dahingehend unproblematisch, dass jeder vergebene Kredit mit der Gefahr eines Ausfalls behaftet ist. Selbst im Fall einer vollständigen Besicherung des Kredits, z. B. durch eine Bürgschaft, ist die Gefahr vorhanden. Diese besteht im besicherten Fall darin, dass der Schuldner und der Bürge gleichzeitig ausfallen. Die Wahrscheinlichkeit des Kreditausfalls kann zwar durch die Wahl geeigneter Sicherungsmaßnahmen und eines Schuldners mit besonders guter Bonität minimiert werden, indes ist selbst die beste Bonitätseinschätzung mit Möglichkeit eines Ausfalls verbunden.[97]

Wird dem Gläubiger die latente Ausfallgefahr bewusst, wird er einen gewissen prozentualen Ausfallanteil bzw. Verlust erwarten. Im vorangegangenen Abschnitt wurde bereits beschrieben, dass das Risiko die Abweichung von einem erwarteten Wert ist. Zur Ermittlung des Kreditrisikos muss somit zwischen einem **erwarteten Verlust** (EL; engl.: *expected loss*) und einem **unerwarteten Verlust** (UL; engl.: *unexpected loss*) unterschieden werden.[98] Der EL stellt als Erwartungswert kein Kreditrisiko dar. Er soll über die Standardrisikokosten (Risiko-

95 Vgl. BUCHER, B., Länderrating, S. 92–96; KROON, G., Messung und Steuerung von Kreditrisiken, S. 12; OFFERMANN, C., Kreditderivate, S. 16–17.
96 Vgl. Kapitel 4–6.
97 Vgl. DALDRUP, A., Eigenkapitalquantifizierung, S. 19.
98 Vgl. OEHLER, A./UNSER, M., Finanzwirtschaftliches Risikomanagement, S. 207–208. GÜNTER verwendet die Begriffe *materielles Risiko* und *formales Risiko* und betont, dass erst beide Risikoarten zusammen den klassischen Risikobegriff abdecken. Vgl. GÜNTER, J. R., Bankenrating, S. 62–63.

prämien) abgedeckt werden.[99] Fällt ein Schuldner innerhalb einer Risikogruppe aus, sollen die eingepreisten Standardrisikokosten der übrigen Schuldner dieser Gruppe den Ausfall kompensieren.[100] Übersteigt auf Portfolioebene der realisierte Verlust aus Kreditgeschäften die vereinnahmten Standardrisikokosten, kann es indes zu einem negativen (Bereichs-)Ergebnis für die Bank kommen. Die Differenz zwischen dem tatsächlichen Verlust und dem erwarteten Verlust wird als UL bezeichnet. Der UL muss durch eine angemessene Eigenkapitalbasis abgedeckt werden, wodurch einer Überschuldung entgegengewirkt wird.[101] Aufgrund der entscheidungstheoretischen Risikodefinition kann das eigentliche Kreditrisiko i. S. d. UL allerdings auch negativ sein. Dies wäre der Fall, wenn der tatsächliche Verlust niedriger als der EL ist. Dann wäre der UL als Differenz dieser Größen negativ.[102] Im Folgenden beschränken sich die Ausführungen auf den Fall des positiven UL.

Die drei zentralen **Determinanten** für den EL und den UL sind:

- Forderungshöhe zum Ausfallzeitpunkt (EAD; engl.: *exposure at default*)[103]
  Ein intuitiver Proxy für die Forderungshöhe ist der Buchwert aller Forderungen gegenüber dem bestimmten Kreditnehmer. Diese Höhe lässt sich vergleichsweise einfach aus der Rechnungslegung ermitteln. Aus ökonomischer Sicht muss indes der Marktwert der Forderung zum Ausfallzeitpunkt verwendet werden. Dieser spiegelt die Wiederbeschaffungskosten einer äquivalenten Forderung wider. Außerdem müssen bei der Schätzung der EAD neben dem bereits ausstehenden Kreditvolumen (KV) auch noch nicht abgerufene Kreditlinien (KL) berücksichtigt werden. Letztere werden mit einem

99 Vgl. SICKING, F., Nutzen und Funktionen des Finanzratings, S. 202. Vgl. zur formalen Berechnung der Standardrisikokosten REICHLING, P./BIETKE, D./HENNE, A., Praxishandbuch Risikomanagement und Rating, S. 180.

100 Die Kreditnehmer sollten in möglichst homogene Risikogruppen (bestenfalls auf Einzelkreditebene) zusammengefasst werden, damit nicht bonitätsstarke Kreditnehmer durch höhere Standardrisikokosten die erwarteten Verluste bonitätsschwacher Kreditnehmer tragen. Dies könnte zu einer Adversen Selektion i. S. d. Abkehr bonitätsstarker Kreditnehmer aufgrund zu hoher Zinsen führen. Vgl. DALDRUP, A., Eigenkapitalquantifizierung, S. 12. OEHLER/UNSER geben die Praktikabilität als Hindernis für eine Kalkulation auf Einzelkreditebene an. Vgl. OEHLER, A./UNSER, M., Finanzwirtschaftliches Risikomanagement, S. 270.

101 Vgl. DALDRUP, A., Eigenkapitalquantifizierung, S. 12; KROON, G., Messung und Steuerung von Kreditrisiken, S. 14–16.

102 Vgl. ZUREK, J., Kreditrisikomodellierung, S. 25.

103 Vgl. DALDRUP, A., Eigenkapitalquantifizierung, S. 13–14.; DALDRUP, A., Rating, S. 92–93; VETTER, M./CREMERS, H., IRB-Modell und logarithmisch normalverteilte Verlustfunktion, S. 17. Zur Schätzung der EAD vgl. GRUBER, W./PARCHERT, R., EAD estimation concepts; TAPLIN, R./TO, H. M./HEE, J., Modeling EAD.

Faktor (KLF) gewichtet, welcher angibt, zu welchem Prozentsatz die Kreditlinien noch abgerufen werden:

$$\text{EAD} = \text{KV} + \text{KLF} * \text{KL} \quad (\text{mit:} \quad 0 \leq \text{KLF} \leq 1)$$

- Verlustquote bei einem Ausfall (LGD; engl.: *loss given default*)[104]

  Die Verlustquote stellt die prozentuale Verlusthöhe bei einem gegebenen Ausfallereignis dar. Sie kann ebenfalls Werte zwischen 0% und 100% annehmen. Dies hängt davon ab, wie hoch die Rückzahlungen trotz des Ausfalls (z. B. aus einer Insolvenzmasse) und der Nettoerlös aus der Verwertung der Kreditsicherheiten sind. Die Ermittlung der LGD sollte aus einer primär ökonomischen und nicht aus einer rechnungslegungsorientierten Betrachtungsweise ermittelt werden.[105] Somit sind neben den Buchwertverlusten auch die entgangenen Zinszahlungen und Bearbeitungskosten in Form von Barwerten zu berücksichtigen.[106] Mit Fokus auf die Rückzahlungen wird in der Literatur teilweise auch die Wiedereinbringungsquote (RR; *recovery rate*) als Gegenstück zur LGD angegeben:

$$\text{RR} = 1 - \text{LGD} \quad (\text{mit:} \quad 0 \leq \text{LGD} \leq 1)$$

- Ausfallwahrscheinlichkeit (PD; engl.: *probability of default*)

  Die Ausfallwahrscheinlichkeit gibt die Wahrscheinlichkeit eines vollständigen oder teilweisen Zahlungsausfalls an. Häufig ist in wissenschaftlichen Arbeiten der Ausfall einer einzelnen Emission nicht bekannt. Daher wird die PD einer einzelnen Forderung durch die PD des Schuldners (Emittent) approximiert. Die Approximation ist kaum problematisch, da meist nicht ein einzelner Schuldtitel, sondern alle Schuldtitel eines Schuldners gleichzeitig ausfallen.[107] Der Grund hierfür ist häufig die Insolvenz des

104 Vgl. DALDRUP, A., Eigenkapitalquantifizierung, S. 14; WAGNER, E., CDS, S. 8; ZUREK, J., Kreditrisikomodellierung, S. 24. Zur Schätzung der LGD vgl. DALDRUP, A., Rating, S. 91–92; HAMERLE, A./KNAPP, M./WILDENAUER, N., Modelling LGD; HOYER, M., Ratingsystem für Inkassoforderungen, S. 17–67; PETER, C., Estimating LGD. Die LGD ist signifikant positiv mit der Ausfallrate korreliert. Vgl. HULL, J. C., Risikomanagement, S. 403.

105 Vgl. BÖTTGER, M./GUTHOFF, A./HEIDORN, T., LGD-Modelle, S. 6.

106 Vgl. ausführlich zu diesen Komponenten der LGD und zum Zusammenhang mit der EAD ÖSTERREICHISCHE NATIONALBANK/FINANZMARKTAUFSICHT, Ratingmodelle und -validierung, S. 147–152. Vgl. ausführlich zur Schätzung ELBRACHT, H. C., LGD.

107 Vgl. DALDRUP, A., Eigenkapitalquantifizierung, S. 14. Die PD müssen allerdings nicht zwingend übereinstimmen, da sich die spezifischen Eigenschaften der Schuldtitel, wie bspw. Besicherungen sowie Höhe und Zeitpunkte der Zahlungsverpflichtungen, unterscheiden können. Vgl. OHLIGER, T., Rating, S. 645.

Schuldners. Deshalb wird in der wissenschaftlichen Literatur, wie auch in dieser Arbeit, häufig die Insolvenz als Ausfallereignis verwendet und damit die PD durch die Insolvenzwahrscheinlichkeit approximiert. Die PD wird mithilfe von Rating- oder Scoringsystemen geschätzt. Da derartige Schätzungen den Schwerpunkt der vorliegenden Arbeit darstellen, werden Rating- und Scoringsysteme in Abschnitt 222 näher erläutert.

Mathematisch ergibt sich der EL aus dem **Produkt** der drei beschriebenen Determinanten:

$$EL = EAD * LGD * PD$$

Unter der Annahme, dass die Verluste normalverteilt sind, ist die **Standardabweichung der Verluste** ein Maß für die Abweichung vom Erwartungswert und somit für den UL:[108]

$$UL = EAD * LGD * \sqrt{PD * (1 - PD)}$$

Für Kreditverluste kann allerdings i. d. R. keine Normalverteilung angenommen werden.[109] Als Alternative für nicht-normalverteile Verlustverteilungen wird der UL über den *value at risk* (VaR)[110] ermittelt. Der UL ist dann der Verlust, der mit einer bestimmten Wahrscheinlichkeit nicht überschritten wird, abzüglich des EL.[111]

Die PD als die für die vorliegende Arbeit zentrale Determinante hat somit einen direkten Einfluss auf den EL und den UL. Durch eine verzerrte PD-Schätzung werden beide Komponenten ebenfalls verzerrt ermittelt. Dadurch besteht die Gefahr einer inadäquaten Kalkulation der

108 Vgl. VETTER, M./CREMERS, H., IRB-Modell und logarithmisch normalverteilte Verlustfunktion, S. 20. Es wird vereinfachend davon ausgegangen, dass die Risikoursachen statistisch unabhängig von der LGD sind und somit keine Kovarianzen berücksichtigt werden. Vgl. OEHLER, A./UNSER, M., Finanzwirtschaftliches Risikomanagement, S. 341. Außerdem wird die LGD als konstant angenommen. Zur Berücksichtigung einer schwankenden LGD vgl. DALDRUP, A., Eigenkapitalquantifizierung, S. 15.

109 Typischerweise sind die Verteilungen für Kreditverluste rechtsschief. Vgl. VETTER, M./CREMERS, H., IRB-Modell und logarithmisch normalverteilte Verlustfunktion, S. 22.

110 Vgl. ausführlich SCHIERENBECK, H./LISTER, M./KIRMSSE, S., Ertragsorientiertes Bankmanagement, S. 76–100. Im Kontext des Kreditrisikos wird das Maß teilweise auch als *credit value at risk* (CVaR) oder *credit at risk* (CaR) bezeichnet.

111 Vgl. DALDRUP, A., Eigenkapitalquantifizierung, S. 15–16.

Standardrisikokosten. Außerdem wird das ökonomische Eigenkapital[112], welches zur Risikovorsorge gegen den UL dienen soll, ggf. falsch eingeschätzt. Die entsprechende regulatorische Eigenkapitalunterlegung zur Abdeckung des UL wird durch die Baseler Eigenkapitalvereinbarungen gefordert. Die Auswirkungen der PD-Schätzung in diesem Kontext werden indes aufgrund ihrer Vielschichtigkeit separat in Abschnitt 23 dargestellt.

222 Scoring- und Ratingmodelle

In seiner allgemeinsten Definition bezeichnet der **Ratingbegriff** die Beurteilung eines Objekts hinsichtlich bestimmter Eigenschaften.[113] Hiefür werden im Voraus definierte Kriterien verwendet. Die Bewertung sollte standardisiert und möglichst objektiv sein.[114] Aus einer finanzwirtschaftlichen Betrachtungsweise heraus wird als Rating meist eine Bonitätsbeurteilung bezeichnet.[115] Dabei soll die künftige finanzielle Situation des **Ratingobjekts** beurteilt werden.[116] Das Ratingobjekt kann ein gesamtes Unternehmen (Emittentenrating) oder auch ein einzelner Schuldtitel sein (Emissionsrating). Beim Emittentenrating wird die allgemeine Zahlungsfähigkeit eines Schuldners beurteilt. Beim Emissionsrating wird die Fähigkeit des Schuldners prognostiziert, die Zins- und Tilgungsverpflichtungen eines einzelnen Schuldtitels korrekt zu erfüllen.[117] Weitere Ratingobjekte können im finanzwirtschaftlichen Kontext z. B.

112 Die DEUTSCHE BUNDESBANK definiert das ökonomische Eigenkapital als das Eigenkapital, welches „[...] vom Kreditinstitut [...] auf Grund eines umsichtigen Risikomanagements als notwendig angesehen werden sollte." DEUTSCHE BUNDESBANK, Monatsbericht Januar 2002, S. 47. Dieser Definition wird in der vorliegenden Arbeit gefolgt. Vgl. zu den (nicht allgemeingültigen) Bestandteilen ebd., S. 42–43. HERFURTH betont die subjektive Bestimmung des ökonomischen Eigenkapitals. Vgl. HERFURTH, S., Regulierung von Ratingagenturen, S. 15–16.

113 Vgl. bzgl. des Unterschieds zum Ranking UNTERHUBER, H./DEMMLER, G./ZACHER, S., Rating als Transparenzstandard, S. 39–40.

114 Vgl. BECKER, G., Ratingoptimierung, S. 159; DALDRUP, A., Eigenkapitalquantifizierung, S. 18. Vgl. zu den Anforderungen an eine Ratingagentur TRAUTMANN, U./WAGNER, K., Ratingprozess, S. 130. Vgl. zu den Anforderungen an den Ratingprozess GAUMERT, U., Grundsätze ordnungsgemäßen Ratings.

115 Vgl. einführend zum Rating z. B. HEINKE, V. G., Bonitätsrisiko und Credit Rating; TRUECK, S./RACHEV, S. T., Rating based modeling of credit risk. EVERLING betont, dass das Rating neben der wirtschaftlichen Fähigkeit auch die „[...] rechtliche Bindung und Willigkeit eines Schuldners [...]" bzgl. der Erfüllung seiner Verpflichtungen beschreibt. Vgl. EVERLING, O., Wesen und Bedeutung des Finanzratings, S. 6.

116 Vgl. EVERLING, O., Wesen und Bedeutung des Finanzratings, S. 6. In diesem Zusammenhang gibt es in der Literatur teilweise die Unterscheidung zwischen *Point-in-Time-Rating* und *Through-the-Cycle-Rating*. Vgl. dazu WEINRICH, G./JACOBS, J., Finanzanalyse und Finanzrating, S. 21–22; ANDERSSON, A./VANINI, P., Credit-migration risk modeling, S. 7–8; DALDRUP, A., Rating, S. 20–24.

117 Vgl. ausführlich dazu OTT, C., Informationsgehalt von Ratings, S. 24–29.

Ratingklasse	Historische Ausfallwahrscheinlichkeit 1 Jahr	5 Jahre	Bonitätseinstufung
AAA	0,0%	0,3%	Höchste Bonität
AA+ AA AA–	0,0%	0,3%	Sehr gute Bonität, extrem geringes Ausfallrisiko
A+ A A–	0,1%	0,7%	Gute Bonität, aber eine Verschlechterung ist bei negativer Umfeldentwicklung nicht völlig auszuschließen
BBB+ BBB BBB–	0,2%	2,6%	Angemessener Schutz gegen Zahlungsschwierigkeiten, aber Verschlechterung bei negativer Umfeldentwicklung möglich
BB+ BB BB–	1,1%	10,1%	Im wirtschaftlichen Umfeld des Unternehmens bestehende Unsicherheiten können zu Zahlungsschwierigkeiten führen
B+ B B–	5,0%	22,6%	Zahlungsschwierigkeiten sind bei negativer Umfeldentwicklung wahrscheinlich
CCC+ CCC CCC–	26,3%	46,2%	Zahlungsschwierigkeiten können nur bei positiver Umfeldentwicklung vermieden werden
CC C			Akute Gefahr von Zahlungsschwierigkeiten
D	100,0%	100,0%	Zahlungsverzug bzw. Zahlungsunfähigkeit

Tab. 2.1: Standard & Poor's Ratingskala (Langfristrating)
Vgl. STANDARD & POOR'S, Rating criteria, S. 11–14. Die Darstellung ist angelehnt an CRASSELT, N./KIRSTEN, A. S./PELLENS, B., Bedeutung von Ratingkennzahlen, S. 102.

auch Länder[118], Branchen[119], Fonds[120] oder Eigenkapitaltitel eines Unternehmens sein.[121] In dieser Analyse wird sich auf die Bonitätsbeurteilung eines gesamten Unternehmens beschränkt.

Als Rating werden in der wissenschaftlichen Literatur gleichermaßen der Prozess und das Ergebnis der Beurteilung bezeichnet. Eine genaue sprachliche Unterscheidung, bspw. durch

118 Vgl. BUCHER, B., Länderrating.

119 Vgl. EHRMANN, H., Risikomanagement in Unternehmen, S. 281.

120 Vgl. zum Rating von *exchange traded funds* (ETF) JOHANNING, L./HENRICH, P./BECKER, M., Quantitatives ETF-Rating. Vgl. bzgl. der Unterschiede zwischen dem klassischen Fondsrating und dem ETF-Rating SÄLZLE, R./WAGNER, N., Anforderungen an ein ETF-Rating, S. 154.

121 Vgl. ausführlich zu den verschiedenen Ratingobjekten OELERICH, A., Robuste Ratingverfahren, S. 22–29. Vgl. dazu und zu weiteren Ratingdifferenzierungen BUSCHMEIER, A., Ratingagenturen, S. 156–159; FIEBIGER, A., Einfluss des Ratings, S. 64–69; FISCHER, A., Qualitative Merkmale in bankinternen Ratingsystemen, S. 42–44.

die Begriffe **Ratingurteil**, **Ratingprozedur** oder **Ratingverfahren**, findet sich in der wissenschaftlichen Literatur nur selten. In dieser Arbeit wird zur sprachlichen Differenzierung das Ratingurteil als Rating und der Prozess als Ratingprozess bzw. Ratingverfahren bezeichnet. Das Rating wird durch eine Ratingklasse ausgedrückt. Die Ratingklassen sind eindimensional und ordinal skaliert. Ihre Bezeichnung erfolgt i. d. R. durch eine Zahlen- , Buchstaben- oder Zeichenkombination (Ratingsymbole).[122] In Tab. 2.1 ist dies beispielhaft für das langfristige Rating von Standard & Poor's aufgeführt.[123] Hierbei wird jede Ratingklasse durch eine Buchstabenkombination mit einer unterschiedlichen Buchstabenanzahl bezeichnet. Außerdem werden durch ein Plus (Minus) die Bonitätseinschätzungen aufgestuft (abgestuft). Die Buchstabenkombination AAA bezeichnet bspw. die Ratingklasse mit der besten Bonitätsbeurteilung. Demgegenüber enthält die Ratingklasse D Unternehmen mit einem Zahlungsverzug oder -ausfall.

Durch die Zuordnung der Unternehmen zu einer ordinal skalierten Klasse lässt sich aus der Bonitätsbeurteilung nicht die metrische PD erfassen. Allerdings besteht ein empirischer Zusammenhang zwischen den **Ratingklassen** und den historischen PD. Somit lassen sich die PD über die Ratingklassen zumindest approximieren. Bei den historischen PD von 0% der (zusammengefassten) Ratingklassen aus Tab. 2.1 muss beachtet werden, dass es sich um gerundete und empirische Werte handelt. Grundsätzlich ist jede Ratingklasse mit einem zumindest geringen Ausfallrisiko verbunden.[124] Die Verteilung der aufgeführten historischen PD spiegelt die Korrelation zu den Ratingklassen wider. Die höheren Ratingklassen weisen höhere empirische Ausfallraten auf als die niedrigeren Klassen. In diesem Zusammenhang bezeichnet Standard & Poor's die Ratingklassen AAA bis einschließlich BBB− als *investment grade*. Die übrigen niedrigeren Ratingklassen werden als *speculative grade* bezeichnet.[125]

Zur Ratingklassenzuordnung folgt Standard & Poor's einem **Top-Down-Ansatz**.[126] Im ersten Schritt wird ein Rating für das Land des betrachteten Unternehmens ermittelt. Das Länderrating ist insofern von Bedeutung, als das Rating des Unternehmens nicht besser sein kann als

122 Vgl. DALDRUP, A., Eigenkapitalquantifizierung, S. 18.

123 Weitere Informationen eines Ratings können bspw. die Migrationswahrscheinlichkeiten zu anderen Klassen und die Volatilität der PD sein. Vgl. DALDRUP, A., Eigenkapitalquantifizierung, S. 19. Von diesen Informationen wird hier abgesehen, da sie für die vorliegende Arbeit von untergeordneter Bedeutung sind.

124 Vgl. CRASSELT, N./THIELE, S./OHLIGER, T., BilMoG vor dem Hintergrund von Basel II, S. 439.

125 Vgl. STANDARD & POOR'S, Rating criteria, S. 13.

126 Vgl. HEINKE, V. G., Bonitätsrisko und Credit Rating, S. 26–30.

das Länderrating. Im zweiten Schritt erfolgt die Bestimmung des spezifischen Unternehmensrisikos. Hierfür werden getrennt das Geschäftsrisiko (engl.: *business risk*) und das Finanzrisiko (engl.: *financial risk*) analysiert. Das Unternehmensrating ergibt sich anschließend aus der Kombination dieser beiden Teilurteile (unter Berücksichtigung der Länderratingrestriktion). Die Kombinationsmöglichkeiten und die entsprechenden Gesamtergebnisse sind in Tab. 2.2 dargestellt. Es wird deutlich, dass ein hohes Risiko des einen Analysebereichs durch ein niedriges Risiko des anderen Analysebereichs ausgeglichen werden kann. Allerdings kann die höchste Ratingstufe nur durch die geringste Risikoeinschätzung beider Teilurteile gleichzeitig erreicht werden. Außerdem erfolgt stets die Zuordnung zu einer Ratingklasse des *speculative grade*, falls eines der Teilrisiken in die risikoreichste Kategorie eingeordnet wird.[127]

	Financial risk profile					
Business risk profile	Minimal	Modest	Intermediate	Significant	Aggressive	Highly leveraged
Excellent	AAA/AA+	AA	A	A−	BBB	–
Strong	AA	A	A−	BBB	BB	BB−
Satisfactory	A−	BBB+	BBB	BB+	BB−	B+
Fair	–	BBB−	BB+	BB	BB−	B
Weak	–	–	BB	BB−	B+	B−
Vulnerable	–	–	–	B+	B	B− (maximal)

Tab. 2.2: Geschäfts- und Finanzrisikokombination zur Ratingklassenzuordnung
Angelehnt an STANDARD & POOR'S, Matrix expanded, S. 2–3.

Das **Geschäftsrisiko** ist abhängig vom allgemeinen Risiko der jeweiligen Branche. Es muss analysiert werden, welche Wachstumsperspektiven die Branche hat und wie stark sich konjunkturelle Schwankungen auswirken.[128] Zusätzlich muss zur Ermittlung des Geschäftsrisikos die Wettbewerbssituation des jeweiligen Unternehmens analysiert werden. Dazu gehören die jeweilige Marktstruktur und Marktstellung. Außerdem determinieren bestimmte Unternehmenseigenschaften, z. B. die Managementkompetenz und die Organisationsstruktur, das Geschäftsrisiko.[129] Bei der Analyse des Geschäftsrisikos werden weitgehend qualitative Kriterien

127 Vgl. CRASSELT, N./THIELE, S./OHLIGER, T., BilMoG vor dem Hintergrund von Basel II, S. 441.
128 Die Zahlungsbedingungen bei der Kreditvergabe sollten ebenfalls an die Branchenbesonderheiten angepasst werden. So können z. B. geringere Einzahlungen bei einem landwirtschaftlichen Betrieb in den Wintermonaten ggf. das Ausfallrisiko senken. Vgl. BECKER, G., Ratingoptimierung, S. 153.
129 Vgl. CRASSELT, N./KIRSTEN, A. S./PELLENS, B., Bedeutung von Ratingkennzahlen, S. 104.

verwendet.[130] Demgegenüber basiert die Analyse des **Finanzrisikos** weitgehend auf quantitativen Kriterien, z. B. bzgl. der Kapitalstruktur und der Liquidität.[131]

Solche **quantitativen Kriterien** sind Bestandteil der Bilanzanalyse, welche das zentrale Element der klassischen Kreditwürdigkeitsprüfung von Unternehmen ist.[132] Der Vorteil der quantitativen Kriterien ist ihre kardinale Messbarkeit, wodurch sie objektiv vergleichbar sind.[133] Aus diesem Grund werden in der wissenschaftlichen Literatur und den internen Verfahren des IRB-Ansatzes[134] meist statistische quantitative Ratingverfahren herangezogen.[135] Die Verknüpfung und Gewichtung der metrischen Variablen erfolgen dabei objektiv mithilfe ökonometrischer Modelle.[136]

Dem Ansatz der quantitativen Verfahren wird in der vorliegenden Arbeit gefolgt. Es werden im Rahmen der empirischen Analyse hauptsächlich quantitative Kriterien der Bilanzanalyse verwendet.[137] Die qualitativen Variablen des Geschäftsrisikos sind für diese Analyse nur von nachrangiger Bedeutung, da nichtlineare Zusammenhänge nur bei quantitativen Variablen auftreten können. Außerdem wird kein Ratingverfahren i. S. d. Zuordnung zu einer ordinalen Bonitätsklasse untersucht. Vielmehr wird jeweils die Wahrscheinlichkeit eines Ausfalls bzw. einer Insolvenz geschätzt, sodass die abhängige Variable metrisch skaliert ist. Eine solche Schätzung dürfte Bestandteil der meisten Ratingverfahren sein. Begrifflich kann dieses Vorgehen auch den Scoringverfahren zugeordnet werden. Im anglo-amerikanischen Raum werden als **Kreditscoring** (engl.: *credit scoring*) „[...] im engeren Sinne die statistischen Verfahren und Methoden zusammengefasst, die zur standardisierten und zeitnahen Bewertung von Kredit-

130 Dies gilt nicht ausschließlich. Beispielsweise können auch quantitative makroökonomische Größen zur Analyse verwendet werden.

131 Vgl. zu den Analysefeldern des Geschäfts- und des Finanzrisikos STANDARD & POOR'S, Rating criteria. Zum Kriterienvergleich verschiedener Ratingagenturen vgl. WIEBEN, H.-J., Credit Rating und Risikomanagement, S. 106–120.

132 Vgl. GLEISSNER, W./FÜSER, K., Leitfaden Rating, S. 12.

133 Vgl. OHLIGER, T., Rating, S. 645.

134 Vgl. Abschnitt 23.

135 Vgl. CRASSELT, N./THIELE, S./OHLIGER, T., BilMoG vor dem Hintergrund von Basel II, S. 442. Die Bezeichnung *quantitativ* gilt hierbei nur tendenziell. Häufig werden auch gut messbare qualitative Kriterien, bspw. die Branchenzugehörigkeit und die Rechtsform, verwendet.

136 Vgl. DALDRUP, A., Eigenkapitalquantifizierung, S. 20.

137 Ausnahmen bilden die Branche, die Rechtsform und das Alter des jeweiligen Unternehmens. Vgl. Abschnitt 432 und Abschnitt 433. FIEBIGER grenzt die Bilanzanalyse zum Rating dahingehend ab, dass beim Rating auch qualitative Faktoren berücksichtigt werden. Vgl. FIEBIGER, A., Einfluss des Ratings, S. 94–97.

ausfallwahrscheinlichkeiten herangezogen werden [...].“[138] Dabei wird der Begriff häufig im Zusammenhang mit Privatpersonen als Bewertungsobjekt genutzt.[139]

Wird z. B. aufgrund der besseren Datenverfügbarkeit die Wahrscheinlichkeit einer Unternehmensinsolvenz anstatt der Wahrscheinlichkeit eines Kreditausfalls modelliert, handelt es sich in diesen Fällen begrifflich um Untersuchungen von Insolvenzprognosen. Dies gilt auch für die empirische Analyse der Kapitel 4–6.[140] Deshalb wird in der empirischen Analyse der vorliegenden Arbeit der Begriff **Insolvenzprognose(-verfahren)** verwendet. Die beschriebenen Unterschiede zu den Bedeutungen des Bilanzratings und des Scorings sind allerdings geringfügig. Die verwendeten Modelle[141] können gleichermaßen für Kreditausfallprognosen, Insolvenzprognosen und als Bestandteil von Ratingverfahren sowie für Unternehmen und Privatpersonen als Beurteilungsobjekt verwendet werden.

23 Einfluss des Kreditrisikos auf die regulatorische Eigenkapitalunterlegung

Aufgrund eingetretener Bankenkrisen zu Beginn der 1970er Jahre wurde 1974 der Baseler Ausschuss für Bankenaufsicht (BCBS; engl.: *Basel Committee on Banking Supervision*) von den Zentralbankpräsidenten der G10-Länder einberufen.[142] Der Ausschuss hat zur Aufgabe, „[...] die Bankenaufsicht mit Blick auf die Regelungen, Verfahren und Bankpraktiken weltweit zu stärken und dadurch die Finanzstabilität zu fördern.“[143] Zu diesem Zweck erarbeitet er Standards für die Bankenaufsicht. Die Standards werden in Form von Empfehlungen herausgegeben und erst durch die Übernahme in eine EU-Richtlinie bzw. in die nationale Gesetzgebung rechtlich wirksam.[144] Durch die folgenden Ausführungen wird die Bedeu-

138 SCHWARZ, A., Lokale Scoring-Modelle, S. 7. Im zentraleuropäischen Raum werden hingegen als Kreditscoring häufig logisch-deduktive Verfahren, z. B. Punktbewertungen, verstanden. Vgl. BEMMANN, M., Simulationsmodell für die Insolvenzprognose, S. 13; ENACHE, D., Künstliche neuronale Netze, S. 74; KLADROBA, A., Rankings und Ratings, S. 102; PORATH, D., Scoring models for retail exposures, S. 26–27.

139 Vgl. FÜSER, K., Intelligentes Scoring und Rating, S. 37.

140 Vgl. für die Definition der abhängigen Variable Abschnitt 42.

141 Vgl. Kapitel 3.

142 Heute gehören dem Ausschuss Zentralbanken und Bankenaufsichten der größten Industrienationen und Schwellenländern sowie die Europäische Zentralbank an. Vgl. BECKER, H. P./PEPPMEIER, A., Bankbetriebslehre, S. 54.

143 BASELER AUSSCHUSS FÜR BANKENAUFSICHT, Charta, S. 1.

144 Vgl. EHRMANN, H., Risikomanagement in Unternehmen, S. 53; KORTH, H.-M., Basel II, S. 20.

tung der PD-Schätzung im Kontext dieser Standards dargestellt. Der Fokus liegt dabei auf den Auswirkungen einer verzerrten Schätzung auf die regulatorische Eigenkapitalunterlegung.

Basel I

1988 gab der BCBS die erste Baseler Eigenkapitalvereinbarung (Baseler Eigenkapitalakkord; Basel I) heraus.[145] Der Kernpunkt der Regelungen bestand darin, dass Risikoaktiva eines Kreditinstituts mit mindestens 8% Eigenkapital zu hinterlegen waren.[146] Diese **Eigenkapitalhinterlegung** war nicht abhängig von der Zahlungsfähigkeit des Schuldners und galt für Kredite an Unternehmen und Privatpersonen gleichermaßen, mit Ausnahme von Hypothekendarlehen, bei denen das berechnete Eigenkapital zur Hälfte gekürzt werden durfte. Außerdem durften Kredite an Banken und den öffentlichen Sektor durch eine niedrigere Gewichtung (20% bzw. 0%) mit weniger Eigenkapital hinterlegt werden.[147] Bei Hypothekenkrediten und Krediten an Banken bestand damit eine effektive Hinterlegung von 4% bzw. 1,6%, während für Kredite an den Staat kein Eigenkapital gehalten werden musste. Im Kontext der Mindesteigenkapitalquote definierte der BCBS die genauen Bestandteile des haftenden Eigenkapitals und unterteilte es in Kernkapital (Tier 1) und Ergänzungskapital (Tier 2). Die beschriebene Eigenkapitalhinterlegung musste dabei mindestens zur Hälfte aus Tier 1-Kapital bestehen.[148] Das Tier 1-Kapital enthielt in dieser Definition das eingezahlte Kapital, Einlagen stiller Gesellschafter, offene Rücklagen und Sonderposten für Bankrisiken, während das Tier 2-Kapital aus mittel- und langfristigen Verbindlichkeiten, Genussrechtsverbindlichkeiten, steuerfreien Rücklagen, Haftungssummenzuschlägen und Vorsorgereserven für allgemeine Bankrisiken bestand.[149]

145 Die Standards wurden durch die 4. KWG-Novelle im Jahr 1993 in Deutschland rechtsverbindlich. Vgl. KORTH, H.-M., Basel II, S. 20.

146 Vgl. BASELER AUSSCHUSS FÜR BANKENBESTIMMUNGEN UND -ÜBERWACHUNGEN, Baseler Eigenkapitalvereinbarung, Tz. 44.

147 Vgl. BASELER AUSSCHUSS FÜR BANKENBESTIMMUNGEN UND -ÜBERWACHUNGEN, Baseler Eigenkapitalvereinbarung, Tz. 36, 37 u. 41.

148 Vgl. BASELER AUSSCHUSS FÜR BANKENBESTIMMUNGEN UND -ÜBERWACHUNGEN, Baseler Eigenkapitalvereinbarung, Tz. 14.

149 Vgl. ÜBELHÖR, M./WARNS, C., Neue Eigenkapitalvereinbarung, S. 17. Dort wird auch beschrieben, dass Nettogewinne und kurzfristige nachrangige Verbindlichkeiten zu den Drittrangmitteln gehören, welche indes nicht zum haftenden Eigenkapital zählen.

Durch die erste Baseler Eigenkapitalvereinbarung wurde die Eigenkapitalunterlegung durch die Zugehörigkeit des Kreditnehmers zu einer der o. g. Risikoklassen determiniert. Innerhalb dieser Klassen wurde nicht weiter hinsichtlich der **Bonität** des Kreditnehmers differenziert. Dieses Vorgehen wurde als die wohl größte Schwäche der Baseler Eigenkapitalvereinbarung kritisiert.[150] Aus der fehlenden Risikodifferenzierung resultierte eine Diskrepanz zwischen dem ökonomischen Eigenkapital, welches die sinnvolle kaufmännische Risikovorsorge gegen den UL darstellt, und dem regulatorischen Eigenkapital. Kreditinstitute wurden aus regulatorischen Gesichtspunkten nicht zur Einhaltung des höheren Werts verpflichtet. Zur Erhöhung der Eigenkapitalrendite bestand für die Kreditinstitute vielmehr ein Anreiz darin, weniger Eigenkapital vorzuhalten bzw. bei einem gegebenen Eigenkapitalbestand höhere Risiken einzugehen.[151]

Basel II – Überblick

Aufgrund der beschriebenen Schwächen von Basel I erarbeitete der BCBS eine **neue Rahmenvereinbarung**, welche zumeist als Basel II bezeichnet wird.[152] Wie in Abb. 2.1 dargestellt, sind die Regelungen von Basel II in drei Bereiche unterteilt. Häufig werden sie als die **drei Säulen** von Basel II bezeichnet. In der ersten Säule sind die Regelungen zur Konvergenz des regulatorischen Eigenkapitals und des ökonomischen Eigenkapitals, welche das primäre Ziel von Basel II darstellt, enthalten. Über die Regelungen sollen die Kreditinstitute außerdem animiert werden, ihre Risikomess- und Risikomanagementverfahren zu entwickeln.[153] In der zweiten und dritten Säule sind die Regelungen zur bankaufsichtlichen Prüfung und zur Offenlegung verankert. Die drei Säulen sollten nicht vollständig unabhängig voneinander beachtet werden, sondern „[...] verstärken sich [...] gegenseitig und sollen so gemeinsam zu erhöhter Sicherheit und Solidarität im Bankensystem beitragen [...].“[154] Unabhängig davon, wird die

150 Vgl. für weitere Schwachstellen HEIM, G., Rating-Handbuch, S. 26. Dort werden weiterhin die fehlende Berücksichtigung operationeller Risiken, der geringe Fokus auf qualitative Faktoren und die mangelnde Berücksichtigung des Risikoprofils des Kreditgebers genannt.

151 Vgl. HEIDER, T., Basel II, Banken und Unternehmensfinanzierung, S. 25–26; ÜBELHÖR, M./WARNS, C., Neue Eigenkapitalvereinbarung, S. 18–19.

152 Vgl. BASELER AUSSCHUSS FÜR BANKENAUFSICHT, Neue Baseler Eigenkapitalvereinbarung. Sie wurde vom BCBS 2004 verabschiedet und durch die EU-Richtlinien 2006/48/EG sowie 2006/49/EG ab dem 01.01.2007 für europäische Kreditinstitute und Finanzdienstleister verpflichtend. Im deutschen Recht wurden die Richtlinien hauptsächlich durch die Solvabilitätsverordnung (SolvV) und die Mindestanforderungen an das Risikomanagement (MaRisk) sowie durch Änderungen im Kreditwesengesetz (KWG) umgesetzt. Vgl. REICHLING, P./BIETKE, D./HENNE, A., Praxishandbuch Risikomanagement und Rating, S. 20–21.

153 Vgl. HEIDER, T., Basel II, Banken und Unternehmensfinanzierung, S. 27 u. 32.

154 HEIDER, T., Basel II, Banken und Unternehmensfinanzierung, S. 33.

erste Säule häufig als die wesentlichste Säule betrachtet.[155] Da die relevanten Regelungen für die Fragestellungen dieser Arbeit ebenfalls in der ersten Säule integriert sind, wird nur sie im Folgenden näher beschrieben.[156]

Basel II – Mindesteigenkapitalanforderungen

In der ersten Säule ist geregelt, dass die Eigenkapitalanforderungen der Kreditinstitute sensitiver gegenüber dem Risiko der entsprechenden Aktiva sein sollen. Kredite an Schuldner mit guter Bonität sollen dabei mit weniger Eigenkapital hinterlegt werden müssen als Kredite an Schuldner mit schlechter Bonität. Zu diesem Zweck werden die Kreditnehmer nicht mehr ausschließlich den Forderungsklassen aus Basel I zugeordnet, sondern außerdem zu **schuldnerspezifischen Bonitätsklassen**.[157] Anhand dieser Bonitätsklassen wird das Risikogewicht der entsprechenden Aktiva ermittelt. Die Summe der gewichteten Risikoaktiva ergibt sich aus folgender Gleichung (mit n=Anzahl der Risikoaktiva):[158]

$$\text{Summe gewichteter Risikoaktiva} = \sum_{i=1}^{n} \text{Risikogewicht}_i * \text{Forderungsbetrag}_i$$

Die Eigenkapitalunterlegung wird wiederum anhand dieser gewichteten Risikoaktiva ermittelt. Dabei bleibt der **Kapitalkoeffizient** von 8% aus Basel I bestehen. Hinzu kommt neben der Risikogewichtung die Berücksichtigung des operationellen Risikos und des Marktrisikos.[159] Formal wird die Eigenkapitalunterlegung durch folgende Beziehung ermittelt:

$$\frac{\text{Eigenkapital}}{\text{Summe gewichteter Risikoaktiva} + 12{,}5 * \text{Anrechnungsbeträge}} \geq 8\% \tag{2.1}$$

155 PETERL verweist in diesem Kontext auf die Bezeichnung *key pillar*. Vgl. PETERL, F., Risikomanagement bei Banken, S. 171.

156 Vgl. zu Säule II und Säule III BASELER AUSSCHUSS FÜR BANKENAUFSICHT, Neue Baseler Eigenkapitalvereinbarung, Tz. 719-826. Die zweite Säule dient u. a. dazu, die Banken in der Verbesserung ihrer Risikomanagementverfahren zu bestärken. In diesem Zusammenhang wird die Bedeutung der PD-Schätzung durch den BCBS betont. Vgl. BASELER AUSSCHUSS FÜR BANKENAUFSICHT, Neue Baseler Eigenkapitalvereinbarung, Tz. 734. Die Anwendung bestimmter Verfahren aus Säule I ist an die in Säule III geregelten Offenlegungspflichten geknüpft. Dadurch sollen die Marktteilnehmer in der Lage sein, die Eigenkapitalausstattung eines Institutes zu beurteilen. Vgl. HEIDER, T., Basel II, Banken und Unternehmensfinanzierung, S. 89.

157 Betroffen sind Kredite im Anlagebuch. Vgl. BASELER AUSSCHUSS FÜR BANKENAUFSICHT, Neue Baseler Eigenkapitalvereinbarung, Tz. 52 u. 215.

158 Vgl. CRASSELT, N./THIELE, S./OHLIGER, T., BilMoG vor dem Hintergrund von Basel II, S. 436.

159 Durch Basel II erfolgt die Berücksichtigung des operationellen Risikos. Das Marktrisiko wird seit 1996 als Nachtrag zu Basel I berücksichtigt. Vgl. REICHLING, P./BIETKE, D./HENNE, A., Praxishandbuch Risikomanagement und Rating, S. 22.

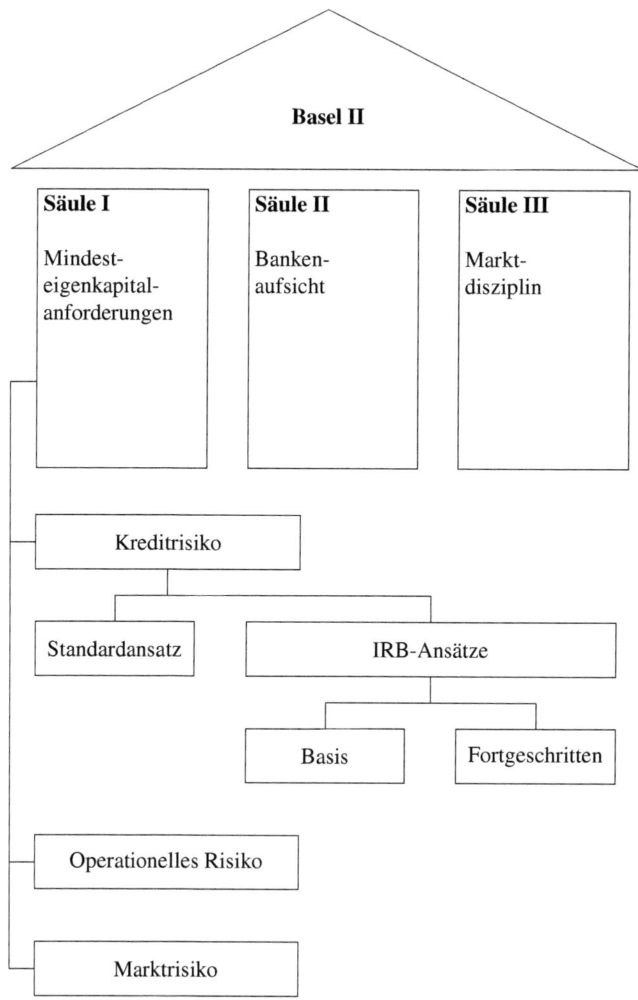

Abb. 2.1: Überblick über die Basel II-Regelungen

Die **Anrechnungsbeträge** sind dabei die Eigenkapitalanforderungen für die Marktrisiken und die operationellen Risiken. Sie werden aufgrund ihrer unterschiedlichen Skalierung mit dem Faktor 12,5 multipliziert. Während die Summe der gewichteten Risikoaktiva die Basis zur Ermittlung der Eigenkapitalunterlegung ist, d. h. eine Größe vor der Multiplikation mit 8%, sind die Anrechnungsbeträge selber schon die Höhe der entsprechenden Eigenkapitalunterlegung, d. h. eine Größe nach der Multiplikation mit 8%. Um beide Größen simultan in der

Formel (2.1) zu berücksichtigen, werden die Anrechnungsbeträge mit dem Kehrwert von 8% multipliziert.[160] Die Formel (2.1) lässt sich ebenfalls darstellen als:

$$\frac{\text{Eigenkapital} - \text{Anrechnungsbeträge}}{\text{Summe gewichteter Risikoaktiva}} \geq 8\%$$

Im Hinblick auf das Kreditrisiko müssen somit 8% der risikogewichteten Aktiva mit Eigenkapital unterlegt werden, welches bereits um die Anrechnungsbeträge korrigiert ist.

Für alle drei Risikoarten gibt es verschiedene Systeme zur **Messung der Eigenkapitalunterlegung**. Es sind Standardsysteme und fortgeschrittene Systeme in den Basel II-Regelungen implementiert, wobei die fortgeschrittenen Systeme tendenziell zu einer geringeren Eigenkapitalunterlegung führen. Sie sind i. d. R. genauer und weisen eine größere Sensitivität bzgl. des eingegangenen Risikos auf. Die Möglichkeit einer geringeren Eigenkapitalunterlegung durch die fortgeschrittenen Systeme soll für Kreditinstitute einen Anreiz darstellen, sie einzuführen und auszubauen. Unabhängig von dem spezifischen Messverfahren, soll generell die Höhe der Eigenkapitalunterlegung bei jeder der drei Risikoarten mit dem eingegangenen Risiko steigen.[161] Da die Marktrisiken und die operationellen Risiken für die Fragestellungen dieser Arbeit von nachrangigem Interesse sind, wird in den nachfolgenden Ausführungen auf die Verfahren zur Ermittlung der Eigenkapitalunterlegung bzw. der Risikogewichtung bezogen auf das Kreditrisiko eingegangen. Diese Verfahren können wiederum auf den in der vorliegenden Arbeit untersuchten Modellen beruhen.[162] Wie in Abb. 2.1 dargestellt, können der Standardansatz sowie der IRB-Basis-Ansatz (engl.: *internal ratings-based approach*) und der fortgeschrittene IRB-Ansatz (engl.: *internal ratings-based advanced approach*) verwendet werden. Um aufzuzeigen, unter welchen Voraussetzungen verzerrte PD-Schätzungen bspw. durch die fehlende Berücksichtigung nichtlinearer Zusammenhänge zu einer inadäquaten regulatorischen Eigenkapitalunterlegung führen, werden die genannten Ansätze im Folgenden vertieft erläutert. Kreditrisikomindernde Effekte werden dabei außer Acht gelassen.

160 Vgl. BASELER AUSSCHUSS FÜR BANKENAUFSICHT, Neue Baseler Eigenkapitalvereinbarung, Tz. 44.

161 Vgl. REICHLING, P./BIETKE, D./HENNE, A., Praxishandbuch Risikomanagement und Rating, S. 27.

162 Für die Verfahren des Marktrisikos sei z. B. verwiesen auf BECKER, H. P./PEPPMEIER, A., Bankbetriebslehre, S. 63–66. Das Marktrisiko von im Handelsbuch gehaltenen Finanzinstrumenten steht im Zusammenhang mit Migrations- und Ausfallrisiken. Vgl. in diesem Kontext für die *incremental risk charge* BREIDENBACH, S./OHLIGER, T., Incremental risk charge. Vgl. für die Verfahren des operationellen Risikos z. B. HEIDER, T., Basel II, Banken und Unternehmensfinanzierung, S. 63–73.

Basel II – Standardansatz

Beim Standardansatz wird das jeweilige Risikogewicht über das Rating einer unabhängigen und von der Bundesanstalt für Finanzdienstleistungsaufsicht (BaFin) anerkannten Ratingagentur[163] (externes Rating) abgeleitet. Je besser das **externe Rating** eines Schuldners ist, desto niedriger ist die Gewichtung der entsprechenden Risikoposition. Wie in Tab. 2.3 dargestellt, wird im ersten Schritt der Kreditnehmer in Abhängigkeit seines Ratings einer Risikoklasse zugeordnet. Für die Ratingklassen wird die Notation von Standard & Poor's zugrunde gelegt. Anschließend wird das Risikogewicht eines Kredits in Abhängigkeit der Risikoklasse sowie der Forderungsklasse des Kreditnehmers ermittelt. Dies ist in Tab. 2.4 dargestellt.[164] Je nach Forderungs- und Bonitätsklasse sind unterschiedlich hohe Risikogewichte zu verwenden.[165] Durch die sie ergibt sich eine **effektive Eigenkapitalunterlegung** zwischen 0% und 12% (=150%*8%). Die maximale effektive Eigenkapitalunterlegung ergibt sich für Staaten, Zentralbanken und Banken bei einem Rating unterhalb von B− bzw. für Unternehmen bei einem Rating unterhalb von BB−. Wenn kein externes Rating vorliegt, liegt das Risikogewicht unterhalb des Maximums.[166] Einerseits kann ein fehlendes Rating aus hohen Kosten oder der fehlenden Möglichkeit/Notwendigkeit resultieren.[167] Andererseits ergibt sich aus den geringeren Risikogewichten auch ein Anreiz für bonitätsschwache Unternehmen, auf ein externes Rating zu verzichten.[168]

---

163 Vgl. für die Liste der entsprechenden Agenturen http://www.bafin.de/SharedDocs/Veroeffentlichungen/DE/Auslegungsentscheidungen/BA/ae_110509_ratingagenturen.html (Abrufdatum: 26.09.2015).

164 Vgl. für die Option, dass Bankkredite gemäß Basel II auch anhand des Ratings des Sitzlandes beurteilt werden dürfen BASELER AUSSCHUSS FÜR BANKENAUFSICHT, Neue Baseler Eigenkapitalvereinbarung, Tz. 60–61. Mit Ausnahme der Risikoklassen 1 und 6 werden die kurzfristigen Kredite (Anfangslaufzeit und erwartete effektive Laufzeit bis zu 3 Monaten) eine Gewichtungsstufe unterhalb der übrigen Bankkredite eingeordnet. HEIDER gibt als Grund für die ansonsten fehlende Berücksichtigung der Laufzeit die geringere Komplexität des Vorgehens an. Vgl. HEIDER, T., Basel II, Banken und Unternehmensfinanzierung, S. 42. Dort wird ebenso die Bedeutung des Laufzeitfaktors für das Risiko betont.

165 Für eine detaillierte Aufteilung der Forderungsklassen vgl. BECKER, H. P./PEPPMEIER, A., Bankbetriebslehre, S. 58–59. Die aufgeführten Risikogewichte gelten grundsätzlich, nationalen Aufsichtsbehörden sind allerdings individuelle Anpassungen möglich. Vgl. HEIDER, T., Basel II, Banken und Unternehmensfinanzierung, S. 42. Zum Beispiel können Kredite an die Bank for International Settlements, den Internationalen Währungsfonds, die Europäische Zentralbank und die Europäische Gemeinschaft mit einem Risikogewicht von 0% gewichtet werden. Vgl. BASELER AUSSCHUSS FÜR BANKENAUFSICHT, Neue Baseler Eigenkapitalvereinbarung, Tz. 56.

166 Unter der Restriktion, dass Kredite an Banken und Unternehmen ohne externes Rating kein niedrigeres Risikogewicht bekommen dürfen als ihr Sitzstaat. Vgl. BASELER AUSSCHUSS FÜR BANKENAUFSICHT, Neue Baseler Eigenkapitalvereinbarung, Tz. 60 u. 66.

167 Vgl. BECKER, H. P./PEPPMEIER, A., Bankbetriebslehre, S. 59.

168 Vgl. HEIDER, T., Basel II, Banken und Unternehmensfinanzierung, S. 41.

Ratingklassen	Risikoklasse 1	2	3	4	5	6	Ohne
Obere Grenze	AAA	A+	BBB+	BB+	B+	CCC+	–
Untere Grenze	AA–	A–	BBB–	BB–	B–	–	–

Tab. 2.3: Risikoklassen im Standardansatz

Eine inadäquate Eigenkapitalunterlegung durch die **fehlende Berücksichtigung nichtlinearer Effekte** kann beim Standardansatz nur entstehen, wenn sie im externen Ratingsystem unberücksichtigt bleiben. Bezüglich der Retail-Kredite hat eine Nichtbeachtung keine Folgen, da hierbei die Risikogewichte konstant bleiben. Retail-Kredite sind definiert als Kredite mit geringen Volumina an kleine Unternehmen oder Privatpersonen.[169] Durch die große Schuldneranzahl und daraus folgende **Diversifikationseffekte** ist das Risiko hoher unerwarteter Verluste gering. Da eben dieses Risiko durch die Eigenkapitalunterlegung abgedeckt werden soll, wird eine einheitliche Unterlegung unter 100% gefordert.[170]

Forderungsklasse	Risikoklasse 1	2	3	4	5	6	Ohne
Staaten/Zentralbanken	0%	20%	50%	100%	100%	150%	100%
Unternehmen	20%	50%	100%	100%	150%	150%	100%
Banken (kurzfristig)	20%	20%	20%	50%	50%	150%	20%
Banken (sonstige)	20%	50%	50%	100%	100%	150%	50%
Retail (ohne Verzug)	75%	75%	75%	75%	75%	75%	75%

Tab. 2.4: Risikogewichtung im Standardansatz

Basel II – IRB-Ansätze

Alternativ zum Standardansatz können Banken zur Ermittlung ihrer Eigenkapitalunterlegung **zwei IRB-Ansätze** verwenden. Ihre Anwendung ist an diverse Mindestanforderungen[171] einschließlich bestimmter Offenlegungsvorschriften[172] der dritten Säule von Basel II geknüpft. Beide möglichen Ansätze weisen eine **unterschiedliche Komplexität** auf, wobei jeweils zumindest die PD vom Kreditgeber selbst geschätzt werden muss. Die PD-Schätzung kann

169 Vgl. ausführlich zu den Bedingungen BASELER AUSSCHUSS FÜR BANKENAUFSICHT, Neue Baseler Eigenkapitalvereinbarung, Tz. 70.
170 Vgl. ÜBELHÖR, M./WARNS, C., Neue Eigenkapitalvereinbarung, S. 30.
171 Vgl. BASELER AUSSCHUSS FÜR BANKENAUFSICHT, Neue Baseler Eigenkapitalvereinbarung, Tz. 387–537.
172 Vgl. BASELER AUSSCHUSS FÜR BANKENAUFSICHT, Neue Baseler Eigenkapitalvereinbarung, Tz. 826.

z. B. auf den in dieser Arbeit untersuchten Modellklassen[173] beruhen. Externe Ratings werden nicht verwendet. Der fortgeschrittene Ansatz unterscheidet sich zum IRB-Basis-Ansatz dahingehend, dass der Kreditgeber hierbei weitere Komponenten selber schätzt. Die Schätzung aller Komponenten beruht auf eigenen Modellen bzw. im Basis-Ansatz zusätzlich auf Vorgaben der Aufsichtsbehörde. Dies bezeichnet PETERL als „[...] einen strategischen Schritt in Richtung der Individualisierung der aufsichtsrechtlichen Eigenkapitalanforderungen [...]."[174] Diese Individualisierung, vor allem bei der Verwendung des fortgeschrittenen IRB-Ansatzes, bedeutet für den Kreditgeber i. d. R. einen größeren technischen Aufwand als beim Standardansatz, da eigene Messsysteme entwickelt werden müssen.[175] Gleichzeitig soll ein Anreiz zur Verwendung der IRB-Ansätze dahingehend bestehen, dass die Eigenkapitalunterlegung differenzierter berechnet und dadurch gesenkt werden kann. Ein weiterer Anreiz zur Verwendung der IRB-Ansätze besteht in seiner Außenwirkung: Durch die Anwendung signalisiert das Kreditinstitut, dass es über ein von der Bankenaufsicht anerkanntes Risikomesssystem verfügt.[176] Außerdem lassen sich eigene Erfahrungswerte, z. B. im Zuge einer Spezialisierung, in den eigenen Schätzungen nutzen.[177]

Im ersten Schritt werden die Schuldner analog zum Standardansatz in Forderungsklassen unterteilt. Diese sind in den IRB-Ansätzen (a) Unternehmen, (b) Staaten, (c) Banken, (d) Retail sowie (e) Beteiligungen.[178] Dadurch wird berücksichtigt, das die Schuldnerkategorien heterogen hinsichtlich der relevanten Risikoeigenschaften sind.[179] Das Risikogewicht (RW) folgt anschließend aus einer stetigen Funktion der folgenden **drei Risikokomponenten**:[180] Ausfallwahrscheinlichkeit (PD), Verlustausfallquote (LGD), effektive Restlaufzeit (M; engl.: *maturity*).

173 Vgl. zu den Modellklassen Kapitel 3.
174 PETERL, F., Risikomanagement bei Banken, S. 184.
175 Vgl. ÜBELHÖR, M./WARNS, C., Neue Eigenkapitalvereinbarung, S. 28.
176 Vgl. HEIDER, T., Basel II, Banken und Unternehmensfinanzierung, S. 50 u. 55–56.
177 Vgl. HEIM, G., Rating-Handbuch, S. 33.
178 Vgl. BASELER AUSSCHUSS FÜR BANKENAUFSICHT, Neue Baseler Eigenkapitalvereinbarung, Tz. 215.
179 Vgl. PETERL, F., Risikomanagement bei Banken, S. 184.
180 Vgl. bzgl. der theoretischen Erläuterung der Komponenten Abschnitt 221. Im Folgenden wird aufgrund der nachrangigen Bedeutung für die Fragestellungen der Arbeit auf die regulatorischen Regelungen zur LGD und zur effektiven Restlaufzeit nicht detailliert eingegangen. Vgl. zur LGD BASELER AUSSCHUSS FÜR BANKENAUFSICHT, Neue Baseler Eigenkapitalvereinbarung, Tz. 287–292, sowie vertiefend HARTMANN-WENDELS, T., Basel II, S. 89. Vgl. zur effektiven Restlaufzeit ebd., Tz. 318–325. Vgl. zur Korrelation der PD und der LGD MIU, P./OZDEMIT, B., Basel requirements of downturn loss given default; WAN, Z./DEV, A., Correlation between default events and LGD.

Wie schon beim Standardansatz wird das **Risikogewicht** mit der entsprechenden Forderungshöhe zum Ausfallzeitpunkt (EAD) und mit 8% multipliziert, um die geforderte Eigenkapitalunterlegung des einzelnen Kredits zu erhalten. Die Funktion zur Ermittlung des Risikogewichts differiert dabei zwischen den einzelnen Forderungskategorien. Für nicht ausgefallene **Kredite an Unternehmen, Staaten und Banken** sowie für **Beteiligungen**[181] lautet die Risikogewichtungsfunktion wie folgt:[182]

$$\begin{aligned} \mathrm{RW} = & \left[\Phi\left(\frac{\Phi^{-1}(\mathrm{PD})+\sqrt{\mathrm{R}}*\Phi^{-1}(0{,}999)}{\sqrt{1-\mathrm{R}}}\right)*\mathrm{LGD}-\mathrm{PD}*\mathrm{LGD}\right]*12{,}5 \\ & *\frac{1+(\mathrm{M}-2{,}5)*\mathrm{RL}}{1-1{,}5*\mathrm{RL}} \end{aligned} \tag{2.2}$$

mit:

$$\mathrm{R} = 0{,}24-0{,}12*\frac{1-\exp(-50*\mathrm{PD})}{1-\exp(-50)}$$

$$\mathrm{RL} = (0{,}11852-0{,}05478*\ln(\mathrm{PD}))^2$$

Φ = Verteilungsfunktion der Standardnormalverteilung

Die Gleichung (2.2) besteht aus zwei Abschnitten, nämlich die Berechnung des Risikogewichts bei einer effektiven Restlaufzeit von einem Jahr und einer Anpassung dieses Gewichts an die tatsächliche effektive Restlaufzeit. Die Berechnung des Risikogewichts in der ersten Zeile von (2.2) ist dabei abhängig von der PD, der LGD und der Korrelation zum Systemrisiko (R). Es wird das **99,9%-Quantil der Verlustverteilung** ermittelt und anschließend die erwarteten Verluste (=PD*LGD)[183] abgezogen. Daran wird deutlich, dass die regulatorische Eigenkapitalunterlegung ausschließlich zur Absicherung gegen unerwartete Verluste dienen soll.[184]

Der Verwendung der Korrelation mit dem **Systemrisiko** liegt die Annahme zugrunde, dass der Ausfallzeitpunkt eines Kredits einerseits vom gläubigerspezifischen Risiko und andererseits

181 Bei Beteiligungen müssen Restriktionen beachtet werden. Vgl. BASELER AUSSCHUSS FÜR BANKENAUFSICHT, Neue Baseler Eigenkapitalvereinbarung, Tz. 350–355. Vgl. bzgl. des alternativen Marktansatzes für Beteiligungen ebd., Tz. 343–349.

182 Vgl. BASELER AUSSCHUSS FÜR BANKENAUFSICHT, Neue Baseler Eigenkapitalvereinbarung, Tz. 272.

183 Vgl. Abschnitt 221. Der EAD wird beim IRB-Ansatz noch in einem späteren Schritt multipliziert.

184 Vgl. VETTER, M./CREMERS, H., IRB-Modell und logarithmisch normalverteilte Verlustfunktion, S. 52. Die EL sollen durch entsprechende Standardrisikokosten abgedeckt werden. Vgl. ausführlich zur Behandlung der EL im IRB-Ansatz WILKENS, M./BAULE, R./ENTROP, O., Erwartete Verluste im IRB-Ansatz.

vom systematischen Risiko abhängt. Die Korrelation in (2.2) spiegelt nun den Zusammenhang zwischen den Ausfallzeitpunkten und dem allgemeinen Marktrisiko wider. Sie ist wiederum abhängig von der PD des Kreditnehmers und liegt stets zwischen 0,12 und 0,24.[185] Kleinere PD haben dabei eine höhere Korrelation zur Folge. Dieser Zusammenhang beruht laut REICHLING/BIETKE/HENNE auf der Annahme, dass bei einer sinkenden Bonität der entsprechende Anstieg der PD eher aus dem gläubigerspezifischen Risiko als aus dem systematischen Risiko resultiert.[186] VETTER/CREMERS begründen den Zusammenhang hingegen über eine Scheinkorrelation: Die PD hängt negativ von der Unternehmensgröße ab. Große Unternehmen sind allerdings stärker abhängig von makroökonomischen Einflüssen, wodurch der Anteil des systematischen Risikos an ihrem Gesamtrisiko größer ist. Diese beiden gegenläufigen Zusammenhänge mit der Unternehmensgröße führen zur o. g. Korrelationsrichtung.[187]

In der zweiten Zeile von (2.2) erfolgt eine Adjustierung des Risikogewichts in Abhängigkeit der **Laufzeit**, da mit längerer Laufzeit auch das Risiko eines Ausfalls steigt. Bei einer längeren Laufzeit als einem Jahr wird dieser Term größer als 1 und die Risikogewichtung steigt. Der PD-Prognosezeitraum bleibt bei der Berechnung konstant.

Die PD des Schuldners kann als der **zentrale Faktor** in den IRB-Ansätzen angesehen werden.[188] Beide Teile der Gleichung (2.2) und auch die Ermittlung der Korrelation mit dem Systemrisiko hängen von ihr ab, wodurch sich eine inadäquate PD-Schätzung auf mehreren Ebenen verzerrend auf das zu ermittelnde Risikogewicht auswirkt. Zur Ermittlung der PD wird in beiden IRB-Ansätzen der Schuldner einer Ratingklasse auf Basis der bankinternen Verfahren zugeordnet.[189] Anschließend wird der Ratingklasse eine 1-Jahres-PD zugeordnet,

185 Sie lässt sich annähernd als $0{,}12*(1+\exp(-50*\mathrm{PD}))$ berechnen, da $\exp(-50)\approx 0$ gilt. Vgl. HULL, J. C., Risikomanagement, S. 317. Im Zuge von Basel III wurde der Korrelationsfaktor für beaufsichtigte Finanzinstitute ab einer Bilanzsumme von 100 Mrd. US-Dollar und unbeaufsichtigte Finanzinstitute um 25% erhöht.

186 Vgl. REICHLING, P./BIETKE, D./HENNE, A., Praxishandbuch Risikomanagement und Rating, S. 30–31.

187 Vgl. VETTER, M./CREMERS, H., IRB-Modell und logarithmisch normalverteilte Verlustfunktion, S. 54. Die angenommene geringere Korrelation kleiner Unternehmen mit dem systematischen Risiko wird in Basel II auch durch eine umsatzabhängige Anpassung der Korrelation in (2.2) berücksichtigt. Vgl. BASELER AUSSCHUSS FÜR BANKENAUFSICHT, Neue Baseler Eigenkapitalvereinbarung, Tz. 273–274. HEIM beschreibt die Berücksichtigung der Besonderheiten der KMU als das Hauptaugenmerk von Basel II. HEIM, G., Rating-Handbuch, S. 29.

188 Vgl. HEIDER, T., Basel II, Banken und Unternehmensfinanzierung, S. 44.

189 Dafür müssen mindestens acht Ratingklassen gebildet werden, wobei sich eine Ratingklasse auf ausgefallene Schuldner bezieht. Vgl. BASELER AUSSCHUSS FÜR BANKENAUFSICHT, Neue Baseler Eigenkapitalvereinbarung, Tz. 404.

welche allerdings 0,03% nicht unterschreiten darf.[190] Diese Zuordnung darf anhand der PD vergleichbarer Ratingklassen externer Agenturen oder anhand interner Vergangenheitsdaten erfolgen. Liegen zu wenige Vergangenheitsdaten vor, dürfen auch gepoolte Daten mehrerer Institute mit vergleichbaren Ratingsystemen genutzt werden. Wird zusätzlich zur Ratingklassenzuordnung auch die PD jedes einzelnen Kredits durch die Bank geschätzt, darf auch die durchschnittliche PD innerhalb einer Ratingklasse zugeordnet werden.[191] In diesem Fall würde schon eine einzelne verzerrte PD-Schätzung einen Einfluss auf die Eigenkapitalunterlegung aller Kredite dieser Ratingklasse haben.

Wird ein Kredit dem **Retailportfolio** zugeordnet, ist nicht zwischen einem Basis- und einem fortgeschrittenen Ansatz zu wählen.[192] Es wird für diese Kredite nur die erste Zeile der Gleichung (2.2) ohne die Laufzeitanpassung verwendet. Der BCBS unterscheidet in diesem Zusammenhang drei Arten von Retailkrediten und definiert für sie unterschiedliche Korrelationen mit dem Systemrisiko:[193]

$$\begin{aligned} \text{Private Baufinanzierung:}\quad & R = 0{,}15 \\ \text{Revolvierende Retailkredite:}\quad & R = 0{,}04 \\ \text{Übrige Retailkredite:}\quad & R = 0{,}16 - 0{,}13 * \frac{1-\exp(-35 * PD)}{1-\exp(-35)} \end{aligned}$$

Die Retailkredite sind in Kreditpools zu kategorisieren. Für jeden Kreditpool ist anschließend die LGD und die PD zu schätzen. Die PD entspricht wiederum der PD der jeweiligen internen Ratingklasse mit einem einjährigen Zeithorizont und einer Untergrenze von 0,03%.[194] Im Gegensatz zum Standardansatz hat hierbei auch die Bonitätseinschätzung bzgl. Retailkrediten einen Einfluss auf die Eigenkapitalunterlegung.

Basel III

In Folge der globalen Finanzkrise veröffentlichte der Baseler Ausschuss für Bankenaufsicht am 16.12.2010 das dritte große Regelwerk, welches unter der Bezeichnung Basel III

190 Vgl. Baseler Ausschuss für Bankenaufsicht, Neue Baseler Eigenkapitalvereinbarung, Tz. 285.
191 Vgl. Baseler Ausschuss für Bankenaufsicht, Neue Baseler Eigenkapitalvereinbarung, Tz. 462.
192 Vgl. Reichling, P./Bietke, D./Henne, A., Praxishandbuch Risikomanagement und Rating, S. 32.
193 Vgl. Baseler Ausschuss für Bankenaufsicht, Neue Baseler Eigenkapitalvereinbarung, Tz. 327–330.
194 Vgl. Baseler Ausschuss für Bankenaufsicht, Neue Baseler Eigenkapitalvereinbarung, Tz. 331.

bekannt ist.[195] Das **Kernziel** ist eine höhere Widerstandsfähigkeit der Banken in Stresssituationen. Somit bestehen auch die Kernelemente von Basel III in einer schrittweisen Erhöhung der Qualität und der Quantität der Eigenkapitalunterlegung.[196] Von der Qualitätserhöhung der Eigenkapitalunterlegung ist die **Definition der Eigenmittel** betroffen. Ab 2014 besteht das regulatorische Eigenkapital aus den folgenden drei Bestandteilen: hartes Kernkapital, zusätzliches Kernkapital sowie Ergänzungskapital.[197] Das Ergänzungskapital wird nicht weiter unterteilt. Die ersten Elemente werden als **Tier 1-Kapital** zusammengefasst. Die Zuordnung zum harten Kernkapital setzt voraus, dass ein Kapitalposten nachrangig ist, eine unbegrenzte Laufzeit hat und uneingeschränkt zur Verlustkompensation zur Verfügung steht.[198] Zur Zuordnung zum zusätzlichen Kernkapital ist es demgegenüber notwendig, dass der Kapitalposten nachrangig ist gegenüber Einlagen, nicht bevorrechtigten Gläubigern und nachrangigen Schuldinstrumenten des Kreditinstituts, eine unbegrenzte Laufzeit hat und ein Kündigungsrecht erst nach mindestens fünf Jahren und mit Zustimmungsvorbehalt der Bankenaufsicht besteht.[199] Die Definition des Ergänzungskapitals (**Tier 2**) besteht im Wesentlichen darin, dass es nachrangig gegenüber Einlagen und nicht bevorrechtigten Gläubigern ist, eine Laufzeit von mindestens fünf Jahren hat und frühestens nach diesem Zeitraum mit Genehmigung der Bankenaufsicht durch den Emittenten gekündigt werden darf.[200] Es dient als ergänzende Eigenkapitalausstattung für den Insolvenzfall. So wird das Tier 1-Kapital vom BCBS auch als *Going-Concern-Kapital* und das Tier 2-Kapital als *Gone-Concern-Kapital* bezeichnet.[201]

---

195 Vgl. für das gesamte Regelungswerk BASELER AUSSCHUSS FÜR BANKENAUFSICHT, Basel III. Dieses wurde im Laufe der Jahre ergänzt und überarbeitet. Die dazugehörige EU-Richtlinie 2013/36/EU wird als CRD IV (engl.: *capital requirements directive IV*) und die dazugehörige EU-Verordnung Nr. 575/2013 als CRR (engl.: *capital requirements regulation*) bezeichnet. Zur Übernahme in die deutsche Gesetzgebung wurde das entsprechende CRD IV-Umsetzungsgesetz im Bundesgesetzblatt 2013/53 Teil I am 03.09.2013 veröffentlicht.

196 Vgl. BECKER, H. P./PEPPMEIER, A., Bankbetriebslehre, S. 72. Es kann an dieser Stelle nur ein Ausschnitt des Regelungsrahmens gegeben werden. Deshalb wird sich auf die wesentlichen Änderungen der Säule I beschränkt. Vgl. für die übrigen Regelungen BASELER AUSSCHUSS FÜR BANKENAUFSICHT, Basel III. Dort ist auch beschrieben, dass bei den Marktrisiken auch das Kreditrisiko im weiteren Sinne (Bonitätsverschlechterung) neu berücksichtigt wird. Vgl. ebd., Tz. 99 (Neuer Abschnitt VIII). Ein weiteres Kernelement der Säule I sind die neuen Kennziffern zur Einhaltung der Mindestliquidität unter Stressszenarien. Vgl. ebd., Tz. 40–42, und zu den Stressszenarien HEIDORN, T./SCHMALTZ, C./SCHRÖTER, D., Basel-III-Kennzahlen und Liquiditätssteuerung, S. 2; REITZ, S., Stresstests, S. 341–342.

197 Vgl. BASELER AUSSCHUSS FÜR BANKENAUFSICHT, Basel III, Tz. 49. Vgl. als Übersicht zu den einzelnen Bestandteilen z. B. GROSS, C./KÜSTER, M., Bankaufsichtlich anerkanntes Eigenkapital, S. 354–357. Die Drittrangmittel werden nicht mehr zur Abdeckung von Marktpreisrisiken berücksichtigt. Vgl. ebd., S. 352–353.

198 Vgl. BASELER AUSSCHUSS FÜR BANKENAUFSICHT, Basel III, Tz. 52–53. Vgl. ebd. auch weitere Kriterien.

199 Vgl. BASELER AUSSCHUSS FÜR BANKENAUFSICHT, Basel III, Tz. 55. Vgl. ebd. auch weitere Kriterien.

200 Vgl. BASELER AUSSCHUSS FÜR BANKENAUFSICHT, Basel III, Tz. 58. Vgl. ebd. auch weitere Kriterien.

201 Vgl. BASELER AUSSCHUSS FÜR BANKENAUFSICHT, Basel III, Tz. 49.

Eine höhere Qualität der Eigenkapitalunterlegung soll dadurch erreicht werden, dass die **Bestandteile** der Eigenkapitalunterlegung von 8% der risikogewichteten Aktiva sukzessiv zum höherwertigen Tier 1-Kapital hin **verschoben** werden. Ausgehend davon, dass im Jahr 2012 die Eigenkapitalunterlegung mindestens zur Hälfte aus Tier 1-Kapital und zu mindestens 25% aus hartem Eigenkapital bestehen musste, wird im ersten Abschnitt der Tab. 2.5 dargestellt, dass bis 2019 der Höchstanteil des Ergänzungskapitals halbiert und der Mindestanteil des harten Eigenkapitals mehr als verdoppelt wird.[202] Bestimmte Bilanzpositionen, wie bspw. Goodwill und latente Steuern, werden dabei aufgrund ihrer Werthaltigkeit unter Berücksichtigung der Übergangsregelungen[203] vom harten Kernkapital abgezogen.[204]

	Kapitalbestandteile (in %)	2013	2014	2015	2016	2017	2018	2019
	Hartes Kernkapital	3,5	4,0	4,5	4,5	4,5	4,5	4,5
+	Zusätzliches Kernkapital	1,0	1,5	1,5	1,5	1,5	1,5	1,5
=	Tier 1 (ohne Puffer)	4,5	5,5	6,0	6,0	6,0	6,0	6,0
+	Tier 2	3,5	2,5	2,0	2,0	2,0	2,0	2,0
=	**Tier 1 + 2 (ohne Puffer)**	8,0	8,0	8,0	8,0	8,0	8,0	8,0
	Kapitalerhaltungspuffer	0	0	0	0,625	1,25	1,875	2,5
+	Antizyklischer Puffer	0	0	0	0,625	1,25	1,875	2,5
+	Tier 1 (ohne Puffer)				siehe oben			
=	Tier 1 (mit Puffer)	4,5	5,5	6,0	7,25	8,5	9,75	11
+	Tier 2				siehe oben			
=	**Tier 1 + 2 (mit Puffer)**	8,0	8,0	8,0	9,25	10,5	11,75	13

Tab. 2.5: Eigenkapitalquoten gemäß Basel III

Wie in Tab. 2.5 dargestellt, soll die Eigenkapitalunterlegung grundsätzlich weiterhin bei 8% der risikogewichteten Aktiva liegen (Tier 1 + 2 (ohne Puffer)). Faktisch steigt allerdings die Eigenkapitalunterlegung durch die Einführung des **Kapitalerhaltungspuffers** und des **antizyklischen Kapitalpuffers**. Diese Puffer sollen dazu dienen, dass in Krisensituationen die Mindesteigenkapitalanforderung von 8% nicht unterschritten wird. Erst unterhalb dieser Grenze würden Sanktionen durch die Aufsichtsbehörde folgen. Ein Unterschreiten der Kapitalpuffer würde nur zu Ausschüttungsrestriktionen beim Kreditinstitut führen.[205] Der Kapitalerhaltungspuffer soll bis zum Jahr 2019 für alle Kreditinstitute auf 2,5% steigen.

202 Vgl. zur Entwicklung der geforderten Eigenkapitalunterlegung BASELER AUSSCHUSS FÜR BANKENAUFSICHT, Basel III, Anhang 4.

203 Der vollständige Abzug vom harten Kernkapital greift ab dem Jahr 2018. Vgl. BASELER AUSSCHUSS FÜR BANKENAUFSICHT, Basel III, Tz. 94.

204 Vgl. BASELER AUSSCHUSS FÜR BANKENAUFSICHT, Basel III, Tz. 66–90; DEUTSCHE BUNDESBANK, Monatsbericht Juni 2013, S. 60.

205 Vgl. BASELER AUSSCHUSS FÜR BANKENAUFSICHT, Basel III, Tz. 126–128.

Dies gilt ebenfalls für den antizyklischen Kapitalpuffer, der institutsspezifisch mit 2,5% als Höchstgrenze durch die Aufsichtsbehörde festgesetzt wird. Der antizyklische Kapitalpuffer soll einem systemischen Risiko durch ein hohes Kreditwachstum entgegenwirken. Beide Kapitalpuffer sind durch hartes Eigenkapital abzudecken.[206]

Zusätzlich zu den beiden beschriebenen Kapitalpuffern aus Basel III enthält die CRD IV **weitere Puffer** für global systemrelevante und anderweitig systemrelevante Institute[207] sowie einen Kapitalpuffer für systemische Risiken. Die Höhe dieser zusätzlichen Eigenkapitalunterlegung wird durch die Bankenaufsicht festgesetzt und beträgt 1%–3,5% für global systemrelevante Institute, in Abhängigkeit ihrer Systemrelevanz, maximal 2% für anderweitig systemrelevante Institute und mindestens 1% für systemische Risiken. Grundsätzlich sollen die drei Puffer einem ähnlichen Risiko entgegenwirken. Deshalb ergibt sich die Eigenkapitalunterlegung für diese drei Puffer nicht additiv, sondern wird durch den höchsten der drei Werte bestimmt.[208]

Eine weitere Neuerung durch Basel III besteht darin, dass eine **Höchstverschuldungsquote** (LR; engl.: *leverage ratio*) eingeführt wird, welche nicht vom Risiko der Aktiva abhängt:[209]

$$LR = \frac{\text{Hartes und zusätzliches Kernkapital}}{\text{Bilanzielle und außerbilanzielle Positionen der Kreditvergabe}} \geq 3\%$$

Die Höchstverschuldungsquote soll nach einer Beobachtungsphase und ggf. einer Kalibrierung im Jahr 2017 ab dem Jahr 2018 fester Bestandteil der Säule I werden. Durch sie soll verhindert werden, dass bei einem geringen Risiko der Aktiva die Verschuldung des Kreditgebers sehr groß wird, obwohl die bereits beschriebene Eigenkapitalunterlegung erfüllt wird.[210]

Im Umkehrschluss wirkt sich nach der Einführung der LR eine Verzerrung der PD-Schätzung auf die Höhe der regulatorischen Eigenkapitalunterlegung nicht mehr bei sehr **risikoarmen**

206 Vgl. DEUTSCHE BUNDESBANK, Monatsbericht Juni 2013, S. 67–68.

207 Vgl. BASELER AUSSCHUSS FÜR BANKENAUFSICHT, Global systemrelevante Banken; BASELER AUSSCHUSS FÜR BANKENAUFSICHT, National systemrelevante Banken.

208 Vgl. DEUTSCHE BUNDESBANK, Monatsbericht Juni 2013, S. 68–70. Vgl. ebd. auch die Ausnahmen von dieser Regelung.

209 Vgl. BASELER AUSSCHUSS FÜR BANKENAUFSICHT, Basel III, Tz. 153. Zu spezifischen Regelungen bestimmter Positionen des Nenners vgl. ebd., Tz. 157–164.

210 Vgl. BECKER, H. P./PEPPMEIER, A., Bankbetriebslehre, S. 74.

Kreditportfolios aus.[211] Erst wenn eine Veränderung nicht mehr durch die Minimalanforderung der LR abgefangen wird, reagiert die Eigenkapitalunterlegung sensitiv auf eine verzerrte Schätzung der PD. Die Risikogewichtung der Aktiva ändert sich durch Basel III nicht. Da allerdings durch die eingeführten Puffer die regulatorische Eigenkapitalunterlegung bei den betroffenen Banken c. p. steigt, hat eine verzerrte PD-Schätzung ggü. Basel II einen größeren Effekt auf die **absolute Höhe** des regulatorischen Eigenkapitals. Dies gilt für die harten Kernkapitalbestandteile zusätzlich durch die neue Aufteilung der Eigenmittel.

24 Kapitelzusammenfassung

Ziel dieses Kapitels war es, das Kreditrisiko zu definieren und die Methoden zur Risikomessung zu erläutern. Anschließend sollte die Bedeutung des Kreditrisikos im Kontext der Baseler Eigenkapitalvereinbarungen dargestellt und der Zusammenhang zu den vorher beschriebenen Methoden hergestellt werden. Bei diesen Analyseschritten kam es zu folgenden Ergebnissen:

- Der entscheidungstheoretische Risikobegriff definiert das Risiko als die Abweichung von einem Erwartungswert. Entscheidungen unter Unsicherheit bedeuten, dass künftige Zustände hinsichtlich ihres Eintretens nicht mit Sicherheit vorausgesagt werden können. Das Risiko ist ein Spezialfall der Unsicherheit, bei dem alle möglichen Zustände mit entsprechenden Eintrittswahrscheinlichkeiten bestimmt werden können.

- Das Kreditrisiko ist als Risiko definiert, da alle mit der Kreditvergabe verbundenen Szenarien (z. B. Ausfall/kein Ausfall) bekannt sind und entsprechende Wahrscheinlichkeiten geschätzt werden können.

- Das Kreditrisiko im engeren Sinne beschreibt die Gefahr einer (negativen) Abweichung vom erwarteten Zahlungsstrom eines Kreditgeschäfts aufgrund eines Kreditausfalls.

211 Gegebenenfalls wird die Zusammensetzung des regulatorischen Eigenkapitals beeinflusst, da für die LR eine Unterlegung mit Kernkapital und nicht explizit mit hartem Kernkapital gefordert ist. Vgl. BASELER AUSSCHUSS FÜR BANKENAUFSICHT, Basel III, Tz. 154.

Der Begriff des Kreditrisikos im weiteren Sinne bezieht sich auf Bonitätsveränderungen des Schuldners, wobei der Ausfall nur die Extremsituation darstellt.

- Der erwartete Verlust aus einem Kreditgeschäft ist gemäß dem entscheidungstheoretischen Risikobegriff kein Risiko. Nur der unerwartete Verlust stellt ein Risiko dar. Die drei zentralen Komponenten des erwarteten und des unerwarteten Verlustes sind die Forderungshöhe zum Ausfallzeitpunkt, die entsprechende Verlusthöhe und die Ausfallwahrscheinlichkeit.

- Die Ausfallwahrscheinlichkeit als zentraler Bestandteil dieser Arbeit kann mit Rating- und Scoringmodellen gemessen werden. Das Rating ist definiert als eine standardisierte und möglichst objektive Beurteilung basierend auf vorab festgelegten Kriterien. Der Ratingbegriff beschreibt einerseits den Ratingprozess und andererseits das Ratingurteil, welches durch die Zuordnung des Beurteilungsobjekts zu einer ordinal skalierten Klasse erfolgt. Der Kreditscoringbegriff beschreibt im anglo-amerikanischen Raum meist die statistischen Verfahren zur standardisierten Messung der Kreditausfallwahrscheinlichkeiten.

- Die regulatorischen Eigenkapitalanforderungen werden anhand eines Ratingverfahrens bestimmt. Die Eigenkapitalunterlegung dient zur Absicherung gegen unerwartete Verluste. Wird die PD im Verfahren systematisch falsch geschätzt, ergibt sich daraus eine inadäquate Eigenkapitalunterlegung. Werden die Komponenten auf Ratingklassenebene kalkuliert, sind auch andere Kredite von einer einzelnen Fehleinschätzung betroffen.

Basierend auf den vorangegangenen Aussagen lässt sich folgende **Kernaussage des zweiten Kapitels** treffen: Eine systematische Fehlschätzung der PD, z. B. durch die fehlende Berücksichtigung nichtlinearer Effekte bei den verwendeten Rating- und Scoringmodellen, führt zu einer unzureichenden Quantifizierung des erwarteten und des unerwarteten Verlustes. Daraus resultieren ggf. falsch kalkulierte Standardrisikokosten und eine unzureichende Eigenkapitalunterlegung.

3 Statistische Modelle zur Insolvenzprognose

31 Grundlagen der Insolvenzprognose und Modellüberblick

In der vorliegenden Arbeit werden im Rahmen der Insolvenzprognose[212] **regressionsanalytische Ansätze** verwendet. Mit den regressionsanalytischen Ansätzen wird versucht, ein Ereignis, in diesem Fall eine Insolvenz, möglichst gut anhand verschiedener Informationen zu erklären. Als interne Informationen werden bei der Insolvenzprognose hauptsächlich Kennzahlen der Jahresabschlussanalyse verwendet. Außerdem können Strukturdaten des betrachteten Unternehmens, bspw. das Unternehmensalter oder die Branche, in das Modell integriert werden. Als externe Informationen werden vor allem makroökonomische Daten verwendet.

Das **zu modellierende Ereignis** liegt i. d. R. als qualitative Angabe vor, ob ein jeweiliges Unternehmen innerhalb eines bestimmten Zeitraums insolvent wurde oder weiterhin solvent blieb. Eine dritte Möglichkeit existiert nicht und beide Möglichkeiten schließen einander aus. Die Insolvenz und die Solvenz stellen somit disjunkte Ereignisse dar. Zur regressionsanalytischen Anwendung werden die Ereignisse binär codiert und mit Fokus auf das Ereignis *Insolvenz* interpretiert:

---

212 Die in diesem Kapitel beschriebenen Modelle lassen sich ebenso zur Ausfallprognose nutzen. Es wird daher nicht zwischen den beiden Begriffen unterschieden.

- Insolvenz: Das betrachtete Unternehmen wurde mit einer Wahrscheinlichkeit von 100% innerhalb eines bestimmten Zeitraums insolvent (y=1).
- Solvenz: Das betrachtete Unternehmen wurde mit einer Wahrscheinlichkeit von 0% innerhalb eines bestimmten Zeitraums insolvent (y=0).

Durch die binäre Codierung und die Interpretation der Ausprägungen als Wahrscheinlichkeiten werden die qualitativen Insolvenzangaben in metrische Größen transformiert, sodass sie als abhängige Variable im Rahmen der Regressionsanalyse anwendbar sind. Die abhängige Variable folgt einer Bernoulli-Verteilung mit einem Erwartungswert von π und einer Varianz von $\pi(1-\pi)$. Der Erwartungswert der abhängigen Variable ist dabei die Wahrscheinlichkeit für y=1. Bei der beschriebenen Klassencodierung entspricht somit der Erwartungswert einer **Insolvenzwahrscheinlichkeit**.

Innerhalb der zur Modellierung verwendeten Daten ist die Unternehmensentwicklung bekannt, sodass die abhängige Variable stets 0% oder 100% beträgt. Wird die ermittelte Regressionsgleichung allerdings auf neue Beobachtungen angewendet, stellt der Schätzer der abhängigen Variable die Insolvenzwahrscheinlichkeit dieses Unternehmens dar. Dieses Ergebnis ist der **erste bedeutsame Schritt** zur Insolvenzprognose. Erst in einem **zweiten Schritt** erfolgt ein kategoriales Gesamturteil über einen Schwellenwertmechanismus, indem ab einer festgelegten geschätzten Insolvenzwahrscheinlichkeit das betrachtete Unternehmen als *(voraussichtlich) insolvent* klassifiziert wird. Die folgenden Ausführungen haben den Fokus allerdings auf den ersten Schritt, genaugenommen auf die Modelle zur Schätzung der Insolvenzwahrscheinlichkeit, da sie der Ansatzpunkt für die Berücksichtigung nichtlinearer Zusammenhänge sind. Der zweite Schritt gewinnt in der vorliegenden Arbeit erst im Rahmen der Modellbeurteilung in Kapitel 6 an Bedeutung.

Die o. g. **Komponenten** zur Modellierung der Insolvenzwahrscheinlichkeit werden bei einer Stichprobe mit n Beobachtungen und für $\mathrm{i} = 1,\ldots,\mathrm{n}$ formal dargestellt als:

$\mathrm{y_i} \in \{0,1\}$:	Beobachtung der abhängigen Variable
$\mathbf{x}_\mathrm{i} = (1,\mathrm{x_{i1}},\mathrm{x_{i2}},\ldots,\mathrm{x_{ip}})'$:	Beobachtungen der p unabhängigen Variablen (zzgl. 1 zur Berücksichtigung der Konstanten)

Die Verwendung eines linearen Modells ist eine intuitive Möglichkeit zur Modellierung der Insolvenzwahrscheinlichkeit. Es ist gegeben durch:

$$\begin{aligned} y_i &= \beta_0 + \beta_1 x_{i1} + \ldots + \beta_p x_{ip} + \varepsilon_i \\ &= \mathbf{x}_i'\boldsymbol{\beta} + \varepsilon_i \end{aligned}$$

mit dem Koeffizientenvektor $\boldsymbol{\beta} = (\beta_0, \ldots, \beta_p)'$ und dem Fehlerterm ε_i. Dieses Modell wird als **Lineares Wahrscheinlichkeitsmodell** (LWM) bezeichnet.[213] Es steht in Analogie zum in der Insolvenzprognose häufig eingesetzten Verfahren der Diskriminanzanalyse. Die geschätzten Koeffizienten beider Modelle sind proportional zueinander. Somit führt das LWM zu gleichen Klassifikationsergebnissen wie die Diskriminanzanalyse.[214]

Da im Zweiklassenfall die abhängige Variable beim LWM nur die Werte 0 oder 1 annehmen kann, kann auch der Fehlerterm nur die Werte $1 - \mathbf{x}_i'\boldsymbol{\beta}$ für den Fall $y_i = 1$ bzw. $-\mathbf{x}_i'\boldsymbol{\beta}$ für den Fall $y_i = 0$ annehmen. Die dazu korrespondierenden Wahrscheinlichkeiten lauten $\mathbf{x}_i'\boldsymbol{\beta}$ bzw. $1 - \mathbf{x}_i'\boldsymbol{\beta}$. Daraus folgt für den Erwartungswert des Fehlers:

$$\begin{aligned} E(\varepsilon_i) &= P(Y = 0|\mathbf{x}_i) * (-\mathbf{x}_i'\boldsymbol{\beta}) + P(Y = 1|\mathbf{x}_i) * (1 - \mathbf{x}_i'\boldsymbol{\beta}) \\ &= (1 - \mathbf{x}_i'\boldsymbol{\beta}) * (-\mathbf{x}_i'\boldsymbol{\beta}) + \mathbf{x}_i'\boldsymbol{\beta} * (1 - \mathbf{x}_i'\boldsymbol{\beta}) = 0 \end{aligned}$$

Da der Fehler im LWM einen Erwartungswert von 0 hat, folgt für den Erwartungswert der abhängigen Variable:

$$\begin{aligned} E(y_i) = \pi_i &= E(\mathbf{x}_i'\boldsymbol{\beta}) + E(\varepsilon_i) \\ &= \mathbf{x}_i'\boldsymbol{\beta} + 0 \end{aligned} \tag{3.1}$$

Somit kann die Insolvenzwahrscheinlichkeit beim LWM direkt aus einer linearen Funktion erwartungstreu geschätzt werden.[215] Dies führt zu einer **einfachen Interpretation** der Auswirkungen einer jeweiligen unabhängigen Variable. Da die Ableitung der Funktion (3.1) nach

213 Vgl. KASSBERGER, S./WENTGES, P., Schätzung von Ausfallwahrscheinlichkeiten, S. 34–35.

214 Zur Herleitung siehe BONNE, T., Kostenorientierte Klassifikationsanalyse, S. 69–71.

215 Bei Betrachtung der Varianz des Fehlers $var(\varepsilon_i) = (\mathbf{x}_i'\boldsymbol{\beta}) * (1 - \mathbf{x}_i'\boldsymbol{\beta})$ zeigt sich allerdings, dass sie vom Wert der erklärenden Variablen abhängig ist. Der Koeffizientenschätzer auf Basis einer Kleinste-Quadrate-Schätzung bzw. auf Basis einer Maximum-Likelihood-Schätzung ist erwartungstreu, allerdings aufgrund der Heteroskedastizität des Fehlers nicht der beste Schätzer. Vgl. dazu und zur Herleitung der Erwartungstreue BONNE, T., Kostenorientierte Klassifikationsanalyse, S. 63–66; DREGER, C./KOSFELD, R./ECKEY, H.-F., Ökonometrie, S. 151; MADDALA, G. S., Limited-dependent and qualitative variables, S. 15–16.

einer erklärenden Variable konstant ist, ergibt sich die Auswirkung der Veränderung einer Kennzahl auf die Insolvenzwahrscheinlichkeit direkt aus dem entsprechenden Koeffizienten.

Aus der Form der linearen Funktion lässt sich allerdings auch ein wesentlicher **Nachteil** des LWM ableiten. Da sich der Erwartungswert als Wahrscheinlichkeit interpretieren lässt, muss $\pi_i \in [0,1]$ gelten. In Abhängigkeit der Kennzahlenausprägungen sind allerdings auch Werte außerhalb dieses Wahrscheinlichkeitsintervalls möglich, sodass auch negative geschätzte Insolvenzwahrscheinlichkeiten oder geschätzte Insolvenzwahrscheinlichkeiten über 100% auftreten können.[216]

Die Schwäche des LWM hinsichtlich des Wahrscheinlichkeitsintervalls lässt sich dadurch vermeiden, dass mit den Generalisierten Linearen Modellen (GLM) eine **allgemeinere Modellklasse** verwendet wird. Bei dieser Modellklasse wird das Ergebnis der linearen Funktion durch eine weitere Funktion h transformiert, sodass die Intervallgrenzen eingehalten werden:[217]

$$\pi_i = h(\beta_0 + \beta_1 x_{i1} + \ldots + \beta_p x_{ip})$$

Diese Modellklasse wird deshalb für das Ausgangsmodell in der vorliegenden Untersuchung verwendet und ausführlich in Abschnitt 32 dargestellt. Das LWM diente in dieser Untersuchung ausschließlich der Beschreibung des grundsätzlichen Vorgehens zur Prognose einer Insolvenzwahrscheinlichkeit und wird in den nachfolgenden Kapiteln nicht weiter verwendet.

Zur Analyse der relevanten Fragestellungen dieser Arbeit ist die Form der Gleichung (3.1) von entscheidender Bedeutung. Die **Linearitätsannahme** muss zur Analyse aufgehoben werden und auch nichtlineare Funktionen müssen zugelassen werden. Das Vorgehen zur nichtlinearen Modellierung wird deshalb in Abschnitt 33 erläutert. Grundsätzlich ließen sich nichtlineare Zusammenhänge schon durch einen Vergleich eines Modells basierend auf Gleichung (3.1) mit einem nichtlinearen Modell analysieren. Aber bei beiden Modellen würde wiederum das o. g. Problem der Intervallgrenzen auftreten. Deshalb wird in der vorliegenden Untersuchung

216 Vgl. FAHRMEIR, L./TUTZ, G., Generalized linear models, S. 25. Vgl. dazu und zur Kritik an der binären Regression URBAN, D., Logit-Analyse, S. 15–23.

217 Für die genaue Form der Funktion h vgl. Abschnitt 32.

die Modellklasse der Generalisierten Additiven Modelle (GAM) herangezogen und theoretisch in Abschnitt 34 dargestellt. Die GAM sind eine allgemeinere Modellklasse als die o. g. GLM. Bei ihnen werden durch ein äquivalentes Vorgehen die Funktionsergebnisse transformiert, die lineare Form wird allerdings durch eine additive Form mit den unspezifizierten Funktionen $f_1(x_1), \ldots, f_p(x_p)$ ersetzt:[218]

$$\pi_i = h(\beta_0 + f_1(x_{i1}) + \ldots + f_p(x_{ip}))$$

Die GAM entstehen somit aus einer Verknüpfung der GLM aus Abschnitt 32 und den Methoden zur nichtlinearen Modellierung aus Abschnitt 33.

Modell	Berücksichtigung der Nichtlinearität	Berücksichtigung der Intervallgrenzen	Modellgleichung
GAM	✓	✓	$\pi_i = h(\beta_0 + f_1(x_{i1}) + \ldots + f_p(x_{ip}))$
GLM		✓	$\pi_i = h(\beta_0 + \beta_1 x_{i1} + \ldots + \beta_p x_{ip})$
LWM			$\pi_i = \beta_0 + \beta_1 x_{i1} + \ldots + \beta_p x_{ip}$

Tab. 3.1: Modellübersicht

In Tab. 3.1 sind die angesprochenen Modellarten als Übersicht aufgeführt. Zusammenfassend ist das LWM ein **Spezialfall** der Modellklasse der GLM, nämlich durch die fehlende Transformation zur Einhaltung der Intervallgrenzen, und die Modellklasse der GLM ist wiederum ein Spezialfall der Modellklasse der GAM, nämlich durch die Annahme, dass alle Funktionen linear verlaufen. Die beiden letztgenannten Modellklassen werden in der vorliegenden Arbeit herangezogen und noch vertiefend erläutert, da sie sich nur hinsichtlich der Linearitätsannahme unterscheiden, wodurch sich nichtlineare Zusammenhänge ohne mögliche Verzerrungen durch den Einsatz unterschiedlicher Modellarten untersuchen lassen.

218 In Abschnitt 341 wird in der Gleichung ein Teil der Variablen linear berücksichtigt.

32 Generalisierte Lineare Modelle

321 Definition der GLM

Das Konzept der GLM geht auf NELDER/WEDDERBURN zurück.[219] Einerseits erfolgt eine Erweiterung der zugelassenen Verteilungen. Bei der klassischen linearen Regression ist eine Annahme die Normalverteilung der Fehler.[220] Wie bereits beschrieben, sind die Fehler bzw. die abhängige Variable bei der Insolvenzprognose im Zweiklassenfall Bernoulliverteilt. Bei den GLM wird angenommen, dass die abhängige Variable einer **Verteilungsklasse** angehört. Diese Klasse ist die Exponentialfamilie, zu welcher auch die Normalverteilung gehört. Die Normalverteilung der abhängigen Variable ist somit ein Spezialfall der GLM.

1. *Verteilungsannahme:* Die angenommene Verteilung der abhängigen Variable entstammt der Exponentialfamilie.

Andererseits erfolgt eine Erweiterung hinsichtlich der **funktionalen Beziehung** zwischen dem Erwartungswert der abhängigen Variable und den unabhängigen Variablen. Die Annahme des LWM, dass die lineare Funktion ohne Transformation dem Erwartungswert der abhängigen Variable entspricht, wird verworfen. Vielmehr wird bei den GLM angenommen, dass eine monotone Funktion existiert, welche die abhängige Variable so transformiert, dass sie der linearen Funktion entspricht.

2. *Strukturannahme:* Es existiert eine monotone Funktion, welche den Erwartungswert der abhängigen Variable mit der linearen Funktion verbindet.

Diese beiden Erweiterungen der GLM werden in den folgenden Abschnitten genauer erläutert.

219 Vgl. NELDER, J. A./WEDDERBURN, R. W. M., Generalized linear models.
220 Vgl. VON AUER, L., Ökonometrie, S. 42. Bei kleinen Stichproben führt die Verletzung der Annahme zu verzerrten Hypothesentests und Intervallschätzern. Vgl. ebd., S. 452–453.

322 Annahmen der Modellklasse

322.1 Verteilungsannahme der GLM

Zu der angesprochenen Exponentialfamilie gehören z. B. die Normalverteilung, die Bernoulli-Verteilung, die Gammaverteilung und die Poisson-Verteilung.[221] Allgemein entstammt eine Verteilung aus der (einparametrischen) Exponentialfamilie, wenn sich die Dichte- bzw. Wahrscheinlichkeitsfunktion in der folgenden einheitlichen Form darstellen lässt:[222]

$$F'(y,\theta,\varphi) = \exp\left(\frac{1}{\varphi^2}(t(y)\theta + a(y,\varphi) - b(\theta))\right) \tag{3.2}$$

mit dem sog. natürlichen Parameter der Exponentialfamilie θ und einem Störparameter φ. Die Funktionen a und b sind spezifisch für die jeweilige Exponentialfamilie.[223] Zum Beispiel ist die Dichtefunktion einer normalverteilten Zufallsvariable mit dem Erwartungswert μ und der bekannten Varianz σ^2 gegeben durch:[224]

$$\begin{aligned} F'(y,\theta,\varphi) &= \frac{1}{\sqrt{2\pi\sigma^2}} * \exp\left(\frac{-(y-\mu)^2}{2\sigma^2}\right) \\ &= \exp\left(\frac{-(y-\mu)^2}{2\sigma^2} + \ln\left(\frac{1}{\sqrt{2\pi\sigma^2}}\right)\right) \\ &= \exp\left(\frac{y\mu}{\sigma^2} - \frac{y^2}{2\sigma^2} - \frac{\mu^2}{2\sigma^2} - \ln\left(\sqrt{2\pi\sigma^2}\right)\right) \end{aligned} \tag{3.3}$$

---

221 Zur Beschreibung der Verteilungen vgl. bspw. FAHRMEIR, L./KNEIB, T./LANG, S., Regression, S. 218–220; OELERICH, A., Robuste Ratingverfahren, S. 113–115.

222 Diese Form gilt für die einparametrische Exponentialfamilie. In dieser Arbeit liegt der Fokus nur auf der einparametrischen Exponentialfamilie, aus welcher die für die Fragestellung relevante Bernoulli-Verteilung entstammt. Für die mehrparametrische Exponentialfamilie besteht eine allgemeinere Darstellung. Vgl. hierzu OELERICH, A., Robuste Ratingverfahren, S. 110–119. Vgl. für verschiedene Notationen in der Literatur MEINEL, M., Nichtparametrische, Semiparametrische und SUR-Modelle, S. 15–18.

223 Vgl. FUNCK-HÜSGES, C. B., Generalisierte Lineare Modelle, S. 6. Vgl. für eine Übersicht der Parameter in Abhängigkeit der Verteilung MÜLLER, M., Semiparametric extensions, S. 170. Bei gruppierten Daten muss zusätzlich ein Gewichtungsterm w in die Darstellung (3.2) integriert werden. Für diesen Term gilt in den hier betrachteten Fällen $w = 1$. Aus diesem Grund wird zur Vereinfachung der Gewichtungsterm nicht beachtet. Bei gruppierten Daten entspricht die Gewichtung der jeweiligen Gruppengröße, falls als abhängige Variable der gruppenspezifische Mittelwert genommen wird. Wird stattdessen die gruppenspezifische Summe verwendet, entspricht die Gewichtung dem Kehrwert der Gruppengröße. Vgl. FAHRMEIR, L./HAMERLE, A./TUTZ, G., Kategoriale und generalisierte lineare Regression, S. 244.

224 Der Erwartungswert wird in der vorliegenden Arbeit allgemein als μ bezeichnet. Der Erwartungswert einer Bernoulli-verteilten Variable (i. S. d. Wahrscheinlichkeit) als Spezialfall wird i. d. R. als π bezeichnet. In der folgenden Formel 3.3 bezeichnet π allerdings die Kreiszahl.

Der natürliche Parameter dieser Verteilung ist $\theta = \mu/\sigma^2$. Der Ausdruck (3.3) lässt sich in der Form aus (3.2) darstellen:

$$F'(y,\theta,\varphi) = \exp\left(y * \underbrace{\frac{\mu}{\sigma^2}}_{\theta} \underbrace{- \frac{y^2}{2\sigma^2}}_{a(y,\varphi)} \underbrace{- \frac{\mu^2}{2\sigma^2} - \ln\left(\sqrt{2\pi\sigma^2}\right)}_{-b(\theta)}\right)$$

Es gilt $t(y) = y$ und bzgl. des Störterms $\varphi = 1$.

Die Dichtefunktion einer Bernoulli-verteilten Variable, wie sie im Fall der hier betrachteten Insolvenzprognose verteilt ist, lautet:

$$F'(y,\theta,\varphi) = \exp\left(y * \ln\left(\frac{\pi}{1-\pi}\right) + \ln(1-\pi)\right)$$

Wiederum lässt sich die Funktion in der beschriebenen Weise aus (3.2) darstellen. Der natürliche Parameter ist $\theta = \ln(\pi/(1-\pi))$. Die Funktionen a und b lauten $a(y,\varphi) = 0$ und $b(\theta) = -\ln(1-\pi)$. Wie schon bei der Dichte der Normalverteilung gilt $t(y) = y$ und für den Störterm $\varphi = 1$. Aufgrund der Beziehung $t(y) = y$ werden sowohl die Normalverteilung mit bekannter Varianz als auch die Bernoulli-Verteilung als kanonische Form bezeichnet.

Der **Erwartungswert** und die **Varianz** der jeweiligen Verteilung der Exponentialfamilie lassen sich aus der entsprechenden Funktion b ableiten. Dabei gelten folgende Gleichungen:

$$E(t(Y)) = b'(\theta)$$
$$var(t(Y)) = b''(\theta) * \varphi^2$$

Aus dieser Beziehung wird deutlich, dass die Funktion b zweimal stetig differenzierbar sein muss.[225]

225 Vgl. FAHRMEIR, L./HAMERLE, A./TUTZ, G., Kategoriale und generalisierte lineare Regression, S. 245–246.

322.2 Strukturannahme der GLM

Bei den GLM wird der Beobachtungsvektor der erklärenden Variablen $\mathbf{x}_i$ wie schon beim klassischen linearen Modell mit dem Parametervektor $\boldsymbol{\beta}$ zu einem linearen Prädiktor verknüpft:

$$\eta_i = \beta_0 + \beta_1 x_{i1} + \ldots + \beta_p x_{ip} = \mathbf{x}_i'\boldsymbol{\beta}$$

Der Erwartungswert μ_i der abhängigen Variable wird hingegen aus einer weiteren Verknüpfung des linearen Prädiktors η_i mit einer **Responsefunktion** h gebildet:

$$\mu_i = h(\eta_i) \tag{3.4}$$

Der Unterschied zum klassischen linearen Modell besteht somit in der Verwendung einer Responsefunktion. Ist die Responsefunktion die Identität (und ist die Zufallsvariable normalverteilt), entspricht das GLM dem klassischen linearen Modell. Letzteres stellt somit einen Spezialfall der GLM dar. Der Zusammenhang aus Gleichung (3.4) kann auch mit der Inversen der Responsefunktion dargestellt und umgekehrt interpretiert werden. Die Inverse der Responsefunktion wird als **Linkfunktion** bezeichnet. Es gilt folgende Beziehung:[226]

$$h^{-1}(\mu_i) = \eta_i \tag{3.5}$$

Der Erwartungswert wird durch die Linkfunktion so transformiert, dass er sich durch die lineare Funktion darstellen lässt. „Zu jeder bestimmten Dichtefunktion der Exponentialfamilie existiert eine natürliche oder kanonische Linkfunktion, die dadurch definiert ist, dass der kanonische Parameter gleich dem linearen Prädiktor ist.“[227] Entspricht die Beziehung aus Gleichung (3.5) auch dem natürlichen Parameter, sodass $h^{-1}(\mu_i) = \eta_i = \theta_i$ gilt, wird die Linkfunktion als natürliche Linkfunktion und das Modell als natürliches GLM bezeichnet.[228]

---

226 Vgl. NELDER, J. A./WEDDERBURN, R. W. M., Generalized linear models, S. 372.
227 BONNE, T., Kostenorientierte Klassifikationsanalyse, S. 62.
228 Vgl. MEINEL, M., Nichtparametrische, Semiparametrische und SUR-Modelle, S. 19–20.

323 Modelle für binäre abhängige Variablen

323.1 Binäre Regressionsmodelle als Schwellenwertmodelle

GLM für binäre abhängige Variable lassen sich mithilfe einer **latenten Variable** herleiten. Diese Variable ist nicht messbar und kann z. B. einen Nutzen oder eine Neigung repräsentieren. Sie wird durch ein lineares Modell abgebildet:

$$y_i^* = \beta_0 + \beta_1 x_{i1} + \ldots + \beta_p x_{ip} + \varepsilon_i$$

Die latente Variable ist mit der betrachteten binär-codierten Variable über einen **Schwellenwertmechanismus** verbunden. Übersteigt y_i^* einen bestimmten Wert, wird das betrachtete Objekt der Klasse 1 angehören. Klassische Beispiele für diese Zusammenhänge sind Kaufentscheidungen oder die Rückzahlung eines Kredits. Bei der Kaufentscheidung wird ein Gut gekauft ($y_i = 1$; positive Kaufentscheidung), falls der Nutzen des Gutes einen bestimmten Schwellenwert übersteigt.[229] Ein Kredit wird nicht getilgt ($y_i = 1$; keine Tilgung bzw. Zahlungsstörung), falls wiederum die Neigung, einen Kredit nicht zu tilgen, einen bestimmten Schwellenwert übersteigt. Für einen Schwellenwert von 0 ergibt sich der folgende Schwellenwertmechanismus:

$$y_i = \begin{cases} 1 & \text{für } y_i^* > 0 \\ 0 & \text{sonst} \end{cases}$$

Somit sind die Wahrscheinlichkeiten für $y_i = 1$ und $y_i^* > 0$ äquivalent. Daraus folgt:

$$\begin{aligned} P(y_i = 1) &= P(y_i^* > 0) \\ &= P(\mathbf{x}_i'\boldsymbol{\beta} + \varepsilon_i > 0) \\ &= P(\varepsilon_i > -\mathbf{x}_i'\boldsymbol{\beta}) \\ &= P(\varepsilon_i < \mathbf{x}_i'\boldsymbol{\beta}) \\ &= F(\mathbf{x}_i'\boldsymbol{\beta}) = F(\eta_i) \end{aligned}$$

229 Vgl. DREGER, C./KOSFELD, R./ECKEY, H.-F., Ökonometrie, S. 152–153.

mit der symmetrischen Verteilungsfunktion F der Fehlervariable ε_i.[230] Über diese Beziehung lässt sich das Vorgehen begründen, eine Verteilungsfunktion F als Responsefunktion h in einem GLM mit einer binären Zielvariable zu verwenden. Durch die Form einer Verteilungsfunktion ist der Erwartungswert $\pi_i = F(\eta_i)$ auf das Intervall $[0,1]$ beschränkt. Der beschriebene Nachteil des LWM hinsichtlich der Nichteinhaltung der Intervallgrenzen wird vermieden.[231] Der Prädiktor nimmt weiterhin eine lineare Form an, allerdings ist der Zusammenhang zwischen einer unabhängigen Variable und dem Erwartungswert π_i durch die Verknüpfung mit der Verteilungsfunktion nicht mehr linear. Da eine Verteilungsfunktion indes stetig steigt, wirkt eine unabhängige Variable weiterhin monoton auf den Erwartungswert.[232]

323.2 Logit- und Probit-Modelle

Die beiden bekanntesten GLM für binäre abhängige Variable sind das Logit- und das Probit-Modell. Bei beiden Modellen wird der Prädiktor mit einer Verteilungsfunktion verknüpft. Beide Verfahren unterscheiden sich jedoch hinsichtlich der Funktion F. Im **Probit-Modell** wird für F die Verteilungsfunktion $\Phi(x)$ der **Standardnormalverteilung** herangezogen.[233] Diese ist gegeben durch:

$$F(\mathbf{x}_i'\boldsymbol{\beta}) = \Phi(\mathbf{x}_i'\boldsymbol{\beta}) = \int_{-\infty}^{\mathbf{x}_i'\boldsymbol{\beta}} \phi(x)\, dx,$$

230 Vgl. zur Darstellung als Schwellenwertmechanismus MADDALA, G. S., Limited-dependent and qualitative variables, S. 22; RAUHMEIER, R., PD-validation, S. 318.

231 Teilweise wird in der Literatur das LWM entgegen der Definition aus Abschnitt 31 mit:

$$F(\eta_i) = \begin{cases} 0 & \eta_i < 0 \\ \eta_i & \eta_i \in [0,1] \\ 1 & \eta_i > 1 \end{cases}$$

als $\pi_i = F(\eta_i)$ definiert. Bei dieser Definition wird eine Verteilungsfunktion verwendet und somit auch das vorher beschriebene Problem der Nichteinhaltung der Intervallgrenzen verhindert. Vgl. TUTZ, G., Analyse kategorialer Daten, S. 123.

232 Vgl. BACKHAUS, K. U. A., Multivariate Analysemethoden, S. 262–263. Hinsichtlich der genaueren Modellinterpretation vgl. Abschnitt 36.

233 Vgl. KNEIB, T., Mixed model based inference, S. 24.

mit $\phi(\mathrm{x})$ als Dichtefunktion der Standardnormalverteilung. Die Verteilung hat einen Erwartungswert $\mu = 0$ und eine Varianz $\sigma^2 = 1$. Somit lautet ihre Dichte an der Stelle $\mathbf{x}_i'\boldsymbol{\beta}$ analog zu Gleichung (3.3):

$$\mathrm{F}'(\mathbf{x}_i'\boldsymbol{\beta}) = \phi(\mathbf{x}_i'\boldsymbol{\beta}) = \frac{1}{\sqrt{2\pi}} * \exp\left[-\left(\frac{(\mathbf{x}_i'\boldsymbol{\beta})^2}{2}\right)\right]$$

Im **Logit-Modell** wird die Verteilungsfunktion der logistischen Verteilung mit dem Erwartungswert $\mu = 0$ und der Varianz $\sigma^2 = \pi^2/3$ verwendet.[234] Entgegen der bisherigen Notation steht bei dieser Varianz und bei der Dichte der Standardnormalverteilung π für die Kreiszahl. Die Verteilungsfunktion der logistischen Verteilung lautet:

$$\mathrm{F}(\mathbf{x}_i'\boldsymbol{\beta}) = \frac{\exp(\mathbf{x}_i'\boldsymbol{\beta})}{1+\exp(\mathbf{x}_i'\boldsymbol{\beta})}$$

Die Dichtefunktion an der Stelle $\mathbf{x}_i'\boldsymbol{\beta}$ ist gegeben durch:

$$\mathrm{F}'(\mathbf{x}_i'\boldsymbol{\beta}) = \frac{\exp(\mathbf{x}_i'\boldsymbol{\beta})}{(1+\exp(\mathbf{x}_i'\boldsymbol{\beta}))^2}$$

Die dazugehörige Linkfunktion lautet:

$$\mathbf{x}_i'\boldsymbol{\beta} = \ln\frac{\pi_i}{1-\pi_i}$$

Die Linkfunktion des Logit-Modells entspricht dem natürlichen Parameter θ einer Bernoulli-verteilten Variable. Das Logit-Modell ist somit ein **natürliches GLM**. Im Gegensatz dazu ist das Probit-Modell mit der Linkfunktion $\Phi^{-1}(\mathrm{x})$ ein nichtnatürliches GLM.

In Abb. 3.1 wird der **s-förmige Verlauf** beider Verteilungsfunktionen deutlich. Jeweils konvergieren sie gegen 0 bzw. 1. Aufgrund der größeren Varianz der logistischen Verteilung hat sie breitere Enden als die Standardnormalverteilung.[235] Deshalb hat die Verwendung des Logit-Modells Vorteile, wenn „[...] bei Anwendungen ein größerer Anteil von 'outside values' als bei einer Normalverteilung erwartet werden kann [...].“[236] Insgesamt allerdings sollten die

234 Vgl. FUNCK-HÜSGES, C. B., Generalisierte Lineare Modelle, S. 8.
235 Vgl. FAHRMEIR, L./TUTZ, G., Generalized linear models, S. 26; KNEIB, T., Mixed model based inference, S. 23.
236 DREGER, C./KOSFELD, R./ECKEY, H.-F., Ökonometrie, S. 154.

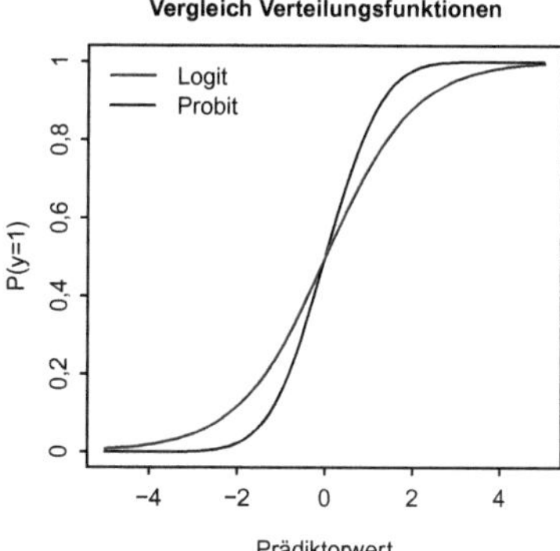

Abb. 3.1: Verteilungsfunktionen

Ergebnisse durch die Wahl bzgl. des Logit- oder Probitmodells nur geringfügig beeinflusst werden.[237]

324 Parameterschätzung der GLM

Die Schätzung des unbekannten Koeffizientenvektors $\boldsymbol{\beta}$ erfolgt mit der Maximum-Likelihood-Methode (ML-Methode). Hierbei wird der Schätzer $\hat{\boldsymbol{\beta}}$ gewählt, bei dem die Wahrscheinlichkeit bzw. Dichte für das Auftreten der beobachteten $y_1, \ldots, y_n$ aus einer unabhängigen Stichprobe bei gegebenen Kovariablenausprägungen und in Abhängigkeit des Parametervektors maximal wird.[238] Im ersten Schritt wird eine **Likelihood-Funktion** aufgestellt, welche die gemeinsame Dichte bzw. Wahrscheinlichkeit von n identischen und unabhängigen Zufallsvariablen wiedergibt und bzgl. des Parametervektors maximiert werden soll.[239] Sie ist das Produkt von n

237 Vgl. GLASSON, S., Censored regression techniques for credit scoring, S. 52; PORATH, D., Probabilities of default, S. 219. Zum Vergleich der Koeffizienten des Logit- und Probitmodells sollten aufgrund der unterschiedlichen Varianz der Verteilungsfunktionen die Koeffizienten des Logit-Modells mit $\sqrt{3}/\pi$ multipliziert werden. Vgl. MADDALA, G. S., Limited-dependent and qualitative variables, S. 23; CLAVERO RASERO, B., Setting up a credit rating system, S. 74. Abweichend davon empfiehlt AMEMIYA für eine bessere Vergleichbarkeit die Multiplikation mit 0,625. Vgl. AMEMIYA, T., Qualitative response models, S. 1487.

238 Vgl. BAMBERG, G./BAUR, F./KRAPP, M., Statistik, S. 143.

239 Vgl. formal für diesen Schritt und die weiteren Schritte im Zuge des Logit-Modells RASHID, M., Inference on logit, S. 10–11.

identischen Dichte- bzw. Wahrscheinlichkeitsfunktionen. Bei GLM für eine binäre abhängige Variable ist die Likelihood-Funktion gegen durch:[240]

$$
\begin{aligned}
L(\boldsymbol{\beta}) &= \prod_{i=1}^{n} F'(y_i|\boldsymbol{\beta};\mathbf{x_i}) \\
&= \prod_{i=1}^{n} \pi_i^{y_i}(1-\pi_i)^{1-y_i} \\
&= \prod_{i=1}^{n} [h(\mathbf{x}_i'\boldsymbol{\beta})]^{y_i}[(1-h(\mathbf{x}_i'\boldsymbol{\beta})]^{1-y_i}
\end{aligned}
\tag{3.6}
$$

Zur Rechenerleichterung wird im zweiten Schritt die **Likelihood-Funktion logarithmiert**. Dies hat keine Verzerrung der Ergebnisse zur Folge, da der Logarithmus eine streng monotone Transformation darstellt. Somit entspricht das Maximum einer Funktion dem Maximum der logarithmierten Funktion.[241] Der Logarithmus der Funktion (3.6) lautet:

$$
\ln L(\boldsymbol{\beta}) = l(\boldsymbol{\beta}) = \sum_{i=1}^{n} [y_i \ln[h(\mathbf{x}_i'\boldsymbol{\beta})] + (1-y_i)\ln[1-h(\mathbf{x}_i'\boldsymbol{\beta})]] \tag{3.7}
$$

Im dritten Schritt wird die Log-Likelihood-Funktion $l(\boldsymbol{\beta})$ zur Maximierung nach $\boldsymbol{\beta}$ abgeleitet und ihre Nullstelle ermittelt. Die erste Ableitung der Log-Likelihood-Funktion wird als **Score-Funktion** bezeichnet. Sie ist gegeben durch:

$$
\begin{aligned}
s(\boldsymbol{\beta}) &= \frac{\partial l(\boldsymbol{\beta})}{\partial \boldsymbol{\beta}} \\
&= \sum_{i=1}^{n} \frac{\partial l_i(\boldsymbol{\beta})}{\partial \boldsymbol{\beta}}
\end{aligned}
\tag{3.8}
$$

Dabei wird der Ausdruck $[y_i \ln[h(\mathbf{x}_i'\boldsymbol{\beta})] + (1-y_i)\ln[1-h(\mathbf{x}_i'\boldsymbol{\beta})]]$ aus Gleichung (3.7) zu $l_i(\boldsymbol{\beta})$ verkürzt. Mithilfe der Kettenregel kann die Score-Funktion aus (3.8) z. B. beim Logit-Modell auch ausgedrückt werden als:

$$
\begin{aligned}
s(\boldsymbol{\beta}) &= \sum_{i=1}^{n} \frac{\partial l_i(\boldsymbol{\beta})}{\partial \mathbf{x}_i'\boldsymbol{\beta}} * \frac{\partial \mathbf{x}_i'\boldsymbol{\beta}}{\partial \boldsymbol{\beta}} \\
&= \sum_{i=1}^{n} \left[y_i - \frac{\exp(\mathbf{x}_i'\boldsymbol{\beta})}{1+\exp(\mathbf{x}_i'\boldsymbol{\beta})} \right] \mathbf{x_i}
\end{aligned}
$$

240 Vgl. FAHRMEIR, L./KNEIB, T./LANG, S., Regression, S. 198.
241 Vgl. BOHLEY, P., Statistik, S. 534–535.

Die Lösung des Gleichungssystems $s(\hat{\boldsymbol{\beta}}) = \mathbf{0}$ stellt die notwendige Bedingung zur Ermittlung des ML-Schätzers dar.[242] Dieses Gleichungssystem hängt allerdings nichtlinear von $\hat{\boldsymbol{\beta}}$ ab.[243] Aus diesem Grund wird es über **iterative Verfahren**, z. B. das Newton-Raphson-Verfahren, gelöst.[244] Bei diesem Verfahren wird der Parametervektor $\hat{\boldsymbol{\beta}}^{\mathrm{r}}$ des Iterationsschritts r über die Iteration:

$$\hat{\boldsymbol{\beta}}^{\mathrm{r}} = \hat{\boldsymbol{\beta}}^{(\mathrm{r}-1)} + \left[-\left(\frac{\partial^2 \mathrm{l}(\hat{\boldsymbol{\beta}}^{(\mathrm{r}-1)})}{\partial \boldsymbol{\beta} \partial \boldsymbol{\beta}'} \right)^{-1} \frac{\partial \mathrm{l}(\hat{\boldsymbol{\beta}}^{(\mathrm{r}-1)})}{\partial \boldsymbol{\beta}} \right] \tag{3.9}$$

berechnet.[245] Der Startwert $\hat{\boldsymbol{\beta}}^0$ kann z. B. durch eine Kleinste-Quadrate-Schätzung (KQ-Schätzung) gewonnen werden.[246] Die Iteration bricht ab, falls ein bestimmtes Abbruchkriterium erfüllt ist. Alternativ kann beim **Fisher-Scoring-Verfahren** für die Matrix der 2. Ableitungen aus (3.9) auch deren Erwartungswert verwendet werden.[247] Die Matrix $\mathbf{Fi}(\boldsymbol{\beta}) = \mathrm{E}(-\partial^2 \mathrm{l}(\boldsymbol{\beta})/(\partial\boldsymbol{\beta}\partial\boldsymbol{\beta}'))$ wird hierbei als Fisher´sche Informationsmatrix bezeichnet. Im Logit-Modell entspricht die Hesse´sche Matrix $\mathbf{H} = -\partial^2 \mathrm{l}(\boldsymbol{\beta})/(\partial\boldsymbol{\beta}\partial\boldsymbol{\beta}')$ der Fisher´schen Informationsmatrix.[248]

Der aus dem Likelihoodverfahren resultierende Schätzer $\hat{\boldsymbol{\beta}}$ ist unter bestimmten Regularitätsbedingungen[249] sowohl konsistent als auch asymptotisch erwartungstreu und asymptotisch normalverteilt. Der Schätzer hat einen Erwartungswert von $\boldsymbol{\beta}$ und eine Varianz-Kovarianz-Matrix von $\mathbf{Fi}^{-1}(\boldsymbol{\beta})$.[250]

242 Der Beweis der hinreichenden Bedingung ist dargestellt in AMEMIYA, T., Advanced econometrics, S. 273–274. Dort wird gezeigt, dass die Likelihood-Funktion des Logit- und des Probit-Modells konkav bzw. die Matrix der zweiten Ableitungen der Log-Likelihood-Funktion negativ definit ist. Damit ist die hinreichende Bedingung erfüllt.

243 Vgl. FAHRMEIR, L./KNEIB, T./LANG, S., Regression, S. 198–199.

244 Für ein alternatives iteratives Verfahren vgl. WOOD, S. N., Generalized additive models, S. 65–66.

245 Vgl. BONNE, T., Kostenorientierte Klassifikationsanalyse, S. 80–81.

246 Vgl. BACKHAUS, K. U. A., Multivariate Analysemethoden, S. 260.

247 Vgl. HASTIE, T./TIBSHIRANI, R., GAM, S. 138.

248 Vgl. BONNE, T., Kostenorientierte Klassifikationsanalyse, S. 80–81. Eine allgemeinere Darstellung, welche auch auf das Probit-Modell zutrifft, findet sich in FAHRMEIR, L./KNEIB, T./LANG, S., Regression, S. 223.

249 Vgl. FAHRMEIR, L./TUTZ, G., Generalized linear models, S. 42–43.

250 Vgl. BONNE, T., Kostenorientierte Klassifikationsanalyse, S. 84–85; KLINGER, A., Hochdimensionale GLM, S. 14.

33 Splineregressionsmodelle

331 Grundidee

Bei der Modellierung von betriebswirtschaftlichen Zusammenhängen ist die Annahme eines konstanten marginalen Effekts aus der Veränderung einer erklärenden Variable häufig zu restriktiv.[251] Vielmehr sind häufig nichtlineare bzw. nichtmonotone Zusammenhänge vorhanden. Dies kann in der Modellierung berücksichtigt werden, indem eine **metrische erklärende Variable klassifiziert** wird und in Form von Dummy-Variablen in das Modell einfließt. Die Koeffizienten bilden dann den Unterschied zur Referenzkategorie ab. Steigen (oder sinken) die Koeffizienten nicht von Kategorie zu Kategorie stetig, werden hierüber nichtmonotone Zusammenhänge abgebildet. Die Probleme dieses Vorgehens ergeben sich aus der Klassifizierung der metrischen Variable. Die kategoriale Variable hat ein niedrigeres Skalenniveau. Somit gehen Informationen verloren. Innerhalb einer Klasse wird allen Beobachtungen c. p. derselbe Prädiktorwert zugeordnet. Der genaue Wert der erklärenden Variable hat keinen Effekt, solange keine Klassengrenze überschritten wird. Sobald dies der Fall ist, verändert sich der Prädiktorwert sprunghaft.

Um diese Probleme bei der Modellierung nichtlinearer Zusammenhänge zu vermeiden, kann ein linearer Prädiktor mithilfe der **nichtparametrischen Regression**[252] auf einen additiven Prädiktor erweitert werden. Bei einem univariaten Modell mit einer metrischen erklärenden Variable[253] wird die lineare Form

$$y_i = \beta_0 + \beta_1 x_i + \varepsilon_i$$

251 Beispielsweise bei Wachstumsvariablen im Zusammenhang der Insolvenzprognose. Vgl. z. B. BERNET, B./WESTERFELD, S., KMU-Ratingmodelle und Ratingqualität, S. 1018; BLOCHWITZ, S./HOHL, S., Validation of internal rating systems, S. 257; HAYDEN, E., Accounting-based rating system, S. 32.

252 In der vorliegenden Arbeit werden Splineregressionsmodelle als ein nichtparametrisches Verfahren verwendet. Für weitere nichtparametrische Verfahren vgl. FAN, J./GIJBELS, I., Local polynomial modelling. Ein kurzer Überblick zu nichtparametrischen Verfahren ist auch zu finden in FAHRMEIR, L./KAUFMANN, H./KREDLER, C., Regressionsanalyse. EILERS/MARX kritisieren den Ausdruck *nichtparametrisch* im Zusammenhang der in dieser Arbeit verwendeten Splines und schlagen den Ausdruck *überparametrisch* vor. Vgl. EILERS, P. H. C./MARX, B. D., Flexible smoothing, S. 89.

253 Aus didaktischen Gründen wird in diesem Abschnitt der univariate Fall mit einer metrischen Zielvariable erläutert. Eine Erweiterung auf multivariate Modelle mit binären abhängigen Variablen erfolgt in Abschnitt 34.

durch

$$y_i = f(x_i) + \varepsilon_i$$

ersetzt. Die **Fehlerannahmen** sind äquivalent zum klassischen linearen Modell, d. h. die Fehler sind unabhängig und identisch verteilt und es gilt $E(\varepsilon_i) = 0$ und $var(\varepsilon_i) = \sigma^2$. Hieraus folgt, dass sich $E(y_i)$ aus dem Wert der unbekannten Funktion $f(x)$ an der Stelle x_i ergibt:[254]

$$\begin{aligned} E(y_i) &= E(f(x_i)) + E(\varepsilon_i) \\ &= f(x_i) \end{aligned}$$

Der erste intuitive Ansatz zur Approximation der unbekannten Funktion $f(x)$ ist die Verwendung eines **polynomialen Modells** vom Grad g:[255]

$$f(x) = \gamma_0 + \gamma_1 x + \gamma_2 x^2 + \ldots + \gamma_g x^g$$

Das polynomiale Modell ist ein vergleichsweise einfacher Ansatz. Jedoch muss der Grad g bestimmt werden. Dabei ist von Nachteil, dass häufig ein großer Wert für g gewählt werden muss, um eine adäquate Datenanpassung zu gewährleisten.[256] Dies wird in Abb. 3.2 anhand einer simulierten Funktion[257] verdeutlicht. Die Funktionen mit einer niedrigeren Gradzahl, vor allem das lineare Modell ($g = 1$), bieten keine ausreichende Anpassung an die Daten (Abb. 3.2 (a)–(c)). Erst bei einem vergleichsweise hohen Grad $g = 9$ bildet die geschätzte Funktion die Daten annähernd ab, wobei auch hier die Spitzen der simulierten Funktion nicht erreicht werden (Abb. 3.2 (d)).

254 Vgl. FAHRMEIR, L./KNEIB, T./LANG, S., Regression, S. 292–293.

255 Um die Parameter der nichtparametrischen Modellierung von den Parametern der linear modellierten Variablen abzugrenzen, werden im Folgenden innerhalb der nichtparametrischen Regression die Koeffizienten mit γ_j bezeichnet.

256 Vgl. FAHRMEIR, L./KNEIB, T./LANG, S., Regression, S. 294; HASTIE, T./TIBSHIRANI, R., GAM for medical research, S. 190–191. EVERETT/WATSON verwenden beim Unternehmensalter im Zuge der Insolvenzprognose den Grad $g = 6$. Vgl. EVERETT, J./WATSON, J., Small business failure, S. 380–381. HOYER weist darauf hin, dass für $g > 3$ die Interpretierbarkeit der erklärenden Variable erschwert ist. Vgl. HOYER, M., Ratingsystem für Inkassoforderungen, S. 147–148.

257 Die Daten wurden mit dem Modell $y = \sin(8 * x - 5) + 3{,}5 * \exp((-225) * (x - 0{,}63)^2) + \varepsilon$ erzeugt. Der Fehlerterm folgt einer Normalverteilung mit $E(\varepsilon) = 0$ und $var(\varepsilon) = 0{,}2$. In Anlehnung an FAHRMEIR, L./KNEIB, T./LANG, S., Regression, S. 292.

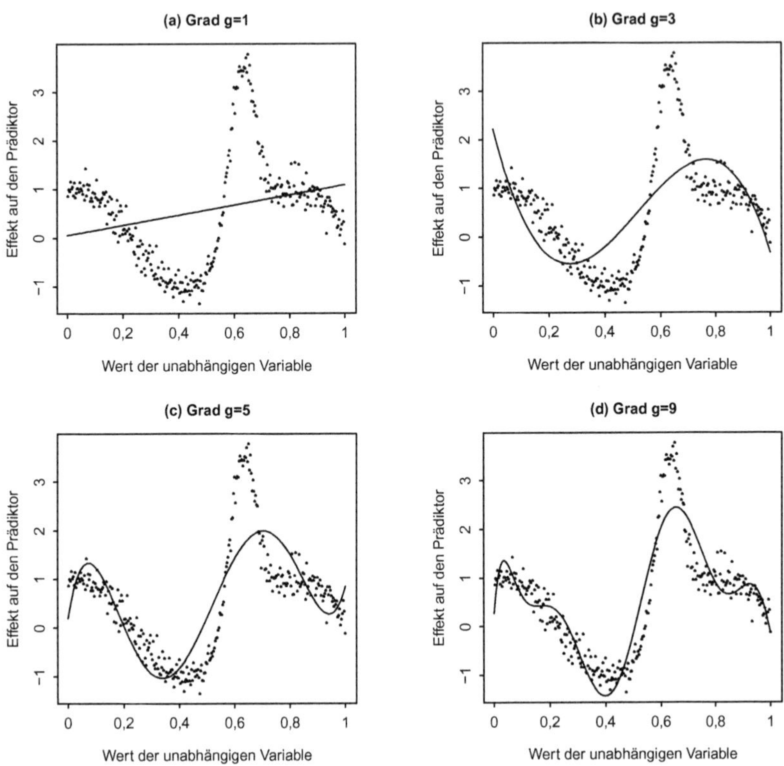

Abb. 3.2: Polynomiale Funktionen in Abhängigkeit des Grades

Diesem Problem kann durch die Verwendung von **Polynom-Splines**[258] entgegengewirkt werden. Die Idee hierbei ist, den Wertebereich der unabhängigen Variable $[x_{min}, x_{max}]$ in Intervalle zu zerlegen und intervallweise Polynome zu schätzen. Die Zerlegung erfolgt an den sog. Knoten $x_{min} = \kappa_1 < \kappa_2 < \cdots < \kappa_{m-1} < \kappa_m = x_{max}$. Eine Funktion $f : [x_{min}, x_{max}] \to \mathbb{R}$ ist ein Spline vom Grad $g \geq 0$[259] unter der Bedingung, dass folgende Eigenschaften erfüllt sind:[260]

1. $f(x)$ ist auf den Intervallen $[\kappa_j, \kappa_{j+1})$ mit $1 \leq j < m$ ein Polynom vom Grad g.

2. $f(x)$ ist $(g-1)$-mal stetig differenzierbar.

258 Im Folgenden wird vereinfachend der Ausdruck *Spline* verwendet.
259 Häufig wird für Splines der Grad $g = 3$ verwendet. Vgl. HASTIE, T./TIBSHIRANI, R., GAM, S. 22.
260 Vgl. KNEIB, T., Mixed model based inference, S. 29.

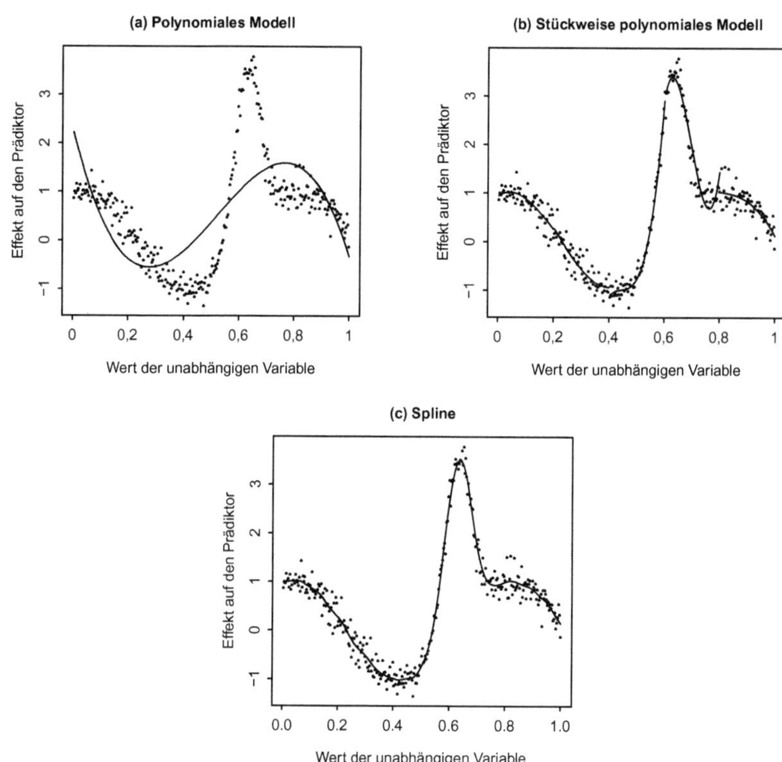

Abb. 3.3: Vom polynomialen Modell zum Spline

Die erste Eigenschaft, die separat geschätzten Polynome, bewirken eine größere **Flexibilität** als das global polynomiale Modell. Dieses ist in Abb. 3.3 (a) anhand der bereits erwähnten simulierten Funktion dargestellt. Die Abb. 3.3 (b) zeigt, dass ein abschnittsweise polynomiales Modell ohne die zweite Bedingung häufig Sprünge an den Knoten aufweist, da benachbarte Polynome an den Knoten[261] unterschiedliche Funktionswerte aufweisen können. Die **Glattheit** der Funktion wird durch die Bedingung gewährleistet, dass sie $(g-1)$-mal stetig differenzierbar ist (Abb. 3.3 (c)). Für den Grad $g = 1$ entspricht dies der Forderung nach Stetigkeit der Funktion, für den Grad $g = 0$ existieren keine Glattheitsanforderungen.[262]

261 In diesem Beispiel werden sechs äquidistante Knoten verwendet.

262 Vgl. FAHRMEIR, L./KNEIB, T./LANG, S., Regression, S. 294–296; SPÄTH, H., Spline-Algorithmen, S. 10.

332 Basisfunktionsansatz

Die Darstellung von Splines erfolgt anhand eines Basisfunktionsansatzes. Die Menge der Splines lässt sich zu einem Funktionenraum mit der Dimension $m+g-1$ zusammenfassen. Aufgrund der endlichen Dimension, lässt sich jeder Spline durch eine Linearkombination von $m+g-1$ Basisfunktionen $B_j(x)$ darstellen. Dies sind die Elemente einer Basis, also eines linear unabhängigen Erzeugendensystems des Funktionenraums.[263] Somit lässt sich $f(x)$[264] als folgende Linearkombination darstellen:

$$f(x) = \gamma_1 B_1(x) + \gamma_2 B_2(x) + \ldots + \gamma_{m+g-1} B_{m+g-1}(x) \tag{3.10}$$

Als mögliche Basen werden in der Literatur meist die TP-Basis (engl.: *truncated power series*) und die B-Spline-Basis (engl.: *basic-spline*) verwendet. Die TP-Basis hat gegenüber der B-Spline-Basis numerische Nachteile[265], weist allerdings eine geringere Komplexität auf. Zur Veranschaulichung der Idee soll an dieser Stelle auf die **Herleitung** eines Splines vom Grad $g = 1$ mit einem Knoten auf Basis der **TP-Basis** eingegangen werden.[266] Es sei angenommen, dass ein lineares Modell

$$f(x_i) = \gamma_0 + \gamma_1 x_i \tag{3.11}$$

an dem Knoten κ_2 einen Strukturbruch aufweist. Somit verändert sich an dem Knoten der Zusammenhang zwischen der abhängigen und der unabhängigen Variable und das Modell ist definiert als:

$$f(x_i) = \gamma_0 + \gamma_1 x_i + \gamma_2 d_1 + \gamma_3 x_i d_1 \tag{3.12}$$

mit:

$$d_1 = \begin{cases} 1 & x_i \geq \kappa_2 \\ 0 & \text{sonst} \end{cases}$$

263 Vgl. Beutelspacher, A., Lineare Algebra, S. 71; Storch, U./Wiebe, H., Lineare Algebra, S. 33–34.

264 In Anlehnung an Fahrmeir, L./Kneib, T./Lang, S., Regression, wird im Folgenden die Bezeichnung $f(x)$ für die Approximation der unbekannten Funktion als auch für die Funktion selber herangezogen.

265 Vgl. Hastie, T./Tibshirani, R., GAM, S. 25.

266 Vgl. Meermeyer, M., Splineregressionsmodelle, S. 64–66.

Wegen der zweiten Bedingung eines Splines, nämlich dass für den Grad $g = 1$ die Funktion stetig ist, müssen die Funktionen (3.11) und (3.12) an der Stelle κ_2 denselben Funktionswert aufweisen:

$$\begin{aligned} &\gamma_0 + \gamma_1 \kappa_2 = \gamma_0 + \gamma_1 \kappa_2 + \gamma_2 + \gamma_3 \kappa_2 \\ &\quad \Leftrightarrow \gamma_2 = -\gamma_3 \kappa_2 \end{aligned} \tag{3.13}$$

Durch Einsetzen der Gleichung (3.13) in (3.12) erhält man:

$$\begin{aligned} f(x_i) &= \gamma_0 + \gamma_1 x_i + \gamma_3 (x_i - \kappa_2) d_1 \qquad \text{bzw.} \\ f(x_i) &= \gamma_0 + \gamma_1 x_i + \gamma_3 (x_i - \kappa_2)_+ \end{aligned}$$

mit:

$$(x_i - \kappa_2)_+ = \begin{cases} (x_i - \kappa_2) & x_i \geq \kappa_2 \\ 0 & \text{sonst} \end{cases}$$

Somit lässt sich jeder Spline ersten Grades mit drei Knoten $(x_{min}, \kappa_2, x_{max})$ als Linearkombination der drei $(g + m - 1)$ Basisfunktionen $B_1(x) = 1, B_2(x) = x$ und $B_3(x) = (x - \kappa_2)_+$ darstellen. Analog lässt sich die Herleitung auf höhere Grade und eine größere Knotenzahl erweitern.[267] Auch für die Erweiterungen besteht die Darstellung eines Splines mithilfe der TP-Basis aus zwei Komponenten. Die erste Komponente bildet ein **globales Polynom** vom Grad g ab. Die zweite Komponente bildet die **Veränderung** der Koeffizienten an den jeweiligen Knoten (mit Ausnahme der Randknoten κ_1 und κ_m, da sie die Ränder des Wertebereichs abbilden) ab. Durch diese abgeschnittenen Potenzen kann für jedes Intervall ein separates Polynom geschätzt werden. Die Darstellung eines Splines lautet für den allgemeinen Fall wie folgt:[268]

$$\begin{aligned} f(x_i) &= \gamma_0 + \gamma_1 x_i + \gamma_2 x_i^2 + \ldots + \gamma_g x_i^g + \gamma_{g+1} (x_i - \kappa_2)_+^g + \ldots + \gamma_{g+m-2} (x_i - \kappa_{m-1})_+^g \\ &= \sum_{j=0}^{g} \gamma_j x_i^j + \sum_{j=2}^{m-1} \gamma_{g+j-1} (x_i - \kappa_j)_+^g \end{aligned} \tag{3.14}$$

267 Vgl. MEERMEYER, M., Splineregressionsmodelle, S. 67–70.
268 Vgl. FAHRMEIR, L./KNEIB, T./LANG, S., Regression, S. 296; HASTIE, T./TIBSHIRANI, R., GAM, S. 24–25.

mit:

$$(x_i - \kappa_j)_+^g = \begin{cases} (x_i - \kappa_j)^g & x_i \geq \kappa_j, \\ 0 & \text{sonst} \end{cases}$$

Die Basisfunktionen der TP-Basis lauten somit $B_1(x) = 1$, $B_2(x) = x$, ..., $B_{g+1}(x) = x^g$, $B_{g+2}(x) = (x - \kappa_2)_+^g, \ldots, B_{g+m-1}(x) = (x - \kappa_{m-1})_+^g$.[269]

Zur Schätzung des Koeffizientenvektors $\boldsymbol{\gamma}$ lässt sich analog zur klassischen Regression z. B. die **KQ-Methode** verwenden. Hierbei enthält der Vektor **y** die beobachteten Zielvariablen. Die Designmatrix **G** der Dimension $n \times m + g - 1$ enthält anstatt des Werts der unabhängigen Variable den Wert der jeweiligen Basisfunktion an der entsprechenden Stelle:[270]

$$\mathbf{G} = \begin{pmatrix} 1 & x_1 & \cdots & x_1^g & (x_1 - \kappa_2)_+^g & \cdots & (x_1 - \kappa_{m-1})_+^g \\ \vdots & \vdots & \ddots & \vdots & \vdots & \ddots & \vdots \\ 1 & x_n & \cdots & x_n^g & (x_n - \kappa_2)_+^g & \cdots & (x_n - \kappa_{m-1})_+^g \end{pmatrix}$$

Die Darstellung eines Splines basierend auf der **B-Spline-Basis** erfolgt analog zur TP-Basis mit der linearen Funktion (3.10). Hierbei werden indes andere Basisfunktionen verwendet. Die B-Spline-Basisfunktionen werden so entwickelt, dass Polynomstücke vom gewünschten Grad g so zusammengesetzt werden, dass sie $(g - 1)$-mal stetig differenzierbar sind und somit die beschriebenen Glattheitsanforderungen erfüllen. Es werden $(g + 1)$ Polynomstücke zusammengesetzt. Die B-Spline-Basisfunktionen von Grad $g = 0$ sind definiert als:[271]

$$B_j^0(x) = \begin{cases} 1 & \kappa_j \leq x < \kappa_{j+1} \\ 0 & \text{sonst} \end{cases}$$

269 Vgl. KNEIB, T., Mixed model based inference, S. 30.
270 Vgl. FAHRMEIR, L./KNEIB, T./LANG, S., Regression, S. 298.
271 Vgl. ANDO, T., Penalized optimal scoring, S. 567.

Diese Definition wird nun verwendet, um Basisfunktionen vom Grad $g = 1$ zu bilden. Diese können dargestellt werden als:

$$B_j^1(x) = \frac{x - \kappa_j}{\kappa_{j+1} - \kappa_j} B_j^0(x) + \frac{\kappa_{j+2} - x}{\kappa_{j+2} - \kappa_{j+1}} B_{j+1}^0(x). \tag{3.15}$$

Aus (3.15) wird deutlich, dass die Basisfunktion von Grad $g = 1$ aus zwei $(g+1)$ linearen Teilstücken besteht. Diese sind am Knoten κ_{j+1} stetig zusammengesetzt. Es können Basisfunktionen höheren Grades mithilfe eines **rekursiven Vorgehens** gebildet werden. Bei der B-Spline-Basis werden die Basisfunktionen vom Grad $g = 1$ über die Basisfunktionen vom Grad $g = 0$ gebildet, Basisfunktionen vom Grad $g = 2$ werden über die Basisfunktionen vom Grad $g = 1$ gebildet. Allgemein sind die B-Spline-Basisfunktionen (mit Ausnahme des Grades $g = 0$) definiert als:[272]

$$B_j^g(x) = \frac{x - \kappa_j}{\kappa_{j+g} - \kappa_j} B_j^{g-1}(x) + \frac{\kappa_{j+g+1} - x}{\kappa_{j+g+1} - \kappa_{j+1}} B_{j+1}^{g-1}(x)$$

In Abb. 3.4 (a) ist eine B-Spline-Basis dritten Grades mit 5 gleichverteilten Knoten dargestellt. Die Basis umfasst 7 $(m+g-1 = 5+3-1)$ Basisfunktionen. Anhand der Abb. wird als Eigenschaft der B-Spline-Basis deutlich, dass sich an jeder Stelle $x \in [x_{min}, x_{max}]$ die Basisfunktionen zum Wert 1 summieren.[273] Wie beschrieben, ergibt sich ein Spline als Linearkombination der einzelnen Basisfunktionen. Diese werden somit mit ihrem jeweiligen Koeffizienten multipliziert, wobei die Koeffizientenschätzung wiederum anhand der KQ-Methode erfolgt.[274] Die dadurch skalierten Basisfunktionen sind in Abb. 3.4 (b) und deren Summe ist in Abb. 3.4 (c) dargestellt.

333 Problem der Knotenwahl

Bei den im vorherigen Abschnitt beschriebenen Basisfunktionsansätzen müssen die Knoten, also die einzelnen Intervallgrenzen, gewählt werden. Die Wahl bezieht sich einerseits auf die Anzahl der verwendeten Knoten, andererseits auf deren genaue Positionierung.

272 Vgl. KNEIB, T., Mixed model based inference, S. 30. Zur Herleitung dieses rekursiven Zusammenhangs vgl. DE BOOR, C., Splinefunktionen, S. 52–53.

273 Vgl. für weitere Eigenschaften EILERS, P. H. C./MARX, B. D., Flexible smoothing, S. 90.

274 Vgl. MEINEL, M., Nichtparametrische, Semiparametrische und SUR-Modelle, S. 72–78.

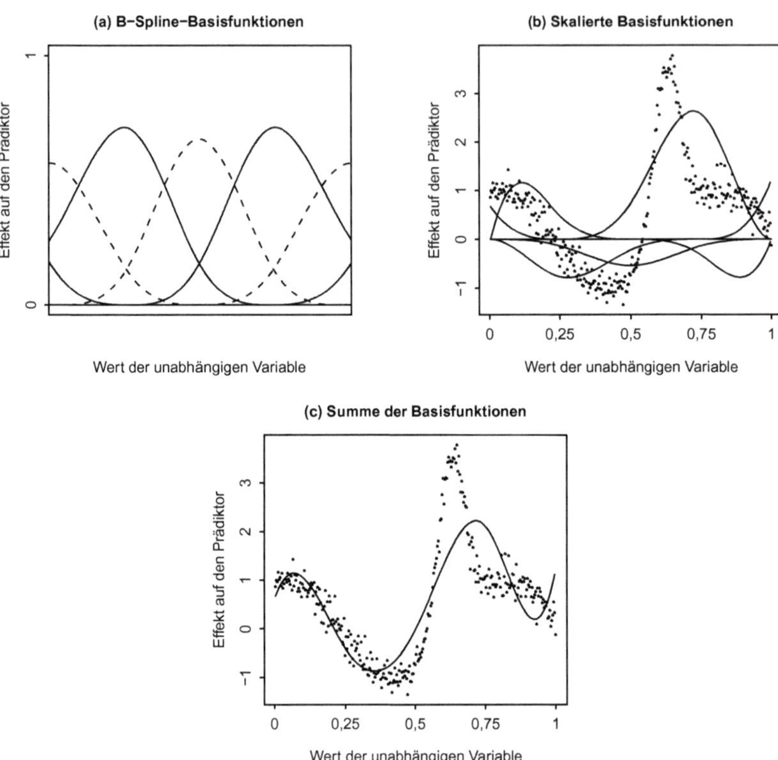

Abb. 3.4: B-Spline

Zur **Knotenanordnung** werden in der Literatur meist die drei folgenden Ansätze verwendet:[275]

- *Äquidistante Knoten*: Bei diesem Verfahren wird der Wertebereich der erklärenden Variable gleichmäßig in Intervalle unterteilt. Die Intervalllänge lässt sich mit

$$u = \frac{x_{max} - x_{min}}{m - 1}$$

275 Vgl. FAHRMEIR, L./KNEIB, T./LANG, S., Regression, S. 301–302. Bei Verwendung der B-Spline-Basis müssen aus numerischen Gründen zusätzliche Knoten außerhalb des Wertebereichs definiert werden. Vgl. zu deren Anordnung ebd., S. 306.

berechnen. Wiederum beschreiben x_{min} und x_{max} die Grenzen des Wertebereichs der erklärenden Variable. Daraus resultieren die Knoten

$$\kappa_j = x_{min} + (j-1) * u$$

für $j = 1, \ldots, m$. Der erste Knoten κ_1 entspricht der unteren Grenze des Wertebereichs, der letzte Knoten κ_m entspricht analog dazu dem oberen Rand dieses Bereichs.

- *Quantilbasierte Knoten*: Um eine größere Flexibilität in Bereichen mit vielen Beobachtungen zu gewährleisten, wird bei den quantilbasierten Knoten kein fester Intervallabstand gewählt. Stattdessen werden die Knoten an den entsprechenden Quantilen x_α der erklärenden Variable platziert. Daraus ergeben sich die Knoten

$$\begin{aligned}
\kappa_1 &= x_{min} \\
\kappa_2 &= x_{\left(\frac{100}{m-1}\right)} \\
\kappa_3 &= x_{\left(\frac{2*100}{m-1}\right)} \\
&\vdots \\
\kappa_m &= x_{max}
\end{aligned}$$

  Somit wird die Verteilung der erklärenden Variable berücksichtigt. In Bereichen mit vielen Beobachtungen werden auch viele Knoten platziert.[276]

- *Visuelle Knotenwahl*: Bei der visuellen Knotenwahl werden die Knoten manuell vom Anwender platziert. Dieses Verfahren ist durch die größte Subjektivität der drei Verfahren gekennzeichnet. Es lassen sich allerdings dadurch inhaltliche Aspekte besser berücksichtigen.

Die beschriebenen Verfahren dienen ausschließlich zur Positionsbestimmung der Knoten. Es kann allerdings hiermit keine optimale **Knotenanzahl** bestimmt werden. Grundsätzlich steigt mit der Anzahl der Knoten die Flexibilität, aber auch die Variabilität. Dies wird in Abb. 3.5 veranschaulicht. Anhand des bereits beschriebenen Beispieldatensatzes sind dort die Splines basierend auf unterschiedlichen Knotenmengen abgetragen. Es werden jeweils

276 Für die erweiterte Knotenmenge der B-Splines kann bspw. der Abstand von κ_1 und κ_2 bzw. κ_{m-1} und κ_m verwendet und darüber weitere Knoten außerhalb des Wertebereichs platziert werden.

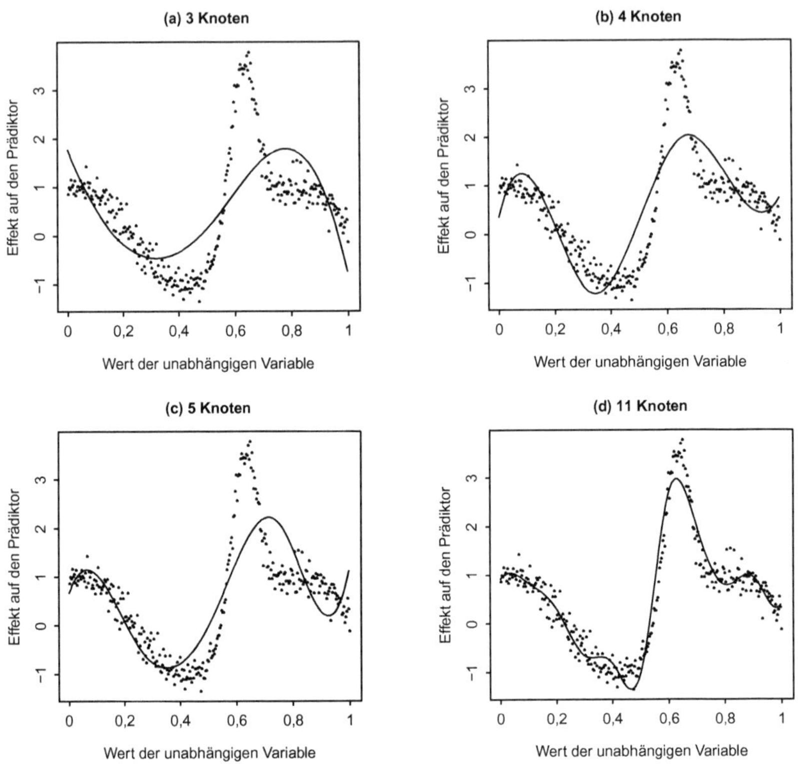

Abb. 3.5: Splineverlauf in Abhängigkeit der Knotenanzahl

äquidistante Knoten verwendet. Eine größere Knotenanzahl bildet den Verlauf der wahren Funktion besser ab. Eine kleinere Knotenzahl geht meist mit einem glatteren Verlauf der Schätzung einher. In Abb. 3.5 (d) sind z. B. lokale Maxima an den Stellen $x \approx 0{,}35$ und $x \approx 0{,}9$ vorhanden. In einem realen Beispiel könnte dies zu Interpretationsproblemen führen. Eine solche mögliche Überanpassung kann bei volatileren Daten noch ausgeprägter sein. Bei der Verwendung eines Basisfunktionsansatzes in der beschriebenen Grundform kann die genaue Knotenwahl unter Berücksichtigung der beschriebenen Aspekte subjektiv vom Anwender gewählt werden.

334 Penalisierungsansatz

334.1 P-Splines

Das im vorherigen Abschnitt beschriebene Problem der subjektiven Knotenwahl kann durch die Verwendung von **penalisierten Splines** (P-Splines) vermieden werden. Den P-Splines liegt folgende Idee zugrunde: Die unbekannte Funktion wird wiederum durch einen Spline approximiert. Hierbei wird eine große Knotenanzahl verwendet. Dadurch wird eine prinzipiell ausreichende Flexibilität der geschätzten Funktion gewährleistet, um auch volatile Datenverläufe abzubilden. Im Gegenzug wird ein **Strafterm** eingeführt, welcher eine starke Variabilität der geschätzten Funktion bestraft und somit eine Überanpassung an die Daten unterbindet. Dieser Strafterm wird in die KQ- oder ML-Schätzung integriert. Durch diese beiden Aspekte, nämlich die große Knotenanzahl und die Berücksichtigung eines Strafterms, werden Flexibilität und Glättung gleichzeitig berücksichtigt.[277]

Bei Splines basierend auf der TP-Basis wurde bereits beschrieben, dass sich die allgemeine Form unterteilen lässt in ein globales Polynom und die jeweiligen Abweichungen zum globalen Polynom. Die Variabilität der Funktion wird somit durch den zweiten Teil der Gleichung (3.14) bestimmt. Somit ist es naheliegend, den Strafterm aus den dazugehörigen Koeffizienten $\gamma_{g+1}, \ldots, \gamma_{g+m-2}$ zu konstruieren. Zum Beispiel können die **quadrierten Koeffizienten** verwendet werden. Hierbei würde bei einer KQ-Schätzung anstatt der gewöhnlichen Residuenquadratsumme

$$\begin{aligned} KQ &= \sum_{i=1}^{n} (y_i - f(x_i))^2 \\ &= \sum_{i=1}^{n} \left(y_i - \sum_{j=0}^{g+m-2} \gamma_j B_j(x_i) \right)^2 \end{aligned}$$

277 Vgl. EILERS, P. H. C./MARX, B. D., Flexible smoothing, S. 91.

die **penalisierte Residuenquadratsumme** minimiert werden.[278] Die penalisierte Residuenquadratsumme ist gegeben durch

$$\mathrm{PKQ}(\lambda) = \sum_{i=1}^{n} \left(y_i - \sum_{j=0}^{g+m-2} \gamma_j B_j(x_i) \right)^2 + \lambda \sum_{j=g+1}^{g+m-2} \gamma_j^2$$

Der Penalisierungsterm wird häufig auch in der **Matrixschreibweise**

$$\lambda \sum_{j=g+1}^{g+m-2} \gamma_j^2 = \lambda \boldsymbol{\gamma}' \mathbf{K} \boldsymbol{\gamma}$$

dargestellt mit dem Vektor $\boldsymbol{\gamma} = (\gamma_0, \ldots, \gamma_{g+m-2})$ und einer Strafmatrix

$$\mathbf{K} = \mathrm{diag}(\underbrace{0, \ldots, 0}_{g+1}, \underbrace{1, \ldots, 1}_{m-2})$$

Für $\lambda \neq 0$ werden die Koeffizienten $\gamma_{g+1}, \ldots, \gamma_{g+m-2}$ bei Verwendung der penalisierten Residuenquadratsumme betragsmäßig kleiner geschätzt als bei Verwendung der gewöhnlichen Residuenquadratsumme. Die sich daraus ergebene geringere Variabilität der geschätzten Funktion hängt vom **Glättungsparameter** λ ab. Je größer λ gewählt wird, desto stärker ist die Glättung. Bei einem kleinen Wert für λ nähert sich die penalisierte Residuenquadratsumme der gewöhnlichen Residuenquadratsumme an, was eine erratischere Funktionsschätzung zur Folge hat.[279]

Dieses Vorgehen ist bei B-Splines nicht möglich, da es hierbei keine Zerlegung in ein globales Polynom und die Abweichungen von diesem Polynom gibt. Alternativ kann ein Penalisierungsterm basierend auf den quadrierten Ableitungen von $f(x)$ konstruiert werden, „[...] da diese als Maß für die Variabilität der Funktion angesehen werden können."[280] Eine Möglichkeit wäre bspw. das Integral über die quadrierten **zweiten Ableitungen**

$$\int (f''(x))^2 dx$$

als Strafterm.[281]

---

278 Vgl. FAHRMEIR, L./KNEIB, T./LANG, S., Regression, S. 308.
279 Vgl. HOFNER, B., Boosting in structured additive models, S. 16–17.
280 FAHRMEIR, L./KNEIB, T./LANG, S., Regression, S. 309.
281 Vgl. HÄRDLE, W., Applied nonparametric regression, S. 56.

Die Ableitungen wiederum beruhen auf den **Differenzen der Koeffizienten**. Die erste Ableitung eines B-Splines ist gegeben durch:[282]

$$\frac{\partial}{\partial x}\sum_j \gamma_j B_j^g(x) = g\sum_j \frac{\gamma_j - \gamma_{j-1}}{\kappa_{j+g} - \kappa_j} B_j^{g-1}(x).$$

Geringe erste Ableitungen ergeben sich durch geringe erste Differenzen der Koeffizienten. Somit können die Ableitungen der B-Splines durch die Differenzen der Koeffizienten approximiert werden. Der Term

$$\lambda \sum_{j=2}^{g+m-1} (\Delta^1 \gamma_j)^2$$

mit Δ^1 als Differenzenoperator erster Ordnung ist folglich eine **Approximation** zu einem **Penalisierungsterm** basierend auf den quadrierten ersten Ableitungen. Gleiches gilt auch für höhere Ordnungen.[283] Als penalisierte Residuenquadratsumme kann darauf aufbauend der Term

$$\mathrm{PKQ}(\lambda) = \sum_{i=1}^{n}\left(y_i - \sum_{j=1}^{g+m-1} \gamma_j B_j(x_i)\right)^2 + \lambda \sum_{j=k+1}^{g+m-1} (\Delta^k \gamma_j)^2$$

verwendet werden.[284] Soll eine Ordnung $k > 1$ verwendet werden, wird der **Differenzenoperator rekursiv** definiert:[285]

$$\begin{aligned}
\Delta^1 \gamma_j &= \gamma_j - \gamma_{j-1} \\
\Delta^2 \gamma_j &= \Delta^1 \Delta^1 \gamma_j = \gamma_j - 2\gamma_{j-1} + \gamma_{j-2} \\
&\vdots \\
\Delta^k \gamma_j &= \Delta^{k-1} \gamma_j - \Delta^{k-1} \gamma_{j-1}
\end{aligned}$$

Da bei P-Splines eine große Knotenanzahl verwendet wird, wird die genaue Anzahl und die Platzierung der Knoten nebensächlich. Der Anpassungsgrad des Splines an die Daten und

282 Vgl. DE BOOR, C., Splinefunktionen, S. 56; FAHRMEIR, L./KNEIB, T./LANG, S., Regression, S. 305.

283 Vgl. MEINEL, M., Nichtparametrische, Semiparametrische und SUR-Modelle, S. 79–80.

284 Vgl. FAHRMEIR, L./KNEIB, T./LANG, S., Regression, S. 310. Zur Herleitung der Matrixschreibweise des Strafterms vgl. HOFNER, B., Boosting in structured additive models, S. 21–22.

285 Vgl. KNEIB, T., Mixed model based inference, S. 32; MEINEL, M., Nichtparametrische, Semiparametrische und SUR-Modelle, S. 80.

damit das Verhältnis zwischen Flexibilität und Glattheit wird allein durch den Glättungsparameter λ gesteuert.

334.2 Wahl des Glättungsparameters

Zur automatischen Bestimmung des Glättungsparameters λ existieren verschiedene Verfahren. Die Verwendung der **mittleren Residuenquadrate**

$$\frac{1}{n}\left(\sum_{i=1}^{n}(y_i-\hat{f}(x_i))^2\right)$$

ist hierbei nicht zielführend.[286] Diese Zielgröße wird minimal, wenn sich y_i und $\hat{f}(x_i)$ $\forall$ $i = 1,\ldots,n$ entsprechen. Dies würde folglich zu einer Überanpassung an die Daten führen. Es würde immer ein Glättungsparameter $\lambda = 0$ ausgewählt werden. Aus diesem Grund werden i. d. R. das Kreuzvalidierungs- bzw. das generalisierte Kreuzvalidierungskriterium verwendet. Beim Kreuzvalidierungskriterium (CV; engl.: *cross validation*) wird jeweils eine Beobachtung aus den Daten herausgenommen und der Spline auf Basis der übrigen $n-1$ Beobachtungen geschätzt. Der Glättungsparameter wird so gewählt, dass der Term

$$CV(\lambda) = \frac{1}{n}\sum_{i=1}^{n}(y_i-\hat{f}^{-i}(x_i))^2 \tag{3.16}$$

minimal wird. Hierbei steht $\hat{f}^{-i}(x_i)$ für den Funktionswert der geschätzten Funktion an der Stelle x_i, wobei die Funktionsschätzung ohne die i-te Beobachtung erfolgt.[287]

Ausgehend von (3.16) müssten n Schätzungen der Funktion $\hat{f}^{-i}$ durchgeführt werden. Durch die Verwendung der **Glättungsmatrix S** mit $\hat{\mathbf{f}} = \mathbf{S}\mathbf{y}$ kann dies umgangen werden. $\hat{\mathbf{f}}$ drückt den Vektor der geschätzten Funktionswerte an den beobachteten Kovariablenausprägungen aus. Mithilfe der Diagonalelemente s_{ii} der Glättungsmatrix kann das Kreuzvalidierungskriterium auch durch

$$CV(\lambda) = \frac{1}{n}\sum_{i=1}^{n}\left(\frac{y_i-\hat{f}(x_i)}{1-s_{ii}}\right)^2 \tag{3.17}$$

286 Vgl. FAHRMEIR, L./KNEIB, T./LANG, S., Regression, S. 351.
287 Vgl. FAHRMEIR, L./KNEIB, T./LANG, S., Regression, S. 351.

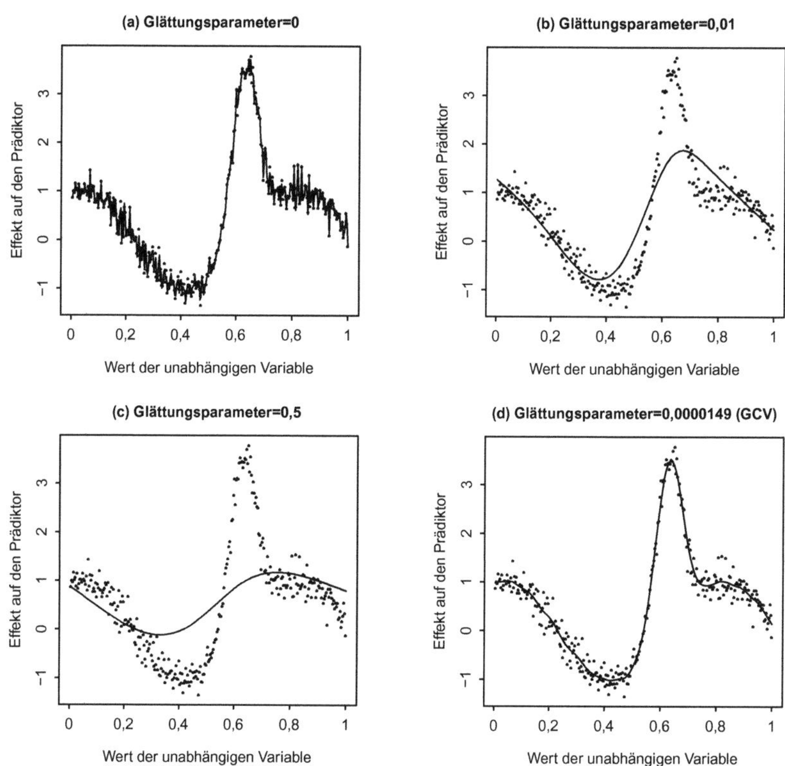

Abb. 3.6: Splineverlauf in Abhängigkeit des Glättungsparameters

ermittelt werden, wodurch nur noch eine P-Spline-Schätzung notwendig ist.[288] Durch die Spur der Glättungsmatrix werden die äquivalenten Freiheitsgrade df_f des Glätters durch die Beziehung $df_f = sp(\mathbf{S})$ bestimmt. Je größer $sp(\mathbf{S})$ ist, desto variabler ist der Splineverlauf.[289] Aus numerischen Vorteilen wird häufig anstatt des Kreuzvalidierungskriteriums das **generalisierte Kreuzvalidierungskriterien** (GCV; engl.: *generalized cross validation*) zur Bestimmung von λ verwendet. Dieses wird ermittelt, indem die Diagonalelemente der Glättungsmatrix in (3.17)

288 Für den Beweis siehe GREEN, P. J./SILVERMAN, B. W., Nonparametric regression, S. 31–33.

289 Der Zusammenhang zwischen dem Glättungsparameter und den äquivalenten Freiheitsgraden ist somit monoton. Vgl. HASTIE, T./BUJA, A./TIBSHIRANI, R., Penalized discriminant analysis, S. 98.

durch den Mittelwert der Spur der Glättungsmatrix ersetzt werden:[290]

$$\mathrm{GCV}(\lambda) = \frac{1}{n}\sum_{i=1}^{n}\left(\frac{y_i - \hat{f}(x_i)}{1 - \mathrm{sp}(\mathbf{S})/n}\right)^2 \tag{3.18}$$

Die beschriebenen Zusammenhänge zwischen Flexibilität bzw. Glättung und dem Glättungsparameter werden in Abb. 3.6 anhand der bereits beschriebenen Beispieldaten dargestellt. Die verschiedenen Splineverläufe zeigen, dass mit sinkendem λ die Anpassungsgüte steigt. Das GCV-optimale λ aus Abb. 3.6 (d) ermöglicht eine gute Datenanpassung, vermeidet aber eine Überanpassung wie in Abb. 3.6 (a).

34 Generalisierte Additive Modelle

341 Definition der GAM

Im vorangegangenen Abschnitt wurde erläutert, wie sich mithilfe der nichtparametrischen Regression der nichtlineare Einfluss einer erklärenden Variable auf eine metrische zu erklärende Variable abbilden lässt. In vielen Anwendungen müssen allerdings nichtlineare Einflüsse **mehrerer erklärender Variablen** simultan in ein Modell integriert werden. Allgemein ist dies durch folgende Funktion gegeben:

$$y_i = f(x_{i1}, \ldots, x_{ip}) + \varepsilon_i \tag{3.19}$$

Dies ist allerdings eine hochdimensionale Funktion, deren Schätzung wiederum nur durch einen hohen Rechenaufwand und eine große Datenbasis möglich wäre. Außerdem wäre sie schwierig zu interpretieren. Daher wird häufig mit dem **Additiven Modell** (AM)

$$y_i = \eta_i^{add} + \varepsilon_i = \beta_0 + f_1(x_{i1}) + \ldots + f_p(x_{ip}) + \varepsilon_i \tag{3.20}$$

ein Spezialfall von Modell (3.19) verwendet. In Modell (3.20) wird im Vergleich zur klassischen linearen Regression der lineare Einfluss einer erklärenden Variable auf die zu erklärende

290 Vgl. Wood, S. N., Generalized additive models, S. 131–132. Eilers/Marx beschreiben nur geringfügige Differenzen. Vgl. Eilers, P. H. C./Marx, B. D., Flexible smoothing, S. 91.

Variable ersetzt. Die additive Struktur des Prädiktors bleibt bestehen. Interaktionseffekte werden in dieser Ausgangsform nicht modelliert.[291] Die einzelnen Funktionen können wiederum mit Splinefunktionen approximiert werden.[292] Mit den Splines werden nur die Einflüsse der metrischen Variablen modelliert. Kategoriale Variablen werden weiterhin in Form von Dummy-Variablen berücksichtigt. Außerdem kann, basierend auf theoretischen Überlegungen, auch ein Teil der metrischen Variablen linear in das Modell einfließen. Dadurch hat das AM i. d. R. folgende Struktur:[293]

$$y_i = \beta_0 + \beta_1(x_{i1}) + \ldots + \beta_q(x_{iq}) + f_1(x_{i(q+1)}) + \ldots + f_{p-q}(x_{ip}) + \varepsilon_i$$

Hinsichtlich der einzelnen Funktionen wird teilweise gefordert, dass sie um den Wert 0 **zentriert** sind, d. h. es gilt:

$$\sum_{i=1}^{n} f_1(x_{i(q+1)}) = \ldots = \sum_{i=1}^{n} f_{p-q}(x_{ip}) = 0$$

Ohne diese Anforderung bestünde ein Identifikationsproblem. Es könnte willkürlich eine Konstante zu einer Funktion addiert und von einer anderen Funktion abgezogen werden, ohne dass dies einen Effekt auf den Prädiktor hätte.[294]

Bezüglich des Fehlers gelten mit einem Erwartungswert $E(\varepsilon_i) = 0$ und einer Varianz $var(\varepsilon_i) = \sigma^2$ die gleichen Annahmen wie im klassischen linearen Modell. Daraus folgt, dass auch in diesem Modell die abhängige Variable einen Erwartungswert $E(y_i) = \mu_i$ hat. Ist die abhängige Variable Bernoulli-verteilt, kann anstatt eines AM ein GAM verwendet werden. Der Übergang vom AM zum GAM ist äquivalent zum Übergang vom klassischen linearen Modell zum GLM. Das GAM ist definiert als:[295]

$$E(y_i) = h(\beta_0 + \beta_1 x_{i1} + \ldots + \beta_q x_{iq} + f_1(x_{i(q+1)}) + \ldots + f_{p-q}(x_{ip}))$$

291 Vgl. HASTIE, T. TIBSHIRANI, R., Generalized additive models, S. 300.

292 Zur Vereinfachung wird in der vorliegenden Arbeit auch im multivariaten Kontext der Ausdruck *Spline* anstelle von *durch einen Spline approximierte Funktion* verwendet. Das gilt auch für die nachfolgende empirische Analyse.

293 In der Literatur wird dieses Modell häufig als semiparametrisches Modell oder partiell lineares Modell bezeichnet wegen der Unterteilung in einen parametrischen und einen nichtparametrischen Teil. Vgl. z. B. RIGBY, R. A./STASINOPOULOS,D. M., Generalized additive models, S. 509. Zur Vereinfachung wird in dieser Arbeit begrifflich nicht zwischen einem vollständig nichtparametrischen und einem teilweise nichtparametrischen Modell unterschieden.

294 Vgl. FAHRMEIR, L./KNEIB, T./LANG, S., Regression, S. 400.

295 Vgl. KNEIB, T., Mixed model based inference, S. 25.

Wie schon beim GLM wird der Prädiktor, in diesem Fall der additive Prädiktor, mit einer Responsefunktion h verknüpft. Für Bernoulli-verteilte Zielvariablen stellen wiederum die Verteilungsfunktionen der logistischen Verteilung und der Standardnormalverteilung geeignete **Responsefunktionen** dar.[296] Das additive Logit-Modell ist definiert als:

$$\pi_i = \frac{\exp(\eta_i^{add})}{1+\exp(\eta_i^{add})}$$

Das additive Probit-Modell ist wiederum definiert als:

$$\pi_i = \Phi(\eta_i^{add})$$

342 Parameterschätzung der GAM

Die geschätzten Koeffizienten des GAM können über ein **penalisiertes Log-Likelihood-Kriterium** gewonnen werden. Hierfür wird der Ausdruck

$$l_{pen}(\boldsymbol{\gamma}_1,\dots,\boldsymbol{\gamma}_{p-q},\boldsymbol{\beta}) = l(\boldsymbol{\gamma}_1,\dots,\boldsymbol{\gamma}_{p-q},\boldsymbol{\beta}) - \frac{1}{2}\sum_{j=1}^{p-q}\lambda_j\boldsymbol{\gamma}_j'\mathbf{K}_j\boldsymbol{\gamma}_j \tag{3.21}$$

nach den Parametervektoren $\boldsymbol{\gamma}_1,\dots,\boldsymbol{\gamma}_{p-q}$ der einzelnen Splines und dem Parametervektor $\boldsymbol{\beta}$ des parametrischen Teils maximiert. Bei dem penalisierten Log-Likelihood-Kriterium (3.21) auf Basis eines additiven Prädiktors wird das klassische Log-Likelihood-Kriterium um einen Strafterm erweitert. Der Ausdruck $\lambda_j\boldsymbol{\gamma}_j'\mathbf{K}_j\boldsymbol{\gamma}_j$ ist der bereits beschriebene Strafterm der P-Splines in Matrixschreibweise. Die Form der Matrix $\mathbf{K}_j$ ist abhängig von der verwendeten Spline-Basis und der Form des Strafterms.[297] Das Ableiten von (3.21) nach den Parametern und das anschließende Nullsetzen liefert das folgende Gleichungssystem:

$$\begin{aligned} \mathbf{s}_{pen,0}(\boldsymbol{\gamma}_1,\dots,\boldsymbol{\gamma}_{p-q},\boldsymbol{\beta}) &= \frac{\partial l}{\partial \boldsymbol{\beta}} = 0 \\ \mathbf{s}_{pen,j}(\boldsymbol{\gamma}_1,\dots,\boldsymbol{\gamma}_{p-q},\boldsymbol{\beta}) &= \frac{\partial l}{\partial \boldsymbol{\gamma}_j} - \lambda_j\boldsymbol{\gamma}_j'\mathbf{K}_j\boldsymbol{\gamma}_j = 0 \end{aligned}$$

296 Vgl. HASTIE, T./TIBSHIRANI, R., GAM, S. 96–97.
297 Vgl. für die Form der Strafmatrix Abschnitt 334.1 sowie die dort angegebene Literatur.

Die Gleichungen haben dabei die Struktur der Score-Funktionen aus Abschnitt 324.[298] Das Gleichungssystem wird iterativ gelöst, z. B. mit dem bereits beschriebenen Fisher-Scoring-Algorithmus.[299]

Das klassische Verfahren zur Wahl des **Glättungsparametervektors $\boldsymbol{\lambda}$** ist auch bei den GAM für binäre abhängige Variablen das GCV. Im Vergleich zum GCV der univariaten nichtparametrischen Regression aus (3.18) werden die Residuen im Zähler durch die **Devianz** ersetzt. Die Devianz ist definiert als:[300]

$$D = -2\sum_{i=1}^{n}(l_i(\hat{\mu}_i) - l_i(y_i))$$

Bei der Devianz wird die tatsächlich realisierte Log-Likelihood $l_i(\hat{\mu}_i)$ in Abhängigkeit des Erwartungswerts mit der maximalen Log-Likelihood $l_i(y_i)$ verglichen. Somit lässt sie sich auch als Gütemaß verwenden.[301] Je näher die Werte $l_i(\hat{\mu}_i)$ und $l_i(y_i)$ liegen, desto besser ist die Anpassung. Eine geringe Devianz entspricht einer guten Anpassung. Auf Basis der Devianz ist das generalisierte Kreuzvalidierungskriterium definiert als:[302]

$$GCV(\boldsymbol{\lambda}) = \frac{D/n}{(1 - sp(\mathbf{S}^*)/n)^2} \tag{3.22}$$

Die Gesamtglättungsmatrix $\mathbf{S}^*$ wird ermittelt über die folgende Beziehung:

$$\hat{\boldsymbol{\eta}}^{add} = \mathbf{S}^*\tilde{\mathbf{y}} \tag{3.23}$$

Hierbei drückt $\hat{\boldsymbol{\eta}}^{add}$ den Vektor der geschätzten Prädiktoren aus. $\tilde{\mathbf{y}}$ ist der Vektor der Arbeitsbeobachtungen aus dem verwendeten iterativen Schätzverfahren. Zur Ermittlung der optimalen Glättungsparameter wird das Kriterium aus (3.22) nach $\boldsymbol{\lambda} = (\lambda_1, \dots, \lambda_{p-g})'$ minimiert.[303]

298 Vgl. FAHRMEIR, L./KNEIB, T./LANG, S., Regression, S. 422.

299 Vgl. Abschnitt 324. WOOD erläutert mit dem P-IRLS-Kriterium (engl.: *penalized iteratively re-weighted least squares*) ein alternatives iteratives Verfahren und zeigt, dass die Maximierung der penalisierten Log-Likelihood und die Minimierung des penalisierten KQ-Kriteriums äquivalent sind. Vgl. WOOD, S. N., Generalized additive models, S. 138.

300 Vgl. HASTIE, T./TIBSHIRANI, R., GAM, S. 155.

301 Vgl. FAHRMEIR, L./HAMERLE, A./TUTZ, G., Kategoriale und generalisierte lineare Regression, S. 260.

302 Vgl. HASTIE, T./TIBSHIRANI, R., GAM, S. 159; WOOD, S. N., Generalized additive models, S. 178.

303 Neben dem GCV existieren weitere Verfahren zur Bestimmung von $\boldsymbol{\lambda}$. WOOD erläutert bspw. in Anlehnung an das Akaike-Informationskriterium das UBRE (engl.: *un-biased risk estimator*)-Kriterium. Vgl. WOOD, S. N., Generalized additive models, S. 178.

35 Hypothesentests

Die Hypothesen, ob ein oder mehrere Parameter signifikant von bestimmten Werten verschieden sind, lassen sich bei den GLM in allgemeiner Form mithilfe von **Restriktionsmatrizen** darstellen. Die Hypothesen lauten dabei:[304]

$$\mathrm{H}_0 : \mathbf{C}\boldsymbol{\beta} = \mathbf{e}$$
$$\mathrm{H}_1 : \mathbf{C}\boldsymbol{\beta} \neq \mathbf{e}$$

Wird z. B. getestet, ob ein **bestimmter Parameter** β_k signifikant von 0 verschieden ist, kann die Nullhypothese wie folgt dargestellt werden:

$$\mathbf{C}\boldsymbol{\beta} = (0 \cdots 1 \cdots 0) \begin{pmatrix} \beta_0 \\ \vdots \\ \beta_\mathrm{k} \\ \vdots \\ \beta_\mathrm{p} \end{pmatrix} = 0 = \mathrm{e}$$

Die Darstellung lässt sich erweitern, sodass auch gleichzeitig **mehrere Parameter** getestet werden können. Dies impliziert auch die Nullhypothese, dass alle Parameter den Wert 0 annehmen:

$$\mathbf{C}\boldsymbol{\beta} = \begin{pmatrix} 1 & 0 & \cdots & 0 \\ 0 & 1 & \ddots & \vdots \\ \vdots & \ddots & \ddots & 0 \\ 0 & \cdots & 0 & 1 \end{pmatrix} \begin{pmatrix} \beta_0 \\ \vdots \\ \beta_\mathrm{k} \\ \vdots \\ \beta_\mathrm{p} \end{pmatrix} = \begin{pmatrix} 0 \\ \vdots \\ 0 \end{pmatrix} = \mathbf{e}$$

304 Vgl. HÜBLER, O., Ökonometrie, S. 65. **C** und **e** sind eine Matrix (bzw. in speziellen Fällen ein Vektor) und ein Vektor (bzw. in speziellen Fällen ein Skalar) und dienen zur allgemeinen Darstellung der Hypothesen.

Zum Testen der Hypothesen kann unter anderem der **Likelihood-Ratio-Test** (LR-Test) verwendet werden.[305] Die dazugehörige Teststatistik hat die folgende Form:

$$\mathrm{lr} = -2[\mathrm{l}(\tilde{\boldsymbol{\beta}}) - \mathrm{l}(\hat{\boldsymbol{\beta}})] \tag{3.24}$$

mit:

$\mathrm{l}(\tilde{\boldsymbol{\beta}})$ = Wert der Log-Likelihood des restringierten Modells

$\mathrm{l}(\hat{\boldsymbol{\beta}})$ = Wert der Log-Likelihood des unrestringierten Modells

Bei diesem Signifikanztest werden zwei geschachtelte Modelle hinsichtlich ihrer Log-Likelihoods verglichen. Die Prüfgröße ist hierbei die negative zweifache Differenz der Log-Likelihood des Modells unter der Nullhypothese (restringiertes Modell) und des gesamten Modells. Unter der Nullhypothese ist die Teststatistik (3.24) asymptotisch $\chi^2_{\mathrm{Q},1-\alpha}$-verteilt.[306] Der Wert Q drückt bei den GLM den Zeilenrang der Matrix **C** und damit die Anzahl der zu testenden Restriktionen aus. Zum Beispiel ist beim Signifikanztest eines einzelnen Koeffizienten die Teststatistik $\chi^2_{1,1-\alpha}$-verteilt. Da die GAM keine vollständig parametrischen Modelle sind, lassen sich die Nullhypothesen nicht in der o. g. Form darstellen und folglich lässt sich Q auch nicht aus der Restriktionsmatrix ableiten. Während die Prüfgröße (3.24) sich auch auf die GAM anwenden lässt, muss der Freiheitsgrad über die Gesamtglättungsmatrix $\mathbf{S}^*$ aus (3.23) ermittelt werden.[307] $\mathbf{S}^*$ wird für das restringierte und das unrestringierte Modell ermittelt. Die jeweilige Modellkomplexität wird durch die Spur der entsprechenden Glättungsmatrix ausgedrückt. Ihre Differenz ergibt den Freiheitsgrad der χ^2-Verteilung. Ist der Wert der Teststatistik größer als der entsprechende Wert der χ^2-Verteilung, so wird die Nullhypothese zugunsten der Alternativhypothese verworfen.[308]

305 Dieser Test wird in der weiteren Analyse verwendet. Es sei allerdings darauf verwiesen, dass es eine Reihe weiterer Signifikanztests für generalisierte Modelle gibt. Vor allem ist der Wald-Test zu nennen. Vgl. WALD, A., Wald-Test. Dieser Test ist asymptotisch äquivalent zum LR-Test. Für weitere Signifikanztests der GAM vgl. WOOD, S. N., Generalized additive models, S. 194–195.

306 Zur Begründung der Anwendbarkeit der χ^2-Verteilung vgl. WOOD, S. N., Generalized additive models, S. 204–206.

307 Vgl. MÜLLER, M., Semiparametric extensions, S. 303.

308 Vgl. BONNE, T., Kostenorientierte Klassifikationsanalyse, S. 86–89; FAHRMEIR, L./KNEIB, T./LANG, S., Regression, S. 204–205.

36 Modellinterpretation

Bei der klassischen linearen Regression ergibt sich der Effekt aus der Veränderung einer erklärenden Variable um eine Einheit auf die zu erklärende Variable direkt aus dem jeweiligen Koeffizienten. Diese einfache Interpretation ist bei den GLM und GAM nicht möglich.[309] Es besteht kein linearer Zusammenhang zwischen einer erklärenden Variable und der zu erklärenden Variable. Da sich der Zusammenhang erst durch die Verknüpfung mit der Responsefunktion ergibt, sind die **marginalen Effekte** nicht konstant. Die marginalen Effekte eines GLM hinsichtlich einer (metrischen) erklärenden Variable sind definiert als:

$$\frac{\partial \mathrm{F}(\eta_\mathrm{i})}{\partial \mathrm{x}_\mathrm{k}} = \frac{\partial \mathrm{F}(\eta_\mathrm{i})}{\partial \eta_\mathrm{i}} * \frac{\partial \eta_\mathrm{i}}{\partial \mathrm{x}_\mathrm{k}} = \mathrm{F}'(\eta_\mathrm{i}) * \beta_\mathrm{k} \tag{3.25}$$

mit:

$\mathrm{F}' =$ Dichtefunktion der jeweiligen Verteilungsfunktion F

$\eta_\mathrm{i} =$ Prädiktor der Beobachtung i

Der marginale Effekt ergibt sich aus der **Dichtefunktion** an der entsprechenden Stelle vor Veränderung der Variablenausprägung x_k und dem **Koeffizienten** β_k.[310] Somit ist er abhängig von den Werten aller erklärenden Variablen. In den mittleren Prädiktorbereichen nimmt die Dichtefunktion hohe Werte an und bewirkt einen großen marginalen Effekt. An den Randbereichen nimmt die Dichtefunktion geringe Werte an und die Insolvenzwahrscheinlichkeit reagiert weniger sensitiv. Das bedeutet, dass die marginale Veränderung einer erklärenden Variable nur einen geringen Effekt auf die Insolvenzwahrscheinlichkeit eines Unternehmens hat, wenn dieses Unternehmen bereits eine sehr niedrige oder im Gegenzug eine sehr hohe Bonität hat.[311] Der Koeffizient β_k ist im GLM somit kein globales Maß für die Höhe des Effekts. Es lässt aus β_k allerdings die **Richtung des Effekts** ableiten.[312] Da die Dichtefunktion nie negativ wird,

309 Vgl. ausführlich zur Interpretation HOSMER, D. W. JR./LEMESHOW, S./STURDIVANT, R. X., Applied logistic regression, S. 49–86; HUIB, E., Angewandte Statistik, S. 362–370.

310 Vgl. MADDALA, G. S., Limited-dependent and qualitative variables, S. 23.

311 Vgl. LAITINEN, T./KANKAANPÄÄ, M., Failure prediction methods, S. 71; MARTIN, D., Early warning of bank failure, S. 260.

312 Vgl. GRAALMANN, B., Verfahren und Prozesse des Finanzratings, S. 76.

wird die Insolvenzwahrscheinlichkeit durch ein negatives β_k gesenkt und durch ein positives β_k erhöht. Bei den GAM sind die marginalen Effekte definiert als:

$$\frac{\partial F(\eta_i)}{\partial x_k} = \frac{\partial F(\eta_i)}{\partial \eta_i} * \frac{\partial \eta_i}{\partial x_k} = F^{'}(\eta_i) * f_k^{'}(x_k)$$

mit:

$F^{'}$ = Dichtefunktion der jeweiligen Verteilungsfunktion F

f_k = Spline der Variable X_k

η_i = Prädiktor der Beobachtung i

Wie bei den GLM ist die Stärke des marginalen Effekts abhängig vom Wert der Dichtefunktion und somit dem Wert aller Variablen. Die Richtung des Effekts hängt von der Ableitung des Splines ab. Da beim Spline nicht vorausgesetzt wird, dass er stetig steigt oder fällt, kann sich das Vorzeichen der Ableitung über den Wertebereich ändern. Eine globale Interpretation bezogen auf die Insolvenzwahrscheinlichkeit ist nicht möglich. Eine fallende Funktion bewirkt indes eine sinkende Insolvenzwahrscheinlichkeit, eine steigende Funktion bewirkt eine steigende Insolvenzwahrscheinlichkeit.

Um dem Problem der nicht globalen Interpretationsmöglichkeit der marginalen Effekte auf die Insolvenzwahrscheinlichkeit entgegenzuwirken, werden in der Literatur beim Logit-Modell teilweise die sog. **Odds** oder die sog. **Logits** interpretiert.[313] Beide ergeben sich durch Umformen der folgenden Responsefunktion des Logit-Modells:

$$\pi_i = \frac{\exp(\eta_i)}{1+\exp(\eta_i)}$$

Die Odds sind gegeben durch:

$$\frac{\pi_i}{1-\pi_i} = \exp(\eta_i)$$

Die Odds bildet das **Wahrscheinlichkeitsverhältnis** beider Klassen ab. Eine Insolvenzwahrscheinlichkeit von 0,2 entspricht somit einer Odds von 0,25 (=0,2/0,8). Bei den GLM

313 Vgl. ANDRESS, H.-J./HAGENAARS, J. A./KÜHNEL, S., Analyse von Tabellen und kategorialen Daten, S. 272.

verändern sich die Odds durch die Veränderung einer erklärenden Variable multiplikativ mit einem konstanten Faktor.[314] Dieser Zusammenhang ergibt sich aufgrund der folgenden Beziehung:

$$\begin{aligned}\frac{\pi_i}{1-\pi_i} &= \exp(\eta_i)\\ &= \exp(\beta_0 + \beta_1 x_{i1} + \ldots + \beta_p x_{ip})\\ &= \exp(\beta_0) * \exp(\beta_1 x_{i1}) * \ldots * \exp(\beta_p x_{ip})\end{aligned}$$

Bei den GAM ist die Interpretation wiederum erschwert, da der Faktor nicht konstant ist. Die **logarithmierten Odds** sind die **Logits**:

$$\ln\left(\frac{\pi_i}{1-\pi_i}\right) = \eta_i$$

Sie sind gleichzeitig die **Link-Funktion** des Logit-Modells und werden direkt durch den linearen bzw. additiven Prädiktor abgebildet:

$$\begin{aligned}&\text{GLM:} \quad \ln\left(\frac{\pi_i}{1-\pi_i}\right) = \beta_0 + \beta_1 x_{i1} + \ldots + \beta_p x_{ip}\\ &\text{GAM:} \quad \ln\left(\frac{\pi_i}{1-\pi_i}\right) = \beta_0 + f_1(x_{i1}) + \ldots + f_p(x_{ip})\end{aligned}$$

Der marginale Effekt auf die Logits ist der jeweilige Koeffizient bzw. die Ableitung des Splines an der entsprechenden Stelle. Die marginalen Effekte der Insolvenzwahrscheinlichkeiten, der Odds und der Logits sind nur verschiedene Interpretationsmöglichkeiten. Sie bilden allerdings alle den gleichen Sachverhalt ab.[315]

Kategoriale Variablen werden im GLM und im GAM gleich interpretiert. Der Koeffizient der Variable beschreibt den **Niveauunterschied zur Referenzkategorie**. Somit entspricht ein signifikant positiver Koeffizient einem höheren Insolvenzrisiko, wobei die genaue Erhöhung wiederum über die Dichtefunktion abhängig vom Wert der übrigen Variablen ist.[316] Bezogen auf die Logits ist der Koeffizient ein globales Maß des Niveauunterschieds.

314 Vgl. RASHID, M., Inference on logit, S. 18–19.
315 Vgl. BACKHAUS, K. U. A., Multivariate Analysemethoden S. 265–266.
316 Vgl. ARMINGER, G./ENACHE, D./BONNE, T., Analyzing credit risk data, S. 303.

37 Boosting als alternative Schätzprozedur

Die Grundidee der Boosting-Verfahren besteht darin, ein Entscheidungs- oder Klassifikationsproblem durch den Einsatz **mehrerer einfacher Entscheidungsregeln** zu lösen. Basierend auf den grundlegenden Algorithmen, deren wohl bedeutendster Algortihmus noch im Laufe dieses Abschnitts vorgestellt wird, stellten FRIEDMAN/HASTIE/TIBSHIRANI eine Verbindung zu den bereits beschriebenen GAM her. Sie zeigten, dass Boosting-Algorithmen im Zwei-Klassen-Fall eine Schätzprozedur für additive Logit-Modelle darstellen.[317] Diverse wissenschaftliche Untersuchungen analysierten anschließend die Modellgüte von GAM basierend auf den Boosting-Algorithmen und basierend auf alternativen Schätztechniken. Dabei führten die Boosting-Algorithmen teilweise zu einer höheren Güte im Fall einer binären abhängigen Variable, bei einer größeren Anzahl unabhängiger Variablen[318] und bei einer kleineren Stichprobe[319]. Außerdem werden stabilere Schätzungen bei korrelierten unabhängigen Variablen[320] und bei nichtlinearen Zusammenhängen[321] sowie eine gewisse Resistenz gegen eine Überanpassung an die Daten[322] beschrieben. Aufgrund dieser Zusammenhänge wird auch in der folgenden empirischen Analyse ein Boosting-Verfahren zur Robustheitsüberprüfung der Ergebnisse verwendet.

Das Konzept der Boosting-Verfahren wurde erstmals von SCHAPIRE[323] und später in einer effizienteren Form von FREUND[324] erörtert. Im Zusammenhang des beschriebenen Klassifikationsproblems mit zwei Klassen soll ein starker Klassifikator durch die Kombinationen mehrerer schwächerer Klassifikatoren entstehen. Diese Klassifikatoren sind nur geringfügig besser als eine Zufallsklassifikation und liefern erst durch ihre Verknüpfung einen adäquaten Klassifikator. Dafür wird im ersten Schritt eine Basisprozedur gewählt, welche bei Anwendung der Daten zu einer Funktionsschätzung $\hat{g}(.)$ führt. Die Basisprozedur wird in jedem Schritt an eine **neu gewichtete Version der Daten** angepasst:[325]

317 Vgl. FRIEDMAN, J. H./HASTIE, T./TIBSHIRANI, R., Additive logistic regression, S. 345–354.
318 Vgl. BINDER, H./TUTZ, G., Fitting of GAM, S. 95–96.
319 Vgl. TUTZ, G./BINDER, H., Boosting, S. 967–969.
320 Vgl. KAWAKITA, M. U. A., Comparison of AdaBoost and GAM, S. 329. Die Autoren schränken die Erkenntnisse allerdings auf Klassifikationsmodelle basierend auf Entscheidungsbäumen ein. Vgl. ebd. S. 341.
321 Vgl. BINDER, H./TUTZ, G., Fitting of GAM, S. 97.
322 Vgl. FRIEDMAN, J. H./HASTIE, T./TIBSHIRANI, R., Additive logistic regression, S. 338; KAWAKITA, M. U. A., Comparison of AdaBoost and GAM, S. 338–340.
323 Vgl. SCHAPIRE, R. E., The strength of weak learnability.
324 Vgl. FREUND, Y., Boosting a weak learning algorithm.
325 Vgl. BÜHLMANN, P./HOTHORN, T., Boosting algorithms, S. 478.

$$\begin{array}{lcl} \text{Daten mit Gewichtung 1} & \overset{\text{Basisprozedur}}{\longrightarrow} & \text{Schätzung } \hat{g}^{[1]}(.) \\ \text{Daten mit Gewichtung 2} & \overset{\text{Basisprozedur}}{\longrightarrow} & \text{Schätzung } \hat{g}^{[2]}(.) \\ \vdots & & \vdots \\ \text{Daten mit Gewichtung M} & \overset{\text{Basisprozedur}}{\longrightarrow} & \text{Schätzung } \hat{g}^{[M]}(.) \end{array}$$

Der endgültige Klassifikator ergibt sich aus der Summe der gewichteten Schätzungen:

$$\hat{f}_A(.) = \sum_{v=1}^{M} \psi_v \hat{g}^{[v]}(.)$$

Die Gewichtungen ψ_v werden im jeweiligen Iterationsschritt berechnet. Dieser grundsätzliche Aufbau des Boostings wird näher spezifiziert durch die Form der Gewichtungen ψ_v und die Form der Neugewichtungen der Daten. Ein Beispiel dafür ist der folgende **AdaBoost-Algorithmus** von FREUND/SCHAPIRE:[326]

(i) Initialisiere die Gewichte der Daten $w_i = \frac{1}{n}, i = 1, \ldots, n$. Setze den Iterationsschritt $v = 0$.

(ii) Setze $v = v + 1$. Passe die Basis-Prozedur an die gewichteten Daten mit der Gewichtung $w_i^{[v-1]}$ an (Schätzung mit gewichteten Daten).

(iii) Berechne den Missklassifikationsfehler innerhalb der Stichprobe mit der Gewichtung $w_i^{[v-1]}$:

$$err^{[v]} = \frac{\sum_{i=1}^{n} w_i^{[v-1]} I\left(y_i \neq \hat{g}^{[v]}(x_i)\right)}{\sum_{i=1}^{n} w_i^{[v-1]}}$$

$$\psi^{[v]} = \ln\left(\frac{1 - err^{[v]}}{err^{[v]}}\right)$$

326 Vgl. FREUND, Y./SCHAPIRE, R. E., Decision-theoretic generalization of on-line learning; FREUND, Y./SCHAPIRE, R. E., Generalization of on-line learning; FREUND, Y./SCHAPIRE, R. E., New boosting algorithm. Einen ausführlichen Überblick zum Boosting gibt HOFNER, B., Boosting in structured additive models. Die im Algorithmus verwendete Indikatorfunktion I(.) nimmt den Wert 1 an, falls das in der Klammer angegebene Kriterium zutrifft. Ansonsten nimmt sie den Wert 0 an.

(iv) Passe die Gewichte an:

$$\tilde{w}_i = w_i^{[v-1]} \exp\left(\psi^{[v]} I(y_i \neq \hat{g}^{[v]}(x_i))\right)$$

(v) Normalisiere die Gewichte:

$$w_i^{[v]} = \frac{\tilde{w}_i}{\sum_{i=1}^{n} \tilde{w}_i}$$

(vi) Wiederhole die Schritte (ii) bis (v) bis $v = v_{stop}$.

(vii) Berechne den aggregierten Klassifikator:

$$\hat{f}_{AdaB}(x) = \underset{y \in \{0,1\}}{\operatorname{argmax}} \left(\sum_{v=1}^{v_{stop}} \psi^{[v]} I(\hat{g}^{[v]}(x) = y) \right)$$

Zu Beginn des Algorithmus erhalten alle Beobachtungen die gleiche Gewichtung (i). Anschließend wird der Klassifikator des Iterationsschritts v an die gewichteten Beobachtungen angepasst und die geschätzten Klassen ermittelt (ii). Der gewichtete Missklassifikationsfehler $err^{[v]}$ wird berechnet. Über ihn ergibt sich das Gewicht $\psi^{[v]}$ zur Ermittlung des endgültigen Klassifikators (iii). Je größer der Fehler ist, desto geringer ist das entsprechende Gewicht $\psi^{[v]}$. Ein positives Gewicht erhalten nur Klassifikatoren, welche besser als ein Zufallsmodell sind ($err^{[v]} < 0.5$). Anschließend werden die Gewichte der Daten $w_i^{[v]}$ angepasst und normalisiert (iv, v). Durch diese Anpassung werden falsch klassifizierte Beobachtungen stärker gewichtet. Das Gewicht schwer zu klassifizierender Beobachtungen steigt mit den Iterationsschritten an. Der Fokus wird somit bei diesem Algorithmus auf die bisher schlechten Schätzungen gerichtet.[327] Bis zum Iterationsschritt v_{stop} werden die Schritte (ii) bis (v) wiederholt. Um eine Überanpassung zu vermeiden, sollte die Anzahl der Iterationsschritte v_{stop} nicht zu groß gewählt werden. v_{stop} kann z. B. über das Akaike-Informationskriterium[328] ermittelt werden.[329] Abschließend ergibt sich der endgültige Klassifikator aus einem gewichteten Mehrheitsentscheid (vii).[330]

327 Vgl. HOFNER, B., Boosting in structured additive models, S. 15.

328 Vgl. Abschnitt 611.

329 Vgl. HOFNER, B. U. A., Models-based boosting in R, S. 22–23. Vgl. außerdem die dort angegebene Literatur.

330 Vgl. BÜHLMANN, P./HOTHORN, T., Boosting algorithms, S. 479.

Bei der Erläuterung des AdaBoost-Algorithmus wurde bisher die **Form des Klassifikators** nicht näher spezifiziert. Der Klassifikator kann auf linearen sowie auf additiven Prädiktoren beruhen. Dabei verändert sich in jedem Iterationsschritt jeweils ein geschätzter Koeffizient bzw. Spline. Die Erklärung dafür liefert eine andere Betrachtungsweise des Boosting-Algorithmus, nämlich als **Gradienten-Abstiegsverfahren**.[331] Ausgehend von einem Startwert der Koeffizienten (z. B. $\hat{\beta}_j$=0) wird dabei beim GLM in jedem Iterationsschritt ein Koeffizient angepasst. Die Auswahl des Koeffizienten erfolgt über eine Verlustfunktion ρ, welche durch den Algorithmus minimiert werden soll.[332] Im ersten Schritt wird der negative Gradient der Verlustfunktion an der Stelle der vorherigen Iteration für alle Beobachtungen $i = 1,\ldots,n$ ermittelt (i):

$$V_i = -\left[\frac{\partial\rho}{\partial\eta_i}\right]_{|\eta_i=\hat{\eta}_i^{[v-1]}}$$

Anschließend wird dieser negative Gradient in p univariaten Regressionen (ohne Achsenabschnitt) als abhängige Variable verwendet. In jeder der Regressionen wird jeweils eine der erklärenden Variablen verwendet. Die Regression mit der univariat kleinsten Residuenquadratsumme wird ausgewählt (ii). Im nächsten Schritt wird der entsprechende **Koeffizient** des GLM in Richtung des Koeffizienten der o. g. Regression **verschoben**. Die Stärke der Verschiebung wird über einen Reduktions-Faktor gesteuert, um große Schritte im Algorithmus zu vermeiden (iii).[333] Der Algorithmus wird bis zum Iterationsschritt v_{stop} wiederholt (iv). Mit additiven Prädiktoren wird analog verfahren.[334]

Durch das beschriebene Vorgehen wird gleichzeitig eine **Variablenselektion** vorgenommen.[335] Es wird nur der Koeffizient bzw. Spline angepasst, welcher im jeweiligen Iterationsschritt ausgewählt wird. Wird ein Koeffizient bzw. Spline in keinem Iterationsschritt ausgewählt, verbleibt er auf seinem Startwert (z. B. $\hat{\beta}_j = 0$) und bleibt im Modell unberücksichtigt.

331 Vgl. HOFNER, B., Boosting in structured additive models, S. 12–15.

332 Verschiedene Boosting-Algorithmen werden durch unterschiedliche Verlustfunktionen spezifiziert. Beim AdaBoost wird die exponentielle Verlustfunktion verwendet. Vgl. BÜHLMANN, P./HOTHORN, T., Boosting algorithms, S. 481–483. Vgl. für weitere Verlustfunktionen und Boosting-Algorithmen ebd., S. 483–484; FRIEDMAN, J. H., Greedy function approximation, S. 1189.

333 Vgl. HOTHORN, T. U. A., Model-based boosting 2.0, S. 2110; HOFNER, B. U. A., Models-based boosting in R, S. 5–7.

334 Vgl. BÜHLMANN, P./HOTHORN, T., Boosting algorithms, S. 486.

335 Vgl. MAYR, A. U. A., Generalized additive models, S. 425.

38 Kapitelzusammenfassung

Durch das vorangegangene Kapitel sollten die in dieser Arbeit verwendeten ökonometrischen Modelle formal erläutert werden. Dafür wurden das GLM und das GAM hinsichtlich Modellstruktur, Hypothesentests sowie Schätzung und Interpretation der Modellparameter dargestellt. Außerdem wurde auf die nichtparametrische Regression eingegangen und die Zusammenhänge der drei Modellarten dargestellt. Für die vorliegende Arbeit sind die folgenden Aspekte besonders relevant:

- In der wissenschaftlichen Literatur werden häufig GLM zur Modellierung binärer abhängiger Variablen verwendet. Mit dieser Modellklasse lassen sich abhängige Variablen modellieren, deren Verteilungen der Exponentialfamilie angehören (Verteilungsannahme).

- Neben der Verteilungsannahme wird angenommen, dass der Erwartungswert der abhängigen Variable aus der Verknüpfung einer linearen Funktion der unabhängigen Variablen und einer Responsefunktion ermittelt wird (Strukturannahme). Im Fall einer binären abhängigen Variable sind die Verteilungsfunktionen der Standardnormalverteilung (Probit-Modell) und der logistischen Verteilung (Logit-Modell) gängige Responsefunktionen.

- Der Erwartungswert der abhängigen Variable kann bei den GLM als Wahrscheinlichkeit der Zugehörigkeit zur Klasse 1 interpretiert werden. Im Kontext der vorliegenden Arbeit ist dies die Insolvenzwahrscheinlichkeit.

- GLM und GAM entsprechen sich hinsichtlich der Verteilungsannahme. Die Strukturannahme verändert sich dahingehend, dass beim GAM eine additive Funktion mit der Responsefunktion verknüpft wird.

- Bei den GAM werden die Einflüsse der unabhängigen Variablen auf den Prädiktor durch unspezifizierte Funktionen modelliert. Es gibt nicht die Restriktion linearer Funktionen. Dadurch ergibt sich bei den GAM nicht notwendigerweise ein konstanter marginaler Effekt auf den Prädiktor.

- Die nichtlinearen Funktionen können über Splines approximiert werden. Bei einem Spline werden separate Polynome für einzelne Intervalle der jeweiligen unabhängigen Variable gebildet, welche bestimmte Glattheitsanforderungen erfüllen müssen. Die Modellierung der Splines kann dabei über einen Basisfunktionsansatz erfolgen.

- Das Problem der Subjektivität bei der Wahl der Intervallgrenzen kann dadurch vermieden werden, dass viele Intervalle gebildet und die Abweichungen der Polynome als Strafterm in die Likelihood-Schätzung integriert werden (P-Splines). Die Gewichtung des Strafterms steuert die Glattheit des Splines und kann z. B. durch das GCV-Kriterium ermittelt werden.

Basierend auf den vorangegangenen Aussagen lässt sich die folgende **Kernaussage des dritten Kapitels** treffen: Die GLM und die GAM unterscheiden sich ausschließlich durch die Aufhebung der Linearitätsrestriktion des Prädiktors beim GLM, wodurch ein direkter Vergleich beider Modelle möglich ist und Modellunterschiede nur durch die nichtlinearen Zusammenhänge und nicht durch weitere Modellstrukturunterschiede begründet sind.

4 Entwicklung und univariate Analyse der Datenbasis

41 Definition der Grundgesamtheit

Die empirische Analyse[336] dieser Arbeit zur Insolvenzprognose erfolgt mithilfe eines Datensatzes, welcher mit der Dafne-Bilanzdatenbank des BUREAU VAN DIJK ELECTRONIC PUBLISHING (BvD) erstellt wurde.[337] Der **Datensatz** umfasst Solvenzinformationen, Jahresabschlussdaten und strukturelle Informationen deutscher Unternehmen. Der Datensatz enthält die Solvenzinformation, ob bei einem jeweiligen Unternehmen bis zum 31.12.2010 eine Insolvenz eingetreten ist. In diesem Fall ist auch das Insolvenzdatum bekannt. Als Jahresabschlussinformationen sind die Bilanz und die GuV eines jeweiligen Geschäftsjahres vorhanden. Die Anzahl der vorhandenen Jahresabschlüsse variiert zwischen den Unternehmen. Als strukturelle Unternehmensinformationen sind die Branchenzugehörigkeit gemäß dem WZ-Code 2008[338], die Rechtsform, das Gründungsjahr sowie das Bundesland, in welchem das Unternehmen ansässig ist, im Datensatz enthalten.

Bei der Insolvenzprognose ist die Schätzung und Anwendung eines Modells auf Basis eines gegeben Datensatzes nicht das einzige Ziel. Vielmehr ist die Übertragbarkeit des Modells auf neue Beobachtung von Bedeutung. Um die Ergebnisse entsprechend übertragen zu können, muss vorab die **Grundgesamtheit der betrachteten Unternehmen** definiert werden. Die Ergebnisse können nur dann übertragen werden, wenn sich die zur Schätzung

---

336 Die empirische Analyse wird mit der Programmiersprache R in der Version 2.11.1 durchgeführt. Vgl. R DEVELOPMENT CORE TEAM, R.

337 Vgl. BUREAU VAN DIJK ELECTRONIC PUBLISHING, Dafne-Datenbank.

338 Vgl. STATISTISCHES BUNDESAMT, Klassifikation der Wirtschaftszweige.

verwendeten Beobachtungen und die neuen Beobachtungen gleichen. In die vorliegende Analyse werden nur Unternehmen aufgenommen, welche die folgenden Eigenschaften erfüllen:

- Nur Einzelabschlüsse nach dem deutschen Handelsgesetzbuch
  Es werden ausschließlich Einzelabschlüsse nach dem deutschen HGB verwendet. Diese Abschlüsse müssen vollständig und endgültig sein. Abschlüsse von Unternehmen mit Rumpfgeschäftsjahren bleiben unberücksichtigt. Außerdem bleiben Jahresabschlüsse anderer Länder unberücksichtigt, da die unterschiedlichen Rechnungslegungsvorschriften die Kennzahlen verzerren können.

- Ausschluss bestimmter Abhängigkeiten[339]
  Da staatsabhängige Unternehmen gegenüber privaten Unternehmen häufig durch ein geringeres Insolvenzrisiko gekennzeichnet sind, werden Körperschaften öffentlichen Rechts sowie sonstige öffentliche Einrichtungen ausgeschlossen. Außerdem werden keine Unternehmen der öffentlichen Verwaltung, der Verteidigung und der Sozialversicherungen verwendet. Des Weiteren werden Unternehmen ausgeschlossen, welche bzgl. des BvD-Unabhängigkeitsindikators der Klasse *C*, *C+* oder *D* zugeordnet sind.[340] Es werden keine Jahresabschlüsse verwendet, bei welchen in der Bilanz Positionen mit Bezug zu verbundenen Unternehmen (Anteile, Forderungen, Ausleihungen, Verbindlichkeiten) ausgewiesen sind.

- Nur gewinnmaximierende Unternehmen
  Da ausschließlich Unternehmen mit dem Ziel der Gewinnmaximierung verwendet werden sollen, werden eingetragene Vereine, gemeinnützige GmbH sowie private Stiftungen von der Untersuchung ausgeschlossen.

- Ausschluss bestimmter Branchen[341]
  Unternehmen der Finanz- und Versicherungsbranche werden aufgrund ihres unterschiedlichen Geschäftsmodells und ihrer unterschiedlichen Bilanzstruktur gegenüber

339 Vgl. ESCOTT, P./GLORMANN, F./KOCAGIL, A. E., Moody's RiskCalc™ für nicht börsennotierte Unternehmen, S. 4.

340 Ein Gesellschafter (juristische Person) mit mehr als 50% direkter oder indirekter Beteiligung.

341 Vgl. ESCOTT, P./GLORMANN, F./KOCAGIL, A. E., Moody's RiskCalc™ für nicht börsennotierte Unternehmen, S. 4.

Unternehmen anderer Branchen ausgeschlossen.[342] Außerdem werden keine Unternehmen der Branche „Private Haushalte“ verwendet.

- Nur Jahresabschlüsse nach dem Gesamtkostenverfahren
  Das Umsatzkostenverfahren und das Gesamtkostenverfahren sind hinsichtlich der Kennzahlenbildung nicht direkt vergleichbar. Eine Überleitung ist bei der vorliegenden Analyse nicht möglich.[343] Aufgrund der größeren Anzahl der Jahresabschlüsse nach dem Gesamtkostenverfahren in der Dafne-Datenbank werden ausschließlich Jahresabschlüsse nach diesem Verfahren herangezogen.

- Nur Jahresabschlüsse, welche eine bestimmte Gliederungstiefe haben
  Es werden nur Jahresabschlüsse verwendet, bei denen die Bilanz und die GuV eine bestimmte Gliederungstiefe aufweisen.[344]

Es werden nur Daten aus den **Geschäftsjahren 2000–2010** genutzt. Teilweise sind auch Informationen bzgl. der Geschäftsjahre 1993–1999 vorhanden. Da diese Geschäftsjahre allerdings einen sehr geringen Anteil der Gesamtdaten (<0,01) ausmachen, werden sie von der Untersuchung ausgeschlossen.[345]

Die beschriebenen **Eigenschaften** werden für den gesamten Datensatz **vorausgesetzt**. Sie gelten auch für die daraus gebildeten Lern- und Validierungsstichproben. In der Validierungsstichprobe sind somit keine strukturell verschiedenen Beobachtungen vorhanden, wie Konzernabschlüsse oder Abschlüsse ausländischen Rechts. Die Übertragbarkeit der Ergebnisse auf solche Unternehmen wird nicht getestet und daher lässt sich keine Aussage über die Übertragbarkeit auf strukturell verschiedene Unternehmen treffen. Der Datensatz basierend auf den o. g. Selektionskriterien umfasst 50.258 Jahresabschlüsse von 19.534 Unternehmen.

342 Vgl. zur bankspezifischen Analyse z. B. WERNER, T./PADBERG, T., Bankbilanzanalyse.

343 Vgl. GRÄFER, H./SCHNEIDER, G./GERENKAMP, T., Bilanzanalyse, S. 22.

344 Für die Bilanz- bzw. GuV- Gliederung siehe Anhang. Die Jahresabschlüsse haben dabei notwendigerweise die gleiche Gliederung. Vgl. BAETGE, J./KIRSCH, H.-J./THIELE, S., Übungsbuch Bilanzen und Bilanzanalyse, S. 409–410. Abweichungen von dieser Gliederung werden angepasst. Dies betrifft z. B. den Ausweis des negativen Eigenkapitals auf der Aktiv- oder Passivseite. Aus der Nichtbeachtung würden c. p. unterschiedliche Bilanzsummen resultieren.

345 Für die folgenden Berechnungen, z. B. in Abschnitt 442, muss pro Branche und Geschäftsjahr eine ausreichende Beobachtungsanzahl vorhanden sein. Dies ist in den Daten für die Geschäftsjahre vor 2000 nicht gewährleistet.

Die Definition der Datenbasis sowie die folgenden Variablendefinitionen und Aufbereitungen sind indes nicht das primäre Ziel der vorliegenden Arbeit. Sie sind notwendige Vorbereitungsschritte, um eine adäquate Datengrundlage für die relevanten Fragestellungen in Kapitel 5 und Kapitel 6, nämlich die Form und die Relevanz der nichtlinearen Effekte, zu schaffen.

42 Definition des Insolvenzkriteriums als abhängige Variable

Zur Prognose von Klassenzugehörigkeiten mit den beschriebenen GLM und GAM ist vorab eine genaue **Definition der jeweiligen Klassen** vorzunehmen. Im Fall von zwei Klassen wird ein Unternehmen der Klasse 1 zugeordnet, wenn innerhalb eines festgelegten Zeitraums ein Negativkriterium eintritt. Ansonsten erfolgt die Zuordnung zur Klasse 0. Somit ist zur Festlegung der Klassen

- das Negativkriterium und
- der betrachtete Zeitraum

zu definieren.

Bezüglich des **Negativkriteriums** gibt es in der wissenschaftlichen Literatur eine Vielzahl unterschiedlicher Definitionen.[346] Diese sind u. a. davon abhängig, ob das Prognoseobjekt ein einzelner Kredit oder ein gesamtes Unternehmen ist. Das Negativkriterium bzgl. eines Kredits besteht i. d. R. darin, dass die Zahlungsverpflichtungen durch den Kreditnehmer nicht vollständig erfüllt werden.[347]

---

346 Vgl. zu dieser Problematik DICKERSON, O. D./KAWAJA, M., The failure rates of business, S. 87–88. Häufig wird allerdings in der Literatur die genaue Definition nicht näher erläutert. Vgl. SCHWARZ, A./ARMINGER, G., The basis of credit scoring, S. 595–596.

347 Vgl. HENKING, A./BLUHM, C./FAHRMEIR, L., Kreditrisikomessung, S. 17. Vgl. zu weiteren Unterscheidungskriterien innerhalb dieser Definition ERLENMAIER, U., The shadow rating approach, S. 42. Vgl. zur Abgrenzung der Begriffe *Kreditwürdigkeit*, *Kreditfähigkeit* und *Bonität* VAN GISTEREN, R., Branchenorientierte Bonitätsanalyse, S. 105–110.

KAISER/SZCZESNY erweitern diese Definition um das Auftreten weiterer Störungen des Kreditvertrags. Sie berücksichtigen „[...] die Stundung von Zins- und Tilgungszahlungen, das Fordern zusätzlicher Sicherheiten, das Einleiten von Umstrukturierungsmaßnahmen im operativen Geschäft der Unternehmen, das Verwerten von Sicherheiten, die Fälligstellung von Krediten, Abwicklungen, Vergleiche, Konkurse und Sanierungen.“[348] Ähnlich weit gefasst ist die Ausfalldefinition des BCBS.[349] Diese **Referenzdefinition** wurde durch die SolvV im deutschen Recht verankert. Gemäß § 125 Abs. 1 SolvV gilt ein Schuldner als ausgefallen, falls mindestens eine der folgenden Bedingungen erfüllt ist:

- Der Kreditgeber sieht die **Wahrscheinlichkeit der vollständigen Erfüllung** der Zahlungsverpflichtungen als niedrig an. Das enthält, dass Sicherheiten nicht verwertet oder andere Maßnahmen nicht angewendet werden. Gemäß § 125 Abs. 2 SolvV deuten eine Wertberichtigung, ein Verkauf des Kredits mit wirtschaftlichem Verlust, die Einwilligung des Kreditgebers zu einer Sanierungsumschuldung und das Beantragen einer Insolvenz des Schuldners durch den Kreditgeber oder den Schuldner selber auf eine niedrige Erfüllungswahrscheinlichkeit hin.
- Der Schuldner ist mit einem Teil seiner Gesamtschuld **mehr als 90 Tage** überfällig. Der Teil der Gesamtschuld muss hierbei wesentlich sein, d. h. der Betrag muss mindestens 100 Euro und mehr als 2,5% des Gesamtrahmens betragen.

Bezogen auf ein **gesamtes Unternehmen** gibt es weitere Möglichkeiten der Klassenbildung, deren Definition unabhängig von einer bestimmten Verpflichtung sein kann. Die Klassen sind jedoch immer so definiert, dass durch sie eine Unterscheidung in gute und schlechte Unternehmen erfolgt. BAETGE verwendet in diesem Zusammenhang die Terminologie *gesunde* und *kranke* Unternehmen.[350] GÜNTER verwendet den Begriff *Krise* und weist darauf hin, dass vor einer manifesten Krisenphase eine latente Krisenphase besteht. In der latenten Krisenphase besteht zwar keine unmittelbare Bestandsgefährdung des Unternehmens, allerdings sind erste Symptome der Krise vorhanden. Solche Symptome sind schwierig zu identifizieren bzw.

348 KAISER, U./SZCZESNY, A., Kreditausfallwahrscheinlichkeiten, S. 793.
349 Vgl. BASELER AUSSCHUSS FÜR BANKENAUFSICHT, Neue Baseler Eigenkapitalvereinbarung, Tz. 452–453.
350 Vgl. BAETGE, J., Früherkennung von Unternehmenskrisen, S. 207.

zu messen.[351] Das Merkmal, nach welchem die Klassen getrennt werden, soll allerdings eindeutig und möglichst objektiv sein.[352] Aus diesem Grund werden in der wissenschaftlichen Literatur hauptsächlich Kriterien der **manifesten Krisenphase** verwendet. Neben dem bereits beschriebenen Ausfall einer Schuld, können z. B. ein außergerichtliches Moratorium, eine Haftanordnung zur Abgabe einer eidesstattlichen Versicherung[353], die Restrukturierung einer Schuld, die Reduktion bzw. der Ausfall der Dividende[354], die Liquidierung, das Delisting eines Unternehmens sowie die Intervention durch den Staat[355] als Krisenkriterien verstanden werden.[356] Teilweise werden als Krisenkriterien auch metrische Größen verwendet, welche durch einen Schwellenwert dichotomisiert werden. Dann wird es als Krisenkriterium verstanden, falls eine Kennzahl einen bestimmten Wert unter- oder überschreitet. Zum Beispiel kann dies ein negativer operativer Cash Flow[357], ein unterdurchschnittliches Wachstum[358] oder eine negative Eigenkapitalquote sein. Die metrischen Größen sind in diesen Fällen einfach zu ermitteln. Der Schwellenwert wird jedoch subjektiv bestimmt.[359]

Aufgrund der fehlenden Datenverfügbarkeit bei vielen der o. g. Krisenkriterien wird in der wissenschaftlichen Literatur häufig die **Insolvenz** als das maximale Krisenkriterium[360] ver-

351 Vgl. GÜNTER, J. R., Bankenrating, S. 59. Bezüglich den Zuständen eines Krisenprozesses vgl. FELSCHER, K., Krisenursachen und Früherkennung, S. 178–180; KASTNER, A., Krisenindikatoren, S. 105–111. Bezüglich der Verwendung unterschiedlicher Kennzahlenarten (absoluter Wert/Trend/Differenz) in den einzelnen Krisenphasen vgl. LAITINEN, E. K., Financial predictors.

352 Vgl. FEIDICKER, M., Kreditwürdigkeitsprüfung, S. 35–36; HÜLS, D., Früherkennung insolvenzgefährdeter Unternehmen, S. 47.

353 Vgl. FEIDICKER, M., Kreditwürdigkeitsprüfung, S. 37.

354 Vgl. ANANDARAJAN, M./LEE, P./ANANDARAJAN, A., Bankruptcy prediction, S. 74–75.

355 Vgl. ALTMAN, E. I./NARAYANAN, P., Business failure classification models, S. 2.

356 Teilweise werden diese Kriterien auch in der Praxis verwendet. Moody's und Standard & Poor's definieren einen Ausfall als eine verspätete oder ausgefallene Zahlung einer Schuld, eine Insolvenz (o. Ä.) oder die Umstrukturierung des Schuldverhältnisses zu Ungunsten des Gläubigers. Unterschiede in den Definitionen bestehen dahingehend, dass bei Moody's Definition auch Zahlungsausfälle/-verzögerungen innerhalb einer Schonfrist berücksichtigt werden und die Umstrukturierung daran geknüpft ist, dass sie dem Schuldner die Vermeidung einer Insolvenz oder eines Zahlungsausfalls ermöglicht. Vgl. EMERY, K./OU, S., Corporate default and recovery rates, S. 51; STANDARD & POOR'S, Rating criteria, S. 12.

357 Vgl. ANANDARAJAN, M./LEE, P./ANANDARAJAN, A., Bankruptcy prediction, S. 75

358 Vgl. HÜLS, D., Früherkennung insolvenzgefährdeter Unternehmen, S. 47.

359 Vgl. OOGHE, H./JOOS, P./DE BOURDEAUDHUIJ, C., Financial distress models, S. 247.

360 Vgl. GÜNTER, J. R., Bankenrating, S. 59. Ein strenges Kriterium führt zu weniger Ausfällen/Insolvenzen in den Daten. Ein weiches Kriterium vermindert dieses Problem, führt aber zu einer Annäherung beider Gruppen. Vgl. im Kontext der Konsumentenkredite GLASSON, S., Censored regression techniques for credit scoring, S. 49.

wendet.[361] Die Insolvenz als Kriterium erfüllt auch die Anforderung der Objektivität.[362] Die Insolvenz gemäß der Insolvenzordnung (InsO) wird auch in der vorliegenden Arbeit als Kriterium zur Klassenbildung genutzt. Die Bedingung für die Eröffnung eines Insolvenzverfahrens ist gemäß § 16 InsO das Vorhandensein eines **Eröffnungsgrunds**. Die Gründe für die Eröffnung eines Insolvenzverfahrens sind in den §§ 17–19 InsO definiert und lauten wie folgt:[363]

- Die **Zahlungsunfähigkeit** eines Schuldners ist ein Eröffnungsgrund für das Insolvenzverfahren (§ 17 Abs. 1 InsO). Gemäß § 17 Abs. 2 Satz 1 InsO tritt die Zahlungsunfähigkeit ein, wenn ein Schuldner nicht im Stande ist, seine Zahlungsverpflichtungen zu begleichen. Ein kurzfristiger Zahlungsengpass ist indes nicht hinreichend als Eröffnungsgrund.[364]

- Schon die **drohende Zahlungsunfähigkeit** ist gemäß § 18 Abs. 1 InsO ein Eröffnungsgrund. Voraussetzung ist hierbei, dass der Schuldner das Insolvenzverfahren beantragt. Gläubigeranträge werden zur Vermeidung des Missbrauchs nicht zugelassen.[365] Die drohende Zahlungsfähigkeit ist gemäß § 18 Abs. 2 InsO die voraussichtliche Unfähigkeit, bestehende Zahlungsverpflichtungen rechtzeitig zu erfüllen. Während diese Definition eine Wahrscheinlichkeit der Zahlungsunfähigkeit über 50% impliziert, ist der betrachtete Zeithorizont umstritten und nicht einheitlich festgelegt.[366]

- Die **Überschuldung** gilt gemäß § 19 Abs. 1 i. V. m. Abs. 3 Satz 1 InsO als Eröffnungsgrund, soweit sich die Insolvenz auf eine juristische Person oder auf eine Gesellschaft bezieht, bei der keine natürliche Person persönlich haftender Gesellschafter ist. Die Überschuldung ist kein Eröffnungsgrund, falls eine andere Gesellschaft persönlich haf

361 Vgl. z. B. ANDERS, U./SZCZESNY, A., Prognose von Insolvenzwahrscheinlichkeiten; BEMMANN, M., Simulationsmodell für die Insolvenzprognose; HÄRDLE, W./MORO, R./SCHÄFER, D., Estimating probabilities of default; PEREDERIY, V., Insolvenzprognose. Dies gilt ebenso für historische Ratingmodelle. Vgl. HAYDEN, E., Estimation of a rating model, S. 14. HAYDEN zeigt, dass sich Insolvenzprognosemodelle auch auf andere Ausfalldefinitionen akzeptabel anwenden lassen. Vgl. HAYDEN, E., Alternative default definitions, S. 33.

362 Vgl. EVERETT, J./WATSON, J., Small business failure, S. 373. Dort wird das Kriterium allerdings als recht schmal kritisiert.

363 Im Merton-Modell werden Liquiditätsprobleme nicht als Insolvenzgrund berücksichtigt. Vgl. zur diesbezüglichen Kritik WEHRSPOHN, U., Marktdatenbasierte Verfahren, S. 107.

364 Vgl. BECK, S., Insolvenz, Rn. 104–105; DRUKARCZYK, J./SCHÜLER, A., Die Eröffnungsgründe der InsO, Rn. 29–31; KIRCHHOF, H.-P., § 17 der Insolvenzordnung, Rn. 17; WEBER, H. K., Rentabilität, Produktivität und Liquidität, S. 228–229.

365 Vgl. BUSSHARDT, H., § 18 InsO, Rn. 1.

366 Vgl. BUSSHARDT, H., § 18 InsO, Rn. 5–8.

tet und diese wiederum eine natürliche Person als persönlich haftenden Gesellschafter hat (§ 19 Abs. 3 Satz 2 InsO). Zur Ermittlung der Überschuldung wird eine eigenständige Überschuldungsbilanz erstellt, die nicht mit der handelsrechtlichen Bilanz übereinstimmen muss. Die Bewertung des Vermögens war gemäß § 19 Abs. 2 InsO a. F. abhängig von einer Fortführungsprognose. Galt für das betrachtete Unternehmen eine negative Fortführungsprognose, waren in der Überschuldungsbilanz Liquidationswerte anzusetzen. Bei einer positiven Fortführungsprognose waren Fortführungswerte für die Vermögensgegenstände anzusetzen.[367] Aufgrund der Wirkungen der Finanzkrise setze der Gesetzgeber vom 18.10.2008 bis 31.12.2013 durch Artikel 5 des Finanzmarktstabilisierungsgesetzes (FMStG) den letzten Teil der o. g. Definition aus. Die Definition wurde für diesen Zeitraum dahingehend geändert, dass bei einer positiven Fortführungsprognose keine Überschuldung i. S. d. Insolvenzordnung besteht. Am 09.11.2012 beschloss der Bundestag die Entfristigung der o. g. Änderung[368], sodass aktuell bei einer positiven Fortführungsprognose keine Überschuldung eintritt, unabhängig von einer Überschuldungsbilanz.[369]

Die beschriebenen Insolvenzgründe enthalten **nicht das negative Eigenkapital** auf handelsrechtlicher Basis. Obwohl ein negatives Eigenkapital im Jahresabschluss ein erstes Indiz für eine bevorstehende Insolvenz ist, ist dies nicht hinreichend für eine Zuordnung zu diesem Krisenkriterium. In der Literatur werden teilweise Unternehmen mit einem negativen handelsrechtlichen Eigenkapital aus den Untersuchungen ausgeschlossen.[370] Diesem Ansatz wird in dieser Analyse nicht gefolgt, da die verwendeten Modelle ein möglicherweise größeres Risiko bei einem negativen Eigenkapital abbilden können.

Als **Zeitpunkt** des Eintritts der Insolvenz wird in dieser Untersuchung das Datum verwendet, an welchem das Insolvenzverfahren eröffnet oder der Antrag mangels Masse abgewiesen wird. Gemäß § 26 Abs. 1 Satz 1 InsO wird der Antrag auf die Eröffnung des Insolvenzverfahrens abgelehnt, falls die Verfahrenskosten wahrscheinlich nicht durch die Vermögensmasse des Schuldners gedeckt werden können. Falls der Zeitpunkt der Eröffnung bzw. der Ablehnung

367 Zur Fortführungsprognose vgl. LEITHAUS, R., § 19 InsO, Rn. 6–7.

368 Vgl. Bundesgesetzblatt 2012/57 Teil I, Artikel 18.

369 Zur Berücksichtigung dieser Änderung in der empirischen Analyse vgl. Abschnitt 441

370 Vgl. bspw. DAKOVIC, R./CZADO, C./BERG, D., Bankruptcy prediction in Norway, S. 1740; HÜLS, D., Früherkennung insolvenzgefährdeter Unternehmen, S. 49; NIEHAUS, H.-J., Früherkennung von Unternehmenskrisen, S. 62–63. Explizit berücksichtigt werden sie bei SCHUHMACHER, M., Mittelstandsrating, S. 45–46.

des Insolvenzverfahrens innerhalb einer dreijährigen Frist ab dem jeweiligen Bilanzstichtag liegt, wird die Beobachtung als insolvent klassifiziert.[371] Liegt der Insolvenzzeitpunkt mehr als drei Jahre in der Zukunft, wird die Beobachtung weiterhin der Klasse „solvent" zugeordnet.[372]

Da in dieser Untersuchung ausschließlich **Solvenzinformationen bis zum 31.10.2010** vorliegen, können Beobachtungen aus den Geschäftsjahren 2008–2010 nur mit Sicherheit einer Klasse zugeordnet werden, wenn sie bis zu diesem Datum insolvent geworden sind. Für die übrigen Beobachtungen aus diesen Geschäftsjahren kann nicht gesagt werden, dass sie über die gesamten drei Jahre solvent bleiben. Es steht somit nur fest, dass sie zum 31.12.2010 *noch* nicht insolvent sind. Da aber eine sichere Zuordnung zu der tatsächlichen Klasse eine notwendige Voraussetzung für die empirische Analyse ist, werden alle Beobachtungen mit einem Abschlussstichtag nach dem 31.12.2007 eliminiert. Diese Korrektur ist unabhängig davon, ob bereits bis zum 31.12.2010 ein Insolvenztatbestand eingetreten ist. Würden die bereits insolventen Unternehmen in der Datenbasis belassen, würde dies künstlich die Insolvenzrate innerhalb der Datenbasis erhöhen. Nach der beschriebenen Aufbereitung umfasst der Datensatz 33.218 Jahresabschlüsse von 14.965 Unternehmen.[373]

371 In der wissenschaftlichen Literatur werden meist 1-Jahres- bis 5-Jahres-Zeiträume verwendet. Z. B verwenden DAKOVIC, R./CZADO, C./BERG, D., Bankruptcy prediction in Norway, 1–5 Jahre, HARTMANN-WENDELS, T. U. A., Entwicklung eines Ratingsystems, einen Prognosehorizont von 13–24 Monaten und SCHUHMACHER, M., Mittelstandsrating, verwendet 1–3 Jahre. Bei einem längeren Prognosezeitraum wird teilweise eine deutlich verminderte Klassifikationsgüte beschrieben. Vgl. MOSSMAN, C. E. U. A., Comparison of bankruptcy models, S. 52.

372 Zur Robustheitsüberprüfung werden im Rahmen der vorliegenden Analyse auch zwei und vier Jahre als Prognosehorizont verwendet. Die Ergebnisse bzgl. der relevanten Fragestellungen bleiben durch den geänderten Prognosezeitraum stabil.

373 Die Mindestanzahl insolventer Beobachtungen liegt laut HENKING/BLUHM/FAHRMEIR bei 100. Vgl. HENKING, A./BLUHM, C./FAHRMEIR, L., Kreditrisikomessung, S. 213. Sie ist bei der vorliegenden Datenbasis deutlich überschritten. Dies gilt auch nach den folgenden Aufbereitungen des Kapitels 4 und nach der Aufteilung in eine Lern- und eine Validierungsstichprobe in Abschnitt 511. Dadurch müssen eine eventuelle Überanpassung und Probleme beim Backtesting nicht notwendigerweise berücksichtigt werden. Vgl. BLOCHWITZ, S./MARTIN, M. R. W./WEHN, C. S., Statistical approaches to PD validation, S. 307; SOBEHART, J. R./KEENAN, S. C./STEIN, R. M., Benchmarking risk models, S. 8. Zur PD-Schätzung bei Portfolios mit wenigen/keinen Ausfällen vgl. PLUTO, K./TASCHE, D., PD for low default portfolios.

43 Definition der unabhängigen Variablen

431 Allgemeine Grundsätze zur Entwicklung eines Kennzahlenkatalogs

Kennzahlen sind Maßgrößen, welche in hochverdichteter Form einen zahlenmäßig erfassbaren Sachverhalt darstellen. Durch die Informationsreduktion können komplizierte Vorgänge oder Sachverhalte vereinfacht dargestellt werden. Dadurch soll z. B. in einem Entscheidungsprozess ein schneller und umfassender Überblick ermöglicht werden. Die Informationsmasse wird komprimiert und in einer einzigen Größe ausgedrückt.[374] Der **Kennzahlenbegriff** wird im Kontext der Bilanzanalyse meist für die metrischen Größen verwendet, welche sich auf den Jahresabschluss eines Unternehmens beziehen. In dieser Arbeit werden zur sprachlichen Vereinfachung auch die verwendeten qualitativen Größen als Kennzahlen bezeichnet. Dies gilt auch für die Größen, bei denen nicht der Jahresabschluss die Quelle ist.

Bei den metrischen Kennzahlen wird zwischen absoluten und relativen Kennzahlen unterschieden. Die **absoluten Kennzahlen** bestehen i. d. R. aus Einzelwerten (z. B. Umsatz), Summen (z. B. Bilanzsumme), Differenzen (z. B. absolute Veränderung der Bilanzsumme zum Vorjahr) oder Mittelwerten (z. B. durchschnittlicher Umsatz der letzten Jahre).[375] Bei dieser Kennzahlenart wird häufig kritisiert, dass ein absoluter Wert keine Aussage ermöglicht, da er immer im Verhältnis zu anderen Größen betrachtet werden muss.[376] Zum Beispiel der absolute Jahresüberschuss ermöglicht keine Aussage über die Ertragssituation eines Unternehmens, da er relativ zu dem eingesetzten Kapital oder zum Umsatz beurteilt werden muss.[377] Diese Aussage gilt allerdings nicht für alle absoluten Kennzahlen. Zum Beispiel sind der Umsatz, die Mitarbeiterzahl und die Bilanzsumme aussagekräftige absolute Größen, da sie als Proxies für die Größe eines Unternehmens betrachtet werden können. Weitere absolute Größen sind z. B. das Unternehmensalter, das Alter des Vorstandsvorsitzenden, die Anzahl der Mitbewerber auf dem jeweiligen Markt und andere makroökonomische Größen.

374 Vgl. KÜTING, P./WEBER, C.-P., Die Bilanzanalyse, S. 51.

375 Vgl. BAETGE, J./KIRSCH, H.-J./THIELE, S., Übungsbuch Bilanzen und Bilanzanalyse, S. 402; LEFFSON, U., Bilanzanalyse, S. 45–46; LEHNER, S. W., Unternehmensanalyse, S. 185.

376 Vgl. GRÄFER, H./SCHNEIDER, G./GERENKAMP, T., Bilanzanalyse, S. 18; HÜLS, D., Früherkennung insolvenzgefährdeter Unternehmen, S. 70. LEFFSON versteht deshalb unter dem Kennzahlenbegriff nur relative Kennzahlen. Vgl. LEFFSON, U., Bilanzanalyse, S. 167–168.

377 Vgl. BAETGE, J./KIRSCH, H.-J./THIELE, S., Bilanzanalyse, S. 148.

Die meisten Kennzahlen der Bilanzanalyse sind allerdings **relative Kennzahlen**. Bei den relativen Kennzahlen (oder Verhältniszahlen) werden mehrere absolute Größen ins Verhältnis zueinander gesetzt. Im Nenner dieser Kennzahlen werden häufig die beschrieben Größenproxies verwendet. Dadurch werden die Zählergrößen normiert. Relative Kennzahlen haben den Vorteil, dass Unternehmensvergleiche unabhängig von den Unternehmensgrößen und den Verrechnungseinheiten der verwendeten absoluten Zahlen möglich sind.[378] Die zueinander ins Verhältnis gesetzten Größen müssen notwendigerweise in einem sinnvollen sachlichen Zusammenhang zueinander stehen. Ob diese Forderung erfüllt ist, ist von dem Aufbau der Kennzahl und von dem betrachteten Unternehmen abhängig. Wird z. B. der Umsatz relativ zu den vorhandenen Dienst-PKWs ermittelt, ist die Kennzahl bei einem Taxiunternehmen sinnvoll, während sie z. B. bei einem Call-Center nicht sinnvoll ist. Die Forderung nach dem sachlogischen Zusammenhang zwischen den Teilgrößen einer Kennzahl ist Bestandteil des **Äquivalenzprinzips**. Gemäß diesem Prinzip sollten sich Zähler und Nenner einer Kennzahl sachlich, wertmäßig und zeitlich entsprechen. Die wertmäßige Entsprechung ist vorhanden, falls sich die Kennzahlenbestandteile „[...] hinsichtlich der Wertkategorie und Werteinheit entsprechen, d. h., sie müssen auf den gleichen Wertansätzen basieren.“[379] Die wertmäßige Entsprechung bezieht sich somit nicht ausschließlich auf die jeweilige Währungseinheiten. Es muss berücksichtigt werden, dass manche Jahresabschlusspositionen auf Verkaufspreisen und andere Positionen auf Anschaffungs- und Herstellungskosten beruhen. Werden diese Positionen unaufbereitet simultan in einer Kennzahl berücksichtigt, ist das wertmäßige Entsprechungsprinzip nicht erfüllt. Bei der zeitlichen Entsprechung wird gefordert, dass sich die Kennzahlenbestandteile auf den gleichen Zeitraum bzw. -punkt beziehen. Diese Forderung ist nicht erfüllt, falls Positionen der GuV und der Bilanz gleichzeitig Bestandteil einer Kennzahl sind. Dies betrifft z. B. die verschiedenen Kapitalrenditen, da eine Erfolgsgröße zu einer Kapitalgröße ins Verhältnis gesetzt wird. Die Erfolgsgröße bezieht sich auf das Geschäftsjahr als Zeitraum. Die Kapitalgröße bezieht sich auf das Geschäftsjahresende oder den Geschäftsjahresanfang als Zeitpunkt. Um die zeitliche Entsprechung zu gewährleisten, muss in diesem Fall der Durchschnitt der Kapitalgröße im Geschäftsjahr verwendet werden.[380] Wie detailliert der Durchschnitt berechnet wird, hängt von den vorhandenen Informationen ab. Das arithmetische Mittel wird i. d. R. aus den Werten zum Geschäftsjahresanfang und -ende gebildet.

---

378 Vgl. FRANKEN, R., Insolvenzprognose, S. 8; SCHUHMACHER, M., Mittelstandsrating, S. 67.

379 BAETGE, J./KIRSCH, H.-J./THIELE, S., Bilanzanalyse, S. 152.

380 Vgl. BAETGE, J./KIRSCH, H.-J./THIELE, S., Bilanzanalyse, S. 151–152; BRÖSEL, G., Bilanzanalyse, S. 80.

Aufgrund fehlender Vorjahreswerte wird in der wissenschaftlichen Literatur teilweise auf die Durchschnittsbildung verzichtet. Dies ist auch in der vorliegenden Arbeit der Fall. Da häufig nur die Werte zum Bilanzstichtag vorhanden sind, nicht allerdings die Vorjahreswerte, wird implizit von einem Nullwachstum der jeweiligen Bestandspositionen ausgegangen. Außerdem kann aufgrund fehlender Informationen nicht bei allen Kennzahlen die wertmäßige Entsprechung gewährleistet werden. Zum Beispiel sind bei der Gesamtkapitalrendite[381] im Zähler Verkaufspreise und im Nenner fortgeführte Anschaffungs- und Herstellungskosten enthalten. Eine Umrechnung ist auf der Basis der vorliegenden Informationen nicht möglich.

In Abhängigkeit des Zusammenhangs der verwendeten Größen, lassen sich die relativen Kennzahlen in

- Gliederungskennzahlen,
- Beziehungskennzahlen und
- Indexkennzahlen

unterteilen. Eine **Gliederungskennzahl** ist dadurch charakterisiert, dass der Zähler eine Teilmenge des Nenners darstellt. Sie gibt somit den Anteil an einer Gesamtmenge an. Bei den **Beziehungskennzahlen** fehlt hingegen dieser Aspekt. Zähler und Nenner stehen in einem sachlogischen Zusammenhang zueinander. Die zuvor beschriebenen Kapitalrenditen zählen zu dieser Kennzahlengruppe, da das Kapital zur Erfolgsgenerierung eingesetzt wird. Beide Bestandteile stehen also in einer sachlogischen Beziehung zueinander, die Erfolgsgröße ist allerdings keine Teilmenge der Kapitalgröße. Bei den **Indexkennzahlen** entsprechen sich Zähler und Nenner hinsichtlich ihrer Bestandteile. Die Zeitpunkte bzw. -räume der Messungen sind allerdings unterschiedlich. Es wird eine absolute Größe ins Verhältnis zur gleichen Größe eines anderen Zeitpunkts bzw. -raums gesetzt und somit eine Veränderung dieser Größe dargestellt. Zu dieser Klasse zählen alle Wachstumskennzahlen, wie das Umsatzwachstum oder das Wachstum der Bilanzsumme.[382] Zusätzlich zu den drei genannten Kennzahlenklassen beschreiben GRÄFER/SCHNEIDER/GERENKAMP auch sog. Richtkennzahlen. Bei den

381 Vgl. Abschnitt 432.1.

382 Vgl. BAETGE, J./KIRSCH, H.-J./THIELE, S., Übungsbuch Bilanzen und Bilanzanalyse, S. 404; BRÖSEL, G., Bilanzanalyse, S. 79–80; KÜTING, P./WEBER, C.-P., Die Bilanzanalyse, S. 52–54.

Richtkennzahlen wird eine Unternehmenskennzahl ins Verhältnis zum Branchendurchschnitt dieser Größe gesetzt.[383]

Zur Interpretation der Kennzahlen sollte zu Beginn der Untersuchung für jede Kennzahl eine Hypothese aufgestellt werden, ob ein hoher Wert positiv oder negativ zu beurteilen ist. Diese Aussage ist abhängig vom gewählten Analyseziel und kann daher für verschiedene Zielvariablen unterschiedlich ausfallen.[384] Diese sog. **Arbeitshypothesen** sagen im Kontext der Insolvenzprognose aus, ob die Kennzahlenwerte solventer Beobachtungen (S) oder insolventer Beobachtungen (I) tendenziell größer sind.[385] Geht man z. B. davon aus, dass insolvente Unternehmen eine kleinere Gesamtkapitalrendite haben als solvente Unternehmen, würde die entsprechende Arbeitshypothese der Kennzahl I<S lauten.[386] Diese Beschreibung der Arbeitshypothesen bezieht sich auf den gesamten Wertebereich einer Kennzahl. Das Ziel der vorliegenden Arbeit ist es indes, zu untersuchen, ob die Wirkungen der Kennzahlen auf die Insolvenzwahrscheinlichkeit nichtlinear (bzw. nichtmonoton) verlaufen. Aus diesem Grund werden in dieser Arbeit die Hypothesen in der beschriebenen Form als **globale Arbeitshypothesen** bezeichnet. Außerdem werden Hypothesen aufgestellt, ob sich die globalen Hypothesen in bestimmten Wertebereichen verändern. Die Arbeitshypothesen für bestimmte Intervalle eines Kennzahlenbereichs werden als **lokale Arbeitshypothesen** bezeichnet. Sie unterscheiden sich von den globalen Arbeitshypothesen, wenn der angenommene Einfluss einer Kennzahl nichtmonoton verläuft.[387] Ist der Einfluss zwar nichtlinear, aber dennoch monoton, bleibt die lokale Arbeitshypothese über den gesamten Wertebereich konstant und entspricht der globalen Arbeitshypothese. Während sich die lokalen Arbeitshypothesen durch den Splineverlauf des GAM überprüfen lassen, können die globalen Arbeitshypothesen direkt über die Koeffizienten des GLM getestet werden.[388] Ein signifikanter positiver Koeffizient unterstützt dann die Hypothese I>S.[389]

383 Vgl. GRÄFER, H./SCHNEIDER, G./GERENKAMP, T., Bilanzanalyse, S. 19. Vgl. ebenso Abschnitt 442.

384 Vgl. BAETGE, J./KIRSCH, H.-J./THIELE, S., Bilanzanalyse, S. 172.

385 Vgl. HÜLS, D., Früherkennung insolvenzgefährdeter Unternehmen, S. 71.

386 Vgl. für einen Überblick möglicher Arbeitshypothesen HAYDEN, E., Accounting-based rating system, S. 73–74.

387 HAYDEN stellt für das Umsatzwachstum die Arbeitshypothese „-/+" auf, da sie einen nichtmonotonen Effekt vermutet. Vgl. HAYDEN, E., Estimation of a rating model, S. 17.

388 REICHLING/BIETKE/HENNE beschreiben die Widerspruchsfreiheit des Ratingsystems gegenüber wissenschaftlichen Theorien als Anforderung des Ratingsystems. Dies enthält die Widerspruchsfreiheit gegenüber den theoretischen Arbeitshypothesen. Vgl. REICHLING, P./BIETKE, D./HENNE, A., Praxishandbuch Risikomanagement und Rating, S. 57. Vgl. ebenso HENKING, A./BLUHM, C./FAHRMEIR, L., Kreditrisikomessung, S. 209–210.

389 Bei der Codierung $y = 1$, falls insolvent.

Für diese Interpretationen müssen bestimmte **formale Grundsätze** bei der Erstellung des Kennzahlenkatalogs eingehalten werden. Im Hinblick auf die Einzelkennzahlen dürfen Zähler und Nenner nicht gleichzeitig negativ werden, wie es z. B. bei der Eigenkapitalrendite möglich ist. Wäre das Jahresergebnis und das Eigenkapital gleichzeitig negativ, wäre die Kennzahl wiederum positiv. Sie könnte dann nicht sinnvoll interpretiert werden. Differenzierter müssen Kennzahlen betrachtet werden, bei denen Zähler oder Nenner negativ werden können, nicht jedoch gleichzeitig. Hierzu wird in Tab. 4.1 ein Rechenbeispiel für die zwei Kennzahlen $KNZ_{Bsp,1}$=Cash Flow/Umsatz und $KNZ_{Bsp,2}$=Umsatz/Cash Flow gegeben.

Cash Flow	Umsatz	$KNZ_{Bsp,1}$	$KNZ_{Bsp,2}$
7	10	0.7	1.42
5	10	0.5	2.00
3	10	0.3	3.33
1	10	0.1	10.00
−1	10	−0.1	−10.00
−3	10	−0.3	−3.33
−5	10	−0.5	−2.00
−7	10	−0.7	−1.42

Tab. 4.1: Kennzahlenbeispiel

Bei der Kennzahl $KNZ_{Bsp,1}$ sinken die Kennzahlenwerte gleichmäßig mit dem sinkenden Cash Flow. Vertauscht man Zähler und Nenner, ist dieser Effekt nicht mehr vorhanden, obwohl sich die Aussagekraft der Kennzahl durch die gleichen Informationen nicht verändert hat. Bei der Kennzahl $KNZ_{Bsp,2}$ verändern sich die Werte bei sinkendem Cash Flow nichtmonoton. Für einen Cash Flow von 0 ist die Kennzahl nicht definiert. Da sich diese Effekte auf andere Kennzahlen übertragen lassen, sollten die Kennzahlen möglichst so gebildet werden, dass im **Nenner kein Vorzeichenwechsel oder der Wert 0** auftreten kann.[390]

Im Hinblick auf den gesamten Kennzahlenkatalog sollte das Problem der **Verzerrung durch ausgelassene Variablen** (OVB; engl.: *omitted variable bias*) berücksichtigt werden. Durch nicht berücksichtigte Variablen können die übrigen Koeffizienten eines Regressionsmodells verzerrt werden. Bei einem linearen Regressionsmodell z. B. sind die Koeffizientenschätzer nicht mehr erwartungstreu und konsistent, falls die ausgelassene Variable mit den übrigen un-

390 Vgl. HÜLS, D., Früherkennung insolvenzgefährdeter Unternehmen, S. 74; SCHUHMACHER, M., Mittelstandsrating, S. 67.

abhängigen Variablen und der abhängigen Variable korreliert ist.[391] Das beeinflusst dann auch die Überprüfung der aufgestellten Arbeitshypothesen. Trotz eines gut spezifizierten Modells kann i. d. R. kaum ausgeschlossen werden, dass nicht noch weitere Einflussfaktoren vorhanden sind. Außerdem ist es in der praktischen und wissenschaftlichen Anwendung nicht immer möglich, dass alle theoretischen Einflussfaktoren aufgrund der fehlenden Datenverfügbarkeit berücksichtigt werden können.[392] Dennoch sollte der Kennzahlenkatalog so erstellt werden, dass möglichst wenige relevante Faktoren unberücksichtigt bleiben, um die Verzerrung durch ausgelassene Variablen gering zu halten. Deshalb wird in der vorliegenden Untersuchung auf die in der Literatur teilweise angewandte univariate Regressionsanalyse[393] verzichtet und bei der univariaten Analyse nur Mittelwertvergleiche herangezogen.[394]

432 Überblick über die metrischen Variablen

432.1 Metrische Ausgangskennzahlen und Arbeitshypothesen

Im Zuge der Insolvenzprognose werden viele unterschiedliche Kennzahlen einschließlich diverser Modifikationen verwendet. Durch die große Anzahl unterschiedlicher Kennzahlen (-modifikationen) ist es nicht möglich, alle Kennzahlen in einer einzelnen Analyse zu verwenden. Während manche Untersuchungen sehr viele unterschiedliche Kennzahlen verwenden[395], nutzen andere Untersuchungen nur einige wenige Kennzahlen[396]. Bei der **Kennzahlenauswahl** wird häufig eine der grundlegenden Arbeiten in diesem Themengebiet herangezogen und die dort verwendeten Kennzahlen für eine andere Fragestellung verwendet.[397] Das Problem bei diesem Vorgehen ist, dass in der Primärquelle ggf. die genauen Definitionen der Kennzahlen fehlen. Außerdem müssen alle Kennzahlenbestandteile der Primärquelle auch in der neuen Datenbasis vorhanden sein. Aufgrund dieser Schwierigkeiten basiert die Kennzahlenbasis in der vorliegenden Untersuchung nicht auf einer einzelnen Quelle. Vielmehr wird

391 Vgl. BAUER, T. K./FERTIG, M./SCHMIDT, C. M., Empirische Wirtschaftsforschung, S. 311–313; PROPPE, D., Endogenität und Instrumentenschätzer, S. 232–233; WINKER, P., Empirische Wirtschaftsforschung und Ökonometrie, S. 169–170. Logit-spezifische Verzerrungen beschreibt CRAMER, J. S., Omitted variables.

392 Vgl. BAUER, T. K./FERTIG, M./SCHMIDT, C. M., Empirische Wirtschaftsforschung, S. 307.

393 Vgl. z. B. BEAVER, W. H., Predictors of failure.

394 Vgl. Abschnitt 46

395 Vgl. z. B. HÜLS, D., Früherkennung insolvenzgefährdeter Unternehmen.

396 Vgl. z. B. ZMIJEWSKI, M. E., Financial distress prediction models.

397 Häufig werden bspw. die Kennzahlen aus ALTMAN, E. I., Financial ratios, verwendet. Vgl. z. B. COATS, P. K./FANT, L. F., Financial distress patterns.

eine Kennzahlenbasis gebildet, welche die wohl gängigsten und am häufigsten verwendeten Kennzahlen der Insolvenzprognose umfasst, die

- möglichst allen Teilbereichen der Bilanzanalyse entstammen[398],
- mit der vorliegenden Datenbasis berechenbar sind,
- sich nicht als einfache Umformung der übrigen Kennzahlen darstellen lassen.[399]

Im Gegensatz zur Verwendung der Kennzahlen aus einer anderen Quelle, enthält dieses Vorgehen auch subjektive Entscheidungen.[400] Zum Beispiel enthalten die Eigenkapitalquote und der statische Verschuldungsgrad[401] die gleichen Informationen. Durch mathematisches Umformen entsprechen sie sich und es muss entschieden werden, welche Kennzahl in die Datenbasis aufgenommen wird. Außerdem muss subjektiv bestimmt werden, wie tief die Teilbereiche der Bilanzanalyse gegliedert werden. Sollen die klassischen Teilbereiche **Vermögens-, Finanz- und Ertragslage** abgedeckt werden, würden theoretisch drei Kennzahlen ausreichen. Berücksichtigt man bzgl. der Ertragslage auch die Analyse der Aufwandsstruktur, sind weitere Kennzahlen notwendig. Somit liegt auch eine subjektive Entscheidung darin, welche Kennzahlenanzahl berücksichtigt werden sollte. Die Entscheidung, welche Kennzahlen aus der Kennzahlenbasis letztendlich im Modell berücksichtigt werden, erfolgt allerdings objektiv durch statistische Tests, wie z. B. Signifikanztests.

Die verwendeten **metrischen Ausgangskennzahlen** sind in der ersten Spalte der Tab. 4.2 dargestellt. Die Nummer der jeweiligen Kennzahlenbezeichnung spiegelt den Analysebereich wider. Der folgende Buchstabe bezeichnet die Kennzahl innerhalb des Teilbereichs. Die Kennzahlen entstammen aus den Analysebereichen Finanzlage (KNZ1.), Vermögenslage (KNZ2., KNZ3.), Rentabilität (KNZ4.), Aufwandsstruktur (KNZ5.), Größe (KNZ6.) und den sonstigen Kennzahlen (KNZ7.). Damit sind die meisten Analysebereiche der Bilanzanalyse, die nicht auf qualitativen Informationen beruhen, abgedeckt und das Problem der

---

398 Vgl. BLOCHWITZ, S./EIGERMANN, J., Effiziente Kreditrisikobeurteilung, S. 13.

399 Vgl. HAUSCHILDT, J., Bilanzanalyse, S. 5.

400 Bei dem alternativen Vorgehen können jedoch auch subjektive Entscheidungen des Autors der Primärquelle einfließen.

401 Vgl. BAETGE, J./KIRSCH, H.-J./THIELE, S., Bilanzanalyse, S. 229.

Kennzahl	globale AH	lokale AH		
KNZ1a = $\frac{\text{Eigenkapital}}{\text{Bilanzsumme}}$	I<S	IV_1:I<S	IV_2:I=S	
KNZ2a = $\frac{\text{Anlagevermögen}}{\text{Bilanzsumme}}$		IV_1:I<S	IV_2:I=S	IV_3:I>S
KNZ2b = $\frac{\text{Sachanlagevermögen}}{\text{Bilanzsumme}}$		IV_1:I<S	IV_2:I=S	IV_3:I>S
KNZ3a = $\frac{\text{Forderungen aus LuL}}{\text{Umsatz}}$	I>S	IV_1:I>S		
KNZ4a = $\frac{\text{JÜ}}{\text{Umsatz}}$	I<S	IV_1:I<S	IV_2:I=S	
KNZ4b = $\frac{\text{Betriebsergebnis}}{\text{Bilanzsumme} - \text{Finanzanlagen}}$	I<S	IV_1:I<S	IV_2:I=S	
KNZ5a = $\frac{\text{Materialaufwand}}{\text{Personalaufwand}}$	I<S	IV_1:I<S		
KNZ6a = Bilanzsumme	I<S	IV_1:I>S	IV_2:I<S	
KNZ6b = Umsatz	I<S	IV_1:I>S	IV_2:I<S	
KNZ7a = Alter (in Jahren)	I<S	IV_1:I>S	IV_2:I<S	IV_3:I=S

mit: AH=Arbeitshypothese
LuL=Lieferungen und Leistungen
JÜ=Jahresüberschuss/-fehlbetrag
IV=Intervall der jeweiligen Kennzahlenwerte (mit: $x_{IV_1} < x_{IV_2} < x_{IV_3}$)

Tab. 4.2: Übersicht der metrischen Ausgangskennzahlen

Verzerrung durch ausgelassene Variablen kann abgeschwächt bzw. weitgehend verhindert werden.[402]

402 In der wissenschaftlichen Literatur werden häufig sieben oder acht Kennzahlengruppen verwendet. Vgl. BAETGE, J./BEUTER, H. B./FEIDICKER, M., Kreditwürdigkeitsprüfung, S. 758 sowie die dort angegebene Literatur.

In der zweiten und dritten Spalte der Tab. 4.2 sind die **globalen und die lokalen Arbeitshypothesen** abgebildet. Die Hypothesen werden ohne Berücksichtigung möglicher Brancheneffekte aufgestellt. Sie gelten somit innerhalb einer Branche bzw. nach Bereinigung der Brancheneffekte.[403] Bei den lokalen Arbeitshypothesen sind die Wertebereiche der jeweiligen Variablen in jeweils 1–3 Intervalle unterteilt. Die Intervalle sind kennzahlenspezifisch, d. h. dass das Intervall IV_1 der Kennzahl KNZ1a nicht dem Intervall IV_1 der Kennzahl KNZ2a entspricht. An den Intervallgrenzen ändert sich die jeweilige Arbeitshypothese, wobei die jeweiligen Intervallgrenzen noch nicht definiert sind. Ändert sich die lokale Arbeitshypothese über den Wertebereich zweimal, sind drei Intervalle und somit drei lokale Arbeitshypothesen angegeben. Ändert sich demgegenüber die Arbeitshypothese über den Wertebereich nicht, entsprechen sich die lokale und die globale Arbeitshypothese und es ist nur ein Intervall angegeben. Die Arbeitshypothesen sollen indes nicht als Fragestellung in der vorliegenden Arbeit getestet werden. Die lokalen Hypothesen dienen nur dazu, ökonomische Begründungen für mögliche Splineverläufe aufzuzeigen, da die ökonomische Begründung eine notwendige Voraussetzung für ein gutes Insolvenzprognosemodell ist. Deshalb werden die Hypothesen im Folgenden ausführlich begründet.

Die Kennzahl KNZ1a bildet die klassische **Eigenkapitalquote** ab. Sie ist die einzige Ausgangskennzahl der Analyse aus dem Bereich der **Finanzlage**. Eine Hinzunahme der Fremdkapitalquote und des statischen Verschuldungsgrades wäre nicht sinnvoll, da sich die Kennzahlen nach einer mathematischen Umformung entsprechen. Grundsätzlich gilt die Hypothese, dass insolvenzgefährdete Unternehmen tendenziell eine geringere Eigenkapitalquote aufweisen.[404] Das Eigenkapital hat eine Verlustausgleichsfunktion. Eine Überschuldung durch Verluste wird durch den Eigenkapitalpuffer eher vermieden. Damit wird auch eine weitere Aufnahme von Fremdkapital zu besseren Konditionen erleichtert. Die festen Zahlungsansprüche der Fremdkapitalgeber sind geringer, was sich positiv auf die Liquidität auswirken kann. Außerdem gewährleistet eine hohe Eigenkapitalquote die Unabhängigkeit des jeweiligen Unternehmens und hat eine positive Signalwirkung auf das Unternehmensumfeld. Es gibt allerdings auch Argumente gegen diese Hypothese, nämlich dass das Eigenkapital teurer als das Fremdkapital ist, vor allem aufgrund einer steuerlichen Benachteiligung, und dass eine

403 Vgl. Abschnitt 442.

404 Vgl. BLEIER, E., Insolvenzfrüherkennung, S. 138. Für Richtwerte vgl. BAETGE, J., Rating, S. 7; KRALICEK, P./BÖHMDORFER, F./KRALICEK, G., Kennzahlen, S. 96. Demgegenüber verneint HARTMANN die Existenz allgemeingültiger Richtwerte Vgl. HARTMANN, B., Angewandte Betriebsanalyse, S. 209–211.

hohe Eigenkapitalquote ein Hinweis auf verpasste fremdfinanzierte Wachstumschancen[405] sein könnte. Außerdem könnte durch eine niedrige Eigenkapitalquote ggf. ein Leverage-Effekt genutzt werden.[406] VAN GESTEL U. A. zeigen, dass der Effekt auf die Insolvenzwahrscheinlichkeit bei hohen Eigenkapitalquoten gegen 0 konvergiert.[407] Aus diesen Gründen wird für hohe Eigenkapitalquoten die lokale Arbeitshypothese I=S aufgestellt. LENNOX beschreibt außerdem eine geringere Sensitivität bei niedrigen Eigenkapitalquoten.[408] Da der Effekt weiterhin als monoton beschrieben wird, ergeben sich keine Konsequenzen für die aufgestellte Arbeitshypothese.

Bei der Analyse der **Vermögenslage** wird in der vorliegenden Arbeit zwischen Kennzahlen unterschieden, welche das Verhältnis des Anlagevermögens zum Umlaufvermögen widerspiegeln (KNZ2.) und einer Kennzahl, welche das Umlaufvermögen selbst näher analysiert (KNZ3a). Bezüglich des ersten Bereichs werden die Anlagenintensität (KNZ2a) und die Sachanlagenintensität (KNZ2b) verwendet. Diese geben das Verhältnis von **Anlage- bzw. Sachanlagevermögen zum Gesamtvermögen** wieder und bilden somit die Fristigkeit des Vermögens ab. Die Umlaufintensität wird nicht verwendet, da sie keine weiteren Informationen gegenüber der Kennzahl KNZ2a enthält. Bilanzanalytisch zählen die aktiven Rechnungsabgrenzungsposten zum Umlaufvermögen, wodurch die Umlaufintensität stets 1−Anlagenintensität ist. Generell ist es schwierig, für Intensitätskennzahlen eine allgemeingültige Arbeitshypothese aufzustellen. Eine hohe (Sach-)Anlagenintensität ist mit hohen Fixkosten verbunden und das Vermögen ist schwieriger zu liquidieren. Im Gegenzug könnten hohe Werte auch durch kürzliche Investitionen zustande kommen und niedrige Werte durch alte Anlagen bedingt sein. Außerdem könnten niedrige (Sach-)Anlagenintensitäten auch durch Sale-and-Lease-Back-Maßnahmen entstehen.[409] Diese bringen zwar kurzfristig Liquidität, der Verkauf von betriebsnotwendigem Anlagevermögen ist allerdings eher als ein Krisenindikator zu verstehen. Somit sollte bei den Intensitätskennzahlen der Einzelfall betrachtet werden. Es lässt sich aber

405 GILL bezeichnet dies als „too conservative“. Vgl. GILL, J. O., Practical financial analysis, S. 18.

406 Vgl. BAETGE, J./KIRSCH, H.-J./THIELE, S., Bilanzanalyse, S. 229–232; BAETGE, J./KIRSCH, H.-J./THIELE, S., Übungsbuch Bilanzen und Bilanzanalyse, S. 416–417; HUBER, A. S./SIMMERT, D. B., Verbesserung des Finanzratings, S. 187–188; SCHMIDLI, M., Finanzielle Qualität, S. 116. Ein praktisches Beispiel findet sich bei WEBER, M., Kennzahlen, S. 85–86. BUSSIEK/FRALING/HESSE fordern ein Mindestmaß an Fremdkapital. Vgl. BUSSIEK, J./FRALING, R./HESSE, K., Unternehmensanalyse mit Kennzahlen, S. 56.

407 Vgl. VAN GESTEL, T. U. A., Linear and non-linear credit scoring, S. 47.

408 Vgl. LENNOX, C., Identifying failing companies, S. 357.

409 Vgl. KRALICEK, P./BÖHMDORFER, F./KRALICEK, G., Kennzahlen, S. 89–90; UNTERHARNSCHEIDT, D. Bonitätsanalyse, S. 27.

die generelle Hypothese aufstellen, dass (branchenbereinigte) extreme Werte als negativ zu beurteilen sind. Dies gilt einerseits, wenn ein Unternehmen eine geringe Flexibilität durch fehlendes Umlaufvermögen bzw. fehlende liquide Mittel hat. Andererseits ist ein geringes Anlagevermögen durch fehlende oder vollständig abgeschriebene Anlagen auch negativ zu beurteilen. Daraus folgen die lokalen Hypothesen, dass für geringe (Sach-)Anlagenintensitäten I<S und für hohe (Sach-)Anlagenintensitäten I>S gilt.[410]

Zur näheren Analyse des Umlaufvermögens wird die **Umschlagdauer der Forderungen aus Lieferungen und Leistungen** (KNZ3a) verwendet.[411] Die Kennzahl erfüllt die beschriebenen Äquivalenzforderungen nicht vollständig. Es wird im Zähler kein Durchschnitt unterjähriger Werte verwendet und somit implizit von einem Nullwachstum der Forderungen ausgegangen. Dadurch ist die zeitliche Entsprechung von Zähler und Nenner nicht erfüllt. Dies ist allerdings nicht von so großer Bedeutung, dass die Kennzahl keine Aussagekraft hätte.[412] Für die Kennzahl gilt die globale Arbeitshypothese I>S. Hohe Umsatzerlöse im Nenner sind positiv zu bewerten. Im Gegenzug deuten niedrige Forderungen aus Lieferungen und Leistungen auf eine gute Zahlungsmoral der Kunden hin. Dadurch wird auch das Risiko eines Forderungsausfalls geringer.[413] Für niedrige Forderungen aus Lieferungen und Leistungen gilt, dass weniger Kapital im Umlaufvermögen gebunden ist. Es kann keine Wertgrenze ausgemacht werden, ab welcher sich die Arbeitshypothese verändert. Damit entsprechen die lokalen Arbeitshypothesen der globalen Arbeitshypothese.

Bei **Rentabilitätskennzahlen** wird generell eine Erfolgsgröße ins Verhältnis zu einer Einflussgröße gesetzt. Die klassischen Einflussgrößen sind dabei der Umsatz, das Gesamtkapital und das Eigenkapital. Die **Umsatzrentabilität** wird in der vorliegenden Analyse mit dem Jahresergebnis als Erfolgsgröße verwendet (KNZ4a). Bei der zweiten Kennzahl zur Rentabi-

410 Vgl. Baetge, J./Kirsch, H.-J./Thiele, S., Bilanzanalyse, S. 194–198. Martin gibt implizit für die verwandte Kennzahl *Net Liquid Assets/Assets* die Arbeitshypothese I<S an, da er das positive Vorzeichen des entsprechenden (nicht signifikanten) Koeffizienten als falsch bezeichnet. Vgl. Martin, D., Early warning of bank failure, S. 266. Fischer stellt die Arbeitshypothese I<S für die Sachanlagenintensität auf. Vgl. Fischer, A., Qualitative Merkmale in bankinternen Ratingsystemen, S. 253. Bussiek/Fraling/Hesse erwähnen das Vorhandensein eines optimalen Werts der Anlagenintensität in Abhängigkeit der Unternehmensbranche und -größe. Vgl. Bussiek, J./Fraling, R./Hesse, K., Unternehmensanalyse mit Kennzahlen, S. 50. Heesen/Gruber geben als (nicht allgemeingültigen) Idealwert für das produzierende Gewerbe 40%–60% an. Vgl. Heesen, B./Gruber, W., Bilanzanalyse und Kennzahlen, S. 119.

411 Heesen/Gruber verwenden die Begriffe *Debitorenreichweite* bzw. *Debitorenziel.* Vgl. Heesen, B./Gruber, W., Bilanzanalyse und Kennzahlen, S. 127.

412 Vgl. Baetge, J./Kirsch, H.-J./Thiele, S., Bilanzanalyse, S. 215–216.

413 Vgl. Baetge, J./Kirsch, H.-J./Thiele, S., Bilanzanalyse, S. 218–220; Becchetti, L./Sierra, J., Bankruptcy risk, S. 2105; Bleier, E., Insolvenzfrüherkennung, S. 138; Keasey, K./McGuiness, P., Failure of UK industrial firms, S. 121.

litätsanalyse wird das **Betriebsergebnis** ins Verhältnis zum **Gesamtkapital abzüglich der Finanzanlagen** gesetzt (KNZ4b). Die Finanzanlagen werden abgezogen, da auch im Zähler der Kennzahl das Finanz- und Beteiligungsergebnis nicht berücksichtigt wird. Außerdem ist die Erfolgsgröße bereinigt um den außerordentlichen Erfolg und unabhängig von der jeweiligen Steuerbelastung.[414] Bei beiden verwendeten Kennzahlen werden, wie auch bei der Kennzahl KNZ3a beschrieben, keine unterjährigen Durchschnitte für die Einflussgröße ermittelt. Damit ist die zeitliche Äquivalenz nicht gegeben. Das Eigenkapital wird als Einflussgröße nicht verwendet, da bei der Eigenkapitalrentabilität Zähler und Nenner gleichzeitig negativ werden können[415] und daraus Interpretationsprobleme folgen würden. Generell gilt für alle Rentabilitätskennzahlen die globale Arbeitshypothese, dass solvente Unternehmen tendenziell höhere Rentabilitäten aufweisen (I<S).[416] Eine hohe Umsatzrentabilität kann allerdings auch dadurch entstehen, dass der Umsatz des jeweiligen Unternehmens gering ist und der Jahresüberschuss zum großen Teil aus außerordentlichen Erträgen generiert wird. Dies wäre dann negativ zu beurteilen. VAN GESTEL U. A. beschreiben für die Eigenkapitalrendite einen konvergierenden Effekt. Für hohe Renditen ist kaum ein Effekt zu erkennen.[417] Analog dazu werden die lokalen Arbeitshypothesen beider Renditekennzahlen dahingehend aufgestellt, dass für hohe Kennzahlenwerte kein weiterer Effekt auftritt.

Die Kennzahlen im Zuge der **Aufwandsstrukturanalyse** geben i. d. R. die Höhe des Einsatzes von Produktionsfaktoren an. Häufig werden dabei die Personalaufwandsquote (Personalaufwand/Gesamtleistung) und die Materialaufwandsquote (Materialaufwand/Gesamtleistung) verwendet. Ein Vergleich dieser Kennzahlen zeigt, ob der Fertigungsprozess des betrachteten Unternehmens personal- oder materialintensiv ist. Anstatt beide Kennzahlen simultan zu verwenden, werden in der vorliegenden Analyse bei der Kennzahl KNZ5a beide Produktionsfaktoren direkt ins Verhältnis zueinander gesetzt, was wiederum die Intensität der Faktoren im

414 Vgl. HUBER, A. S./SIMMERT, D. B., Verbesserung des Finanzratings, S. 183. Zur Korrektur der außerordentliche Posten vgl. WAGENHOFER, A., Bilanzierung und Bilanzanalyse, S. 233. BARTH U. A. betonen, dass hierdurch eine bessere Prognose der Ertragsstärke des Unternehmens erfolgt. Vgl. BARTH, T. U. A., Jahresabschlussanalyse mit Bilanzkennzahlen, S. 155–156. Für Richtwerte der (geringfügig anders definierten) Gesamtkapitalrendite einzelner Branchen vgl. KRALICEK, P./BÖHMDORFER, F./KRALICEK, G., Kennzahlen, S. 120.

415 FALKENSTEIN/BORAL/CARTY beschreiben einen Anteil von 10% der öffentlichen Unternehmen und 12% der privaten Unternehmen mit einer negativen Eigenkapitalquote basierend auf Buchwerten. Vgl. FALKENSTEIN, E./BORAL, A./CARTY, L. V., RiskCalc, S. 33.

416 Vgl. BAETGE, J./KIRSCH, H.-J./THIELE, S., Bilanzanalyse, S. 348–349; BAETGE, J./VON KEITZ, I./WÜNSCHE, B., Bilanzbonitäts-Rating, S. 492; HAYDEN, E., Alternative default definitions, S. 16; THUN, C., KMV RiskCalc, S. 130.

417 Vgl. VAN GESTEL, T. U. A., Linear and non-linear credit scoring, S. 47.

Herstellungsprozess widerspiegelt.[418] Nimmt die Kennzahl einen niedrigen Wert an, werden wenige zugekaufte Materialien und viel Personaleinsatz im Herstellungsprozess eingebracht. Die Fertigungstiefe ist hoch. Eine hohe Fertigungstiefe bietet den Vorteil, dass ggf. Synergiepotenziale entstehen. Außerdem ist das betrachtete Unternehmen unabhängiger von Zulieferern. Im Gegenzug bietet eine geringere Fertigungstiefe eine größere Flexibilität.[419] Bei sinkender Beschäftigung kann die Einkaufsmenge des Materials schneller gemindert werden. Dadurch trägt der Zulieferer einen Teil des Risikos.[420] Bei der Kennzahl KNZ5a muss allerdings beachtet werden, dass sie nur bedingt die Fertigungstiefe eines Unternehmens widerspiegelt. Die Aussage, dass ein niedriger Kennzahlenwert eine hohe Fertigungstiefe widerspiegelt, gilt für strukturungleiche Unternehmen nicht grundsätzlich. So ist z. B. die Kennzahl abhängig von unterschiedlichen regionalen Lohnniveaus, von der Höhe des Personalleasings[421] und davon, ob Einstellungen in die Pensionsrückstellungen nachgeholt wurden.[422] Außerdem gelten besonders bei dieser Kennzahl die beschriebenen Zusammenhänge nur unter Berücksichtigung der Unternehmensbranche.

Die Kennzahl KNZ5a weist eine gewisse Hebelwirkung auf. Ein Unternehmen mit einem hohen Materialaufwand hat häufig einen niedrigen Personalaufwand.[423] Dadurch steigt der Zähler der Kennzahl und gleichzeitig sinkt der Nenner. Dennoch sollte eine **Arbeitshypothese** der Kennzahl **kritisch** betrachtet werden. Bei gleicher Struktur und Wertschöpfungstiefe eines Unternehmens geben BAETGE/KIRSCH/THIELE für die Materialaufwandsstruktur (Materialaufwand/Summe der Aufwendungen) die Arbeitshypothese I>S an.[424] Eine Übertragung auf die Kennzahl KNZ5a ist allerdings nur eingeschränkt möglich, da bei der Materialaufwandsstruktur durch die Abschreibungen im Zähler der Kapitaleinsatz als zusätzlicher Produktionsfaktor berücksichtigt wird. Die größeren Fixkosten i. S. d. Personalaufwands bedeuten jedoch, dass in Krisensituationen die Handlungsmöglichkeiten eines Unternehmens mit einem hohen Personalaufwand eingeschränkter sind. Aus diesem Grund wird die globale Arbeitshypothese I<S aufgestellt und entspricht der lokalen Arbeitshypothese. Eine weitere Begründung für diese Arbeitshypothese könnte eine geringe Produktionsauslastung als Grund

418 Vgl. KÜTING, P./WEBER, C.-P., Die Bilanzanalyse, S. 303.
419 Vgl. COENENBERG, A. G./HALLER, A./SCHULTZE, W., Jahresabschluss und Jahresabschlussanalyse, S. 1147; KÜTING, P./WEBER, C.-P., Die Bilanzanalyse, S. 300.
420 Vgl. GRÄFER, H./SCHNEIDER, G./GERENKAMP, T., Bilanzanalyse, S. 47.
421 Vgl. BAETGE, J./KIRSCH, H.-J./THIELE, S., Bilanzanalyse, S. 400.
422 Vgl. GRÄFER, H./SCHNEIDER, G./GERENKAMP, T., Bilanzanalyse, S. 48.
423 Vgl. GRÄFER, H./SCHNEIDER, G./GERENKAMP, T., Bilanzanalyse, S. 47.
424 Vgl. BAETGE, J./KIRSCH, H.-J./THIELE, S., Bilanzanalyse, S. 402.

für einen niedrigen Kennzahlenwert sein, was indes einen Vorjahresvergleich notwendig macht.

Bei den Kennzahlen zur **Größenapproximation** eines Unternehmens wird sich an den Kriterien des § 267 HGB orientiert. Es werden allerdings nur die Bilanzsumme (KNZ6a) und der Umsatz (KNZ6b) verwendet. Die Anzahl der Mitarbeiter liegt nicht vor. Außerdem wird anders als in § 267 HGB auf eine Kategorisierung verzichtet. Die Bilanzsumme und der Umsatz werden in ihrer metrischen Ausgangsform verwendet. Es wird angenommen, dass kleine Unternehmen c. p. eine höhere Insolvenzwahrscheinlichkeit haben als große Unternehmen. Begründet werden kann dies durch eine tendenziell bessere Marktposition und größere Diversifikationsmöglichkeiten großer Unternehmen, deren größere Rückgriffsmöglichkeiten auf Ressourcen bei exogen herbeigeführten Krisen, einer besseren Finanzierungsbasis sowie ihrer besseren Position bei der Mitarbeiterrekrutierung.[425] Somit gilt für beide Größenproxies die globale Arbeitshypothese I<S.[426]

Bezüglich der Bilanzsumme zeigen ALTMAN/SABATO/WILSON, dass die Insolvenzwahrscheinlichkeit erst ab einer bestimmten Bilanzsumme fällt. Für kleine Unternehmen steigt die Insolvenzwahrscheinlichkeit mit der Bilanzsumme an. Die Autoren begründen den Befund damit, dass bei kleinen Unternehmen mit weniger Vermögen Gläubiger einen geringeren Nutzen aus der Insolvenz ziehen.[427] Dies steht im Einklang mit weiteren Studien, welche ebenfalls nichtmonotone Effekte der Bilanzsumme beschreiben. FALKENSTEIN/BORAL/CARTY zeigen ebenfalls, dass die Funktion erst ab einer bestimmten Größe fällt und für **kleine Unternehmen ein Anstieg der Insolvenzwahrscheinlichkeit** zu erkennen ist. Gleiches wird dort auch für den Umsatz gezeigt.[428] Dadurch wird auch in der vorliegenden Untersuchung als lokale Arbeitshypothesen von einer erst steigenden und anschließend fallenden Funktion ausgegangen.

Es könnte **zusätzlich die Hypothese** aufgestellt werden, dass ab einer bestimmten Unternehmensgröße eine weitere Größenzunahme die Insolvenzwahrscheinlichkeit nicht weiter

---

425 Vgl. BRÜDERL, J./PREISENDÖRFER, P./ZIEGLER, R., Survival chances, S. 230; HAYDEN, E., Alternative default definitions, S. 16; HENSLER, D. A./RUTHERFORD, R. C./SPRINGER, T. M., Survival of IPOs, S. 95; MÄNNASOO, K., Firm sustainability , S. 14.

426 Kein signifikanter Einfluss bzgl. Größenproxies findet sich bei JOSTARNDT, P., Financial distress, S. 185; VAN DER GOOT, T./VAN GIERSBERGEN, N./BOTMAN, M., Survival of internet IPOs, S. 558

427 Vgl. ALTMAN, E. I./SABATO, G./WILSON, N., The value of non-financial information, S. 113–114.

428 Vgl. FALKENSTEIN, E./BORAL, A./CARTY, L. V., RiskCalc, S. 35.

verringert. Dann müsste jeweils für ein weiteres Intervall die lokale Arbeitshypothese I=S lauten. Allerdings ist es plausibel, dass sich höhere Umsätze auch bei einem hohen Umsatzniveau positiv auf die Bestandsfestigkeit eines Unternehmens auswirken. Da die Kennzahlen KNZ6a und KNZ6b mit der Unternehmensgröße die gleiche Information approximieren sollen, wird analog zum Umsatz auch bei der Bilanzsumme die lokale Arbeitshypothese dahingehend nicht angepasst.

Durch die Kennzahl KNZ7a wird das **Unternehmensalter** in Jahren ausgedrückt.[429] Hierbei wird die globale Hypothese aufgestellt, dass junge Unternehmen mit einer höheren Insolvenzwahrscheinlichkeit verbunden sind.[430] Somit lautet die globale Arbeitshypothese I<S. Nach einer Etablierung am Markt schwächt sich dieser Effekt hingegen ab bzw. verschwindet vollständig.[431] So kann zwar davon ausgegangen werden, dass zwar ein Start-Up-Unternehmen c. p. eine höhere Insolvenzwahrscheinlichkeit hat als ein 10-jähriges Unternehmen, für ein 40-jähriges und ein 50-jähriges Unternehmen kann ein Unterschied allerdings kaum angenommen werden. HUDSON beschreibt abweichend davon, dass in den ersten beiden Unternehmensjahren eine geringere Insolvenzwahrscheinlichkeit auftritt als in den Folgejahren bis zur Etablierung.[432] WEIBEL beschreibt diesen Effekt nur für das erste Unternehmensjahr. [433] HONJO kommt zu gleichen Ergebnissen mit sechs Jahren als Grenzwert.[434] ALTMAN/SABATO/WILSON überprüfen diese Annahme und kommen zu dem Schluss, dass das Alter insgesamt einen negativen Einfluss auf die Insolvenzwahrscheinlichkeit hat. Indes weisen Unternehmen im Alter zwischen drei und neun Jahren eine höhere Insolvenzwahrscheinlichkeit auf.[435] In Anlehnung an diese Untersuchungen wird die Altersvariable in drei undefinierte Bereiche geteilt und die lokalen Arbeitshypothesen aufgestellt, dass nach einer steigenden und anschließend fallenden Insolvenzwahrscheinlichkeit ab einer Etablierung am Markt kein Effekt auftritt.

---

429 Die Variable ist somit nicht stetig. Ihr Effekt kann dennoch mit Splines modelliert werden. Vgl. BECK, N./JACKMAN, S., Beyond linearity by default, S. 623.

430 Vgl. z. B. DICKERSON, O. D./KAWAJA, M., The failure rates of business, S. 88–90; STINCHCOMBE, A. L., Social structure and organizations, S. 148. Vgl. ausführlich zu Insolvenzfaktoren junger Unternehmen MAYER, K. B./GOLDSTEIN, S., The first two years.

431 In Anlehnung an HUDSON, J., Company liquidations, gehen ALTMAN/SABATO/WILSON von einem Zeitraum von neun Jahren bis zur Etablierung aus. Vgl. ALTMAN, E. I./SABATO, G./WILSON, N., The value of non-financial information, S. 112–113.

432 Vgl. HUDSON, J., Company liquidations, S. 207. Ein ähnliches Ergebnis ist zu finden bei EVERETT, J./WATSON, J., Small business failure, S. 381–382.

433 Vgl. WEIBEL, P. F., Kriterien zur Bonitätsbeurteilung, S. 144–147.

434 Vgl. HONJO, Y., Business failure of new firms, S. 571–572.

435 Vgl. ALTMAN, E. I./SABATO, G./WILSON, N., The value of non-financial information, S. 113.

Auf die gängigen Kennzahlen **Anlagendeckung A**[436] und **Kapitalumschlaghäufigkeit** wird in der vorliegenden Untersuchung verzichtet. Beide Kennzahlen ergeben sich aus Kombinationen bereits in den Kennzahlenkatalog aufgenommener Kennzahlen. So ist die Anlagendeckung A definiert als das Verhältnis vom wirtschaftlichen Eigenkapital zum Anlagevermögen. Dies entspricht dem Quotienten aus den Kennzahlen KNZ1a und KNZ2a. Die Kapitalumschlaghäufigkeit ist das Verhältnis von Umsatz und Gesamtkapital und somit der Quotient der Kennzahlen KNZ6b und KNZ6a. Zwar könnten die Anlagendeckung A und die Kapitalumschlaghäufigkeit dennoch in die Kennzahlenbasis aufgenommen werden, es würden dadurch allerdings keine weiteren Informationen berücksichtigt.

Aufgrund **fehlender Informationen** muss zusätzlich auf die folgenden Kennzahlen verzichtet werden:

- Wachstumskennzahlen
  Bei ca. 50% der Beobachtungen ist der vorherige Jahresabschluss nicht vorhanden. Dadurch können keine Indexkennzahlen verwendet werden. Das schließt alle Wachstumskennzahlen, z. B. das Umsatzwachstum, ein. Außerdem werden keine Kennzahlenveränderungen berücksichtigt.

- Liquiditätsgrade
  Die Liquiditätsgrade beruhen auf den Fristigkeiten der Verbindlichkeiten.[437] Die Information, welcher Anteil der Verbindlichkeiten als kurzfristig gilt, ist bei ca. 79% der Beobachtungen nicht bekannt.

- Anzahl der Mitarbeiter
  Die Anzahl der Mitarbeiter wird nicht als Kriterium zur Größenapproximation herangezogen, da sie bei ca. 82% der Beobachtungen nicht bekannt ist.

Würden diese Kennzahlen in die Analyse aufgenommen, müsste dadurch eine zu große Anzahl der Beobachtungen bereinigt bzw. eliminiert werden.[438] Da vor allem für die Liquiditätsgrade ein Einfluss auf die Insolvenzwahrscheinlichkeit angenommen werden kann, ist eine geringe

436 Anlagendeckung B ist wegen fehlender Informationen über die Fristigkeiten der Verbindlichkeiten nicht enthalten.

437 Vgl. zu den Liquiditätsgraden z. B. BARTH, T. U. A., Jahresabschlussanalyse mit Bilanzkennzahlen, S. 87–93.

438 Vgl. Abschnitt 441.

Verzerrung und eine schlechtere Prognosegüte nicht auszuschließen. Von größerer Bedeutung als die absolute Prognosegüte ist allerdings das Verhältnis der Modellgüten mit und ohne Berücksichtigung der nichtlinearen Effekte, da das Ziel der Arbeit nicht primär darin besteht, ein „optimales“ Modell zu erstellen, sondern u. a. den relativen Effekt der nichtlinearen Zusammenhänge auf die Güte zu beurteilen.

432.2 Aufbereitung der metrischen Kennzahlen

Verzerrungen und eine schlechtere Prognosegüte können auch entstehen, wenn der Jahresabschluss in seiner Ursprungsform zur Kennzahlenbildung verwendet wird, da dieser nicht originär für Zwecke der Bilanzanalyse gegliedert ist. Im ersten Schritt sollte deshalb die **Gliederung** des handelsrechtlichen Jahresabschluss für die bilanzanalytischen Zwecke **angepasst** werden. Dadurch kann der wirtschaftliche Charakter bestimmter Jahresabschlusspositionen besser berücksichtigt werden. Zum Beispiel zählen Gesellschafterdarlehen handelsrechtlich zum Fremdkapital. Bilanzanalytisch zählen sie aufgrund der primär wirtschaftlichen Betrachtungsweise zum Eigenkapital und sollten aus bilanzanalytischer Sicht umgruppiert werden.[439] Zu den weiteren Maßnahmen zählen die Neubildung und die Aufspaltung diverser Jahresabschlusspositionen. Bei diesen Maßnahmen bleibt die Bilanzsumme konstant. Sie verändert sich, wenn bestimmte Posten der Aktiv- und Passivseite saldiert werden oder bereits saldierte Posten wieder aufgeschlüsselt werden.[440]

Im zweiten Schritt sollten **bilanzpolitische Vorgänge neutralisiert** werden.[441] SCHUHMACHER verweist zwar darauf, dass „[..] der Einfluss dieser Bilanzierungsspielräume im Rahmen der Insolvenzprognose vernachlässigbar ist.“[442] Grundsätzlich ist indes der zwischenbetriebliche Vergleich verzerrt, falls ein Unternehmen von einem Aktivierungswahlrecht gebraucht macht und ein anderes Unternehmen den Posten unmittelbar erfolgswirksam berücksichtigt. Somit sollten Wahlrechte generell vereinheitlicht werden, soweit die vorliegenden Informationen dies ermöglichen.[443] Daneben können auch sachverhaltsgestaltende Maßnahmen den

439 Vgl. BAETGE, J./KIRSCH, H.-J./THIELE, S., Bilanzanalyse, S. 163–164.
440 Vgl. KÜTING, P./WEBER, C.-P., Die Bilanzanalyse, S. 81–82.
441 Vgl. ausführlich zu den Auswirkungen der Rechnungslegungspolitik im Kontext einer Kreditvergabeentscheidung OBERMANN, M.-O., Bilanzpolitik und Kreditvergabeentscheidungen.
442 SCHUHMACHER, M., Mittelstandsrating, S. 78.
443 Vgl.BAETGE, J./KIRSCH, H.-J./THIELE, S., Bilanzanalyse, S. 163. Eingeschränkt wird die Vereinheitlichung durch nicht quantifizierte Anhangangaben. Vgl. BAETGE, J./KIRSCH, H.-J./THIELE, S., Übungsbuch Bilanzen und Bilanzanalyse, S. 406–407.

zwischenbetrieblichen Vergleich erschweren. Ein Beispiel dafür ist die kurzfristige Aufnahme oder Tilgung von Fremdkapital zum Bilanzstichtag. Wird ein Kredit kurz vor dem Stichtag getilgt und kurz danach wieder aufgenommen, verbessert sich die Eigenkapitalquote. Die Bilanzsumme verringert sich und die (Sach-)Anlagenintensität steigt.

Beide Aspekte können durch die Erstellung eines bilanzanalytisch aufbereiteten Jahresabschlusses oder direkt durch die Verwendung sog. **„intelligenter" Kennzahlen** berücksichtigt werden. Bei den intelligenten Kennzahlen werden der Zähler und der Nenner der Ausgangskennzahlen aus Tab. 4.2 so transformiert, dass der wirtschaftliche Charakter bestimmter Positionen berücksichtigt und die bilanzpolitischen Maßnahmen egalisiert werden. Sie sollten so transformiert sein, dass „[...] sie bilanzpolitisch motivierte Maßnahmen generell und nicht für den Einzelfall konterkarieren."[444] Deshalb werden in der vorliegenden Analyse neben den Ausgangskennzahlen aus Tab. 4.2 im ersten Schritt auch intelligente Kennzahlen gebildet, die den wirtschaftlichen Charakter bestimmter Positionen berücksichtigen. Im zweiten Schritt werden Kennzahlen gebildet, die zusätzlich auch die Bilanzpolitik neutralisieren sollen.[445] Die Arbeitshypothesen bleiben bestehen. Die unkorrigierten Kennzahlen werden nicht aus der Datenbasis eliminiert.[446] Da die verwendeten Daten aus den Geschäftsjahren 2000–2008 stammen, beziehen sich die folgenden Aufbereitungen auf das Handelsrecht vor dem Bilanzrechtsmodernisierungsgesetz (BilMoG).

Aufgrund des **wirtschaftlichen Charakters** werden bestimmte Kennzahlen um die folgenden Jahresabschlusspositionen **korrigiert**:

- **Ausstehende Einlagen** auf das gezeichnete Kapital werden bei der Kennzahlenberechnung vom Eigenkapital und der Bilanzsumme abgezogen.[447] Aus ökonomischer Sicht ist dieser Teil des Kapitals (noch) nicht zur Erfolgserzielung verwendbar. Dadurch kann es nicht bei der Beurteilung der Liquiditäts- und Ertragslage berücksichtigt werden. KÜTING/WEBER schlagen aufgrund des Forderungscharakters der ausstehenden Einlagen zwar eine Korrektur der noch nicht eingeforderten Einlagen vor, eingeforderte

444 BAETGE, J./KIRSCH, H.-J./THIELE, S., Bilanzanalyse, S. 163.

445 Wenn Jahresabschlusspositionen aus beiden genannten Gründen korrigiert werden sollten, werden sie schon im ersten Schritt berücksichtigt.

446 Die genaue Berücksichtigung aller Kennzahlen in der multivariaten Analyse ist in Abschnitt 512 beschrieben.

447 Vgl. COENENBERG, A. G./HALLER, A./SCHULTZE, W., Jahresabschluss und Jahresabschlussanalyse, S. 1043; GRÄFER, H./SCHNEIDER, G./GERENKAMP, T., Bilanzanalyse, S. 82.

Einlagen sollen indes in Abhängigkeit der Bonität des Anteilseigners betrachtet werden. Bei guter Bonität sind die ausstehenden Einlagen als echte Vermögenswerte anzusehen. Bei schlechter Bonität sollte auch eine Korrektur dieser Einlagen erfolgen.[448] Da in der vorliegenden Analyse keine Informationen über die Bonität der Anteilseigner zur Verfügung stehen, werden die Bilanzsumme und das Eigenkapital der Kennzahl KNZ1a und die Bilanzsumme der Kennzahlen KNZ2a, KNZ2b, KNZ4b und KNZ6a um alle ausstehenden Einlagen korrigiert.

- Ökonomisch ist die Grenze zwischen **Ausleihungen, Forderungen und Verbindlichkeiten gegenüber Gesellschaftern** und dem Eigenkapital fließend. Deshalb werden Verbindlichkeiten gegenüber Gesellschaftern zum Eigenkapital gerechnet und Ausleihungen bzw. Forderungen gegenüber Gesellschaftern vom Eigenkapital abgezogen.[449] Dies betrifft die Kennzahl KNZ1a. Die Korrektur der Verbindlichkeiten stellt einen Passivtausch dar. Die Bilanzsumme bleibt hiervon unberührt. Die Korrektur der Ausleihungen bzw. Forderungen ist eine Bilanzverkürzung. Deshalb muss auch die Bilanzsumme bei den Kennzahlen KNZ1a, KNZ2a, KNZ2b, KNZ4b und KNZ6a entsprechend gekürzt werden.

- Die Behandlung **eigener Anteile** ist laut KÜTING/WEBER differenziert für den Einzelfall zu betrachten. Werden eigene Anteile als Rückgewährung des zur Verfügung gestellten Kapitals angesehen, sollte das Eigenkapital um die eigenen Anteile korrigiert werden. Die Korrektur sollte nicht vorgenommen werden, falls die eigenen Anteile als echte Vermögenswerte angesehen werden. Dies wäre z. B. der Fall, wenn die Anteile als Lohnbestandteile der Arbeitnehmer oder als Abfindung der Aktionäre bei Unternehmensfusionen dienen sollen.[450] Die Betrachtung eigener Anteile als echte Vermögenswerte ist in der bilanzanalytischen Literatur allerdings eine selten vertretene Meinung.[451] Eine einzelfallbezogene Analyse ist in der vorliegenden Untersuchung nicht möglich. Wie bereits beschrieben, sollen die Korrekturen generell gelten. Aufgrund der überwiegenden Meinung in der Literatur wird das Eigenkapital und die

448 Vgl. KÜTING, P./WEBER, C.-P., Die Bilanzanalyse, S. 89.
449 Vgl. BAETGE, J./KIRSCH, H.-J./THIELE, S., Bilanzanalyse, S. 166.
450 Vgl. KÜTING, K./WEBER, C.-P., Die Bilanzanalyse, S. 64–65.
451 Vgl. REHKUGLER, H./PODDIG, T., Bilanzanalyse, S. 45. Sie bezeichnen ihre Ansicht selber als „Mindermeinung“. Vgl. ebd., S. 38.

Bilanzsumme der Kennzahlen KNZ1a, KNZ2a, KNZ2b, KNZ4b und KNZ6a um die eigenen Anteile korrigiert.

- Der **Sonderposten mit Rücklageanteil** enthält zum einen gemäß § 247 Abs. 3 HGB a. F. steuerfreie Rücklagen. Zum anderen enthält er steuerliche Mehrabschreibungen aus dem Wahlrecht des § 281 Abs. 1 HGB a. F. Dieses Wahlrecht bestand darin, die steuerlichen Mehrabschreibungen durch Absetzung von den jeweiligen Vermögensgegenständen oder durch die Bildung des Sonderpostens zu berücksichtigen. Die steuerfreien Rücklagen unterliegen zu einem späteren Zeitpunkt der Einkommensteuer. Die künftige Steuerlast muss dem Fremdkapital zugerechnet werden. Dieser Anteil des Sonderpostens kann „[...] auch als Rückstellungen für Steuerverpflichtungen betrachtet werden [...].“[452] Analog dazu muss auch der Anteil des Sonderpostens, der durch die steuerlichen Mehrabschreibungen gebildet wird, teilweise dem Fremdkapital zugerechnet werden. Die steuerlichen Mehrabschreibungen führen zu einer steuerrechtlichen Ergebnisminderung in der aktuellen Periode. Dieser Effekt dreht sich indes in künftigen Perioden um, wodurch wiederum ein Steuerstundungseffekt entsteht. Beide Bestandteile des Sonderpostens mit Rücklageanteil enthalten somit teilweise künftige Steuerverpflichtungen. Der Restbetrag wird bilanzanalytisch dem Eigenkapital der Kennzahl KNZ1a zugerechnet. Vereinfachend wird angenommen, dass dieser Restbetrag 80% des Sonderpostens beträgt.[453] Allerdings werden aufgrund der höheren Steuerbelastung auf Unternehmensebene durch die Körperschaftssteuer gemäß § 1 KStG für Kapitalgesellschaften und Genossenschaften nur 60% des Sonderpostens zum Eigenkapital gerechnet. Die Bilanzsumme bleibt konstant.

- Gemäß § 269 HGB a. F. bestand ein Wahlrecht zur Aktivierung der **Aufwendungen für die Ingangsetzung und Erweiterung des Geschäftsbetriebs**. In § 269 HGB a. F. wird angegeben, dass es sich bei diesem Posten um eine Bilanzierungshilfe handelt. Es ist also kein selbstständig verwertbarer Vermögensgegenstand vorhanden.[454] Somit

452 KÜTING, K./WEBER, C.-P., Die Bilanzanalyse, S. 68.

453 Vgl. BAETGE, J./KIRSCH, H.-J./THIELE, S., Bilanzanalyse, S. 166; HUBER, A. S./SIMMERT, D. B., Verbesserung des Finanzratings, S. 170–171; KÜTING, K./WEBER, C.-P., Die Bilanzanalyse, S. 67–68. HEESEN/GRUBER erwähnen, dass Banken meist 50% ansetzen. Vgl. HEESEN, B./GRUBER, W., Bilanzanalyse und Kennzahlen, S. 138. Diesen Wert verwenden ebenfalls PERRIDON,L./STEINER, M./RATHGEBER, A. W., Finanzwirtschaft der Unternehmung, S. 599. Abweichend dazu spaltet HAUSCHILDT den Posten nicht auf. Vgl. HAUSCHILDT, J., Bilanzanalyse, S. 217.

454 Vgl. HUBER, A. S./SIMMERT, D. B., Verbesserung des Finanzratings, S. 169; KÜTING, K./WEBER, C.-P., Die Bilanzanalyse, S. 61–62; NAHLIK, W., Jahresabschlussanalyse, S. 143.

wird bilanzanalytisch das Eigenkapital und die Bilanzsumme der Kennzahlen KNZ1a, KNZ2a, KNZ2b, KNZ4b und KNZ6a um diesen Posten gemindert.

- Für nicht entgeltlich erworbene **immaterielle Vermögensgegenstände** bestand gemäß § 248 Abs. 2 HGB a. F. ein Aktivierungsverbot. Damit ist die Vergleichbarkeit zwischen Unternehmen, welche immaterielle Vermögensgegenstände erworben oder selbst erstellt haben, eingeschränkt. Dieses Ungleichgewicht wird dadurch korrigiert, dass die immateriellen Vermögensgegenstände vom Eigenkapital, dem Anlagevermögen und der Bilanzsumme der Kennzahlen KNZ1a, KNZ2a, KNZ2b, KNZ4b und KNZ6a abgezogen werden. Dadurch werden die Unternehmen, die immaterielles Vermögen selbst entwickelt haben, bilanzanalytisch nicht benachteiligt. Dieses Vorgehen schließt auch den Geschäfts- oder Firmenwert mit ein.[455]

- Der Jahresüberschuss im Zähler der Kennzahl KNZ4a widerspricht der sachlichen Äquivalenz. Er enthält das Finanz- und Beteiligungsergebnis, welches nicht im unmittelbaren Zusammenhang zum Umsatz steht. Aus diesem Grund wird anstatt des Jahresüberschusses das **Betriebsergebnis als Zählergröße** verwendet.

In der wissenschaftlichen Literatur wird teilweise auch die Korrektur der **latenten Steuern** diskutiert. Die aktiven latenten Steuern werden aufgrund der Annahme künftig geringerer Steuerbelastungen gebildet, sie stellen allerdings keinen Zahlungsanspruch gegenüber den Finanzbehörden dar. Aus diesem Grund sollten sie vom Eigenkapital und der Bilanzsumme abgezogen werden. Im Umkehrschluss müssten die passiven latenten Steuern dem Eigenkapital hinzugerechnet werden, da sie noch keine Zahlungsverpflichtung begründen. Die Minderung des Eigenkapitals bei der Passivierung der latenten Steuern wird damit rückgängig gemacht.[456] Da in der vorhandenen Bilanzgliederung allerdings nur die Rückstellungen und nicht der darin enthaltene Anteil der Rückstellungen für latente Steuern enthalten ist, kann diese Korrektur nicht vorgenommen werden. Eine einseitige Korrektur ist nicht sinnvoll.[457] Deshalb werden auch die aktiven latenten Steuern nicht korrigiert.

---

455 KÜTING/WEBER beschreiben die Verwertbarkeit des Geschäfts- oder Firmenwertes im Krisenfall als „sehr zweifelhaft". Vgl. KÜTING, K./WEBER, C.-P., Die Bilanzanalyse, S. 62.

456 Vgl. GRÄFER, H./SCHNEIDER, G./GERENKAMP, T., Bilanzanalyse, S. 80–81. Dort werden ebenso Gründe angeführt, die passiven latenten Steuern nicht zu korrigieren.

457 Unternehmen mit einer konservativen Bilanzpolitik würden benachteiligt. Vgl. KÜTING, K./WEBER, C.-P., Die Bilanzanalyse, S. 66.

Im nächsten Schritt werden die bereits aufbereiteten Kennzahlen um Jahresabschlusspositionen bereinigt, die durch **bilanzpolitische Maßnahmen** einen verzerrenden Einfluss auf die Kennzahlenwerte haben könnten.[458] Dies betrifft die folgenden Positionen:[459]

- **Erhaltene Anzahlungen auf Bestellungen** sind gemäß § 268 Abs. 5 Satz 2 HGB als Verbindlichkeit auf der Passivseite der Bilanz darzustellen oder alternativ auf der Aktivseite offen von den Vorräten abzusetzen. Werden sie offen abgesetzt, führt dies zu einer geringeren Bilanzsumme. Aus diesem Grund muss die Bilanzierung erhaltener Anzahlung bei allen zu analysieren Unternehmen einheitlich berücksichtigt werden.[460] In der wissenschaftlichen Literatur besteht bzgl. der Wahl als Brutto- oder Nettoausweis keine einheitliche Meinung. Beim Nettoausweis wird berücksichtigt, dass die Vorräte in Höhe der Anzahlung schon einem bestimmten Auftrag zuzurechnen sind.[461] Beim Bruttoausweis wird transparenter dargestellt, dass eine Rückzahlungsverpflichtung durch den Auftragnehmer besteht, falls er den Auftrag nicht durchführen kann.[462] In dieser Analyse werden die Bilanzen nach dem Bruttoausweis vereinheitlicht. Somit werden bei den Kennzahlen KNZ1b, KNZ2c, KNZ2d, KNZ4d und KNZ6c die Bilanzsumme um die aktivisch abgebildeten Anzahlungen auf Bestellungen erhöht. Im Gegenzug werden die geleisteten Anzahlungen auf Vorräte den Forderungen zugerechnet. Damit wird der Zähler der Kennzahl KNZ3a erhöht.[463]

- Durch die **kurzfristige Fremdkapitalaufnahme** zum Bilanzstichtag kann die Liquiditätslage verbessert werden. Dieses Vorgehen erhöht allerdings auch die Fremdkapitalquote, da die Verbindlichkeiten und die Bilanzsumme steigen. Im Gegenzug könnte durch die **kurzfristige Tilgung** von Verbindlichkeiten und erneute Aufnahme dieser Verbindlichkeiten nach dem Bilanzstichtag die Eigenkapitalquote steigen. Zur besseren

458 Dies gilt, soweit die Positionen nicht schon im ersten Schritt bereinigt wurden. Daher wird zum Beispiel der Geschäfts- oder Firmenwert nicht erst im zweiten Schritt zur Vereinheitlichung der Wahlrechtsausübung gemäß § 255 Abs. 4 HGB a. F. korrigiert. Vgl. BAETGE, J./KIRSCH, H.-J./THIELE, S., Bilanzanalyse, S. 165; SCHÜLLER, R., Instrumente und Kriterien des Finanzratings, S. 84.

459 Die im Folgenden angesprochenen Kennzahlen(-bezeichnungen) beziehen sich teilweise auf schon korrigierte Kennzahlen. Vgl. Tab. 4.3.

460 SCHÜLLER verweist auf die Notwendigkeit der Korrektur aufgrund von Branchenunterschieden. Vgl. SCHÜLLER, R., Instrumente und Kriterien des Finanzratings, S. 84. Dies ist in der vorliegenden Analyse sekundär, da in Abschnitt 442 die Brancheneffekte bereinigt werden.

461 Vgl. LEFFSON, U., Bilanzanalyse, S. 61.

462 Vgl. JUNG, W., § 268 HGB, Rn. 95.

463 Eine Korrektur der geleisteten Anzahlungen auf Sachanlagevermögen erfolgt nicht, da durch die Datenbasis keine klare Trennung zu den Anlagen im Bau möglich ist. Außerdem werden geleistete Anzahlungen auf immaterielle Vermögensgegenstände nicht korrigiert, da immaterielle Vermögensgegenstände schon im vorherigen Schritt herausgerechnet wurden.

Vergleichbarkeit der Unternehmen werden die liquiden Mittel bei den Kennzahlen KNZ1b, KNZ2c, KNZ2d, KNZ4d und KNZ6c von der Bilanzsumme abgezogen. Es wird somit angenommen, dass bei allen Unternehmen mit den liquiden Mittel kurzfristig Verbindlichkeiten getilgt werden. Mit den Wertpapieren des Umlaufvermögens abzüglich der schon korrigierten eigenen Anteile wird ebenso verfahren.[464] Diese Korrekturen werden nur bis zur Höhe der Verbindlichkeiten vorgenommen. Übersteigt die Summe aus den liquiden Mitteln und den Wertpapieren des Umlaufvermögens die Verbindlichkeiten, wird nur ein Teil der Aktivposten korrigiert.

- Der handelsrechtliche Jahresüberschuss kann leichter durch bilanzpolitische Maßnahmen beeinflusst werden als der zahlungsorientierte **Cash Flow**. Zum Beispiel ist der Cash Flow unabhängig von den gewählten Abschreibungsparametern, da die Abschreibungen nicht zahlungswirksam sind.[465] Aus dem Grund werden in der bilanzanalytischen Literatur teilweise Rentabilitätskennzahlen auf Basis des Cash Flows anstatt auf Basis des Jahresüberschusses gebildet.[466] Da allerdings in der vorliegenden Datenbasis keine Kapitalflussrechnungen vorhanden sind, wird der jeweilige operative Cash Flow approximiert durch das Betriebsergebnis zzgl. den Abschreibungen. Somit werden im Zähler der Renditekennzahlen KNZ4c und KNZ4d die entsprechenden Abschreibungen hinzugerechnet.[467]

Bei den Kennzahlenkorrekturen muss beachtet werden, dass sie nur bei vorhandenen Informationen vorgenommen werden können. Neben dem bereits beschriebenen Problem der passiven latenten Steuern, können **aufgrund fehlender Informationen** die Ausübungen der

---

464 Vgl. BAETGE, J./KIRSCH, H.-J./THIELE, S., Bilanzanalyse, S. 167; HUBER, A. S./SIMMERT, D. B., Verbesserung des Finanzratings, S. 176–177; HÜLS, D., Früherkennung insolvenzgefährdeter Unternehmen, S. 98; SCHÜLLER, R., Instrumente und Kriterien des Finanzratings, S. 84.

465 Vgl. BAETGE, J./KIRSCH, H.-J./THIELE, S., Bilanzanalyse, S. 170–171; HUBER, A. S./SIMMERT, D. B., Verbesserung des Finanzratings, S. 179. BAETGE/MANOLOPOLOUS betonen das hohe bilanzpolitische Potenzial der Abschreibungen. Vgl. BAETGE, J./MANOLOPOLOUS, P. R. Bilanz-Ratings, S. 362.

466 Vgl. z. B. FELL, M. Kreditwürdigkeitsprüfung, S. 24–27; HARTMANN, B., Angewandte Betriebsanalyse, S. 191–194; KRALICEK, P./BÖHMDORFER, F./KRALICEK, G., Kennzahlen, S. 144.

467 Dies entspricht dem EBITDA nach der Korrektur des außerordentlichen Ergebnisses und unter der Korrektur des gesamten Finanz- und Beteiligungsergebnisses. Vgl. zur Korrektur des gesamten Finanz- und Beteiligungsergebnisses und dem außerordentlichen Ergebnis im Zuge der Berechnung des EBIT sowie zu alternativen Vorgehensweisen HEIDEN, M., Pro-forma-Berichterstattung, S. 363–367. Before-Größen, wie das EBITDA, werden in der wissenschaftlichen Literatur teilweise als Annäherung an den Cash Flow angegeben. Vgl. z. B. BAETGE, J./KIRSCH, H.-J./THIELE, S., Übungsbuch Bilanzen und Bilanzanalyse, S. 434; HEIDEN, M., Pro-forma-Berichterstattung, S. 370. Zur Definition als Jahresergebnis zzgl. den Abschreibungen auf das Anlagevermögen vgl. MEYER, C., Betriebswirtschaftliche Kennzahlen, S. 128.

Aufbereitete Kennzahlen:

$$KNZ1b = \frac{\text{Eigenkapitalv2}}{\text{Bilanzsummev2}} \qquad KNZ1c = \frac{\text{Eigenkapitalv2}}{\text{Bilanzsummev3}}$$

$$KNZ2c = \frac{\text{Anlagevermögenv2}}{\text{Bilanzsummev2}} \qquad KNZ2e = \frac{\text{Anlagevermögenv2}}{\text{Bilanzsummev3}}$$

$$KNZ2d = \frac{\text{Sachanlagevermögen}}{\text{Bilanzsummev2}} \qquad KNZ2f = \frac{\text{Sachanlagevermögen}}{\text{Bilanzsummev3}}$$

$$KNZ3b = \frac{\text{Forderungen aus LuLv2}}{\text{Umsatz}}$$

$$KNZ4c = \frac{\text{Betriebsergebnis}}{\text{Umsatz}} \qquad KNZ4e = \frac{\text{Betriebsergebnis+Abschr.}}{\text{Umsatz}}$$

$$KNZ4d = \frac{\text{Betriebsergebnis}}{\text{Bilanzsummev2−FA}} \qquad KNZ4f = \frac{\text{Betriebsergebnis+Abschr.}}{\text{Bilanzsummev3−FA}}$$

$$KNZ6c = \text{Bilanzsummev2} \qquad KNZ6d = \text{Bilanzsummev3}$$

Bestandteile der aufbereiteten Kennzahlen:

	Eigenkapitalv2
=	Eigenkapital
–	ausstehende Einlagen
–/+	Forderungen/Ausleihungen und Verbindlichkeiten ggü. Gesellschaftern
–	eigene Anteile
+	Sonderposten mit Rücklageanteil *0,6 (bzw. 0,8)
–	aktivierte Aufwendungen für Ingangsetzung/Erweiterung
–	immaterielle VG

	Anlagevermögenv2
=	Anlagevermögen
–	Ausleihungen ggü. Gesellschaftern
–	immaterielle VG

	Forderungen aus LuLv2
=	Forderungen aus LuL
+	geleistete Anzahlungen auf Vorräte

	Bilanzsummev2
=	Bilanzsumme
–	ausstehende Einlagen
–	Forderungen/Ausleihungen ggü. Gesellschaftern
–	eigene Anteile
–	aktivierte Aufwendungen für Ingangsetzung/Erweiterung
–	immaterielle VG

	Bilanzsummev3
=	Bilanzsummev2
–	liquide Mittel
–	Wertpapiere des UV (ohne eigene Anteile)
–	erhaltene Anzahlungen (offen aktivisch abgesetzt)

Abschr. : Abschreibungen
FA : Finanzanlagen

Tab. 4.3: Übersicht der ergänzenden metrischen Kennzahlen

Aktivierungswahlrechte für bestimmte Aufwandsrückstellungen gemäß § 249 Abs. 2 HGB a. F. oder für ein Disagio gemäß § 250 Abs. 3 HGB **nicht vereinheitlicht** werden.

Durch die vorgenommenen Korrekturen werden teilweise die **Äquivalenzanforderungen** der Kennzahlen **schlechter erfüllt**. Zum Beispiel dient eine Korrektur der Bilanzsumme um immaterielle Vermögensgegenstände zwar der Vergleichbarkeit verschiedener Unternehmen, da die immateriellen Vermögensgegenstände zur Erfolgsgenerierung beitragen, ist aber das Ursache-Wirkungs-Verhältnis ohne ihre Berücksichtigung bei der Gesamtkapitalrentabilität verzerrt dargestellt. Theoretisch müssten alle Erfolgsbestandteile, die auf den immateriellen Vermögensgegenständen beruhen, im Zähler korrigiert werden. Eine Abgrenzung, welche Erfolgsbestandteile in welcher Höhe betroffen sind, ist indes nicht möglich. Aus diesem Grund werden auch die unaufbereiteten Kennzahlen aus Tab. 4.2 in der Kennzahlenbasis belassen und um die aufbereiteten Kennzahlen aus Tab. 4.3 ergänzt. Dabei ist zu beachten, dass die genauen Aufbereitungen nicht die primäre Zielsetzung der vorliegenden Arbeit sind. Sie sind allerdings wichtig, damit mögliche nichtlineare Zusammenhänge nicht aus inadäquat gebildeten Kennzahlen resultieren.

433 Überblick über die kategorialen Variablen

Aufgrund der im Datensatz enthaltenen qualitativen Informationen werden die Branche, der Sitz und die Rechtsform des jeweiligen Unternehmens ergänzend in der Analyse berücksichtigt.[468] Die **Branchenzugehörigkeit** wird als kategoriale Variable in die Untersuchung aufgenommen. Die Branchenklassifizierung basiert auf dem WZ-Code 2008. Die Verteilung der auftretenden Branchen ist in Tab. 4.4 aufgeführt.[469]

Die einzelnen Branchen weisen in der wissenschaftlichen Literatur teilweise deutliche Unterschiede hinsichtlich der Insolvenzraten auf. Die empirischen Ergebnisse suggerieren, dass das Baugewerbe eine hohe Insolvenzwahrscheinlichkeit aufweist, während Energieversorger eine

468 Als wichtiges qualitatives Kriterium zur Insolvenzprognose wird in der Literatur ebenso die Managementqualität angeführt. Dieses Kriterium muss jedoch subjektiv beurteilt werden und kann in dieser Arbeit nicht bestimmt werden. FISCHER bezeichnet die Managementqualität in diesem Zusammenhang als *weiche qualitative Information*. Demgegenüber stellt z. B. die Rechtsform aufgrund des fehlenden Ermessensspielraums eine *harte qualitative Information* dar. Vgl. FISCHER, A., Qualitative Merkmale in bankinternen Ratingsystemen, S. 88–89. Bezüglich der Bedeutung qualitativer Variablen stellte schon BEAVER fest: „Even the strongest advocates of financial ratios would not contend that ratios are the *only* source of relevant data about the firm.“ BEAVER, W. H., Financial ratios, S. 191.

469 Dabei sind aufgrund ihrer geringen Ausprägung in den Gesamtdaten oder ihrer ähnlichen Definitionen die Branchen (1) Land- und Forstwirtschaft, Fischerei, (2) Bergbau und Gewinnung von Steinen und Erden, (3) Erbringung von freiberuflichen, wissenschaftlichen und technischen Dienstleistungen, (4) Erbringung von sonstigen wirtschaftlichen Dienstleistungen, (5) Erziehung und Unterricht, (6) Kunst, Unterhaltung und Erholung sowie (7) Erbringung von sonstigen Dienstleistungen zu einer Branche *Sonstige* zusammengefasst.

Branche	Anteil an den Gesamtdaten	Branche	Anteil an den Gesamtdaten
Handel	26%	Kommunikation	3%
Verarbeitendes Gewerbe	19%	Versorger	2%
Baugewerbe	19%	Gesundheitswesen	1%
Grundstückswesen	7%	Gastgewerbe	1%
Verkehrswesen	6%	Sonstige	16%

Tab. 4.4: Branchenverteilung

geringe Insolvenzwahrscheinlichkeit haben.[470] Eine theoretische Begründung für Branchenunterschiede fällt allerdings im Allgemeinen schwer. Aus diesem Grund wird für die Branchen nur die **Hypothese** aufgestellt, dass sie sich hinsichtlich ihrer Insolvenzwahrscheinlichkeiten **signifikant unterscheiden**. Arbeitshypothesen über die Richtungen der Unterschiede werden nicht aufgestellt.

Der jeweilige **Unternehmenssitz ist auf Bundeslandebene** in der verwendeten Datenbasis vorhanden. Durch diese Informationen lassen sich mögliche Einflüsse durch strukturschwache Regionen abbilden. Dabei muss hingegen beachtet werden, dass eine Verwendung aller Bundesländer die multivariaten Modelle ggf. überparametrisiert. Deshalb könnten die Bundesländer zu *alte* und *neue* Bundesländer zusammengefasst werden.[471] Die Arbeitshypothese würde lauten, dass die neuen Bundesländer strukturschwächer sind und deshalb die dort ansässigen Unternehmen c. p. eine höhere Insolvenzwahrscheinlichkeit aufweisen. Mit zunehmender Größe verliert der Sitz des Unternehmens allerdings an Bedeutung, da kleine Unternehmen häufiger auf Kunden aus der direkten Umgebung angewiesen sind. Außerdem wäre die Arbeitshypothese wiederum abhängig von der jeweiligen Branche. So sind z. B. kleine Unternehmen des Baugewerbes und des Gastgewerbes wahrscheinlich abhängiger von der Struktur der Region als Kommunikationsunternehmen. Aber auch unter der Berücksichtigung dieser beiden Aspekte würde die Arbeitshypothese eher für die Beobachtungen Anfang der 90er Jahre gelten. Da allerdings der älteste verwendete Jahresabschluss aus dem Jahr 2000 stammt, kann aufgrund des langen Zeitraums seit der Wiedervereinigung Deutschlands kein

470 Vgl. für deutsche Unternehmen z. B. CREDITREFORM RATING AG, Creditreform Bilanzrating, S. 7.
471 Eine Unterteilung des Bundeslandes Berlin in ehemalig Ost- und West-Berlin kann nicht vorgenommen werden.

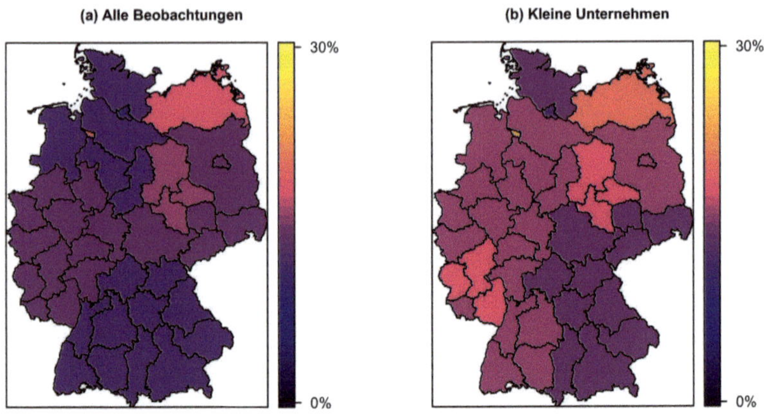

Abb. 4.1: Regionale empirische Insolvenzraten

Einfluss mehr angenommen werden. Da sich **kein Effekt theoretisch erwarten** lässt, wird der Sitz des Unternehmens in der weiteren Analyse nicht weiter betrachtet. Obwohl diese Entscheidung aus theoretischen Gesichtspunkten erfolgt, wird sie auch durch die deskriptive Betrachtung der Datenbasis gestützt. In Abb. 4.1 (a) werden die Insolvenzraten der Bundesländer für die gesamte Datenbasis und in Abb. 4.1 (b) nur für Unternehmen mit einem Umsatz bis 2 Mio. Euro[472] abgebildet. In beiden Fällen sind hinsichtlich der Insolvenzraten nicht ausschließlich Ost-/West-Abweichungen zu erkennen.

Diverse Untersuchungen haben bzgl. der **Rechtsform** bereits gezeigt, dass sich das Insolvenzrisiko zwischen unterschiedlichen Rechtsformen c. p. unterscheidet. Dabei weisen haftungsbeschränkte Gesellschaften c. p. häufig ein höheres Insolvenzrisiko auf.[473] Begründen lässt sich der Unterschied über die Ausführungen des Abschnitts 323.1. In diesem Abschnitt wurde gezeigt, dass sich die Klassenzuordnung auch über eine latente Variable herleiten lässt. Die latente Variable könnte z. B. die Neigung sein, ein Unternehmen vor einer Insolvenz zu bewahren. Mögliche Maßnahmen wären dann, zusätzliches Kapital zu überlassen oder

472 Bezüglich der Größengrenze wird die Empfehlung 2003/361/EG der Kommission vom 06.05.2003 genutzt.

473 Vgl. ANDERS, U./SZCZESNY, A., Prognose von Insolvenzwahrscheinlichkeiten, S. 12; KNABE, M., Insolvenzrisiken in der Unternehmensbewertung, S. 141; RÖDL, H., Kreditrisiken und ihre Früherkennung, S. 59–61. Vgl. abweichend CREDITREFORM RATING AG, Creditreform Bilanzrating, S. 8; WEIBEL, P. F., Kriterien zur Bonitätsbeurteilung, S. 140–142.

Umstrukturierungen einzuleiten. Die Neigung eines Unternehmers, Gegenmaßnahmen zu treffen, wird höher sein, falls der Unternehmer mit seinem Privatvermögen haftet. Somit lässt sich die **Arbeitshypothese** aufstellen, dass haftungsbeschränkte Gesellschaften c. p. höhere Insolvenzwahrscheinlichkeiten aufweisen. Außerdem ist bei haftungsbeschränkten Rechtsformen auch die Überschuldung ein Insolvenztatbestand. Aus diesem Grund wird in der weiteren Analyse eine binäre Variable in die Modelle integriert, die ausdrückt, ob das jeweilige Unternehmen eine haftungsbeschränkte Rechtsform hat. Diese sind hierbei die Kapitalgesellschaften (AG, GmbH, GmbH & Co KGaA), die haftungsbeschränkten Personengesellschaften (GmbH & Co. KG) und die eingetragenen Genossenschaften (eG). Tab. 4.5 zeigt, dass in der vorliegenden Untersuchung der größte Teil der Beobachtungen ($\approx$ 0,78) zu dieser Gruppe zählt.[474] Mehr als die Hälfte der Beobachtungen sind dabei GmbH.

Rechtsform	Anteil an den Gesamtdaten	Rechtsform	Anteil an den Gesamtdaten
AG	2%	OHG	1%
GmbH	59%	GbR	2%
GmbH & Co. KGaA	0%	Einzelfirma	5%
GmbH & Co. KG	14%	Freiberufler	1%
eG	3%	KG	1%
		Sonstige Gewerbetreibende	12%

Tab. 4.5: Rechtsformverteilung

Die nominalen Variablen haben für die vorliegende Untersuchung nur eine nachrangige Bedeutung, da sich bei diesem Skalenniveau keine nichtlinearen Zusammenhänge darstellen lassen. Sie werden allerdings diskutiert und in die Datenbasis aufgenommen, um eine Datenbasis mit minimalen strukturellen Schwächen zu erstellen, um damit die primären Fragestellungen zu untersuchen.

474 In der Tab. sind gerundete Anteile angegeben. Dadurch wird für die Rechtsform GmbH & Co. KGaA ein Anteil von 0 angegeben.

44 Vorbereitende statistische Aufbereitungen

441 Behandlung fehlender und unplausibler Werte

Im ersten Aufbereitungsschritt muss die berechnete Kennzahlenbasis einschließlich der zu erklärenden Variable um fehlende und unplausible Werte korrigiert werden.[475] **Fehlende Werte** treten bei der zu erklärenden Variable nicht auf. Bei allen Beobachtungen ist bekannt, ob sie als solvent oder insolvent gelten. Zudem ist das entsprechende Insolvenzdatum vorhanden. Wie bereits in Abschnitt 42 beschrieben, kann einzig für die Beobachtungen aus den Jahren 2008–2010 keine Klassenzuordnung auf Basis des 3-Jahres-Horizontes vorgenommen werden. Da aus diesem Grund ausschließlich Beobachtungen aus den vorherigen Geschäftsjahren verwendet werden, müssen keine weiteren Beobachtungen diesbezüglich korrigiert werden.

Zu beachten ist die **geänderte Insolvenzdefinition** seit Oktober 2008, die besagt, dass bei einer positiven Fortführungsprognose keine Überschuldung basierend auf Fortführungswerten geprüft werden muss. Da dadurch ein geringfügiger Bruch in der Definition der unabhängigen Variable entsteht, sollte diesbezüglich eine Datenbereinigung geprüft werden. Die erste Möglichkeit besteht in der **Eliminierung** aller Beobachtungen, welche von der neuen Insolvenzdefinition betroffen sein könnten. Wegen des 3-Jahres-Prognosezeitraums müssten alle Beobachtungen der Geschäftsjahre 2005–2007 eliminiert werden.[476] Dies betrifft jedoch mehr als 60% der Beobachtungen, weshalb diese Reduzierung nicht sinnvoll erscheint.

Die zweite Möglichkeit besteht darin, die betroffenen Beobachtungen hinsichtlich einer der **Insolvenzdefinitionen anzupassen**. Basierend auf der neuen Definition müssten alle „fälschlicherweise" als insolvent eingestuften Beobachtungen **umklassifiziert** werden. Der genaue Insolvenzgrund und die zugrundeliegende Fortführungsprognose sind in der vorlie-

475 Vgl. FARAWAY, J. J., Linear models with R, S. 197–198; HENKING, A./BLUHM, C./FAHRMEIR, L., Kreditrisikomessung, S. 215.

476 Dies gilt auch für das Jahr 2005, falls der Abschluss in den letzten drei Kalendermonaten aufgestellt wurde. So kann eine Beobachtung mit dem Abschlussstichtag 31.12.2005 wegen der drei Jahre noch von der Änderung im Oktober 2008 betroffen sein.

genden Untersuchung allerdings nicht bekannt. Dadurch kann die Korrektur ebenfalls nicht vorgenommen werden. Basierend auf der Insolvenzdefinition bis Oktober 2008 müssten alle

- solventen Beobachtungen
- der Geschäftsjahre 2005–2007
- mit einer positiven Fortführungsprognose und
- einer Überschuldung basierend auf Fortführungswerten

als insolvent klassifiziert werden. Da wiederum nur die ersten beiden Kriterien bekannt sind, lässt sich auch diese Umklassifizierung nicht durchführen. Die Eliminierung aller solventen Beobachtungen der Geschäftsjahre 2005–2007 mit einer Eigenkapitalquote unterhalb eines festgelegten Schwellenwerts, z. B. bei bei einer negativen Eigenkapitalquote, würde ebenfalls zu einer Verzerrung der Modelle führen. Die Modellgüte würde nur durch diese Korrektur künstlich gesteigert, da anschließend der Anteil insolventer Beobachtungen bzgl. der Beobachtungen der Jahre 2005–2007 mit einer geringen bzw. negativen Eigenkapitalquote auf 100% steigen würde.

Jahr	2000	2001	2002	2003	2004	2005	2006	2007
Beobachtungen (gesamt)	461	1.061	2.242	3.619	4.994	6.165	6.550	8.126
Beobachtungen (EKQ<0)	93	197	463	808	1.115	1.376	1.350	1.748
Insolvenzrate (gesamt)	0,05	0,06	0,07	0,08	0,08	0,07	0,07	0,05
Insolvenzrate (EKQ<0)	0,05	0,06	0,11	0,12	0,13	0,09	0,12	0,06
Verhältnis der Insolvenzraten	0,99	0,98	1,48	1,44	1,57	1,32	1,60	1,40

Tab. 4.6: Insolvenzraten in Abhängigkeit der Eigenkapitalquote

Die dritte Möglichkeit besteht darin, keine Korrekturen diesbezüglich vorzunehmen und die (geringfügig) unterschiedlichen Definitionen bei der **Modellinterpretation zu berücksichtigen**. Verzerrungen würden sich dadurch ergeben, dass die Aussetzung der Überschuldungsprüfung bei einer positiven Fortbestehensprognose zu weniger Insolvenzen aufgrund eben dieser Überschuldung geführt hat. Zur Überprüfung dieses Effekts werden in Tab. 4.6 die jahresspezifischen Insolvenzraten aller Beobachtungen den Beobachtungen mit einer negativen Eigenkapitalquote gegenübergestellt.[477] Falls die Aussetzung der Überschuldungsprüfung einen Effekt auf die Daten hätte, sollte die Insolvenzrate der Unternehmen mit einer geringen (negativen) Eigenkapitalquote relativ zu der allgemeinen Insolvenzrate fallen. Dieser Effekt sollte in den Jahren 2005–2007 zunehmend vorhanden sein, da der Zeitraum der geänderten Insolvenzdefinition ab Oktober 2008 bei der 3-Jahres-Prognose der Jahre 2005–2007 ebenfalls zunimmt. In der letzten Zeile der Tab. 4.6 kann ein solcher Effekt allerdings nicht gezeigt werden. Auch wenn das **Verhältnis der Insolvenzraten** von 2006 zu 2007 fällt, liegt es in dem Bereich (bzw. geringfügig darüber) der Vorjahre. Diese Vorjahre sind nicht von der Aussetzung betroffen. Der Effekt der Änderung der Insolvenzordnung auf die vorhandenen Daten kann somit als gering angenommen werden. Deshalb wird die Datenbasis nicht korrigiert, aber bei der Interpretation der Eigenkapitalquote berücksichtigt. Besonders beachtet wird deshalb der Bereich eines Splines, der den Effekt einer geringen Eigenkapitalquote abbildet. Ein Effekt auf die Koeffizienten/Splines der übrigen erklärenden Variablen ist nicht zu erwarten. In Abschnitt 45 wird gezeigt, dass die übrigen Variablen nur gering mit den Eigenkapitalquoten korreliert sind. Das gilt auch, wenn nur die Beobachtungen mit einem negativen Eigenkapital betrachtet werden.[478]

Bezüglich der unabhängigen Variablen fehlen keine **Kennzahlenbestandteile** aus dem Jahresabschluss, da bereits bei den Kriterien aus Abschnitt 41 zur Aufnahme in die Ausgangsdaten eine Mindestgliederung der Bilanz und der GuV gefordert wurde. Dieses Mindestmaß an Informationen gilt nicht für die qualitativen Kriterien und das Unternehmensalter. Während bei allen Beobachtungen die Rechtsform, die Branche und der Unternehmenssitz auf Bundeslandebene bekannt sind, fehlt das Gründungsjahr und somit das Unternehmensalter bei 65 Beobachtungen. Weitere fehlende Kennzahlenwerte entstehen durch die Division mit dem Wert 0. Die verwendeten Kennzahlen sind so aufgebaut, dass der Nenner möglichst selten diesen Wert annimmt.[479] Im Nenner sind nur die (korrigierte) Bilanzsumme, der Umsatz und der Personalaufwand vorhanden.

Alle Beobachtungen mit fehlenden Werten werden vollständig aus der Datenbasis **eliminiert**. Tab. 4.7 gibt einen Überblick, wie häufig die einzelnen Kennzahlen betroffen sind. Die ver-

477 Durch die negative Eigenkapitalquote basierend auf Buchwerten wird die Überschuldung basierend auf Fortführungswerten approximiert.

478 Alle übrigen Variablen weisen in diesem Falle einen Korrelationskoeffizienten (Bravais-Pearson) zu den branchenbereinigten Eigenkapitalquoten $|r| < 0,3$ auf. Vgl. zur allgemeinen Korrelationsanalyse Abschnitt 45.

479 Vgl. HÜLS, D., Früherkennung insolvenzgefährdeter Unternehmen, S. 73.

Bestandteil des Nenners	Betroffene Kennzahlen	Absolute Häufigkeit
Bilanzsumme	KNZ1a, KNZ2a, KNZ2b	5
Bilanzsummev2	KNZ1b, KNZ2c, KNZ2d	19
Bilanzsummev3	KNZ1c, KNZ2e, KNZ2f	29
Bilanzsumme−Finanzanlagen	KNZ4b	11
Bilanzsummev2−Finanzanlagen	KNZ4d	25
Bilanzsummev3−Finanzanlagen	KNZ4f	40
Umsatz	KNZ3a, KNZ3b, KNZ4a, KNZ4c, KNZ4e	385
Personalaufwand	KNZ5a	2.486

Tab. 4.7: Kennzahlen mit einem Nenner von 0

minderte Beobachtungsanzahl wird in der Literatur bei kleinen Stichproben als Problem beschrieben.[480] Eine alternatives Vorgehen besteht darin, die fehlenden Werte **durch andere Werte**, z. B. den Median oder den arithmetischen Mittelwert der Kennzahl, zu **ersetzen.**[481] Aufgrund der Größe der in dieser Analyse verwendeten Datenbasis ist das Problem der reduzierten Datenbasis vernachlässigbar, weshalb die Werte nicht ersetzt werden. Es muss allerdings angemerkt werden, dass die Korrektur dieser Beobachtungen einen, wenn auch geringen, Einfluss auf die Verteilung der übrigen Kennzahlen ausübt. Beispielsweise weisen bei den beschriebenen 2.486 Beobachtungen ohne Personalaufwand die übrigen Kennzahlen strukturelle Unterschiede zu den Kennzahlen der Daten mit einem positiven Personalaufwand auf. Die Beobachtungen ohne Personalaufwand sind tendenziell kleiner (Median KNZ6b: 128.456 zu 1.982.806), jünger (Median KNZ7a: 7 zu 11) und haben eher eine haftungsunbeschränkte Rechtsform (Anteil: 40,39% zu 20,14%). Außerdem ist die Verteilung der Branchen unterschiedlich. Während die Beobachtungen ohne Personalaufwand deutlich seltener aus den Branchen Handel, verarbeitendes Gewerbe oder Bauwesen stammen, steigt der Anteil der Branche Grundstückswesen bei diesen Beobachtungen auf 36,73% (ggü. 4,48%). Durch die Eliminierung dieser Daten verschiebt sich die Verteilung der übrigen Kennzahlen geringfügig.

Die Grenze zwischen den beschriebenen fehlenden Werten und den **unplausiblen Werten** ist fließend. So kann z. B. eine Beobachtung mit einem Umsatz von 0 korrigiert werden, da dies

480 Vgl. FEIDICKER, M., Kreditwürdigkeitsprüfung, S. 72. Die Beschreibung bezieht sich zwar auf Ausreißer, ist allerdings auf fehlende Werte übertragbar.

481 Vgl. HAYDEN, E., Estimation of a rating model, S. 15. BAETGE/UTHOFF erwähnen mögliche Verzerrungen durch dieses Vorgehen. Vgl. BAETGE, J./UTHOFF, C., Entwicklung eines Bonitätsindexes, S. 292.

zu einem fehlenden Wert führt oder weil ein solcher Umsatz als nicht plausibel gilt. Da die Behandlung beider Fälle identisch ist, ist eine Unterscheidung der Fälle unerheblich. Auch die Beobachtungen mit unplausiblen Werten werden vollständig aus der Datenbasis eliminiert. Unplausible Daten sind in dieser Untersuchung dadurch ersichtlich, dass ein Jahresabschlussposten ein falsches Vorzeichen hat. Bei diesen Beobachtungen führt das falsche Vorzeichen allerdings nicht dazu, dass die Summe der einzelnen Positionen vom Wert des nächsthöheren Gliederungspunktes abweicht. Tritt z. B. ein negativer Wert für die Steuerrückstellungen auf, stimmt in diesen Fällen die Summe der einzelnen Rückstellungsarten dennoch mit dem Wert der Oberposition „Rückstellungen“ überein. Ansonsten wäre die Beobachtung nicht in die Untersuchung aufgenommen worden. Dennoch können viele Positionen mit einem falschen Vorzeichen nicht ohne weitere Informationen, welche dieser Untersuchung nicht vorliegen, interpretiert werden. Deshalb werden alle Beobachtungen mit einem (theoretisch) falschen bzw. unplausiblen Vorzeichen bei einer Bilanz- oder GuV-Position aus der Untersuchung eliminiert. Außerdem werden die Kennzahlen der Jahresabschlussanalyse um unplausible Werte bereinigt. Aufgrund der schon vorgenommenen Bereinigungen, resultieren die letztgenannten unplausiblen Werte nur aus Rundungsschwächen.[482] Zusätzlich werden weitere Beobachtungen aufgrund eines negativen Werts bzgl. des Unternehmensalters eliminiert. Insgesamt werden die Daten aus den beschriebenen Gründen um 921 Beobachtungen korrigiert. Zusammen mit der Eliminierung der Beobachtungen aufgrund fehlender Werte sinkt die Größe der Datenbasis auf 29.676 Beobachtungen.

442 Bereinigung der metrischen Kennzahlen um Brancheneffekte

Bilanzanalytische Kennzahlen sind häufig abhängig von der **Branchenzugehörigkeit** des Unternehmens. Dies gilt vor allem für die Kennzahlen der Vermögensanalyse, der Umschlaghäufigkeiten und der Aufwandsstrukturanalyse. Außerdem kann davon ausgegangen werden, dass die Eigenkapitalquote, die Umsatzrentabilität und ansatzweise auch das

482 Zum Beispiel tritt in einem Fall aufgrund der Rundungen der Kennzahlbestandteile eine negative korrigierte Bilanzsumme (KNZ6d $= -1$) auf.

Unternehmensalter von der jeweiligen Branche abhängig sind. Handelsunternehmen weisen z. B. eine tendenziell geringere Anlagenintensität auf als Unternehmen des Grundstückswesens oder des Anlagenbaus.[483] Durch ihren hohen Materialaufwand sind bei Handelsunternehmen hohe Werte der Kennzahl KNZ5a zu erwarten. Im Gegensatz dazu sind bei Unternehmen des Gesundheitswesens eher geringe Werte für diese Kennzahl zu erwarten. Diese Annahmen werden empirisch durch einen Vergleich der Branchenmediane bestätigt. In der Tab. 4.8 sind beispielhaft für drei Branchen und drei Kennzahlen die Mediane des Geschäftsjahres 2007 aufgeführt.[484]

Branche	Kennzahlenmedian		
	KNZ2a	KNZ4a	KNZ5a
Handel	0,178	0,013	5,700
Gesundheitswesen	0,578	0,026	0,197
Versorgungsunternehmen	0,588	0,034	2,620

Tab. 4.8: Medianvergleich ausgewählter Branchen

Extreme Kennzahlen können in diesen Fällen durch die spezifischen Branchenstrukturen und nicht ausschließlich durch bestimmte unternehmensindividuelle Eigenschaften entstehen. Eine Ausreißerbereinigung[485] und eine Interpretation der absoluten Kennzahlenwerte ohne Berücksichtigung der Branche wäre dann nicht hinreichend.[486] Trotz dieser Zusammenhänge sind Aufbereitungen der bilanzanalytischen Kennzahlen um Brancheneffekte in der wissenschaftlichen Literatur eher selten. Die Studien, welche Modifikationen der Kennzahlen bzgl. der Brancheneffekte vornehmen, korrigieren i. d. R. die Kennzahlen um Branchenmittelwerte bzw. setzen diese zueinander ins Verhältnis.[487] Diesem **Modifikationsansatz** wird in der vorliegenden Untersuchung gefolgt. Alle bilanzanalytischen Kennzahlen werden um die

483 Vgl. BARTH, T. U. A., Jahresabschlussanalyse mit Bilanzkennzahlen, S. 59 u. 66; KÜTING, K./LAM, S./MOJADADR, M., Entwicklungstendenzen, S. 2293; NAHLIK, W., Jahresabschlussanalyse, S. 178. JUNG diskutiert kurz die Notwendigkeit einer branchenspezifischen Diskriminanzfunktion. Vgl. JUNG, A., Erfolgsrealisation, S. 208. Zur Bedeutung des Branchendurchschnitts als Zielgröße vgl. LEV, B., Industry averages.

484 Für die Mediane aller verwendeten Kennzahlen, Branchen und Abschlussjahre siehe Anhang.

485 Vgl. Abschnitt 443.

486 PEREDERIY beschreibt notwendige Schritte zur Branchenberücksichtigung. Vgl. PEREDERIY, V., Insolvenzprognose ukrainischer Unternehmen, S. 26.

487 Vgl. BERG, D., Bankruptcy prediction, S. 134; IZAN, H. I., Corporate distress in Australia, S. 308–309; SCHUHMACHER, M., Mittelstandsrating, S. 82–85. Vgl. ausführlich GORDON, M. J./HOROWITZ, B. N./MEYERS, P. T., Accounting measurements and normal growth; PLATT, H. D./PLATT, M. B., Industry-relative ratios in bankruptcy prediction; PLATT, H. D./PLATT, M. B., Stable predictive variables.

Brancheneffekte korrigiert, indem anstatt des absoluten Werts die relative Abweichung zum Branchenmittelwert verwendet wird:[488]

$$x_{mod;KNZ_{.}} = \frac{x_{KNZ_{.}} - MW_{KNZ_{.}}}{|MW_{KNZ_{.}}|} \tag{4.1}$$

mit:

$x_{mod;KNZ_{.}}$ = branchenbereinigte Kennzahl

$x_{KNZ_{.}}$ = unbereinigte Kennzahl

$MW_{KNZ_{.}}$ = Branchenmittelwert

Die Bezeichnungen der Kennzahlen werden beibehalten. Außerdem bleiben die Arbeitshypothesen konstant. Da durch die Bereinigung ein Kennzahlenwert **branchenunabhängig interpretiert** werden kann, sind die Arbeitshypothesen nun über alle Branchen hinweg gültig. Neben diesem Vorteil verweisen OOGHE/JOOS/DE BOURDEAUDHUIJ auf eine größere Modellstabilität durch Branchenbereinigungen.[489]

Als Branchenmittelwerte müssten theoretisch in der Gleichung (4.1) die Mittelwerte der Grundgesamtheit verwendet werden. Da diese schon aufgrund der speziellen Definitionen der Kennzahlen nicht zu ermitteln sind, werden die Branchenmittelwerte aus den vorliegenden Daten geschätzt. Dabei werden die **Branchenmediane** anstatt der entsprechenden arithmetischen Mittelwerte verwendet. Der Grund dafür ist, dass Ausreißer einen größeren Einfluss auf den arithmetischen Mittelwert haben und die Ausreißerbereinigung erst in einem späteren Schritt vorgenommen wird. Außerdem wird für jede Branche nicht der Median aller Beobachtungen verwendet, sondern für jedes Jahr ein separater Branchenmedian ermittelt. Somit können Einflüsse durch konjunkturelle Entwicklungen berücksichtigt werden, welche durch einen Median über den gesamten Zeitraum nivelliert würden.

Durch die jahresspezifische Betrachtungsweise werden die Mediane in einigen Branchen-Jahres-Kombinationen nur über wenige Beobachtungen gebildet. Allerdings werden im Laufe

488 Teilweise wird in der Literatur auch der Kennzahlenwert ins Verhältnis zum Branchenmittelwert gesetzt, ohne die Korrektur im Zähler. Diese Kennzahlen bezeichnen GRÄFER/SCHNEIDER/GERENKAMP als Richtzahlen. Vgl. GRÄFER, H./SCHNEIDER, G./GERENKAMP, T., Bilanzanalyse, S. 19. BAETGE/KIRSCH/THIELE beschreiben alternativ einen Vergleich mit einem oberen/unteren Quantil. Vgl. BAETGE, J./KIRSCH, H.-J./THIELE, S., Bilanzanalyse, S. 175–176.

489 Vgl. OOGHE, H./JOOS, P./DE BOURDEAUDHUIJ, C., Financial distress models, S. 270.

der weiteren Untersuchung die entsprechenden Beobachtungen i. d. R. durch die Aufbereitungen des Abschnitts 444 eliminiert[490], sodass sie keinen relevanten Einfluss auf die zentralen Ergebnisse der Kapitel 5 und 6 haben. Die meisten Mediane sollten indes aufgrund der ansonsten großen Beobachtungsanzahl innerhalb der Branchen-Jahres-Kombinationen stabile Schätzer sein. Allerdings schwanken teilweise auch diese Mediane innerhalb der Branchen über die Jahre recht stark.[491] Dies gilt vor allem für die Größenvariablen. Ansatzweise lassen sich die Schwankungen makroökonomisch begründen, was durch die beschriebene Korrektur berücksichtigt werden soll. Dennoch werden aufgrund der **Schwankungsbreite** weitere Robustheitstests durchgeführt. Alle folgenden Untersuchungen werden ebenfalls mit

- den jeweiligen Branchenmedianen über alle Jahre in der Gleichung (4.1),
- den jeweiligen Branchenmedianen über alle Jahre in der Gleichung (4.1) für die Größenvariablen und ansonsten den jeweiligen jahresspezifischen Medianen sowie
- ohne Korrektur der Brancheneffekte

durchgeführt. Die Ergebnisse der vorliegenden Untersuchung bleiben dadurch weitestgehend stabil.[492]

Durch die beschriebenen Bereinigungen ändert sich die **Interpretation** der jeweiligen Kennzahl. Die Kennzahl drückt nun nicht mehr den absoluten Wert, sondern die **relative Abweichung** zum jahresspezifischen Branchenmedian aus.[493] Ein negativer (positiver) Kennzahlenwert bedeutet, dass der Ausgangswert kleiner (größer) als der Median ist. Konsequenterweise beträgt der Median aller bereinigten Kennzahlen 0. Durch das beschriebene Vorgehen ergibt sich indes ein Informationsverlust. Der ursprüngliche Kennzahlenwert ist nicht mehr direkt zu entnehmen. Dadurch wird das Überschreiten wichtiger Schwellenwerte, z. B. ein Cash Flow oder ein Eigenkapital von 0, nicht unmittelbar deutlich.

490 Siehe Anhang. In der Lernstichprobe ist anschließend nur noch eine Beobachtung enthalten, deren entsprechende Branchenmittelwerte auf weniger als zehn Beobachtungen beruhen. Bezüglich der Validierungsstichprobe gilt dies für zwei Beobachtungen.

491 Siehe Anhang.

492 Die geschätzten Splines des Kapitels 5 werden geringfügig erratischer und die Güte aller Modelle steigt im Fall des zweiten Aufzählungspunktes. Das Güteverhältnis bleibt allerdings stabil.

493 Theoretisch können auch Branchenmediane den Wert 0 annehmen. Dieses Problem tritt allerdings nur bei den Umschlaghäufigkeiten KNZ3a und KNZ3b auf. Insgesamt werden deshalb sieben Beobachtungen aus der Datenbasis eliminiert.

443 Behandlung von Ausreißern

Ein extremer Wert einer einzelnen Kennzahl resultiert aus einem sehr hohen oder niedrigen Wert im Zähler und/oder einem Wert im Nenner der Kennzahl, welcher nahe 0 liegt. Solche extremen Werte werden als **Ausreißer** bezeichnet.[494] Durch sie können Verzerrungen der statistischen Schätzer resultieren. Dazu zählen eine verzerrte Kennzahlenvarianz oder verzerrte Kennzahlenmittelwerte.[495]

Quantil	Min.	0,1%	1%	10%	50%	90%	99%	99,9%	Max.
KNZ2a	−1,00	−1,00	−1,00	−0,88	0,00	1,75	3,67	4,95	6,51
KNZ4b	−700,65	−49,11	−9,60	−1,36	0,00	3,65	19,82	82,50	2.745,13

Tab. 4.9: Quantile ausgewählter Kennzahlen

Eine rein deskriptive Betrachtung der Kennzahlenquantile zeigt, dass in den Daten teilweise extreme Abweichungen zu den Kennzahlenmittelwerten vorhanden sind. Die Beispiele aus Tab. 4.9 zeigen, dass der maximale Wert der Kennzahl KNZ4b den jeweiligen Median um deutlich mehr als das 2.500-fache übersteigt. Eine solche Beobachtung könnte auch als unplausibel betrachtet werden.[496] Bei Betrachtung der Quantile der Kennzahl KNZ2a wird deutlich, dass sich die Verteilung gegenüber der unbereinigten Kennzahl geändert hat. Während die unbereinigte Kennzahl definitionsgemäß nur Werte zwischen 0 und 1 annehmen konnte, sind bei der bereinigten Kennzahl Werte zwischen -1 und ∞ möglich.

Ohne die Aufbereitung der Daten hinsichtlich des Ausreißerproblems könnten auch die univariaten Mittelwertvergleiche[497] und die Koeffizientenschätzer der GLM **verzerrt** sein. Da bei den Splines der Wertebereich einer abhängigen Variable in Intervalle unterteilt wird und für jedes Intervall separate Polynome geschätzt werden, tritt die Verzerrung der Splineschätzung hauptsächlich an den Rändern des Wertebereichs auf. Im mittleren Bereich verändert sich der Splineverlauf i. d. R. nur geringfügig.

494 Vgl. zur Ausreißerdefinition z. B. HAWKINS, D. M., Identification of outliers, S. 1.
495 Vgl. HÜLS, D., Früherkennung insolvenzgefährdeter Unternehmen, S. 109.
496 Die Bereinigung der Daten um unplausible Werte in Abschnitt 441 bezog sich nur auf theoretisch unmögliche Werte, z. B. ein negatives Unternehmensalter. Unplausible Werte, welche allerdings theoretisch möglich sind, werden innerhalb der Ausreißerbereinigung berücksichtigt. Der Grund dafür ist, dass es bei diesen Werten keinen klaren Trennwert gibt, ab welchem eine Kennzahl als unplausibel gilt.
497 Vgl. Abschnitt 46.

Die Bereinigung von Ausreißern erfolgt in zwei Schritten. Im ersten Schritt müssen die Ausreißer **identifiziert** werden. Bezüglich der Identifikation gibt es keine einheitliche Definition, wann ein Wert als Ausreißer anzusehen ist. Die Verteilung der Kennzahlenwerte, einschließlich ihrer Varianz, ist dabei zu berücksichtigen. In der wissenschaftlichen Literatur werden verschiedene Vorgehensweisen zur Ausreißeridentifikation vorgeschlagen. Zum Beispiel werden pauschal alle Beobachtungen als Ausreißer angesehen, die außerhalb eines bestimmten Quantils liegen. Weitere Möglichkeiten sind die Verwendung der Mahalanobis-Distanz, des 4-Sigma-Bereichs oder des Boxplots.[498]

Die in der vorliegenden Analyse verwendeten Kennzahlen weisen häufig eine Schiefe auf. Durch die Struktur der Daten würden viele Beobachtungen bei Verwendung eines Boxplots Ausreißer aufweisen. Dies wird dadurch verstärkt, dass die Beobachtung häufig nur in einzelnen Kennzahlen Ausreißer aufweisen und sich dadurch die Anzahl der zu bereinigenden Beobachtungen potenziert. Selbst wenn die Länge der Whisker verdoppelt wird, indem der 3-fache Interquartilsabstand verwendet wird[499], müssten 10.527 (35,48%) Beobachtungen bereinigt werden. Außerdem werden teilweise Kennzahlenwerte aufgrund der Verteilung sehr früh als Ausreißer identifiziert. Zum Beispiel besteht die obere Grenze bei der Umschlaghäufigkeit KNZ3a bei einem Wert von 3,73. Werte knapp über dieser Grenze sind allerdings plausibel und gut interpretierbar. Aus diesem Grund werden pauschal die Kennzahlenwerte als Ausreißer identifiziert, die außerhalb des 2%- bzw. 98%-Quantils liegen.[500] Die Identifikation der Ausreißer auf Basis der Quantile erfolgt unabhängig davon, ob die Kennzahlen natürliche Grenzen haben. Wie bereits beschrieben, ist z. B. die Kennzahl KNZ2a nach der Branchenbereinigung nur noch nach unten begrenzt, während die Ausgangskennzahl nach oben und unten begrenzt war. Würden nur obere Ausreißer berücksichtigt, würde dies verzerrend wirken, da nur aufgrund der Branchenbereinigung große Anlagenintensitäten als Ausreißer berücksichtigt würden und kleine Anlagenintensitäten weiterhin unberücksichtigt blieben.

498 Vgl. z. B. CASEY, C./BARTCZAK, N., Using operating cash flow data to predict financial distress, S. 390–391; DOLIĆ, D., Statistik mit R, S. 101; HARTUNG, J./ELPELT, B., Multivariate Statistik, S. 598–599; HEDDERICH, J./SACHS, L., Angewandte Statistik, S. 428; PENNY, K. I./JOLLIFFE, I. T., Outlier detection methods; RASMUSSEN, J. L., Evaluation outlier detection; SCHLITTGEN, R., Einführung in die Statistik, S. 253; TIKU, M. L./TAN, W. Y./BALAKRISHNAN, N., Robust inference, S. 258–270.

499 Die dadurch identifizierten Werte werden auch als Extremwerte bezeichnet. Vgl. CLEFF, T., Deskriptive Statistik und moderne Datenanalyse, S. 55.

500 Durch die alternative Verwendung des 1%- bzw. 99%-Quantils bleiben die grundsätzlichen Ergebnisse der vorliegenden Untersuchung weitestgehend stabil. Allerdings gibt es an den (dann größeren) Randbereichen der Splines teilweise erratische Verläufe, die kaum zu interpretieren sind.

Im zweiten Schritt kann, wie schon bei der **Behandlung fehlender und unplausibler Werte**, eine Bereinigung einerseits erfolgen, indem die Beobachtung mit dem Ausreißer gelöscht wird. Andererseits kann der Wert durch einen anderen Wert ersetzt werden. Wiederum sind der jeweilige Median oder der arithmetische Mittelwert Möglichkeiten hierfür. Alternativ wird beim sog. Winsorisieren der Ausreißer durch den nächsten Nachbarwert ersetzt, der noch nicht als Ausreißer gilt.[501] Durch das Winsorisieren würde die Datenverteilung an den Rändern eines jeweiligen Wertebereichs verändert, was wiederum die Splineschätzung an den Rändern des Wertebereichs verzerren würde. Deshalb werden auch alle Beobachtungen mit mindestens einem identifizierten Ausreißer aus der Datenbasis eliminiert.[502] Diese verringert sich durch das gewählte Vorgehen zwar von 29.669 Beobachtungen auf 22.208 Beobachtungen, was dennoch für die Analyse ausreichend ist.

Die Korrektur der Ausreißer wirkt sich nur geringfügig auf die **Branchenstruktur** der Datenbasis aus. Anzumerken ist, dass Unternehmen des verarbeitenden Gewerbes einen Anteil von nun 24,28% (vorher 20,63%) haben und dass das Grundstückswesen (2,92% zu vorher 4,38%) sowie das Gastgewerbe (0,29% zu vorher 1,11%) anteilsmäßig abnehmen. Beim Grundstückswesen resultiert dieser Zusammenhang hauptsächlich durch überproportional viele obere Ausreißer beim Alter (KNZ7a) und den Umschlagdauern der Forderungen (KNZ3a, KNZ3b) sowie durch untere Ausreißer bei den Bilanzsummen (KNZ6a, KNZ6c, KNZ6d). Beim Gastgewerbe resultiert die Veränderung hauptsächlich aus dem großen Anteil der oberen Ausreißer der Umschlagdauern der Forderungen (KNZ3a, KNZ3b) und gleichermaßen großen Anteilen der oberen und unteren Ausreißer der Eigenkapitalquoten (KNZ1a, KNZ1b, KNZ1c). Der Anteil der haftungsunbeschränkten Gesellschaften sinkt durch die Ausreißerbereinigung auf 16,41% (vorher 19,39%). Überproportional viele untere Ausreißer der Eigenkapitalquoten (KNZ1a, KNZ1b, KNZ1c) und der Bilanzsummen (KNZ6a, KNZ6c, KNZ6d) zählen zu haftungsunbeschränkten **Rechtsformen**. Auffällig ist außerdem, dass überproportional viele obere Ausreißer der Anlagenintensitäten (KNZ2a–KNZ2f) und noch stärker der Renditen (KNZ4a–KNZ4f) haftungsunbeschränkten Gesellschaften zuzurechnen sind.

501 Vgl. BARNETT, V./LEWIS, T., Outliers in statistical data, S. 33; FEIDICKER, M., Kreditwürdigkeitsprüfung, S. 72–73; HAYDEN, E., Estimation of a rating model, S. 16. JACOBS/WEINRICH verwenden das Winsorisieren und eine logistische Transformation, durch welche die Kennzahlenwerte zwischen 0 und 1 normiert werden. Vgl. JACOBS, J./WEINRICH, G., Bonitätsbeurteilung kleiner Unternehmen, S. 346.

502 Vgl. zum gleichen Vorgehen DAKOVIC, R./CZADO, C./BERG, D., Bankruptcy prediction in Norway, S. 1741.

444 Abhängigkeiten zwischen den Beobachtungen

In der vorliegenden Datenbasis sind bei einem großen Teil der Unternehmen **mehrere Jahresabschlüsse** vorhanden. Die Anzahl der Beobachtungen ist negativ mit der Anzahl der Unternehmen korreliert. Mit der Anzahl der vorhandenen Jahresabschlüsse sinkt die Anzahl der dazugehörigen Unternehmen. Diesen Zusammenhang stellt die Tab. 4.10 dar. Dabei geben die Werte nur die absolute Anzahl der Jahresabschlüsse an. Sie müssen nicht aufeinander folgend sein.

Würden alle Jahresabschlüsse bzw. Beobachtungen zur Schätzung der Regressionsmodelle verwendet, würden einige Unternehmen mehrfach berücksichtigt. Um diesem Problem entgegenzuwirken, wird von jedem Unternehmen **nur ein Jahresabschluss** verwendet. Unter der bereits beschriebenen Restriktion, dass nur Jahresabschlüsse vor dem Jahr 2008 verwendet werden, wird jeweils der aktuellste Jahresabschluss ausgewählt.[503] Die Größe der Datenbasis sinkt dadurch auf 10.373 Beobachtungen. Die Verteilung der Branchen bleibt durch die Auswahl weitgehend konstant[504], während der Anteil haftungsunbeschränkter Gesellschaften wiederum auf 19,04% steigt.

Anzahl Beobachtungen	Anzahl Unternehmen
1	4.336
2	2.997
3	1.476
4	818
5	424
6	216
7	86
8	20

Tab. 4.10: Verteilung der Anzahl der Beobachtungen

Es kann vermutet werden, dass durch das beschriebene Vorgehen aus einer 3-Jahres-Prognose **faktisch eine 1-Jahres-Prognose** wird, da tendenziell bei den insolventen Unternehmen die letzten Jahresabschlüsse ein Jahr vor der Insolvenz erstellt werden. Allerdings tritt diese Verzerrung in der vorliegenden Untersuchung nicht auf. Von den 1.185 insolventen Beobachtungen tritt nur bei 5,4% (64 Beobachtungen) die Insolvenz innerhalb eines Jahres ein. Die übri-

503 Vgl. Abschnitt 42.
504 Auffällig ist einzig der sinkende Anteil des verarbeitenden Gewerbes auf 21,92%.

gen Insolvenzen verteilen sich annähernd gleichmäßig auf zwei (538 Beobachtungen) und drei (583 Beobachtungen) Jahre nach dem jeweiligen Abschlussstichtag.

45 Korrelationsanalyse

Bei einer multivariaten Modellbildung sollte sichergestellt sein, dass die verwendeten erklärenden Variablen weitgehend **unabhängig voneinander** sind. Das bedeutet, dass ähnliche Sachverhalte nur einfach abgebildet werden.[505] Bilden die Variablen ähnliche Sachverhalte ab, lassen sie sich jeweils durch eine Linearkombination der anderen Variablen approximieren. Sie werden dann als korreliert oder multikollinear bezeichnet.[506] Korrelierte erklärende Variablen in einem Regressionsmodell stellen ein Problem dar, falls eine Variable keine zusätzliche Informationen gegenüber den übrigen Variablen enthält.[507] FEIDICKER beschreibt z. B. niedrigere Schätzer von standardisierten Diskriminanzkoeffizienten, da sich zwei Variablen aufgrund ihrer Korrelation einen Trennbeitrag teilen.[508] Die Koeffizienten können unplausible Werte annehmen, was im Extremfall zu umgekehrten Vorzeichen führt und einen Widerspruch zur Arbeitshypothese darstellt.[509] Außerdem steigen die Varianzen der Koeffizienten, was wiederum folgende Signifikanztests verzerren kann.[510] Durch diese Zusammenhänge kann das endgültige Modell aus einer suboptimalen Kennzahlenkombination bestehen.[511]

Bei den bilanzanalytischen Kennzahlen der vorliegenden Analyse kann davon ausgegangen werden, dass sie miteinander korreliert sind. Einerseits sind die **Kennzahlenbestandteile** über den Bilanz- und GuV-Aufbau miteinander **verbunden**.[512] Andererseits sind die Unterschiede

505 Vgl. GRAALMANN, B., Verfahren und Prozesse des Finanzratings, S. 62.
506 Vgl. FEIDICKER, M., Kreditwürdigkeitsprüfung, S. 111; HÜLS, D., Früherkennung insolvenzgefährdeter Unternehmen, S. 147.
507 Vgl. WINKER, P., Empirische Wirtschaftsforschung und Ökonometrie, S. 165.
508 Vgl. FEIDICKER, M., Kreditwürdigkeitsprüfung, S. 113. Vgl. ebenso GOMBOLA, M. J. U. A., Cash flow in bankruptcy prediction, S. 62.
509 Vgl. z. B. BEERMANN, K., Prognose von Kapitalverlusten, S. 101; DEAKIN, E. B., Predictors of business failure, S. 175; HATTEN, S. L., Multivariate analysis, S. 78–79; GEBHARDT, G., Insolvenzprognosen, S. 256–257; REIMUND, G., Quantitative und qualitative Liquiditätsanalyse, S. 112–115; STEINER, M., Ertragskraftorientierter Unternehmenskredit und Insolvenzrisiko, S. 179–180; WEINRICH, G., Kreditwürdigkeitsprognosen, S. 109–113.
510 Vgl. KOMLOS, J./SÜSSMUTH, B., Empirische Ökonomie, S. 109; PEREDERIY, V., Insolvenzprognose, S. 131–132; WINKER, P., Empirische Wirtschaftsforschung und Ökonometrie, S. 166–167.
511 Vgl. HÜLS, D., Früherkennung insolvenzgefährdeter Unternehmen, S. 147.
512 Vgl. FEIDICKER, M., Kreditwürdigkeitsprüfung, S. 111.

der Kennzahlendefinitionen durch die Aufbereitungen des Abschnitts 432.2 teilweise gering. Somit müssen die Zusammenhänge der erklärenden Variablen geprüft und ggf. Konsequenzen für die multivariate Modellierung gezogen werden. Eine mögliche Konsequenz besteht in der Begrenzung der verwendeten Variablen.[513]

Die Korrelationsanalyse ist ein Verfahren der Statistik, welche mögliche Variablenzusammenhänge und deren Stärke darstellt. Die genaue Methode ist abhängig vom Skalenniveau der betrachteten Variablen. Für zwei metrisch-skalierte Variablen wird meist der empirische **Korrelationskoeffizient nach Bravais-Pearson** verwendet. Dieser ist definiert als:

$$r = \frac{s_{XY}}{s_X * s_Y} \tag{4.2}$$

mit:

s_{XY} = Empirische Kovarianz der Variablen X und Y

s_X = Empirische Standardabweichung der Variable X

s_Y = Empirische Standardabweichung der Variable Y

Der Korrelationskoeffizient aus (4.2) kann Werte zwischen -1 und 1 annehmen. Durch sein Vorzeichen wird die Richtung des Zusammenhangs ausgedrückt. Bei einem positiven (negativen) Wert besteht ein gleichgerichteter (andersgerichteter) Zusammenhang. Die Stärke des Zusammenhangs wird über den Betrag des Korrelationskoeffizienten beurteilt. Dabei wird in der Literatur meist ein Wert $|r| < 0{,}3$ als schwacher Zusammenhang und ein Wert $|r| > 0{,}5$ als starker Zusammenhang bezeichnet.[514]

Der Zusammenhang nominal-skalierter Variablen kann durch den Kontingenzkoeffizient quantifiziert werden. Zur Ermittlung des Kontingenzkoeffizienten muss vorab der χ^2-Koeffizient ermittelt werden. Weist die Variable X die Kategorien $x_1, \ldots, x_k$ und die Variable Y die Kategorien $y_1, \ldots, y_m$ auf, ist der χ^2-Koeffizient definiert als:[515]

$$\chi^2 = n \left(\sum_{i=1}^{k} \sum_{j=1}^{m} \frac{h_{ij}^2}{h_{i\bullet} h_{\bullet j}} - 1 \right) \tag{4.3}$$

513 Vgl. Abschnitt 512.
514 Vgl. z. B. BAUER, F., Datenanalyse mit SPSS, S. 162.
515 Vgl. BOHLEY, P., Statistik, S. 638.

mit:

n = Anzahl der Beobachtungen

h_{ij} = Absolute Häufigkeit der Kategorienkombination (x_i,y_j)

$h_{i\bullet}$ = Absolute Randhäufigkeit der Kategorie x_i

$h_{\bullet j}$ = Absolute Randhäufigkeit der Kategorie y_j

Hiermit kann der **Kontingenzkoeffizient** ermittelt werden:[516]

$$\Gamma = \sqrt{\frac{\chi^2}{\chi^2 + n}}$$

Der Kontingenzkoeffizient ist auch für eine metrisch-skalierte Variable geeignet, da stets ein Verfahren für das niedrigste Skalenniveau verwendet werden muss. In diesem Fall muss die metrisch-skalierte Variable vorab klassifiziert werden.

Aus dem Kontingenzkoeffizienten lässt sich nicht die Richtung des Zusammenhangs ableiten. Die **Interpretation** hinsichtlich der Stärke des Zusammenhangs entspricht der Interpretation der Stärke des Korrelationskoeffizienten. Hinsichtlich der Frage, welcher Zusammenhang in einem multivariaten Regressionsmodell zulässig ist, besteht in der wissenschaftlichen Literatur kein Konsens. In der Literatur zur Insolvenzprognose werden für die Zusammenhangsmaße meist Werte zwischen |0,3|[517] und |0,8|[518] akzeptiert. Demgegenüber halten ALTMAN U. A.[519] und BERG[520] eine Begrenzung unabhängig der Korrelationen nicht für notwendig. In dieser Analyse wird eine maximaler Korrelations- bzw. Kontingenzkoeffizient in Höhe von |0,5| akzeptiert, da dies die Interpretationsgrenze zu einem starken Zusammenhang ist.[521]

In Tab. 4.11 sind die **Kontingenzkoeffizienten** zwischen den **kategorialen Variablen** untereinander und mit den klassifizierten metrischen Variablen[522] aufgeführt. Die Branche hat

516 Vgl. BAMBERG, G./BAUR, F./KRAPP, M., Statistik, S. 37.
517 Vgl. EDMISTER, R. O., Empirical test of financial ratio analysis, S. 1484.
518 Vgl. PERLITZ, M., Prognose des Unternehmenswachstums, S. 123. Etwas niedrigere Maximalwerte akzeptieren BILDERBEEK (|0,7|) und LINCOLN (|0,75|). Vgl. BILDERBEEK, J., The predictive ability of financial ratios, S. 397; LINCOLN, M., Usefulness of accounting ratios, S. 327–328.
519 Vgl. ALTMAN, E. I. U. A., Financial and statistical analysis, S. 207.
520 Vgl. BERG, D., Bankruptcy prediction, S. 134.
521 Vgl. ebenso HARTMANN-WENDELS, T. U. A., Entwicklung eines Ratingsystems, S. 9.
522 Die Klassifizierung der metrischen Variablen basiert auf zehn Klassen gleicher Größe.

Kennzahl (klassifiziert)	Branche	Haftungs-beschränkung	Kennzahl (klassifiziert)	Branche	Haftungs-beschränkung
Branche	–	0,21	KNZ4a	0,14	0,39
KNZ1a	0,25	0,32	KNZ4b	0,17	0,37
KNZ1b	0,26	0,28	KNZ4c	0,16	0,37
KNZ1c	0,27	0,28	KNZ4d	0,16	0,36
KNZ2a	0,33	0,23	KNZ4e	0,15	0,37
KNZ2b	0,36	0,25	KNZ4f	0,18	0,35
KNZ2c	0,35	0,22	KNZ5a	0,42	0,09
KNZ2d	0,36	0,24	KNZ6a	0,17	0,29
KNZ2e	0,40	0,21	KNZ6b	0,20	0,29
KNZ2f	0,37	0,23	KNZ6c	0,17	0,28
KNZ3a	0,29	0,09	KNZ6d	0,16	0,27
KNZ3b	0,28	0,10	KNZ7a	0,22	0,07

Tab. 4.11: Kontingenzkoeffizienten

die größten Zusammenhänge mit den Kennzahlen der Vermögensstruktur (KNZ2a–KNZ2f) sowie der Aufwandsstruktur (KNZ5a). Zu beachten ist dabei, dass die Kennzahlen um Brancheneffekte bereinigt sind. Deshalb ist der Kontingenzkoeffizient an dieser Stelle so zu interpretieren, dass die Abweichungen vom jeweiligen Branchenmedian bei den Kennzahlen der Vermögens- und Aufwandsstruktur am stärksten von der Branche abhängen. Die Haftungsbeschränkung weist die größten geschätzten Zusammenhänge mit den Rentabilitätskennzahlen (KNZ4a–KNZ4f) auf. Jeder der Kontingenzkoeffizienten liegt unter dem Schwellenwert 0,5. Somit werden diesbezüglich keine Restriktionen für die multivariaten Modelle getroffen.

Die **Korrelationen der metrischen Variablen** in ihrer Ausgangsskalierung sind in der Tab. 4.12 aufgeführt. Innerhalb der gleichen Informationsgebiete, ausgedrückt durch die Ziffer in der Kennzahlenbezeichnung, sind erwartungsgemäß hohe Korrelationen vorhanden. Teilweise betragen die Werte annähernd 1. Die geringsten Korrelationen innerhalb eines Informationsgebiets treten zwischen den Umsatzrenditen (KNZ4a, KNZ4c, KNZ4e) und den Gesamtkapitalrenditen (KNZ4b, KNZ4d, KNZ4f) auf. Zum Beispiel ist die Korrelation der Kennzahlen KNZ4d und KNZ4e mit $r = 0,6$ nur knapp über dem Schwellenwert.[523] Mittelstarke Korrelationen außerhalb des Informationsgebiets bestehen zwischen der Kennzahl KNZ4e und den Kennzahlen der Vermögensstruktur (KNZ2a–KNZ2f). Außerdem sind die

523 Die Kennzahlen basierend auf dem Betriebsergebnis bzw. dem Cash Flow-Proxy sind hoch korreliert. GOMBOLA/KETZ beschreiben als Grund dafür die Art der Cash Flow-Approximation, welche eine ähnliche Definition der Zähler bewirkt. Vgl. GOMBOLA, M. J./KETZ, J. E., Cash flow.

	KNZ1a	KNZ1b	KNZ1c	KNZ2a	KNZ2b	KNZ2c	KNZ2d	KNZ2e	KNZ2f
KNZ1a	1								
KNZ1b	0,85	1							
KNZ1c	0,84	0,98	1						
KNZ2a	−0,03	−0,03	−0,05	1					
KNZ2b	−0,04	−0,02	−0,03	0,93	1				
KNZ2c	−0,03	−0,03	−0,04	0,98	0,95	1			
KNZ2d	−0,04	−0,04	−0,05	0,94	0,99	0,95	1		
KNZ2e	0,00	0,00	0,00	0,96	0,92	0,98	0,93	1	
KNZ2f	−0,01	−0,01	−0,01	0,92	0,97	0,93	0,98	0,95	1
KNZ3a	0,02	0,02	0,01	−0,18	−0,17	−0,18	−0,17	−0,20	−0,19
KNZ3b	0,03	0,03	0,01	−0,17	−0,16	−0,17	−0,17	−0,22	−0,21
KNZ4a	0,08	0,11	0,12	0,08	0,09	0,08	0,08	0,09	0,10
KNZ4b	−0,05	0,00	0,01	0,04	0,05	0,04	0,05	0,06	0,07
KNZ4c	0,04	0,07	0,07	0,14	0,15	0,14	0,15	0,15	0,16
KNZ4d	−0,05	−0,02	−0,01	0,04	0,05	0,04	0,05	0,06	0,07
KNZ4e	0,03	0,06	0,06	0,34	0,35	0,34	0,35	0,34	0,36
KNZ4f	−0,03	−0,01	0,01	0,14	0,13	0,13	0,14	0,18	0,18
KNZ5a	0,03	0,03	0,03	−0,11	−0,09	−0,11	−0,09	−0,11	−0,09
KNZ6a	0,14	0,14	0,13	0,06	0,06	0,07	0,06	0,06	0,05
KNZ6b	0,14	0,13	0,12	−0,02	−0,02	−0,02	−0,02	−0,03	−0,03
KNZ6c	0,14	0,15	0,13	0,06	0,06	0,07	0,06	0,06	0,05
KNZ6d	0,13	0,14	0,11	0,08	0,08	0,08	0,07	0,05	0,04
KNZ7a	0,04	0,06	0,05	0,05	0,04	0,06	0,04	0,05	0,03

	KNZ3a	KNZ3b	KNZ4a	KNZ4b	KNZ4c	KNZ4d	KNZ4e	KNZ4f	KNZ5a
KNZ3a	1								
KNZ3b	0,90	1							
KNZ4a	0,00	−0,02	1						
KNZ4b	−0,07	−0,08	0,73	1					
KNZ4c	0,02	0,00	0,88	0,75	1				
KNZ4d	−0,08	−0,09	0,73	0,99	0,75	1			
KNZ4e	0,02	0,00	0,76	0,60	0,90	0,60	1		
KNZ4f	−0,12	−0,14	0,66	0,91	0,68	0,92	0,62	1	
KNZ5a	−0,02	−0,02	−0,02	0,02	−0,06	0,02	−0,11	−0,02	1
KNZ6a	0,01	0,04	−0,06	−0,13	−0,03	−0,13	0,00	−0,15	0,09
KNZ6b	−0,04	0,01	−0,09	−0,08	−0,10	−0,08	−0,14	−0,11	0,21
KNZ6c	0,01	0,04	−0,06	−0,13	−0,03	−0,13	0,00	−0,15	0,09
KNZ6d	0,01	0,10	−0,07	−0,13	−0,03	−0,13	−0,01	−0,17	0,08
KNZ7a	−0,04	−0,01	−0,01	−0,06	−0,01	−0,06	−0,02	−0,09	−0,02

	KNZ6a	KNZ6b	KNZ6c	KNZ6d	KNZ7a
KNZ6a	1				
KNZ6b	0,80	1			
KNZ6c	1,00	0,79	1		
KNZ6d	0,98	0,78	0,98	1	
KNZ7a	0,27	0,23	0,28	0,27	1

Tab. 4.12: Korrelationsmatrix

geschätzten Korrelationen zwischen dem Unternehmensalter (KNZ7a) und der Unternehmensgröße (KNZ6a–KNZ6d) geringfügig erhöht. Daraus lässt sich tendenziell ableiten, dass ältere Unternehmen geringfügig größer sind und dass höhere (Sach-)Anlagenintensitäten mit einer höheren korrigierten Umsatzrendite einhergehen. Letzterer Zusammenhang lässt sich über die Höhe der Abschreibungen interpretieren. Die erhöhten Korrelationen treten nur bei der Umsatzrendite KNZ4e auf, bei welcher im Zähler die Abschreibungen hinzugerechnet werden. Unternehmen mit einer höheren (Sach-)Anlagenintensität weisen tendenziell höhere Abschreibungen auf, was zu höheren Werten der Kennzahl KNZ4e führt. Die Korrelationen zwischen den Vermögenskennzahlen und der Kennzahl KNZ4e liegen allerdings unter dem Schwellenwert. Außerhalb der einzelnen Informationsgebiete treten auch ansonsten keine geschätzten Korrelationen über dem Schwellenwert auf. Aufgrund dieser Erkenntnisse werden die einzelnen Informationsgebiete als Kennzahlgruppen betrachtet. In den multivariaten Modellen wird jeweils eine Kennzahl der jeweiligen Gruppe in das Modell integriert.[524]

Zur Überprüfung der Gruppierung der metrischen Kennzahlen wird zusätzlich der **Varianz-Inflations-Faktor** (VIF) herangezogen, da die Multikollinearität über die Definition der paarweisen Abhängigkeit hinausgeht.[525] Der VIF ist definiert als:

$$\mathrm{VIF_j} = \frac{1}{1 - R_j^2}$$

Dabei beschreibt R_j^2 das Bestimmtheitsmaß einer Regression mit der Variable X_j als zu erklärende Variable und den übrigen Variablen als erklärende Variablen.[526] Der VIF nimmt einen hohen Wert an, wenn eine hohe Multikollinearität besteht und somit die Variable X_j gut durch die übrigen Variablen erklärt werden kann. Ab einem VIF > 10 wird von einer problematischen Multikollinearität ausgegangen, wobei URBAN/MAYERL den strengeren Schwellenwert 5 vorschlagen.[527]

In Tab. 4.13 sind die Werte für den VIF angegeben. Die erste Spalte gibt die Werte dafür an, dass die jeweilige metrische Variable gegen alle übrigen metrischen Variablen regres-

524 Vgl. Abschnitt 512 bzgl. der Kriterien zur Kennzahlenauswahl.
525 Vgl. HENKING, A./BLUHM, C./FAHRMEIR, L., Kreditrisikomessung, S. 242–243.
526 Vgl. ERNSTE, H., Angewandte Statistik, S. 153; VON AUER, L., Ökonometrie, S. 528.
527 Vgl. URBAN, D./MAYERL, J., Regressionsanalyse, S. 232.

Kennzahl	VIF (komplett)	VIF (außerhalb)	Kennzahl	VIF (komplett)	VIF (außerhalb)
KNZ1a	4,36	1,09	KNZ4a	5,05	1,04
KNZ1b	38,09	1,14	KNZ4b	69,06	1,05
KNZ1c	36,92	1,16	KNZ4c	17,01	1,05
KNZ2a	30,55	1,46	KNZ4d	79,71	1,04
KNZ2b	111,97	1,47	KNZ4e	10,73	1,21
KNZ2c	383,76	1,45	KNZ4f	12,36	1,14
KNZ2d	479,89	1,47	KNZ5a	1,10	1,10
KNZ2e	337,05	1,46	KNZ6a	255,12	1,16
KNZ2f	344,43	1,48	KNZ6b	3,25	1,17
KNZ3a	7,24	1,10	KNZ6c	286,76	1,17
KNZ3b	7,81	1,19	KNZ6d	36,78	1,21
			KNZ7a	1,10	1,10

Tab. 4.13: Varianz-Inflations-Faktoren

siert wird.[528] Mit Ausnahme der Kennzahlen KNZ1a und KNZ6b, sowie den alleinigen Kennzahlen einer Gruppe KNZ5a und KNZ7a, weisen alle Kennzahlen Werte über dem Schwellenwert auf. Dies ist aufgrund der hohen Korrelationen aus 4.12 zu erwarten. In der zweiten Spalte sind die Werte für den Fall aufgeführt, dass die jeweilige metrische Variable gegen alle übrigen metrischen Variablen regressiert wird, die keine Korrelation $r > |0{,}5|$ mit ihr aufweisen. Es wird deutlich, dass für diesen Fall der VIF stets Werte $\leq 1{,}48$ annimmt. Somit wird keine Kennzahl durch die Kennzahlen der übrigen Kennzahlengruppen übermäßig erklärt.

Außerdem wird zur Überprüfung der Gruppierung auch die **Clusteranalyse** bei den metrischen Variablen angewendet. Auf Basis einer hierarchischen Clusteranalyse[529] mit sieben Clustern wird wiederum die gewählte Gruppierung bestätigt. Die Kennzahlen werden jeweils dem Cluster zugeordnet, die der Ziffer in der Kennzahlenbezeichnung entspricht. Bei einer Clusteranalyse basierend auf acht Gruppen werden die Umsatzrenditen (KNZ4a, KNZ4c, KNZ4e) und die Gesamtkapitalrenditen (KNZ4b, KNZ4d, KNZ4f) zu jeweils einer eigenen Gruppe zusammengefasst. Dies steht im Einklang mit den relativ geringen Korrelationen zwischen den Umsatzrenditen und den Gesamtkapitalrenditen.

528 Die Ergebnisse bleiben stabil, wenn zusätzlich auch die kategorialen Variablen als Regressoren berücksichtigt werden.

529 Vgl. BACKHAUS, K. U. A., Multivariate Analysemethoden, S. 420–430.

Auf die Überprüfung der Gruppenbildung mit der **Faktorenanalyse**[530] wird verzichtet. Die Zusammenhänge der Kennzahlen beruhen auf den ähnlichen Definitionen bzw. den gleichen Bestandteilen und nicht, wie es bei der Faktorenanalyse angenommen wird, auf unbeobachteten Faktoren.[531]

46 Univariate Analyse

Zur Beurteilung der univariaten Trennfähigkeit der Variablen werden in der wissenschaftlichen Literatur univariate Regressionen oder Mittelwertvergleiche verwendet. Mithilfe beider Verfahren können die Arbeitshypothesen der Kennzahlen überprüft werden. Die folgenden Ausführungen und Tests beziehen sich auf die globalen Arbeitshypothesen. Für die lokalen Arbeitshypothesen müssten nichtparametrischen Regressionsanalysen oder Mittelwertvergleiche innerhalb bestimmter Intervalle verwendet werden.

Bei der **univariaten Regression** können die Arbeitshypothesen durch die Vorzeichen der Regressionskoeffizienten überprüft werden. Die Arbeitshypothese I>S (I<S) wird bei entsprechender Codierung der abhängigen Variable (0 solvent; 1 insolvent) durch ein positives (negatives) Vorzeichen gestützt. Da bei der univariaten Regression nur eine unabhängige Variable und somit nur ein Teilbereich möglicher Einflussfaktoren berücksichtigt wird, tritt das bereits in Abschnitt 431 beschriebene Problem der Verzerrung durch ausgelassene Variablen verstärkt auf. Aus diesem Grund wird in der vorliegenden Arbeit auf eine univariate Regressionsanalyse verzichtet und nur eine Analyse basierend auf Mittelwertvergleichen durchgeführt.

Statistische Tests auf Mittelwertunterschiede beruhen auf den unterschiedlichen Medianen oder arithmetischen Mittelwerten insolventer und solventer Unternehmen. Bei der erstgenannten Alternative (Mediantest) werden die Beobachtungen hinsichtlich der betrachteten Kennzahl geordnet. Anschließend werden die Beobachtungen in zwei Gruppen geteilt. Bei

530 Vgl. ausführlich zur Faktorenanalyse BACKHAUS, K. U. A., Multivariate Analysemethoden, S. 330–369.
531 Vgl. ECKES, T./ROSSBACH, H., Clusteranalysen, S. 24; ÜBERLA, K., Faktorenanalyse, S. 2–3. Im Kontext der Insolvenzprognose wird die Faktorenanalyse z. B. verwendet bei LAITINEN, E. K., Financial ratios, S. 659–660.

der ersten (zweiten) Gruppe weist die Kennzahl Werte unterhalb (oberhalb) des **Medians** auf. Anschließend wird die Verteilung der insolventen Beobachtungen innerhalb der Gruppen analysiert.

In der Tab. 4.14 drückt h_{11} (h_{12}) die absolute Häufigkeit solventer Beobachtungen aus, welche einen jeweiligen Kennzahlenwert unterhalb (oberhalb) des Medians aufweisen. Gleiches gilt für die Bezeichnung h_{21} (h_{22}) bei insolventen Beobachtungen. Unter der Nullhypothese, dass sich die Mediane der solventen und insolventen Beobachtungen entsprechen, ist die folgende Prüfgröße χ^2-verteilt mit einem Freiheitsgrad:[532]

$$\hat{\chi}^2 = \frac{n * (h_{11} * h_{22} - h_{12} * h_{21})^2}{h_{1\bullet} * h_{2\bullet} * h_{\bullet 1} * h_{\bullet 2}} \tag{4.4}$$

Der Test verliert bei großen Stichproben an Effizienz.[533] Allerdings ist er aufgrund der Verwendung des Medians robust gegen Ausreißer.[534]

Der zweite verwendete Test (z-Test) beruht auf dem Vergleich der **arithmetischen Mittelwerte** der Kennzahl für solvente und insolvente Unternehmen. Die Teststatistik lautet:

$$d^* = \frac{|\bar{x}_s - \bar{x}_i|}{\sqrt{\frac{1}{h_{1\bullet}} * s_{x_s}^2 + \frac{1}{h_{2\bullet}} * s_{x_i}^2}}$$

mit:

$\bar{x}_s$ = Arithmetischer Kennzahlenmittelwert der solventen Beobachtungen

$\bar{x}_i$ = Arithmetischer Kennzahlenmittelwert der insolventen Beobachtungen

$s_{x_s}^2$ = Quadrierte Standardabweichung der solventen Beobachtungen

$s_{x_i}^2$ = Quadrierte Standardabweichung der insolventen Beobachtungen

$h_{1\bullet}$ = Absolute Häufigkeit der solventen Beobachtungen

$h_{2\bullet}$ = Absolute Häufigkeit der insolventen Beobachtungen

---

532 Die Gleichung (4.4) ist der Spezialfall von Gleichung (4.3) für eine 2 × 2-Tabelle.

533 Vgl. SCHUHMACHER, M., Mittelstandsrating, S. 92–93.

534 Vgl. HÜLS, D., Früherkennung insolvenzgefährdeter Unternehmen, S. 140. Vgl. zur Ausreißerbeseitigung Abschnitt 443.

	$n_{<Median}$	$n_{>Median}$	$\sum$
y=0	h_{11}	h_{12}	$h_{1\bullet}$
y=1	h_{21}	h_{22}	$h_{2\bullet}$
$\sum$	$h_{\bullet 1}$	$h_{\bullet 2}$	n

Tab. 4.14: Mediantest

Die Prüfgröße berücksichtigt auch beide Stichprobengrößen und die Streuungen der Kennzahlen. Sie steigt bei einer steigenden Mittelwertdifferenz, einer sinkenden Streuung und steigenden Stichprobengrößen.[535] Sie ist unter der Nullhypothese, dass sich die arithmetischen Kennzahlenmittelwerte solventer und insolventer Beobachtungen entsprechen, für große Stichproben standardnormalverteilt.[536] Die Nullhypothese wird zum Signifikanzniveau α verworfen, wenn gilt:

$$d^* > z_{1-\frac{\alpha}{2}} \tag{4.5}$$

Die Ermittlung des Signifikanzniveaus ist bei dieser univariaten Analyse allerdings sekundär. Die Signifikanztests können einen ersten **Anhaltspunkt** auf die **multivariate Trennfähigkeit** der einzelnen Kennzahlen liefern, allerdings können auch univariat nicht einflussreiche Kennzahlen in der multivariaten Modellbildung einflussreich werden. Deshalb wird die univariate Analyse an dieser Stelle nicht zum Ausschluss von Kennzahlen aufgrund der Signifikanztests genutzt, sondern um Kennzahlen auszuschließen, welche signifikant gegen die getroffene **Arbeitshypothese verstoßen.**[537] Diese Kennzahlen sind dann ökonomisch nicht mehr interpretierbar. Verstoßen sie nicht gegen die Arbeitshypothese, so sollten auch die Vorzeichen der multivariaten Regressionsmodelle ökonomisch interpretierbar sein.[538] Abweichende Koeffizientenvorzeichen könnten dann durch hohe Korrelationen der Kennzahlen auftreten, was allerdings bereits in Abschnitt 45 kontrolliert wurde.[539]

535 Vgl. HÜLS, D., Früherkennung insolvenzgefährdeter Unternehmen, S. 135.

536 Vgl. FAHRMEIR, L. U. A., Statistik, S. 456–457. Die Standardnormalverteilung gilt bei normalverteilten Variablen mit bekannten Varianzen. Sie gilt ebenfalls approximativ bei großen Stichproben. Bei kleinen Stichproben wird unter Berücksichtigung bestimmter Restriktionen die t-Verteilung verwendet, weshalb dieser Test häufig als t-Test bezeichnet wird. Vgl. ebd.

537 So auch bei ESCOTT, P./GLORMANN, F./KOCAGIL, A. E., Moody's RiskCalc™ für nicht börsennotierte Unternehmen, S. 4. Sie schließen ebenso Kennzahlen aus, welche im univariaten Modelle eine AR (engl.: *accuracy ratio*) $\leq 5\%$ aufweisen. Vgl. zur AR Abschnitt 621.

538 Vgl. HÜLS, D., Früherkennung insolvenzgefährdeter Unternehmen, S. 122–125.

539 Vgl. zu unplausiblen Koeffizienten z. B. BEERMANN, K., Prognose von Kapitalverlusten, S. 101; DEAKIN, E. B., Predictors of business failure, S. 175; GEBHARDT, G., Insolvenzprognosen, S. 254–257; HATTEN, S. L., Multivariate analysis, S. 78–79; REIMUND, G., Quantitative und qualitative Liquiditätsanalyse, S. 112–115; STEINER, M., Ertragskraftorientierter Unternehmenskredit und Insolvenzrisiko, S. 179–180; WEINRICH, G., Kreditwürdigkeitsprognosen, S. 109–113.

Kennzahl	y=0 (n=9.188)			y=1 (n=1.185)			Prüfgröße	
	$\bar{x}$	SD	$n_{<M}$	$\bar{x}$	SD	$n_{<M}$	PG_M	PG_z
KNZ1a	−0,18	2,68	4.398	−0,88	2,52	788	145,65***	−8,90***
KNZ1b	−0,16	2,07	4.357	−0,88	2,08	829	213,15***	−11,25***
KNZ1c	−0,07	2,17	4.350	−0,85	2,13	836	225,96***	−11,74***
KNZ2a	0,19	0,93	4.493	0,01	0,89	693	38,49***	−6,62***
KNZ2b	0,30	1,13	4.502	0,08	1,03	684	31,91***	−6,61***
KNZ2c	0,21	0,97	4.490	0,02	0,92	696	40,82***	−6,63***
KNZ2d	0,28	1,10	4.506	0,08	1,02	680	29,18***	−6,17***
KNZ2e	0,17	0,92	4.479	−0,04	0,86	707	49,96***	−8,00***
KNZ2f	0,25	1,05	4.487	0,02	0,95	699	43,22***	−7,49***
KNZ3a	0,22	0,99	4.647	0,36	1,11	539	10,71**	3,94***
KNZ3b	0,26	1,08	4.641	0,40	1,21	545	8,60**	3,57***
KNZ4a	0,85	3,26	4.432	−0,19	3,22	754	99,40***	−10,47***
KNZ4b	0,65	2,14	4.416	−0,02	1,95	770	120,07***	−10,91***
KNZ4c	0,49	1,81	4.441	−0,08	1,66	745	89,28***	−10,88***
KNZ4d	0,64	2,14	4.421	0,01	2,01	765	114,14***	−10,15***
KNZ4e	0,36	1,29	4.435	−0,05	1,14	751	95,74***	−11,55***
KNZ4f	0,47	1,50	4.410	−0,03	1,28	776	128,32***	−12,65***
KNZ5a	1,18	3,85	4.580	1,05	3,57	606	0,69	−1,18
KNZ6a	2,00	4,97	4.547	0,91	3,04	639	8,24**	−10,71***
KNZ6b	1,88	4,52	4.540	0,82	2,83	646	10,91***	−11,12***
KNZ6c	2,03	5,03	4.542	0,90	3,03	644	10,31**	−11,01***
KNZ6d	2,15	5,29	4.545	1,12	3,55	641	8,96**	−8,83***
KNZ7a	0,21	0,97	4.389	−0,08	0,74	727	83,84***	−12,28***

$\bar{x}$	arithmetischer Mittelwert
SD	Standardabweichung
n	Stichprobengröße
$n_{<M}$	Stichprobengröße mit Wert kleiner als der Median der Gesamtdaten
PG_M	Prüfgröße Mediantest
PG_z	Prüfgröße z-Test
Signifikanz	*** p-value<0,001, ** p-value<0,01, * p-value<0,05

Tab. 4.15: Analytische Mittelwertvergleiche

In Tab. 4.15 sind verschiedene deskriptive Größen für die metrischen Variablen bzgl. der solventen Beobachtungen und der insolventen Beobachtungen aufgeführt. Zusätzlich sind auch die Prüfgrößen und die Signifikanzniveaus der beschriebenen Tests angegeben. Bei den Umschlagdauern der Forderungen liegen die Mediane bzw. die arithmetischen Mittelwerte der insolventen Unternehmen höher. Das untermauert die globale Arbeitshypothese I>S. Bei allen übrigen Kennzahlen sind die Zusammenhänge umgekehrt und entsprechen somit der Arbeitshypothese I<S. Einzig bei der Kennzahl KNZ5a sind die Tests nicht signifi-

kant, was allerdings nur als Hinweis auf die fehlende Trennfähigkeit der Variable gedeutet wird.

Variable	Anteil rel. (abs.) y=0	Anteil rel. (abs.) y=1
Handel	0,29 (2.663)	0,22 (260)
Verarbeitendes Gewerbe	0,22 (1.991)	0,24 (283)
Baugewerbe	0,19 (1.731)	0,30 (350)
Grundstückswesen	0,04 (326)	0,02 (19)
Verkehrswesen	0,06 (589)	0,08 (95)
Kommunikation	0,03 (249)	0,01 (11)
Versorger	0,02 (172)	0,01 (11)
Gesundheitswesen	0,01 (92)	0,00 (4)
Gastgewerbe	0,00 (45)	0,01 (7)
Sonstige	0,14 (1.330)	0,12 (145)
Haftung=0	0,80 (7.343)	0,89 (1.055)
Haftung=1	0,20 (1.845)	0,11 (130)

Tab. 4.16: Mittelwertvergleiche der kategorialen Variablen

Die Tab. 4.16 zeigt die Anteile der einzelnen **Branchen** und der **haftungsbeschränkten Rechtsformen** bzgl. der solventen und insolventen Unternehmen. Für die Branchen sind teilweise größere Abweichungen der Anteile zu erkennen. Während nur ca. 19% der solventen Unternehmen dem Baugewerbe angehören, sind dies bei den insolventen Unternehmen ca. 30%. Beim Handel dreht sich dieser Zusammenhang um. Der Anteil der haftungsbeschränkten Rechtsformen ist bei den insolventen Unternehmen größer. Auf Basis des χ^2-Tests[540] sind die Anteile der Kategorien jeweils signifikant unterschiedlich (p-value$< 0{,}001$) für solvente und insolvente Unternehmen verteilt. Somit stützt auch bzgl. dieser Variablen die univariate Analyse die getroffenen Arbeitshypothesen.

47 Kapitelzusammenfassung

Das vorangegangene Kapitel stellte den Anfang der empirischen Analyse dieser Arbeit dar. Es diente der Definition und der Aufbereitung der Datenbasis. Außerdem sollten in diesem Kapitel erste grundlegende Datenstrukturen analysiert werden. Bezüglich dieser Zielsetzungen lässt sich Folgendes zusammenfassen:

540 Analog zu dem Mediantest für den allgemeinen Fall des χ^2-Werts gemäß der Gleichung (4.3).

- Auf Basis der Jahresabschlüsse und zusätzlicher Informationen soll (in den folgenden Kapiteln) die Wahrscheinlichkeit einer Insolvenz nach deutscher Gesetzgebung innerhalb von drei Jahren ab dem Abschlussstichtag prognostiziert werden. Diese Prognose dient als Basis für die eigentliche Fragestellung.

- Es werden metrische und kategoriale Variablen verwendet, welche weitestgehend alle Informationsgebiete der Unternehmensanalyse abdecken. Die metrischen bilanzanalytischen Variablen werden um verschiedene Jahresabschlusspositionen aufbereitet, um deren wirtschaftlichen Charakter aus bilanzanalytischer Sicht besser zu berücksichtigen und um bilanzpolitische Maßnahmen zu neutralisieren. Als kategoriale Information wird der Unternehmenssitz nicht weiter berücksichtigt, da mögliche Ost-/Westunterschiede aufgrund des langen Zeitraums seit der Wiedervereinigung der BRD als nicht wahrscheinlich angesehen werden. Eine deskriptive Betrachtung der Daten untermauert diese Annahme.

- Eine deskriptive Betrachtung der Mediane zeigt erwartungsgemäß Branchenunterschiede bezüglich der Kennzahlenmittelwerte. Um Einflüsse der Branchenzugehörigkeit zu neutralisieren, werden die metrischen Kennzahlen relativ zu ihrem Branchendurchschnitt des entsprechenden Jahres ermittelt. Es treten teilweise Kennzahlenwerte auf, die den jeweiligen Branchenmedian um mehr als das Tausendfache übersteigen. Solche Beobachtungen werden allerdings eliminiert.

- Aufgrund der großen Beobachtungsanzahl kann von jedem Unternehmen jeweils nur eine Beobachtung verwendet werden, ohne dass die Datenbasis zu klein für die Analyse der Fragestellungen dieser Arbeit wird. Durch eine solche Selektion werden Abhängigkeiten zwischen den Beobachtungen weitgehend vermieden.

- Die Kennzahlen weisen nur geringe Korrelationen auf, soweit sie aus unterschiedlichen Informationsbereichen stammen. Kennzahlen des gleichen Informationsbereichs sind in dieser Analyse stark miteinander korreliert.

- Durch die Mittelwertvergleiche werden die getroffenen Arbeitshypothesen untermauert.

Basierend auf den vorangegangenen Erkenntnissen lässt sich folgende **Kernaussage des vierten Kapitels** treffen: Die verwendeten Kennzahlen weisen nach den notwendigen Bereinigungen die theoretisch erwarteten Strukturen hinsichtlich Korrelationen und Mittelwertvergleichen auf. Eine Insolvenzprognose mit diesen Größen stellt eine geeignete Basis für die Analyse der nichtlinearen Zusammenhänge dar.

5 Vergleich der Modellschätzungen

51 Modellentwicklung

511 Bildung einer Lern- und Validierungsstichprobe

Zur Analyse der nichtlinearen Zusammenhänge werden in diesem Kapitel lineare und nichtlineare Modelle auf Basis des in Kapitel 4 definierten und aufbereiteten Datensatzes geschätzt und verglichen. Dabei soll ein geschätztes Modell neben einer ausreichenden Güte auch eine ausreichende Generalisierbarkeit aufweisen sollte. Das bedeutet, dass das geschätzte Modell nicht nur auf die zur Schätzung verwendeten Daten anwendbar sein muss, sondern auch auf neue Daten desselben Zusammenhangs übertragbar sein sollte. Eine höhere Modellkomplexität, bspw. durch die Berücksichtigung nichtlinearer Zusammenhänge, kann indes eine schlechtere Generalisierbarkeit der Ergebnisse bewirken. Dies entsteht, wenn das Modell überangepasst an die Daten ist. Das Modell bildet dann nicht die globalen Zusammenhänge ab, sondern berücksichtigt auch zufällige Schwankungen.[541] Zur Überprüfung der Übertragbarkeit eines Modells wird i. d. R. eine weitere Stichprobe, die sog. Validierungs- oder Teststichprobe, verwendet.[542] Diese Stichprobe entstammt derselben Grundgesamtheit, wie die zur Schätzung verwendete Lernstichprobe. Zur Bildung der beiden Stichproben wird in dieser Arbeit der Datensatz zufällig im Verhältnis 1:1 in **Lern- und Validierungsstichpro-**

---

541 Zur Steuerung der Glattheit eines P-Spline über den Glättungsparameter vgl. Abschnitt 334.2. Zu Gütemaßen, welche die Modellkomplexität simultan zur Anpassungsgüte berücksichtigen vgl. Abschnitt 611.

542 Vgl. DEUTSCHE BUNDESBANK, Monatsbericht September 2003, S. 63–64. Die Klassifikationsgüte der Validierungsstichprobe bezeichnen WILSON/SHARDA gegenüber der Klassifikationsgüte der Lernstichprobe als besseres Maß zum Modellbeurteilung. Vgl. WILSON, R./SHARDA, R., Bankruptcy prediction, S. 550.

be unterteilt.[543] Beide Datensätze entstammen somit derselben Grundgesamtheit und sind unabhängig voneinander. Die Klassifikation wird für die Unternehmen beider Stichproben durchgeführt und die Gütemaße auf Basis dieser Klassifikation[544] für beide Datensätze ermittelt. Die Modelle sind generalisierbar, wenn die Güte für die Validierungsstichprobe nicht übermäßig von der (hinreichenden) Güte der Lernstichprobe abfällt.

Dabei muss gewährleistet sein, dass **keine strukturellen Unterschiede** zwischen den Unternehmen der Lern- und Validierungsstichprobe bestehen. Beide Stichproben müssen repräsentativ für die Grundgesamtheit sein. Diese Forderung geht auch aus der Gesetzgebung hervor. Gemäß § 118 Abs. 3 SolvV muss ein Kreditinstitut bei Verwendung des IRB-Ansatzes[545] belegen, „[...] dass die zur Entwicklung des Modells verwendeten Daten für die Gesamtheit der gegenwärtigen Schuldner oder IRBA-Positionen des Institutes repräsentativ sind.“ Aus diesem Grund wurden bereits in Abschnitt 41 die Merkmale der Grundgesamtheit genau definiert und sichergestellt, dass alle verwendeten Unternehmen diese Merkmale aufweisen. Des Weiteren werden in Tab. 5.1 die Lernstichprobe und die Validierungsstichprobe hinsichtlich der arithmetischen Mittelwerte der verwendeten Variablen verglichen. Es bestehen teilweise größere relative Abweichungen der arithmetischen Stichprobenmittelwerte. Allerdings unterscheiden sich unter Verwendung des z-Tests[546] die Mittelwerte aller metrischen Variablen nicht signifikant. Auf Basis des χ^2-Homogenitäts-Tests[547] unterscheiden sich ebenfalls die Verteilungen der Branche und der abhängigen Variable zwischen der Lern- und Validierungsstichprobe nicht signifikant.[548] Einzig bzgl. der Haftungsbeschränkung sind in der Validierungsstichprobe signifikant (p-value=0,04) mehr haftungsunbeschränkte Rechtsformen enthalten. Da dies allerdings keine metrische Variable ist, ist die Analyse

543 In der Literatur wird teilweise ein Verhältnis von 70:30 angegeben. Vgl. z. B. HENKING, A./BLUHM, C./FAHRMEIR, L., Kreditrisikomessung, S. 215. Aufgrund der großen Datenmenge wird in dieser Untersuchung der Anteil der Validierungsstichprobe vergrößert. Zur Kritik bzgl. nicht zufällig ausgewählter Stichproben, z. B. bei einem künstlichen Insolvenzanteil von 50% bei ungleichen Fehlerkosten, vgl. FISCHER, J. H., Analyse der Kreditwürdigkeit, S. 52–54. Ein Verweis darauf ist ebenso zu finden bei BECCHETTI, L./SIERRA, J., Bankruptcy risk, S. 2102. Eine ausführliche Untersuchung dazu findet sich bei HENSHER, D. A./JONES, S., Forecasting corporate bankruptcy, S. 257–259. Ein künstlicher Insolvenzanteil von 50% wird z. B. verwendet bei ALTMAN, E. I./LEVALEE, M. Y. Business failure classification, S. 152; SHIN, K.-S./LEE, T. S./KIM, H.-J., Bankruptcy prediction model, S. 131.

544 Vgl. Abschnitt 62 und Abschnitt 63.

545 Vgl. Abschnitt 23.

546 Gemäß Formel (4.5) in Abschnitt 46.

547 Vgl. BOHLEY, P., Statistik, S. 635-639. Die Prüfgröße des Tests ist der χ^2-Koeffizient gemäß Formel (4.3) in Abschnitt 45.

548 Das gilt ebenfalls für die Region als ausgeschlossenes Kriterium.

Kennzahl	Lern-stichprobe	Validierungs-stichprobe	Relative Differenz
Abhängige Variable:			
y=1 (insolvent)	0,12	0,11	−0,05
Kategoriale Variablen:			
Handel	0,29	0,28	−0,04
Verarbeitendes Gewerbe	0,22	0,22	0,02
Baugewerbe	0,20	0,20	−0,01
Grundstückswesen	0,03	0,03	0,05
Verkehrswesen	0,06	0,07	0,09
Kommunikation	0,02	0,03	0,15
Gesundheitswesen	0,01	0,01	0,13
Versorger	0,02	0,02	0,01
Gastgewerbe	0,01	0,00	−0,27
Sonstige	0,14	0,14	−0,01
Haftung=1 (haftungsunbeschränkt)	0,18	0,19	0,09
Metrische Variablen:			
KNZ1a	−0,24	−0,29	−0,23
KNZ1b	−0,23	−0,25	−0,10
KNZ1c	−0,15	−0,18	−0,19
KNZ2a	0,17	0,18	0,07
KNZ2b	0,27	0,28	0,04
KNZ2c	0,18	0,20	0,08
KNZ2d	0,25	0,26	0,03
KNZ2e	0,14	0,16	0,09
KNZ2f	0,22	0,22	0,02
KNZ3a	0,24	0,23	−0,04
KNZ3b	0,29	0,27	−0,07
KNZ4a	0,73	0,74	0,00
KNZ4b	0,58	0,56	−0,04
KNZ4c	0,42	0,43	0,03
KNZ4d	0,59	0,55	−0,06
KNZ4e	0,30	0,33	0,08
KNZ4f	0,43	0,41	−0,05
KNZ5a	1,11	1,23	0,11
KNZ6a	1,88	1,88	0,00
KNZ6b	1,77	1,74	−0,02
KNZ6c	1,90	1,90	0,00
KNZ6d	2,04	2,02	−0,01
KNZ7a	0,18	0,18	0,04

Tab. 5.1: Differenzen der arithmetischen Mittelwerte

hinsichtlich der eigentlichen Fragestellungen dieser Arbeit nicht unmittelbar betroffen. Eine Überprüfung der Modellschätzungen anhand unterschiedlicher Stichproben zeigt außerdem, dass keine Ergebnisse durch die Abweichung des Anteils haftungsunbeschränkter Rechtsformen relevant beeinflusst werden.

Die **Korrelationsanalyse** aus Abschnitt 45 und die **univariate Analyse** aus Abschnitt 46 wurden nur auf Basis der Gesamtdaten vorgenommen. Deshalb wird auch überprüft, ob sich diese Ergebnisse auf die Lernstichprobe übertragen lassen.[549] Alle Aussagen der Korrelationsanalyse gelten auch für die Lernstichprobe. Bei der univariaten Analyse ist der einzige Unterschied, dass der Mediantest bzgl. der Größenvariablen sowie der Variable KNZ3b bei der Lernstichprobe jeweils nicht signifikant ist. Die Vorzeichen der Prüfgrößen sind allerdings weiterhin plausibel. Da die univariate Analyse in dieser Arbeit nur zur Plausibilitätsprüfung verwendet wird, sind die Unterschiede vernachlässigbar und haben keine weiteren Auswirkungen.

512 Berücksichtigung der Multikollinearität

Unter Berücksichtigung der Ergebnisse des Abschnitts 45 muss bei den Modellschätzungen darauf geachtet werden, dass jeweils nur eine Variable eines Informationsgebiets in das Modell aufgenommen wird. Dadurch wird verhindert, dass hohe Multikollinearitäten zwischen den unabhängigen Variablen vorhanden sind. Gleichzeitig wird dadurch der Großteil der Bilanzanalysebereiche berücksichtigt.[550] Bei der Modellierung muss dann möglichst objektiv entschieden werden, welche Kennzahl einer jeweiligen Kennzahlenklasse in das Modell aufgenommen wird. In älteren Publikation tritt häufig das Problem des Rechenaufwands wegen der großen Anzahl aller möglichen Kennzahlenkombinationen auf. Als Lösung kann dabei die sukzessive Aufnahme weiterer Kennzahlen unter Berücksichtigung der bereits aufgenommenen Kennzahlen erfolgen. Als neue Kennzahl einer weiteren Gruppe wird die Kennzahl aufgenommen, die ein festgelegtes Gütemaß maximiert (bzw. je nach Definition minimiert).[551]

549 Siehe Anhang.
550 Vgl. Abschnitt 432.
551 Vgl. BACK, B. U. A., Choosing bankruptcy predictors, S. 7–8; HÜLS, D., Früherkennung insolvenzgefährdeter Unternehmen, S. 169–171; IZAN, H. I., Corporate distress in Australia, S. 313.

Durch das o. g. Vorgehen wird die Anzahl der möglichen Kennzahlenkombinationen verringert, indes werden nicht alle Kombinationen berücksichtigt. Außerdem ist das Ergebnis abhängig von der Reihenfolge der auszuwählenden Kennzahlen(-klassen). Aus diesem Grund werden in der vorliegenden Analyse alle **möglichen Kennzahlenkombinationen** unter Berücksichtigung der Korrelationsrestriktionen berechnet und das Modell verwendet, das ein festgelegtes Gütekriterium optimiert. Die Auswahl des endgültigen Modells erfolgt somit quasi-objektiv. Die Auswahl der verwendeten Kennzahlen erfolgt objektiv, während die Festlegung des Gütekriteriums subjektiv erfolgt.[552] Die subjektiven Einflüsse können bei der Auswahl der Kennzahlen aus den jeweiligen Kennzahlenklassen nicht vollständig vermieden werden. Sie können jedoch durch das beschriebene Vorgehen vermindert werden.

Als Kriterium wird in dieser Analyse die bereits in Abschnitt 342 beschriebene **Devianz** verwendet. Unter Berücksichtigung der Korrelationen bzw. der Größen der Kennzahlenklassen sind (3*6*2*6*1*4*1=) 864 Modelle pro Modellklasse zu schätzen, wobei letztendlich das Modell verwendet wird, welches die geringste Devianz aufweist.

Im Hinblick auf den Vergleich der Modellgüten in Kapitel 6 muss auch entschieden werden, ob die Schätzung der 864 Modelle und die Auswahl des endgültigen Modells auf Basis eines GLM oder eines GAM erfolgt. Die Auswahl einer Modellklasse könnte zu Verzerrungen führen, da die andere Modellklasse benachteiligt würde. Würde bspw. die endgültige Kennzahlenkombination unter Verwendung eines GLM ermittelt, würden tendenziell Variablen mit linearen Einflüssen ausgewählt. Gegebenenfalls würde ein Vorteil der GAM nicht deutlich werden. Demgegenüber könnten bei der Auswahl der Kennzahlenkombination auf Basis eines GAM Variablen mit nichtlinearen Einflüssen ausgewählt werden und das GLM würde deshalb schlechter abschneiden. Würden für beide Modellklassen unterschiedlichen Kennzahlenkombinationen ausgewählt, welche jeweils die Devianz minimieren, wären auch beide Modelle nicht vergleichbar, da sie nicht auf den gleichen Variablen beruhen. Um diese Probleme zu vermeiden, werden **zwei Kennzahlenkombinationen** ermittelt. Die erste Kombination (A) minimiert die Devianz auf Basis eines GLM und als Vergleichsmodell wird ein GAM auf Basis der gleichen Kennzahlen geschätzt und wie folgt bezeichnet:

- GLM.opt (GLM mit Kennzahlenkombination A)

552 Die Kennzahlenauswahl ist indes stabil ggü. der Wahl des Kriteriums. Vgl. Abschnitt 52.

- GAM.ver (GAM mit Kennzahlenkombination A)

Die zweite Kennzahlenkombination (B) beruht auf dem umgekehrten Fall. Es minimiert die Devianz auf Basis eines GAM und als Vergleichsmodell wird ein GLM mit den gleichen Kennzahlen herangezogen:

- GLM.ver (GLM mit Kennzahlenkombination B)
- GAM.opt (GAM mit Kennzahlenkombination B)

Das bedeutet auch, dass der letzte Schritt der Modellentwicklung, die Ermittlung signifikanter Variablen durch Hypothesentests, und die folgende Interpretation der Modellparameter separat für beide Kennzahlenkombinationen erfolgt.[553]

52 Ergebnisse der Modellschätzungen

Variablenauswahl

Bei allen geschätzten Modellen werden die metrischen Variablen auch in dieser **Ausgangsskalierung** verwendet. Zur Modellierung des Effekts der metrischen Variablen in den GAM werden **P-Splines** basierend auf einer B-Spline-Basis verwendet. Die einzelnen Basisfunktionen haben den Grad $g = 3$. Außerdem werden 13 Knoten verwendet, welche äquidistant angeordnet sind.[554] Der Glättungsparameter wird jeweils durch das GCV-Kriterium geschätzt.[555] Erste Modellschätzungen haben gezeigt, dass die Verwendung einer größeren Knotenanzahl mit dem jeweiligen GCV-basierten Glättungsparameter in der vorliegenden Untersuchung nicht sinnvoll ist. Wie im Folgenden gezeigt wird, lassen sich die Einflüsse in Regimes unterteilen, welche auch durch diese relativ geringe Knotenanzahl abgebildet werden können. Eine größere Knotenzahl würde zu volatilen Schätzungen an den Randbe-

553 Zur Vereinfachung werden die Modelle der Abschnitte 53 und 54 ebenso bezeichnet. Sie stellen eine Vereinfachung dar (Abschnitt 53) oder beruhen auf einem Boosting-Verfahren (Abschnitt 54). Allerdings werden die gleichen Kennzahlenkombinationen verwendeten. Die Beurteilung der Modellgüten in Kapitel 6 bezieht sich wiederum auf die Ausgangsmodelle des Abschnitts 52.

554 Dabei liegen als technische Voraussetzung der B-Spline-Basis 6 ($= g * 2$) Knoten außerhalb des Wertebereichs der jeweiligen Kennzahl. Vgl. FAHRMEIR, L./KNEIB, T./LANG, S., Regression, S. 306.

555 Vgl. zu den theoretischen Grundlagen Abschnitt 33.

reichen führen, da dort die Intervalle wegen der äquidistanten Knotenanordnung weniger Beobachtungen enthalten.

Die Informationen, welche nur in kategorialer Form zur Verfügung stehen (Branche/Haftung der Rechtsform) werden als **Dummy-Variablen** in den Modellen berücksichtigt. Jedes Modell wird mit einer **Konstanten** geschätzt. Bei den kategorialen Variablen werden jeweils die meistbesetzten Kategorien als Referenzkategorien gewählt (Branche=Handel, Haftung=0). Die Einflüsse der Referenzkategorien sind in der Konstanten enthalten.

Die Parameter der vier geschätzten Modelle sind in Tab. 5.2 dargestellt. Als erster Parameter sind für die kategorialen Variablen sowie für den Achsenabschnitt die Regressionskoeffizienten angegeben. In der darunterstehenden Klammer ist der jeweilige Standardfehler des Koeffizienten angegeben. Die Sternchen hinter einem Koeffizienten beschreiben das Signifikanzniveau auf Basis des LR-Tests. Gleiches gilt auch für die Parameter der metrischen Kennzahlen der GLM. Bei den GAM können für die metrischen Variablen keine Parameter angegeben werden, da alle metrischen Variablen nichtparametrisch in das Modell einfließen. Somit können auch keine Standardfehler bestimmt werden. Stattdessen werden bei den metrischen Variablen der GAM die äquivalenten Freiheitsgrade df_f angegeben. Diese drücken die Variabilität des entsprechenden geschätzten Splines aus.[556] Der Wert 1 entspricht einer linearen Funktion. Mit einem steigenden Wert steigt die Nichtlinearität. Die Sternchen hinter den äquivalenten Freiheitsgraden beruhen auch auf dem LR-Test und sind äquivalent zu interpretieren.[557]

Basierend auf der Devianzminimierung werden bei beiden Kennzahlenkombinationen jeweils die Kennzahlen der Finanzanalyse (KNZ1.), der Vermögensanalyse (KNZ2.) und der Erfolgsanalyse (KNZ4.) ausgewählt, welche den **größtmöglichen Aufbereitungsgrad** hinsichtlich

556 Vgl. Abschnitt 334.2.

557 Die Signifikanzniveaus bzgl. der kategorialen Variablen sowie der metrischen Variablen innerhalb der GLM werden mit dem alternativen Wald-Test überprüft. Vgl. zu diesem Test WALD, A., Wald-Test. Bzgl. der Splines werden die Signifikanzen anhand des in WOOD, S. N., Generalized additive models, S. 194–195, beschrieben Tests überprüft. Die Ergebnisse dieser Tests stimmen mit den Ergebnissen des LR-Tests überein. Außerdem wird eine schrittweise Variablenselektion durchgeführt, bei der in jedem Schritt die Variable eliminiert wird, deren Einfluss am wenigsten signifikant (oberhalb des 5%-Niveaus) ist. Nach dieser Selektion sind nur noch die Variablen in den Modellen enthalten, welche bereits in den Ausgangsmodellen aus Tab. 5.2 signifikant sind.

Kategoriale Variablen	GLM.opt Koef. (SF)	GLM.ver Koef. (SF)	GAM.opt Koef. (SF)	GAM.ver Koef. (SF)
Konstante	−2,08***	−2,06***	−2,40***	−2,40***
	(0,10)	(0,10)	(0,10)	(0,10)
Verarbeitendes Gewerbe	0,34**	0,35**	0,30*	0,32**
	(0,13)	(0,13)	(0,13)	(0,13)
Baugewerbe	0,72***	0,72***	0,75***	0,75***
	(0,12)	(0,12)	(0,13)	(0,13)
Grundstückswesen	−0,24	−0,25	−0,31	−0,29
	(0,32)	(0,32)	(0,33)	(0,33)
Verkehrswesen	0,29	0,28	0,36	0,39
	(0,20)	(0,20)	(0,20)	(0,20)
Kommunikation	−1,53**	−1,52**	−1,50**	−1,45***
	(0,60)	(0,60)	(0,60)	(0,60)
Gesundheitswesen	−0,84	−0,84	−0,90	−0,88
	(0,73)	(0,73)	(0,73)	(0,73)
Versorger	−0,83	−0,84	−0,89	−0,86
	(0,52)	(0,52)	(0,53)	(0,53)
Gastgewerbe	−0,27	−0,28	−0,05	−0,01
	(0,65)	(0,65)	(0,64)	(0,64)
Sonstige	0,05	0,05	0,10	0,08
	(0,16)	(0,16)	(0,16)	(0,16)
Haftung=1	−0,74***	−0,73***	−0,75***	−0,76***
	(0,16)	(0,16)	(0,16)	(0,16)
Metrische Variablen	GLM.opt Koef. (SF)	GLM.ver Koef. (SF)	GAM.opt df_f	GAM.ver df_f
KNZ1c	−0,16***	−0,16***	5,01***	5,00***
	(0,02)	(0,02)		
KNZ2e	−0,18***	–	–	1,00***
	(0,06)			
KNZ2f	–	−0,16**	2,40**	–
		(0,05)		
KNZ3a	0,06	0,06	1,00	1,00
	(0,04)	(0,04)		
KNZ4f	−0,24***	−0,24***	2,19***	2,14***
	(0,04)	(0,04)		
KNZ5a	0,00	0,00	1,00	1,00
	(0,01)	(0,01)		
KNZ6b	−0,07***	−0,07***	3,01***	3,00***
	(0,02)	(0,02)		
KNZ7a	−0,40***	−0,41***	3,59***	3,58***
	(0,07)	(0,07)		

*** p-value<0,001, ** p-value<0,01, * p-value<0,05 (LR-Test)

Tab. 5.2: Modellschätzungen

der Bilanzpolitik und des wirtschaftlichen Charakters der Jahresabschlusspositionen aufweisen.[558] Bei der Umschlagdauer kann dies nicht gezeigt werden, indes hat die Umschlagdauer in keinem der Modelle einen signifikanten Einfluss.

Bezüglich der **Vermögensanalyse** wird bei der Kennzahlenkombination A (Gütemaximierung des GLM) die Anlagenintensität KNZ2e und bei der Kennzahlenkombination B (Gütemaximierung des GAM) die Sachanlagenintensität KNZ2f ausgewählt. Die äquivalenten Freiheitsgrade zeigen, dass dabei die Kennzahl KNZ2f nichtlinearer wirkt (df_f=2,40 für KNZ2f ggü. df_f=1,00 für KNZ2e). Somit trägt zwar die Sachanlagenintensität KNZ2f zu einer geringeren Devianz bei, falls sie nichtlinear modelliert wird, das GLM kann diesen Zusammenhang allerdings nicht abbilden. Die Kennzahl KNZ2e bewirkt somit nur unter der Restriktion der linearen Funktion eine geringere Devianz. Dieser Zusammenhang sollte indes nicht überschätzt werden: Auch auf Basis des GLM weist die Kennzahlenkombination B zumindest die zweitgeringste Devianz auf. Ansonsten enthalten beide Kennzahlenkombinationen die **gleichen Kennzahlen**. Die Gesamtkapitalrendite (mit der Cash Flow-Approximation im Zähler) wird dabei der Umsatzrendite vorgezogen. Als Größenproxy wird jeweils der Umsatz anstelle der (korrigierten) Bilanzsumme ausgewählt.

Die Kennzahlenauswahl wird anhand der Gütemaximierung weiterer Gütekriterien auf Basis der Likelihood und der Klassifikation überprüft. Die beschriebenen Ergebnisse sind hinsichtlich der ausgewählten Kennzahlenkombinationen stabil gegenüber der **Wahl des Gütekriteriums**.[559]

Koeffizientenschätzer und Signifikanzen

Bei allen vier betrachteten Modellen nimmt die Konstante einen signifikant negativen Wert an. Hierüber wird abgebildet, dass der Anteil insolventer Unternehmen in den Daten deutlich unter 50% liegt. Dabei bildet die Konstante nicht den Anteil der Gesamtdaten ab, sondern enthält das gemeinsame Prädiktorniveau für die **Referenzkategorien Handel** und **Haftung=0**. Da die Koeffizienten der übrigen Kategorien als Niveauunterschied zu der Konstanten

558 Bzgl. der Aufbereitungen vgl. Abschnitt 432.2. Dieser Zusammenhang spiegelt die Bedeutung der Bildung intelligenter Kennzahlen wider. Vgl. ebenso BAETGE, J./MANOLOPOLOUS, P. R., Bilanz-Ratings, S. 362.

559 Verwendet werden das Akaike-Informationskriterium sowie die AUC (engl.: *area under curve*). Vgl. zu diesen Kriterien die Abschnitte 611 u. 621. Einzig bei der AUC weist die Kennzahlenkombination B nur den dritthöchsten Wert auf.

bzw. der Referenzkategorien interpretiert werden können, liegt das geschätzte Niveau der Kategorie **Haftung=1** signifikant niedriger. Somit wird die Hypothese untermauert, dass haftungsunbeschränkte Gesellschaften c. p. eine niedrigere Insolvenzwahrscheinlichkeit aufweisen.

Bezüglich der **Branchen** sind in allen Modellen signifikant positive Koeffizienten für das verarbeitende Gewerbe und das Baugewerbe vorhanden. Die Branchen weisen somit c. p. eine höhere geschätzte Insolvenzwahrscheinlichkeit als der Handel auf. Demgegenüber weisen Unternehmen der Kommunikationsbranche c. p. bei allen Modellen ein signifikant geringeres Bonitätsrisiko als Handelsunternehmen auf.

Bezüglich der **metrischen Variablen** werden bei den GLM die globalen Arbeitshypothesen durch die multivariate Analyse gestützt. Keine Variable mit der globalen Arbeitshypothese I<S (I>S) weist einen signifikant positiven (negativen) Koeffizienten auf. Die Koeffizienten der korrigierten Eigenkapitalquote (KNZ1c), der korrigierten Gesamtkapitalrendite (KNZ4f), des Umsatzes (KNZ6b) und des Unternehmensalters (KNZ7a) sind signifikant negativ. Eine Erhöhung dieser Variablen führt c. p. zu einer niedrigeren geschätzten Insolvenzwahrscheinlichkeit. Das gilt ebenfalls bzgl. der korrigierten (Sach-)Anlagenintensität, wobei hierfür keine globale Arbeitshypothese aufgestellt wurde.[560] Keine signifikanten Effekte sind bzgl. der Umschlagdauer der Forderungen (KNZ3a) und des Verhältnisses von Materialaufwand zu Personalaufwand (KNZ5a) zu verzeichnen. Bei der Kennzahl KNZ5a war dies auch schon bei der univariaten Analyse der Fall. Die univariaten Tests der Umschlagdauer waren hingegen hochsignifikant. Die Kennzahl verliert erst im multivariaten Kontext den Einfluss auf die Insolvenzwahrscheinlichkeit. Bezüglich der Signifikanzniveaus der metrischen Variablen entsprechen die Schätzungen der GLM den Schätzungen der GAM.

Splineverläufe

Hinsichtlich der **äquivalenten Freiheitsgrade** der Splines sind deutliche Unterschiede zwischen den Variablen vorhanden. Die korrigierte Eigenkapitalquote (KNZ1c: df_f=5,00 bzw. df_f=5,01) weist bspw. mehr äquivalente Freiheitsgrade auf als die korrigierte (Sach-)Anlagenintensität (KNZ2e: df_f=1,00 bzw. KNZ2f: df_f=2,40). Somit sind die Splineverläufe der erstge-

560 Vgl. Abschnitt 432.

nannten Variable nichtlinearer. Die Anlagenintensität im Modell GAM.ver verläuft hingegen annähernd linear.

Die geschätzten Verläufe der signifikanten Splines sind in den Abb. 5.1 u. 5.2 dargestellt. Die schwarze Linie bildet jeweils den geschätzten Spline ab. Auf der Abszisse ist der Wert der jeweiligen unabhängigen Variable abgetragen. Der Wert der Ordinate steht für den entsprechenden Funktionswert, also den Effekt auf den Prädiktor. Wie bereits beschrieben, stehen dabei ein **hoher Funktionswert** für eine **hohe Insolvenzwahrscheinlichkeit**, jedoch lässt sich hieraus nicht die genaue Insolvenzwahrscheinlichkeit erkennen. Zusätzlich ist das 95%-Konfidenzband grau hinterlegt. Darüber hinaus wird zu jeder Kennzahl die entsprechende lineare Funktion der Modelle GLM.opt bzw. GLM.ver als rote Linie und die jeweilige empirische Dichtefunktion[561] als gestrichelte rote Linie dargestellt. Um die Verläufe der linearen Funktionen und der Splines besser vergleichen zu können, werden die linearen Funktionen analog zu den Splines um den Wert 0 zentriert.[562]

Die Splineverläufe der **Eigenkapitalquote** KNZ1c sind in beiden Modellen nahezu identisch. Die Splines verlaufen um den Wert 0 nahezu linear fallend. Eine Erhöhung der korrigierten Eigenkapitalquote wirkt sich in diesem Bereich negativ auf die geschätzte Insolvenzwahrscheinlichkeit aus. Im Bereich nah am Mittelwert sind die meisten Beobachtungen vorhanden. Das Konfidenzband wird eng. An den Randbereichen mit weniger Beobachtungen wird die Schätzung unsicherer und die entsprechenden Bänder werden relativ weit. In diesen Randbereichen nimmt die Steigung des jeweiligen Splines ab. Im unteren (ab ca. KNZ1c=−2) und oberen Randbereich (ab ca. KNZ1c=2,5) kann jeweils ein nahezu konstanter Verlauf angenommen werden, der innerhalb des Konfidenzbands liegt.

Die dargestellten Zusammenhänge entsprechen nicht vollständig den **lokalen Arbeitshypothesen** der Eigenkapitalquote aus Abschnitt 432. Im oberen Kennzahlenbereich stehen sie allerdings im Einklang mit den empirischen Ergebnissen. Für **positive Kennzahlenwerte** kann eine Steigungsabnahme dadurch begründet werden, dass bei stark überdurchschnittlichen Eigenkapitalquoten die Wirkung des zusätzlichen Haftungspotenzials nachlässt und

561 Die Dichtefunktionen weisen darauf hin, dass die verwendeten Kennzahlen nicht normalverteilt sind. Diese Erkenntnis steht im Einklang mit dem bisherigen Forschungsstand. Vgl. z. B. DEAKIN, E. B., Distributions of financial accounting ratios, S. 92–95.

562 Vgl. Abschnitt 34.

gleichzeitig die geringe Ausnutzung des Leverage-Effekts zu finanziellen Einbußen führt.[563] Dabei muss beachtet werden, dass in diesem Kennzahlenbereich auch fallende Splines mit abnehmender Steigung innerhalb des Konfidenzbands liegen würden. Somit kann nicht gesagt werden, dass die Vorteile einer hohen Eigenkapitalquote vollständig egalisiert werden. Die Vorteile werden allerdings zumindest abgeschwächt. Im **negativen Bereich** kann die Abweichung von der Arbeitshypothese (vollständig linearer Verlauf) durch den Einsatz entsprechender Gegenmaßnahmen begründet werden. Mit einer fallenden Eigenkapitalquote steigt i. d. R. der Einfluss der Fremdkapitalgeber, welche wiederum unterstützend einer Insolvenz, z. B. durch die Zuführung weiteren Kapitals oder durch die Unterstützung bei einer Sanierung, entgegenwirken könnten. Eine Interpretation ist auch über die Überschuldung als Insolvenztatbestand bei haftungsbeschränkten Gesellschaften möglich. Dabei müssen sich das Eigenkapital der Überschuldungsbilanz und das handelsrechtliche Eigenkapital nicht entsprechen. Das handelsrechtliche Eigenkapital ist indes ein Hinweis auf das Eigenkapital der Überschuldungsbilanz. Der Insolvenztatbestand ist u. a. bei einem negativen Eigenkapital gegeben.[564] Die Höhe der negativen Eigenkapitalquote ist dabei unerheblich. Deshalb könnte die Funktion bis zu einem Schwellenwert ansteigen und ab diesem Schwellenwert hätte eine weitere Verschlechterung keinen zusätzlichen Einfluss.[565]

Unabhängig von den Gründen der beschriebenen Effekte, kann ein lineares Modell diese nicht vollständig abbilden. Die **lineare Funktion** verläuft um den Wert 0 deutlich flacher als der geschätzte Spline, d. h. die marginalen Effekte werden zu schwach abgebildet. Die Verbesserung der Eigenkapitalquote um den Branchenmedian hat einen stärkeren Effekt als durch das lineare Modell dargestellt. Daher wird das Risiko durch die lineare Funktion für Kennzahlenwerte knapp über (unter) 0 überschätzt (unterschätzt). Für sehr niedrige Kennzahlenwerte liegt die lineare Funktion deutlich über dem Spline, wobei sie noch knapp innerhalb des Konfidenzbands liegt.

563 Vgl. zum Leverage-Effekt bzw. zu der Voraussetzung für einen positiven Effekt auf die Eigenkapitalrendite, nämlich dass die Gesamtkapitalrendite den gegebenen Fremdkapitalzins übersteigen muss, BAETGE, J./KIRSCH, H.-J./THIELE, S., Übungsbuch Bilanzen und Bilanzanalyse, S. 415–416. Die Autoren weisen darauf hin, dass weder zu hohe noch zu niedrige Eigenkapitalquoten positiv zu beurteilen sind. Vgl. ebd.

564 Vgl. Abschnitt 42.

565 Bei den letztgenannten Interpretationen müssen indes auch mögliche Effekte durch die geänderte Insolvenzordnung berücksichtigt werden. Da ca. 78% der Beobachtungen der Lernstichprobe mit einer negativen handelsrechtlichen Eigenkapitalquote von der neuen Insolvenzdefinition betroffen sein könnten, kann ein Einfluss nicht vollständig ausgeschlossen werden. In Abschnitt 441 wurde bereits begründet, warum kein starker Einfluss angenommen wird. Dennoch sollten die Ergebnisse hinsichtlich einer geringen Eigenkapitalquote durch nachfolgende Arbeiten bestätigt werden.

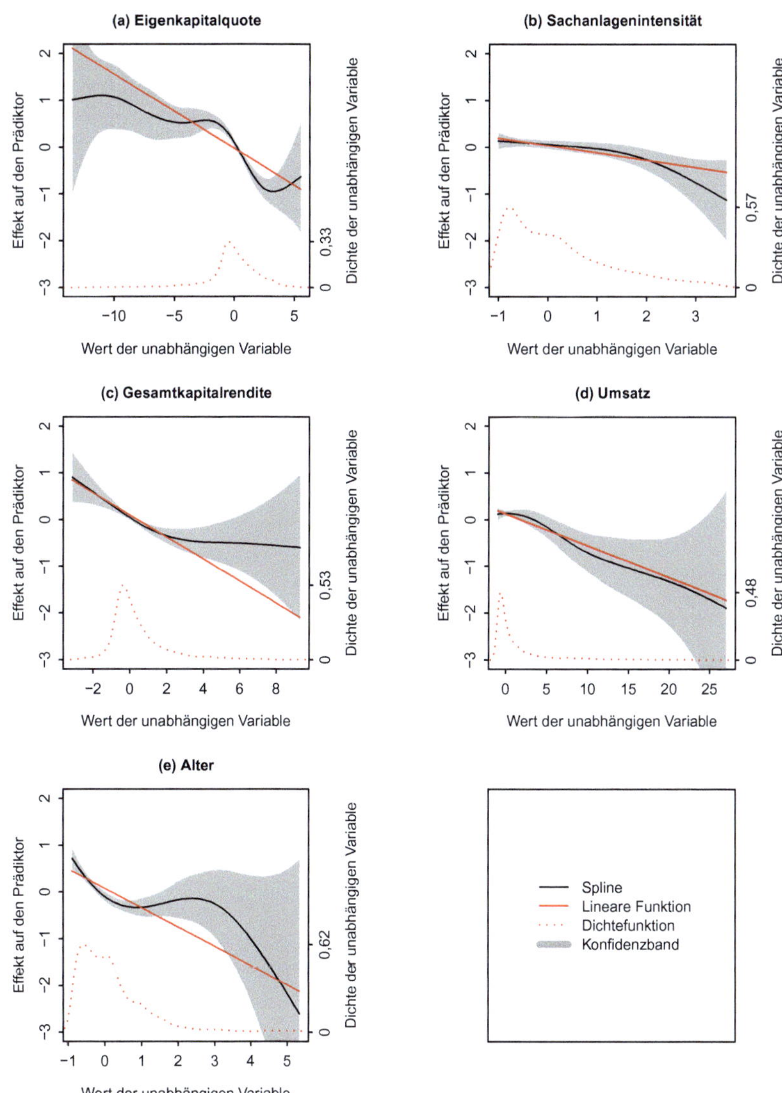

Abb. 5.1: Splineverläufe des Modells GAM.opt

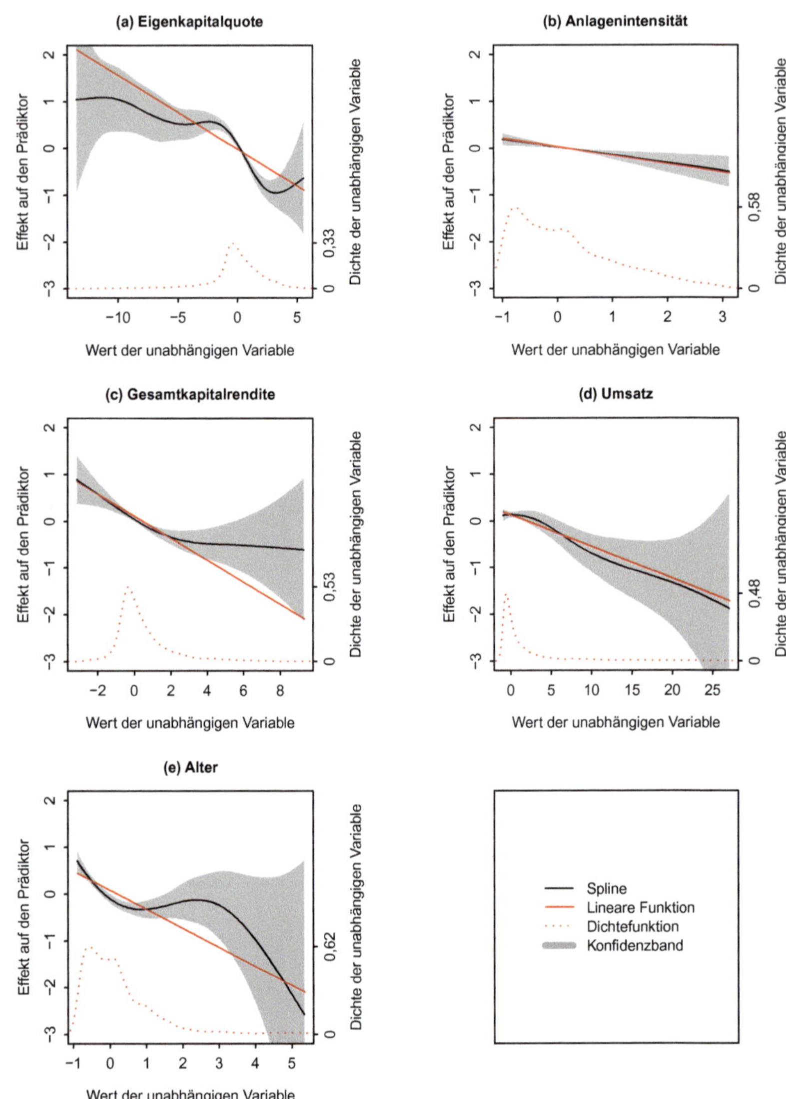

Abb. 5.2: Splineverläufe des Modells GAM.ver

Der Spline der **Anlagenintensität** KNZ2e im Modell GAM.ver verläuft annähernd linear fallend. Mit steigender Anlagenintensität sinkt die geschätzte Insolvenzwahrscheinlichkeit. Der Spline der **Sachanlagenintensität** KNZ2fe im Modell GAM.opt verläuft ebenfalls fallend, wobei die Steigung bis zu einem Kennzahlenwert von ca. 1,8 gering ist. Erst für höhere Werte steigt die Sensitivität. Diese Ergebnisse widersprechen den getroffenen Arbeitshypothesen. Die Splineverläufe suggerieren eine weitere Risikoabnahme für hohe Werte und nicht, wie in Abschnitt 432 angenommen, eine Risikozunahme für große Abweichungen vom Branchenmittelwert.

Ein ähnlicher Splineverlauf lässt sich auch beim **Umsatz** feststellen. Bis zu einer bestimmten Grenze, die beim Umsatz ca. beim Branchenmedian liegt, hat die Variable nur einen geringen (steigenden) Einfluss. Erst für größere Unternehmen sinkt die Insolvenzwahrscheinlichkeit deutlich. Diese Beobachtung stimmt mit den getroffenen Arbeitshypothesen überein. Bezüglich der Vermögensstrukturkennzahlen und des Umsatzes schneiden die linearen Funktionen indes nicht das Konfidenzband.

Die geschätzten Splines der **Gesamtkapitalrentabilität** (KNZ4f) verlaufen fallend. Ab einem Kennzahlenwert von ca. 1,5 nimmt indes die Steigung ab und die Splines laufen annähernd linear aus. In diesem Bereich hat eine weitere Kennzahlenerhöhung kaum einen weiteren Effekt. Dies steht ebenfalls im Einklang mit den aufgestellten lokalen Arbeitshypothesen. Allerdings würde sich auch eine vollständig fallende Funktion noch innerhalb des Konfidenzbands befinden, ohne eine Steigungsänderung lässt sich das allerdings nicht abbilden. Das lineare Modell unterschätzt deshalb c. p. die Insolvenzwahrscheinlichkeiten für hohe Gesamtkapitalrentabilitäten.

Bzgl. des **Unternehmensalters** lassen sich ebenfalls fallende Splines bis zu einem Wert von ca. 0,5 darstellen. Anschließend ist der Effekt wiederum annähernd konstant, sodass eine weitere Alterszunahme, ggf. ab einer Marktetablierung, nur noch einen geringen Einfluss auf die Insolvenzwahrscheinlichkeit hat. Diese Interpretation müsste durch die abgebildeten Splineverläufe für ältere Unternehmen (KNZ7a>3) relativiert werden. Die Splines verlaufen für hohe Werte stark fallend. Der beschriebene Zusammenhang resultiert indes nur durch wenige Randbeobachtungen. Das Konfidenzband wird weit und bei alternativen Stichprobenziehungen laufen die Splines linear aus. Ein Risikoanstieg in den jungen Unternehmensjahren kann nicht gezeigt werden. Eine Verzerrung durch die lineare Schätzung geht in unterschiedliche Richtungen: Für kleine und große Werte unterschätzt das GLM c. p. das Risiko, für Werte knapp oberhalb des Branchenmedians überschätzt das GLM das Risiko.

53 Darstellung mit trunkierten Potenzen ersten Grades

Bei den geschätzten Splineverläufen des Abschnitts 52 zeigte sich, dass die Splines der Kennzahlen KNZ1c, KNZ4f und KNZ7a in den mittleren Bereichen weitestgehend linear verlaufen. Für höhere Kennzahlenwerte nimmt die Steigung der jeweiligen Funktion ab. Allerdings würden auch in diesen Kennzahlenbereichen lineare Funktionen mit einer geringen Steigung innerhalb der jeweiligen Konfidenzbänder liegen. Das gilt auch für niedrige Werte der Eigenkapitalquote KNZ1c. Bei der Kennzahl KNZ6b kann ein fallender Verlauf erst erkannt werden, wenn der erzielte Umsatz über dem Branchendurchschnitt liegt (KNZ6b≈1). Zusätzlich verändert sich im Modell GAM.opt die Steigung des Splines der Anlagenintensität KNZ2f dahingehend, dass für höhere Kennzahlenwerte die Effekte stärker werden. Aber auch in diesen Bereichen würden lineare Funktionen das entsprechende Konfidenzband nicht schneiden. Die gewonnenen Erkenntnisse deuten darauf hin, dass für die betrachteten **Splines ein Grad g = 1** ausreicht und nur **ein bzw. zwei Knoten** notwendig sind.

Die Darstellung eines solchen vergleichsweise einfachen Splines wurde einleitend bereits in Abschnitt 332 vorgestellt und führte zu folgender Gleichung:

$$f(x_i) = \gamma_0 + \gamma_1 x_i + \gamma_3 (x_i - \kappa_2)_+$$

mit:

$$(x_i - \kappa_2)_+ = \begin{cases} (x_i - \kappa_2) & x_i \geq \kappa_2 \\ 0 & \text{sonst} \end{cases}$$

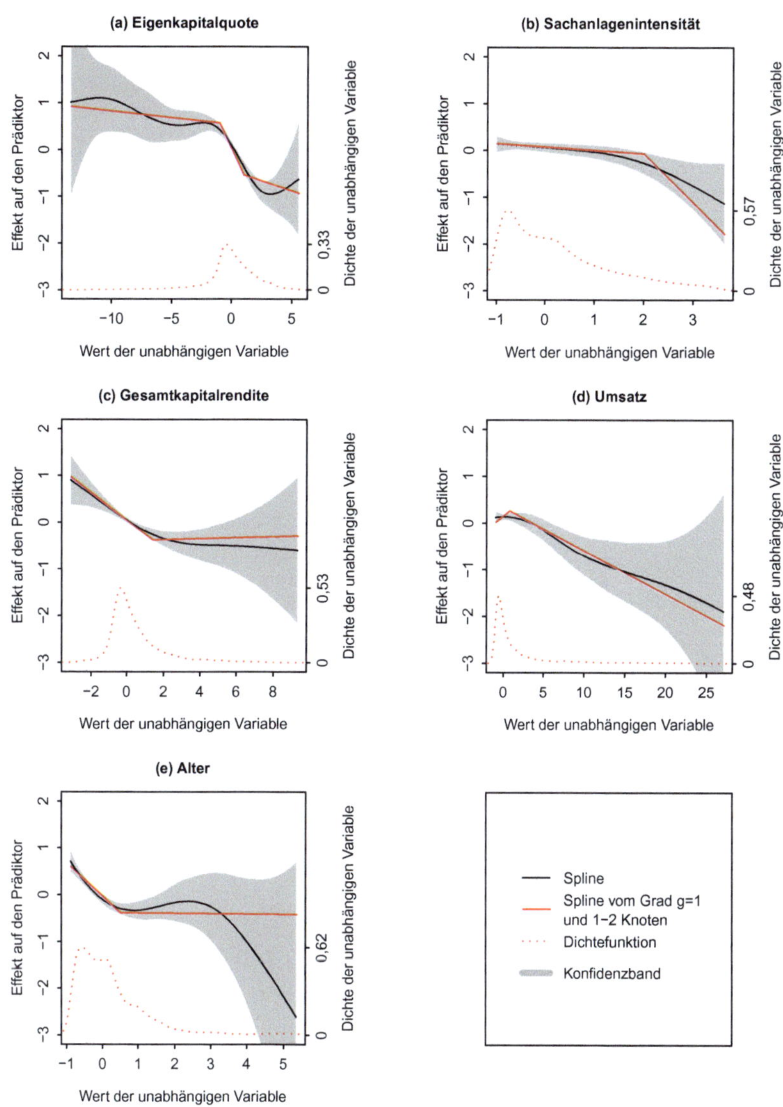

Abb. 5.3: Trunkierte Potenzen vom Grad g = 1 (Modell GAM.opt)

Die Form wird nun verwendet, um zu überprüfen, wie stark sich die Steigung für niedrige bzw. hohe Kennzahlenwerte ändert. Für jeden Spline der Kennzahlen KNZ1c, KNZ2f, KNZ4f, KNZ6b und KNZ7a wird somit global ein linearer Verlauf angenommen, dessen Steigung sich an einem bzw. zwei Knoten (bei der Kennzahl KNZ1c) ändert.[566]

Als Knoten wird jeweils der Kennzahlenwert genommen, welcher die **Devianz** des Modells **optimiert**. Zur Vereinfachung werden auf Basis der Splineverläufe des Abschnitts 52 Intervalle für mögliche Knoten bestimmt und für jedes Intervall jeweils 1.000 mögliche Knoten getestet. Innerhalb dieser Bereiche sind die möglichen Knoten äquidistant verteilt. Da bei gleichzeitiger Betrachtung aller Knoten 1.000^5 bzw. 1.000^6 Spezifikationen geschätzt werden müssten, wird das Vorgehen weiter vereinfacht: Jeder Knoten wird einzeln bestimmt, während alle anderen Kennzahlen vollständig linear in das Modell einfließen. Ebenso bleibt bei der Knotenbestimmung von KNZ1c der jeweils andere Knoten dieser Kennzahl unbeachtet. Die Intervalle und die ausgewählten Knoten sind in der Tab. 5.3 aufgeführt. Die Kennzahlen KNZ2e (nur im Modell GAM.ver), KNZ3a und KNZ5a werden linear berücksichtigt. Außerdem werden die Branche und die Haftungsbeschränkung in die Modelle integriert. In den Abb. 5.3 sowie 5.4 sind die geschätzten Splines auf Basis des in diesem Abschnitt beschriebenen Vorgehens dargestellt (rote Linien).[567] Zusätzlich sind die geschätzten Splines aus Abschnitt 52 abgebildet. Auf eine Darstellung der Variablen, welche bereits in Abschnitt 52 keinen signifikanten Einfluss aufwiesen, wird verzichtet.

	GAM.opt		GAM.ver	
Kennzahl	Intervall	Knoten	Intervall	Knoten
KNZ1a	[−1; −3]	−1,00	[−1; −3]	−1,00
KNZ1a	[1; 3]	1,00	[1; 3]	1,00
KNZ2f	[1,5; 2]	2,00	–	–
KNZ4f	[1; 3]	1,41	[1; 3]	1,41
KNZ6b	[0,1; 4]	0,75	[0,1; 4]	0,75
KNZ7a	[0,5; 1,5]	0,50	[0,5; 1,5]	0,50

Tab. 5.3: Devianzoptimierende Knoten

566 Für die Kennzahl KNZ7a wird kein weiterer Knoten bei ca. 3 gesetzt, da anschließend das Konfidenzband sehr weit wird und der stark fallende Verlauf aus der Stichprobe resultiert. Der o. g. Knoten wurde allerdings ebenfalls getestet. Die Steigungsänderung war erwartungsgemäß deutlich insignifikant (p-value>0,95). Die übrigen Koeffizienten wurden dadurch kaum beeinflusst.

567 Für die Koeffizientenschätzer und Signifikanzniveaus siehe Anhang.

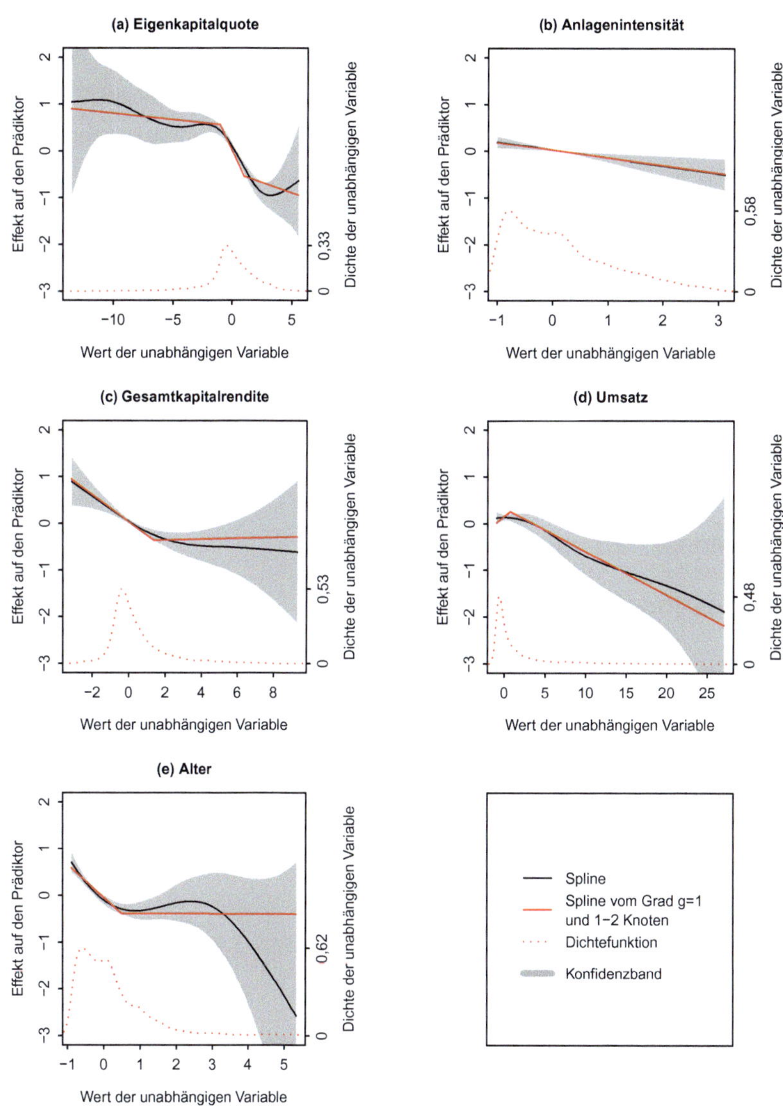

Abb. 5.4: Trunkierte Potenzen vom Grad g = 1 (Modell GAM.ver)

In beiden Modellen existieren für einige der verwendeten Kennzahlen Schwellenwerte, ab welchen sich eine **Kennzahlenveränderung** nur noch **marginal** auswirkt. Unterhalb des unteren Schwellenwerts weist die Funktion der Eigenkapitalquote KNZ1c im Modell GAM.opt (GAM.ver) nur noch eine Steigung von −0,028 (−0,027) auf. Auch oberhalb des oberen Knotens sinkt die Steigung betragsmäßig deutlich von −0,558 (−0,556) auf −0,086 (−0,087). Die Gesamtkapitalrentabilität KNZ4f hat oberhalb des Knotens ebenso nur noch einen marginalen Effekt bei einer Steigung von 0,010 (0,010). Das gilt auch für das Unternehmensalter KNZ7a bei einer Steigung von −0,006 (0). Für den Umsatz KNZ6b sowie die Sachanlagenintensität KNZ2f im Modell GAM.opt können für kleine Werte keine signifikanten Effekte gezeigt werden. Erst ab hohen Werten wirken sich die Kennzahlen negativ auf die Insolvenzwahrscheinlichkeit aus (Steigung KNZ6b: jeweils −0,093; KNZ2f: −1,046).

54 Splineschätzungen basierend auf Boosting-Algorithmen

Von den in der wissenschaftlichen Literatur erwähnten Vorteilen der Boosting-Verfahren[568], hat für die vorliegende Untersuchung die relative Resistenz gegen eine **Überanpassung an die Daten**[569] die größte Bedeutung. Die relevanten nichtlinearen Zusammenhänge wurden in den vorherigen Abschnitten in den Randbereichen der Kennzahlen identifiziert.[570] In diesen Bereichen sind vergleichsweise wenige Beobachtungen vorhanden, wodurch dort die Gefahr einer Überanpassung groß ist. Deshalb dient dieser Abschnitt zur Überprüfung, ob die Ergebnisse der vorherigen Abschnitte durch das verwendete Schätzverfahren beeinflusst werden.

Zur Robustheitsüberprüfung werden die vier Modelle (GLM.opt, GAM.ver, GLM.ver, GAM.opt) mit den gleichen Variablen mit einem AdaBoost-Algorithmus geschätzt. Dabei wird ein Reduktions-Faktor von 0,1 verwendet.[571] Die **Anzahl der Iterationsschritte** wird auf 100 festgelegt. Die Verwendung von mehr Iterationsschritten (250, 500) wird ebenfalls

568 Vgl. Abschnitt 37.
569 Vgl. FRIEDMAN, J. H./HASTIE, T./TIBSHIRANI, R., Additive logistic regression, S. 338; KAWAKITA, M. U. A., Comparison of AdaBoost and GAM, S. 338–340.
570 Vgl. Abschnitte 52 u. 53.
571 Vgl. Abschnitt 37.

getestet. Aufgrund der Übersichtlichkeit und den grundsätzlich gleichen Aussagen werden in diesem Abschnitt nur die Splines der Modelle mit 100 Iterationsschritten erläutert. Die übrigen Splines werden im Anhang dargestellt.[572]

Wegen der Relevanz für die Fragestellungen dieser Arbeit werden in diesem Abschnitt die Erklärungen außerdem auf die Effekte der metrischen Variablen eingegrenzt. Die **Koeffizienten der kategorialen Variablen** stimmen hinsichtlich der Vorzeichen mit den Ergebnissen des Abschnitts 52 überein.[573] Die geschätzten **Koeffizienten der metrischen Variablen** beider GLM basierend auf dem AdaBoost-Algorithmus entsprechen hinsichtlich ihrer Vorzeichen ebenfalls den getroffenen globalen Arbeitshypothesen und den Ergebnissen aus Abschnitt 52.[574]

Die geschätzten **Splineverläufe** der ausgewählten metrischen Variablen der GAM sind in den Abb. 5.5 und 5.6 dargestellt. Die Splineverläufe führen zu den **äquivalenten Ergebnissen** wie die vorherigen Abschnitte. Für die Gesamtkapitalrentabilität und das Alter ergeben sich fallende Funktionsverläufe in den Bereichen mit vielen Beobachtungen, deren Steigungen in den oberen Randbereichen deutlich abnehmen. Für die Eigenkapitalquote ist in beiden Modellen auch die bereits beschriebene Steigungsabnahme für geringe Werte zu erkennen. Beim Umsatz bewirken kleine Werte ebenfalls kaum einen Effekt. Wie in den vorherigen Abschnitten, tritt ein Effekt erst ab einem bestimmten Schwellenwerts auf. Der gleiche Effekt bei der Sachanlagenintensität und die Steigungsänderungen der Splines der Eigenkapitalquote bei hohen Kennzahlenwerten sind indes nur ansatzweise zu erkennen. Bei mehr Iterationsschritten werden diese beiden Aspekte allerdings deutlicher.[575]

572 Die geschätzten Splines werden bei mehr Iterationsschritten geringfügig volatiler, unterschieden sich allerdings hinsichtlich der grundsätzlichen Aussagen nicht von den Modellen mit 100 Iterationsschritten. Allerdings werden bei einzelnen Iterationsschritten ebenfalls die Kennzahlen KNZ3a und KNZ5a ausgewählt. Da sie indes durch den Algorithmus selten ausgewählt werden, bleibt ihr Einfluss weitgehend konstant und sie sind kaum interpretierbar.

573 Siehe Anhang.

574 Zusätzlich wird bei 250 und 500 Iterationen die Variable KNZ3a ausgewählt. Ihr positiver Koeffizient untermauert ebenfalls die getroffene Arbeitshypothese.

575 Siehe Anhang.

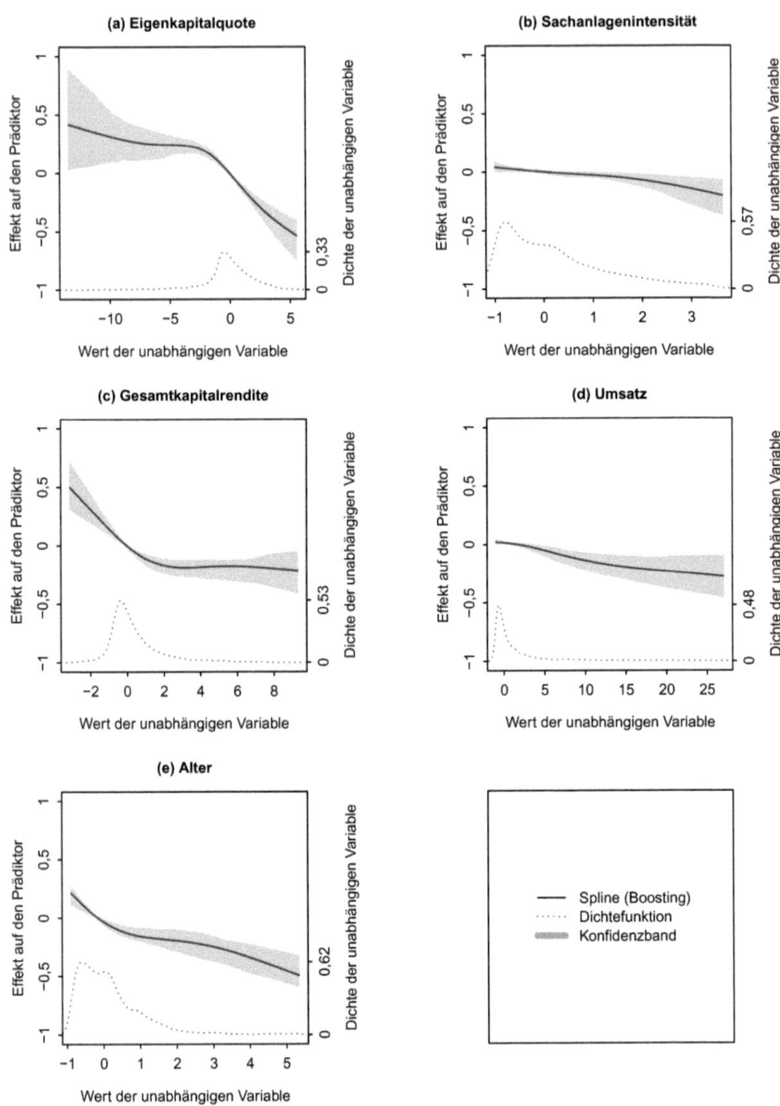

Abb. 5.5: Splineverläufe des Modells GAM.opt auf Basis des AdaBoost-Algorithmus

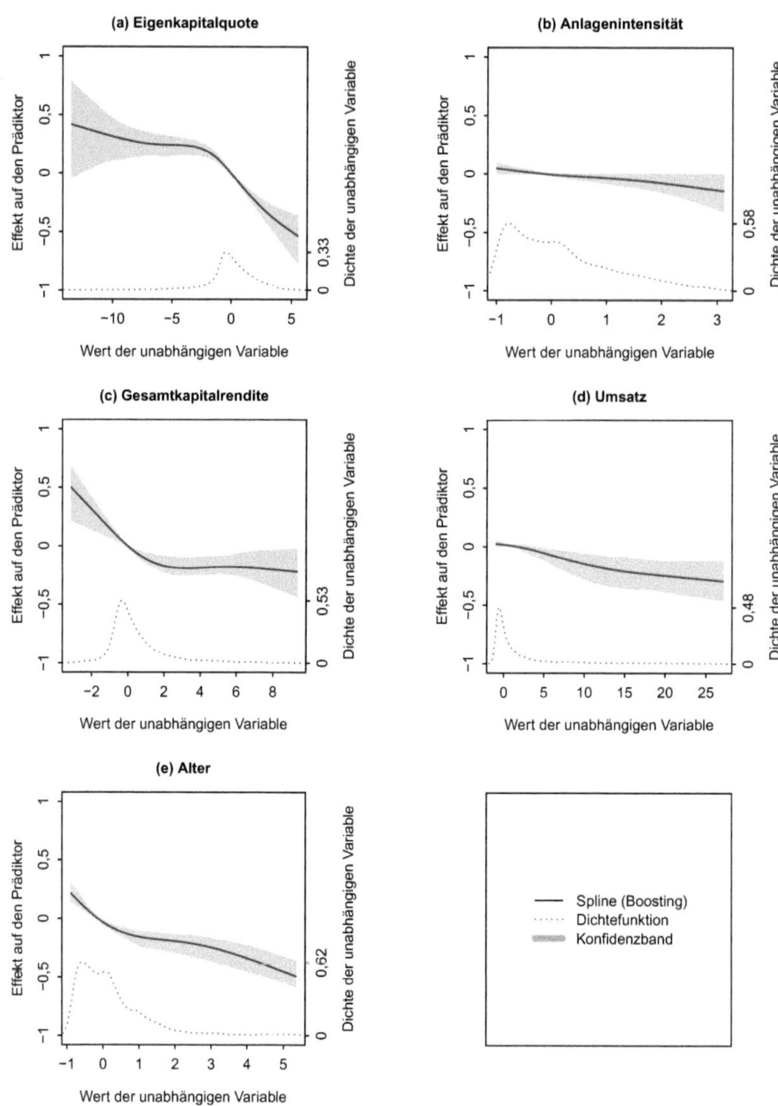

Abb. 5.6: Splineverläufe des Modells GAM.ver auf Basis des AdaBoost-Algorithmus

55 Kapitelzusammenfassung

Das vorangegangene Kapitel diente der Beantwortung der ersten Fragestellung dieser Arbeit. Aufbauend auf der Darstellung der Modellschätzungen der GLM und GAM sollte analysiert werden, inwieweit die verwendeten Kennzahlen nichtlinear auf den Prädiktor im Zuge der Insolvenzprognose wirken. Vorgelagert ergeben sich die folgenden Erkenntnisse:

- Hinsichtlich der Branchenzugehörigkeit weisen in allen vier geschätzten Modellen das verarbeitende Gewerbe und das Baugewerbe c. p. signifikant höhere Insolvenzwahrscheinlichkeiten auf als der Handel als Referenzkategorie. Unternehmen der Kommunikationsbranche weisen jeweils eine signifikant niedrigere Insolvenzwahrscheinlichkeit auf.

- Haftungsunbeschränkte Gesellschaften haben in allen vier Modellen c. p. ein signifikant geringeres Insolvenzrisiko als haftungsbeschränkte Unternehmen.

- Die Eigenkapitalquote, die (Sach-)Anlagenintensität, die Gesamtkapitalrendite, der Umsatz als Größenproxy und das Unternehmensalter haben einen signifikanten Effekt. Bzgl. dieser Variablen wird jeweils die am meisten aufbereitete Version ausgewählt. Für die Umschlagdauer der Forderungen und die Kennzahl zur Aufwandsstrukturanalyse können keine signifikanten Einflüsse nachgewiesen werden.

- Bezüglich der signifikanten Koeffizienten in den GLM verstößt kein Vorzeichen gegen die getroffenen Arbeitshypothesen.

Zur zentralen Fragestellung der nichtlinearen Zusammenhänge lässt sich Folgendes zusammenfassen:

- Für die Eigenkapitalquote, die Sachanlagenintensität und den Umsatz können konvergierende Funktionen bei kleinen Kennzahlenwerten dargestellt werden. Ab einer bestimmten Grenze tritt für kleinere Kennzahlenwerte jeweils nur noch ein geringfügiger Effekt auf die Insolvenzwahrscheinlichkeit auf. Dies gilt hinsichtlich der Eigenkapitalquote, der Gesamtkapitalrendite und des Alters auch für große Kennzahlenwerte.

- Insgesamt kann bzgl. der fünf o. g. metrischen Variablen jeweils im mittleren Bereich mit vielen Beobachtungen ein linearer Funktionsverlauf angenommen werden, dessen Steigung sich ab einem Knoten (bzw. zwei Knoten bei der Eigenkapitalquote) ändert.

- Die Verwendung des AdaBoost-Algorithmus führt weitestgehend zu den gleichen Ergebnissen.

Basierend auf den vorangegangenen Erkenntnissen lässt sich die folgende **Kernaussage des fünften Kapitels** treffen: Nichtlineare Zusammenhänge sind an den Randbereichen der meisten verwendeten Kennzahlen vorhanden, wobei sie hauptsächlich in einer Steigungsveränderung bestehen. Die erste Fragestellung dieser Arbeit kann somit positiv beantwortet werden.

6 Vergleich der Modellgüten

61 Likelihood-basierte Modellbeurteilung

611 Gütekriterien auf Basis der Likelihood

Die in Abschnitt 52 geschätzten Modelle werden in diesem Kapitel hinsichtlich möglicher Unterschiede der Modellgüten und somit der Relevanz der beschriebenen nichtlinearen Zusammenhänge untersucht. In diesem Abschnitt wird mit der Analyse auf Basis der Likelihood begonnen. Die auf dem (kostengewichteten) Klassifikationserfolg basierende Analyse folgt in den Abschnitten 62 und 63. Im ersten Schritt werden jeweils die Gütekriterien theoretisch dargestellt, bevor im zweiten Schritt die Modelle anhand der Kriterien verglichen werden.

In Anlehnung an die Gütekriterien der klassischen linearen Regression können bei der Modellbeurteilung der GLM und GAM sog. **Pseudo-R^2-Statistiken** verwendet werden. Die Pseudo-R^2-Statistiken beruhen dabei nicht auf der Residuenquadratsumme, sondern auf der Likelihood, wobei eine große Likelihood positiv zu beurteilen ist. Die (Log-)Likelihood des geschätzten Modells wird mit der (Log-)Likelihood eines Nullmodells ins Verhältnis gesetzt. Das Nullmodell enthält keine Variablen bzw. besteht nur aus der Regressionskonstanten.[576] In diesem Zusammenhang ist eine gängige Größe das **Pseudo-R^2 nach MCFADDEN**.[577] Es ist definiert als:

$$R^2_{\text{McFadden}} = 1 - \frac{l_v}{l_0} \tag{6.1}$$

576 Vgl. BACKHAUS, K. U. A., Multivariate Analysemethoden, S. 268–269.
577 Vgl. MCFADDEN, D., Conditional logit analysis.

mit:

l_v = Log-Likelihood des geschätzten Modells

l_0 = Log-Likelihood des Nullmodells

McFaddens-R^2 kann Werte zwischen 0 und 1 annehmen. Hohe Werte bedeuten eine gute Modellanpassung. Der Minimalwert 0 würde bedeuten, dass die Log-Likelihood des geschätzten Modells der Log-Likelihood des Nullmodells entspricht. Dann würde der Quotient den Wert 1 und folglich McFaddens-R^2 den Wert 0 annehmen. Die unabhängigen Variablen hätten keine Erklärungskraft. Aufgrund des Aufbaus dieses Pseudo-R^2 ist allerdings der Maximalwert von 1 nur theoretisch bei $l_v = 0$ möglich. Ein alternatives Gütemaß ist das **Pseudo-R^2 nach Cox/Snell.**[578] In dieser Größe wird zusätzlich der Stichprobenumfang n berücksichtigt:

$$R^2_{\text{Cox/Snell}} = 1 - \left[\frac{L_0}{L_v}\right]^{\frac{2}{n}}$$

mit:

L_v = Likelihood des geschätzten Modells

L_0 = Likelihood des Nullmodells

n = Stichprobengröße

Aufgrund der Definition dieser Größe kann der theoretische Maximalwert 1 nicht erreicht werden, was bei der Interpretation berücksichtigt werden muss. Der maximal erreichbare Wert beträgt $R^2_{max} = 1 - (L_0)^{\frac{2}{n}}$.[579] Dieses Problem wird durch das **Pseudo-R^2 nach Nagelkerke** behoben.[580] Hierbei wird die Skalierung des $R^2_{\text{Cox/Snell}}$ verändert:

$$R^2_{\text{Nagelkerke}} = \frac{R^2_{\text{Cox/Snell}}}{R^2_{max}}$$

Durch diese Transformation kann auch der Maximalwert 1 erreicht werden. In der praktischen Anwendung werden allerdings schon Werte ab 0,2 als akzeptabel und Werte ab 0,4 als gut

578 Vgl. Cox, D. R./Snell, E. J. Analysis of binary data, S. 208–209.
579 Zur Herleitung vgl. Maddala, G. S., Limited-dependent and qualitative variables, S. 39–40.
580 Vgl. Nagelkerke, N. J.D., Coefficient of determination.

bewertet. Explizit für das $R^2_{Nagelkerke}$ führen BACKHAUS U. A. Werte ab 0,5 als sehr gute Modellanpassung an.[581]

Diese Pseudo-R^2-Statistiken berücksichtigen allerdings nicht die Komplexität des Modells.[582] Aus diesem Grund können laut BEN-AKIVA/LERMAN die Statistiken um die Parameterzahl des Modells korrigiert werden.[583] Die Komplexität wird alternativ durch die Verwendung des **Akaike-Informationskriteriums** (AIC)[584] oder des **Bayesianischen Infomationskriteriums** (BIC)[585] berücksichtigt. Beide Gütemaße enthalten die Log-Likelihood und einen Strafterm für die Parameterzahl. Sie sind definiert als:[586]

$$\mathrm{AIC} = -2 * \mathrm{l_v} + \mathrm{P} * 2$$

$$\mathrm{BIC} = -2 * \mathrm{l_v} + \mathrm{P} * \ln(\mathrm{n})$$

mit:

$\mathrm{l_v}$ = Log-Likelihood des geschätzten Modells

P = Anzahl der geschätzten Parameter

n = Stichprobengröße

Bei den GLM beschreibt P die Anzahl der verwendeten Variablen zuzüglich der Regressionskonstanten. Bei den GAM muss P durch die Spur der Gesamtglättungsmatrix ermittelt werden.[587] Obwohl der Strafterm bei beiden Größen etwas unterschiedlich ist, ist die Interpretation äquivalent. Da die Log-Likelihood ein negatives Vorzeichen hat und der Strafterm addiert wird, stehen bei beiden Größen niedrige Werte für ein gutes Modell. Die Güte steigt

581 Vgl. BACKHAUS, K. U. A., Multivariate Analysemethoden, S. 276. URBAN beschreibt in Bezug auf das $R^2_{McFadden}$ schon den Wert 0,2 als gute Modellanpassung. Vgl. URBAN, D., Logit-Analyse, S. 62–63.

582 Vgl. HARDIN, J. W./HILBE, J. M., Generalized linear models, S. 61–62.

583 Vgl. BEN-AKIVA, M. E./LERMAN, S. R., Discrete choice analysis. Sie beziehen sich auf das Pseudo-R^2 nach MCFADDEN und ziehen im Zähler aus (6.1) die Parameterzahl ab. Die beiden anderen erläuterten Pseudo-R^2-Statistiken wurden erst später veröffentlicht. Die Idee einer Korrektur um die Parameterzahl lässt sich allerdings übertragen.

584 Vgl. AKAIKE, H., Information theory.

585 Vgl. SCHWARZ, G. E., Estimating the dimension of a model. Aufgrund des Autors wird das Kriterium auch als Schwarz-Kriterium oder Schwarz-Bayes-Kriterium bezeichnet.

586 Teilweise existieren in der Literatur leicht unterschiedliche Definitionen der Größen. Es wird teilweise die Log-Likelihood durch die Devianz ersetzt oder der gesamte Term wird durch die Stichprobengröße geteilt. Vgl. z. B. HARDIN, J. W./HILBE, J. M., Generalized linear models, S. 56–57; HASTIE, T./TIBSHIRANI, R., GAM, S. 158.

587 Vgl. FAHRMEIR, L./KNEIB, T./LANG, S., Regression, S. 477. Für eine alternative Form des Strafterms vgl. ebd.

durch eine zusätzliche Variable nur, wenn die zusätzliche zweifache Log-Likelihood die Erhöhung des Strafterms durch die zusätzlichen Parameter übersteigt. Obwohl die Werte nicht normiert sind, lassen sich so zwei alternative Modelle direkt vergleichen.[588] Daneben existieren weitere Gütekriterien auf Basis der (Log-)Likelihood, z. B. die bereits in Abschnitt 342 beschriebene Devianz und darauf aufbauend das GCV-Kriterium. Eine Übersicht über verschiedene Gütekriterien geben PITT/MYUNG/ZHANG.[589]

612 Beurteilung der Modellschätzungen auf Basis der Likelihood

In Tab. 6.1 sind das R^2 nach NAGELKERKE, das AIC und das BIC für die vier geschätzten Modelle aufgeführt.[590] Das R^2 liegt für alle vier Modelle unter dem von BACKHAUS U. A. definierten Grenzwert von 0,2 für eine akzeptable Modellgüte. Dabei muss beachtet werden, dass die Definition eines **allgemeingültigen Grenzwerts** schwierig ist. Die Modellgüte hängt von mehreren Faktoren ab, z. B. der Definition der abhängigen Variable. Dazu gehören die Definition des Negativkriteriums und der Prognosezeitraum, welche wiederum die Insolvenzrate determinieren.[591] Da sich diesbezügliche Anmerkungen in der Literatur meist im Zusammenhang der Klassifikationsgüte finden, wird hierauf in Abschnitt 622 genauer eingegangen.

Da die vier Modelle auf Basis der gleichen Daten geschätzt wurden, lassen sich allerdings die Verhältnisse der **empirischen Gütemaße** analysieren. Das R^2 der GAM liegt jeweils deutlich über dem Wert des entsprechenden GLM. Die Güte steigt um bis zu ca. 19%. Zu gleichen Ergebnissen kommt eine Gütebeurteilung auf Basis des AIC. Die Güte des jeweiligen GAM (i. S. eines niedrigen Werts) übersteigt die Güte des GLM.[592] Da beim AIC auch die Modellkomplexität berücksichtigt wird, ist die relative Abweichung der Größen deutlich geringer. Die GAM weisen erwartungsgemäß mehr äquivalente Freiheitsgrade auf

588 Vgl. ANDRESS, H.-J./HAGENAARS, J. A./KÜHNEL, S., Analyse von Tabellen und kategorialen Daten, S. 286–287; WOOD, S. N., Generalized additive models, S. 113. Für einen statistischen Test zum Modellvergleich auf Basis des AIC vgl. HOROWITZ, J. L., Comparison of discrete choice models.

589 Vgl. PITT, M. A./MYUNG, I. J./ZHANG,S., Selecting among computational models, S. 475–476.

590 Die Bezeichnungen GAM.opt und GAM.ver beziehen sich auf die Ausgangsmodelle des Abschnitts 52. Dies gilt für das gesamte Kapitel 6.

591 Vgl. Abschnitt 42.

592 Die Differenz ist laut HILBE ausreichend, um das jeweilige GAM zu präferieren. Vgl. HILBE, J. M., Logistic regression models, S. 260.

als die GLM.[593] Dieser Effekt wird noch größer beim BIC, da die Modellkomplexität ab einer Stichprobengröße $n = 8$ beim BIC stärker gewichtet wird als beim AIC ($\ln(8) > 2$). Dies führt dazu, dass auf Basis des BIC die GLM sogar eine geringfügig höhere Güte aufweisen.

Gütemaß	$R^2_{Nagelkerke}$	AIC	BIC
GAM.opt	0,149	3.396,7	3.588,2
GLM.ver	0,125	3.442,3	3.560,3
GAM.ver	0,148	3.397,9	3.579,3
GLM.opt	0,126	3.441,9	3.559,8

Tab. 6.1: Gütemaße auf Basis der Likelihood

62 Modellbeurteilung auf Basis des Klassifikationserfolgs

621 Grundlagen der Klassifikationsbewertung

Die in Abschnitt 611 dargestellten Verfahren dienen zur Bewertung und zum Vergleich verschiedener Modelle auf Basis der Likelihood. Im Zuge der Insolvenzprognose ist allerdings i. d. R. die Bewertung auf Basis der Klassifikation als bedeutsamer anzusehen. Für die Klassenzuordnung wird nach der Schätzung der Insolvenzwahrscheinlichkeit ein **Schwellenwert** τ bestimmt, ab welchem ein jeweiliges Unternehmen der Klasse 1 zugeordnet wird.[594] Auf Basis der folgenden Entscheidungsregel erfolgt die Klassenzuordnung:

$$\hat{y}_i = \begin{cases} 1, \text{falls} & \hat{\pi}_i \geq \tau \\ 0, \text{falls} & \hat{\pi}_i < \tau \end{cases} \tag{6.2}$$

593 Vgl. Abschnitt 52.

594 Die geschätzte Wahrscheinlichkeit ist die Wahrscheinlichkeit, dass das betrachtete Unternehmen der Klasse 1 angehört. Dies entspricht einer Insolvenzwahrscheinlichkeit, falls die Klassen so codiert sind, dass die Klasse 1 eine Insolvenz repräsentiert. Bei der theoretischen Beschreibung der einzelnen Verfahren wird diese Codierung angenommen und nicht weiter auf die unterschiedlichen Codierungsmöglichkeiten (Klasse 0 oder Klasse 1 entspricht der Insolvenz) eingegangen.

mit der geschätzten Wahrscheinlichkeit $\hat{\pi}_i$. Somit wird mit der geschätzten Insolvenzwahrscheinlichkeit eine metrische Information in eine kategoriale Information, nämlich die geschätzte Klassenzuordnung, transformiert.

Für eine Stichprobe von n betrachteten Unternehmen ergeben sich die in Tab. 6.2 dargestellten **Kombinationsmöglichkeiten** von geschätzter und wahrer Klassenzugehörigkeit.

	$\hat{y}_i = 1$	$\hat{y}_i = 0$	$\sum$
$y_i = 1$	h_{11}	h_{10} (Fehler 1. Art)	$h_{1\bullet}$
$y_i = 0$	h_{01} (Fehler 2. Art)	h_{00}	$h_{0\bullet}$
$\sum$	$h_{\bullet 1}$	$h_{\bullet 0}$	$h_{\bullet\bullet} = n$

Tab. 6.2: Klassifikationstabelle

Dabei drücken h_{00} bzw. h_{11} die absoluten Häufigkeiten von korrekten Klassifikationen aus. Demgegenüber steht h_{10} für die Anzahl der Fehlklassifikationen tatsächlich insolventer Unternehmen (α-Fehler, Fehler 1. Art) bzw. h_{01} für die Anzahl der Fehlklassifikationen tatsächlich solventer Unternehmen (β-Fehler, Fehler 2. Art).[595]

Auf Basis der Gegenüberstellung von geschätzter und wahrer Klassenzugehörigkeit lassen sich konkurrierende Modelle beurteilen und vergleichen. Eine Kennzahl zur Modellbeurteilung ist z. B. die (geschätzte) Fehlerrate $(h_{10} + h_{01})/n$. Sie beschreibt den durchschnittlichen Fehler der Klassifikation. Demgegenüber steht die (geschätzte) Trefferrate $(h_{00} + h_{11})/n$.[596] Eine alternative Kennzahl ist die **Sensitivität** (SE) des Klassifikators. Sie ist definiert als

$$SE = \frac{h_{11}}{h_{1\bullet}} \tag{6.3}$$

Die SE ist der Anteil richtig klassifizierter insolventer Unternehmen. Durch die Betrachtung dieser Kennzahl wird berücksichtigt, dass der Fehler 1. Art in der Insolvenzprognose als der gewichtigere Fehler anzunehmen ist.[597] Neben einer niedrigen SE sollen gleichzeitig nur wenige solvente Unternehmen fälschlicherweise als insolvent klassifiziert werden. Dies wird

595 Vgl. SCHWARZ, A., Lokale Scoring-Modelle, S. 27.
596 Vgl. BONNE, T., Kostenorientierte Klassifikationsanalyse, S. 98.
597 Vgl. Abschnitt 631.

durch die von **1 subtrahierte Spezifität** (1-SP) ausgedrückt:

$$1 - SP = 1 - \frac{h_{00}}{h_{0\bullet}} = \frac{h_{01}}{h_{0\bullet}} \tag{6.4}$$

Die SE und die SP müssen bei der Modellbeurteilung simultan betrachtet werden. Eine hohe Trennschärfe des Klassifikators entspricht einer hohen SE bei einer gleichzeitig geringen $1 - SP$.

Beide Fehler und somit auch die beschriebenen Gütekriterien hängen jedoch vom Schwellenwert τ aus der Klassifikationsregel (6.2) ab. Dies ist schematisch in Abb. 6.1 dargestellt. In diesem Beispiel sind die fiktiven Dichten solventer und insolventer Unternehmen in Abhängigkeit der geschätzten Insolvenzwahrscheinlichkeit dargestellt. Sobald sich die Dichtefunktionen überschneiden, ist die Klassifikation mit einem Fehler verbunden. Eine perfekte Klassifikation ist dann nicht mehr möglich. In der Abb. wird der Fehler 1. Art als grüne Fläche dargestellt. Die rote Fläche repräsentiert den Fehler 2. Art. In Abb. 6.1 (b) wird gegenüber Abb. 6.1 (a) ein größerer Schwellenwert gewählt. Dies bewirkt, dass der Fehler 1. Art zunimmt und der Fehler 2. Art abnimmt. Wird hingegen wie in Abb. 6.1 (c) der Schwellenwert durch einen kleineren Wert ersetzt, wird der Fehler 2. Art zugunsten eines niedrigeren Fehlers 1. Art erhöht. Beide **Fehler** hängen somit **gegenläufig** vom Schwellenwert ab.

Die im Zuge der Insolvenzprognose verwendeten GLM und GAM haben als Ergebnis eine metrische Insolvenzwahrscheinlichkeit.[598] Auf dieser Basis lassen sich die Fehler 1. Art und die dazugehörigen Fehler 2. Art für jeden Schwellenwert innerhalb des Wertebereichs der Insolvenzwahrscheinlichkeit berechnen. In Abb. 6.2 sind beispielhaft die **Fehlerkombinationen** von zwei fiktiven Modellen dargestellt. Der Schwellenwert wird kontinuierlich von einer minimalen Insolvenzwahrscheinlichkeit von 0% zu einer maximalen Insolvenzwahrscheinlichkeit von 100% verschoben und die Fehler 1. Art für jeden Schwellenwert auf der Abszisse abgetragen. Die dazugehörigen Fehler 2. Art werden auf der Ordinate abgetragen.

In der Abb. 6.2 wird der bereits beschriebene Zusammenhang des gegenläufigen Effekts der Fehler deutlich. Steigt der Fehler 1. Art von α_1 auf α_2, sinkt der Fehler 2. Art in beiden

598 Andere Modelle, bspw. die Diskriminanzanalyse, haben als Ergebnis ebenfalls einen metrischen Prädiktor. Auch wenn dieser nicht als Insolvenzwahrscheinlichkeit interpretiert werden kann, gelten aufgrund seines metrischen Skalenniveaus die folgenden Ausführungen gleichermaßen.

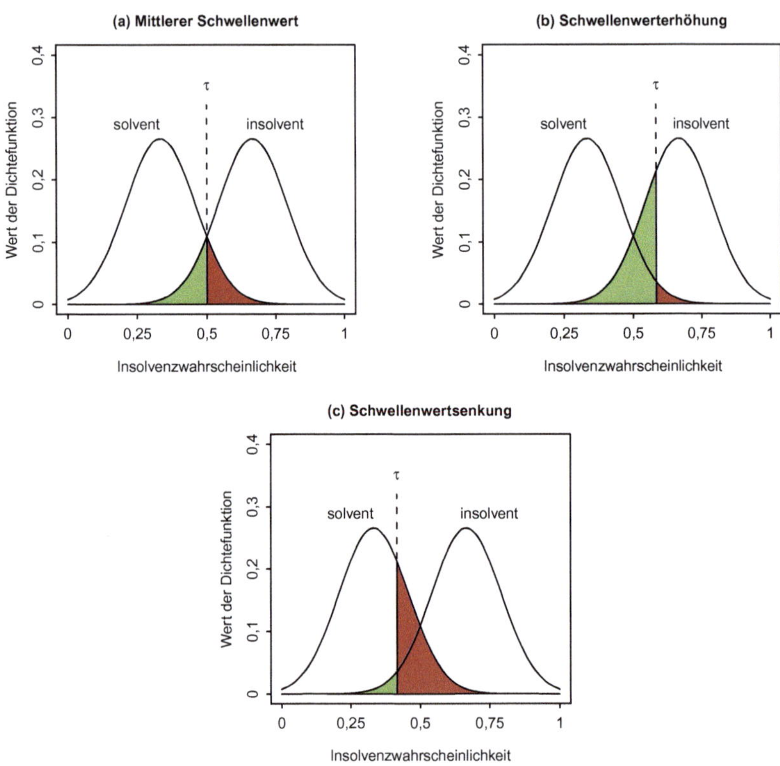

Abb. 6.1: Fehlklassifikationen in Abhängigkeit des Schwellenwerts

Klassifikatoren von $\beta_1(\alpha_1)$ auf $\beta_1(\alpha_2)$ bzw. von $\beta_2(\alpha_1)$ auf $\beta_2(\alpha_2)$. Auf Basis der Fehlklassifikationen zeigt sich auch, dass der Klassifikator 1 in der Abb. den Klassifikator 2 dominiert. Für jeden Fehler 1. Art hat der Klassifikator 1 einen geringeren Fehler 2. Art als der Klassifikator 2.

Die beschriebenen Kriterien zur Modellgüte müssen unter Berücksichtigung des gewählten Schwellenwerts interpretiert werden. Sie drücken dann eine lokale Güte für diesen Schwellenwert aus.[599] Neben der rein subjektiven Wahl, werden in der Literatur verschiedene Ansätze

---

599 FIEDMAN/SANDOW kritisieren dieses Vorgehen, da Unterschiede zwischen den geschätzten Insolvenzwahrscheinlichkeiten innerhalb der Gruppen über- und unterhalb des Schwellenwerts unbeachtet bleiben. Vgl. FIEDMAN, C./SANDOW, S., Model performance measures, S. 71.

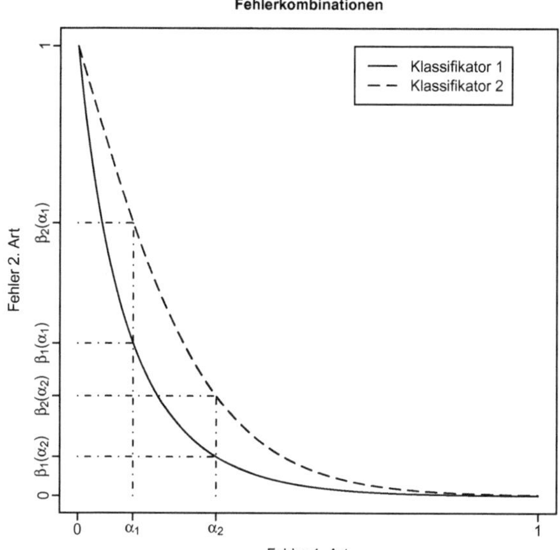

Abb. 6.2: Kombinationen der Fehler 1. und 2. Art

zur **Bestimmung des Trennwerts** diskutiert. Bei diesen Ansätzen wird der Trennwert gewählt, welcher eines der folgenden Kriterien minimiert:[600]

- Gesamtfehler

  Der Gesamtfehler ist die Summe der absoluten Häufigkeiten beider Fehlklassifikationsarten. Es erfolgt **keine Gewichtung** der unterschiedlichen Fehlklassifikationen. Die gleiche Gewichtung beider Fehlerarten ist kritisch zu sehen, da bei der Insolvenzprognose i. d. R. der Fehler 1. Art mit höheren Kosten verbunden ist.[601]

- Kostengewichteter Gesamtfehler

  Der kostengewichtete Gesamtfehler ist die Summe aller Fehlklassifikationen, wobei jede Fehlklassifikation mit den daraus entstehenden **Kosten gewichtet** wird. Bei diesem Konzept wird häufig ein konstanter Kostensatz für jede Fehlerart angenommen.[602]

600 Vgl. BAETGE, J./KIRSCH, H.-J./THIELE, S., Bilanzanalyse, S. 540–542; HÜLS, D., Früherkennung insolvenzgefährdeter Unternehmen, S. 171–176.

601 Vgl. Abschnitt 631.

602 Vgl. HÜLS, D., Früherkennung insolvenzgefährdeter Unternehmen, S. 221–223. In Abschnitt 632 wird dieses Kriterium zur Bestimmung des Schwellenwertes und außerdem zur Modellbeurteilung verwendet. Deshalb wird das Konzept des kostengewichteten Gesamtfehlers in Abschnitt 631 vertieft erläutert.

- Der Fehler 2. Art bei zuvor festgelegtem Fehler 1. Art

  Bei der dritten Möglichkeit wird ein Fehler vorgegeben. Im Rahmen der Insolvenzprognose wird i. d. R. der gewichtigere Fehler 1. Art auf ein **Niveau festgelegt**. Es wird der Schwellenwert verwendet, bei welchem der Fehler 2. Art minimal ist, wobei das Maximalniveau des Fehlers 1. Art berücksichtigt wird. Der Vergleich verschiedener Modelle erfolgt dann anhand des Fehlers 2. Art. Das Problem bei diesem Vorgehen ist, dass die Wahl des Fehlers 1. Art wiederum subjektiv erfolgt. Die Beurteilung und der Vergleich unterschiedlicher Modelle kann für einen anderen Fehler 1. Art zu abweichenden Ergebnissen führen.[603]

Neben der beschriebenen lokalen Modellbeurteilung basierend auf einem bestimmten Schwellenwert, werden in der Literatur häufig die Gütemaße für alle möglichen Schwellenwerte und somit für alle möglichen Fehlerkombinationen ermittelt. Das wohl in diesem Zusammenhang bekannteste Verfahren ist die **ROC-Kurve** (engl.: *receiver operating characteristic curve*).[604] Zur Ermittlung der ROC-Kurve werden für jeden möglichen Schwellenwert die SE aus (6.3) und die korrespondierende $1-\mathrm{SP}$ aus (6.4) berechnet und wie in Abb. 6.3 grafisch im Einheitsquadrat dargestellt. Das Einheitsquadrat resultiert daraus, dass die SE und die $1-\mathrm{SP}$ jeweils zwischen 0 und 1 liegen. Da durch den Klassifikator eine hohe SE und gleichzeitig eine geringe $1-\mathrm{SP}$ erreicht werden soll, ist die Trennfähigkeit eines Klassifikators umso höher, je weiter links oben seine ROC-Kurve verläuft. Die ROC-Kurve eines perfekten Klassifikators würde somit vom Ursprungspunkt zum Punkt (0,1) und weiter parallel zur Abszisse zum Punkt (1,1) verlaufen.[605] In diesem Modell gäbe es eine perfekte Trennung, da alle insolventen Unternehmen richtig klassifiziert würden (SE=1), ohne dass ein Fehler 2. Art aufträte ($1-\mathrm{SP}=0$). Die ROC-Kurve eines reinen Zufallsmodells entspricht der Winkelhalbierenden. In der Regel verläuft die ROC-Kurve eines geschätzten Modells oberhalb der Winkelhalbierenden, da bei einer ROC-Kurve unterhalb der Winkelhalbierenden die Trennung schlechter als beim reinen Zufallsmodell wäre.[606]

---

603 Vgl. UTHOFF, C., Erfolgsoptimale Kreditwürdigkeitsprüfung, S. 89–94.

604 Vgl. HENKING, A./BLUHM, C./FAHRMEIR, L., Kreditrisikomessung, S. 218–220; REICHLING, P./BIETKE, D./HENNE, A., Praxishandbuch Risikomanagement und Rating, S. 117–118.

605 Vgl. ENGELMANN, B., Rating's discriminative power, S. 276.

606 ENGELMANN beschreibt das Problem nichtmonotoner Effekte in diesem Kontext. Würde z. B. ein univariates lineares Modell basierend dem Umsatzwachstum verwendet, könnte angenommen werden, dass die Ausfälle niedrige oder hohe Scorewerte aufweisen. Die Güte wäre dann kaum besser als das Zufallsmodell. ENGELMANN beschreibt aus diesem Grund ebenfalls eine Erweiterung der ROC-Kurve. Vgl. ENGELMANN, B., Rating's discriminative power, S. 277–280.

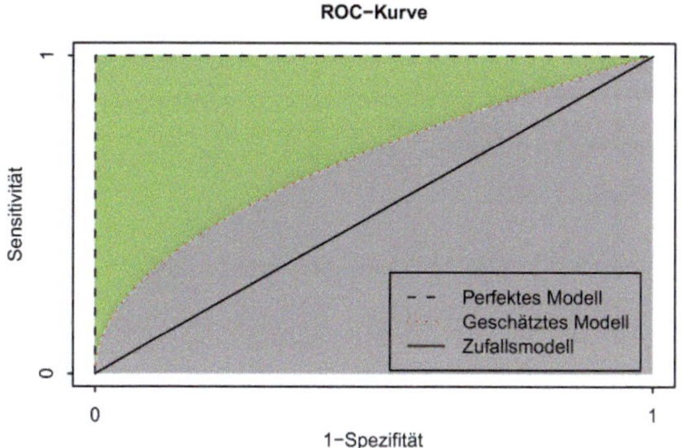

Abb. 6.3: ROC-Kurve

Liegt die ROC-Kurve eines Klassifikators für den gesamten Definitionsbereich über der ROC-Kurve eines Alternativklassifikators, ist der Klassifikator dominant gegenüber dem Alternativklassifikator. In diesem Fall würde auch eine bereits beschriebene lokale Beurteilung auf Basis eines gegebenen Schwellenwerts immer zum gleichen Ergebnis führen. Häufig dominiert ein Klassifikator allerdings nur auf einem bestimmten Intervall des Definitionsbereichs. Aus diesem Grund muss bei der Beurteilung der gesamte grafische Verlauf der Kurven analysiert werden. Eine weitere Möglichkeit besteht darin, aus der ROC-Kurve ein **globales Gütemaß** abzuleiten und die betrachteten Modelle anhand dieser univariaten Größe zu vergleichen. Ein Beispiel für ein solches Maß ist die **AUC** (engl.: *area under curve*).[607] Bei der AUC wird die Fläche unterhalb der ROC-Kurve berechnet. Dies ist in Abb. 6.3 durch die graue Fläche dargestellt. Durch das Einheitsquadrat hat die Fläche eines perfekten Modells den Wert 1. Somit liegt die AUC stets zwischen 0 und 1. Da bei einem Zufallsmodell die ROC-Kurve der Winkelhalbierenden entspricht, beträgt die AUC eines Zufallsmodells 0,5. Bei einem geschätzten Modell liegen die AUC-Werte i. d. R. zwischen 0,5 und 1. Unterhalb von 0,5 hat das geschätzte Modell eine schlechtere Trennung als das Zufallsmodell. Zusammengefasst ergeben sich für die AUC-Werte folgende Regeln:

607 Die AUC wird an dieser Stelle als das bekannteste Gütemaß in diesem Zusammenhang dargestellt. Ein anderes globales Gütemaß ist der Pietra-Index, welcher die zweifache Fläche des größten Dreiecks zwischen der Winkelhalbierenden und der betrachteten ROC-Kurve darstellt und Werte zwischen 0 (schlechtester Wert) und 1 (bester Wert) annehmen kann. Für genauere Erläuterungen des Pietra-Index sowie mögliche Testverfahren vgl. ÖSTERREICHISCHE NATIONALBANK/FINANZMARKTAUFSICHT, Ratingmodelle und -validierung, S. 112–113.

AUC=0	vollständige Fehlklassifikation
0<AUC<0,5	negativer Trennbeitrag
AUC=0,5	Zufallsmodell
0,5<AUC<1	positiver Trennbeitrag
AUC=1	perfektes Modell

Nach HOSMER/LEMESHOW/STURDIVANT werden Werte für die AUC zwischen 0,7 und 0,8 als akzeptabel, Werte zwischen 0,8 und 0,9 als exzellent und Werte über 0,9 als hervorragend angesehen.[608] Eine **Interpretationsmöglichkeit** der AUC besteht darin, den Wert relativ zum perfekten Modell zu betrachten. Der AUC-Wert drückt dann prozentual aus, inwieweit das betrachtete Modell an das perfekte Modell heranreicht.

Eine weitere Interpretationsmöglichkeit lässt sich mithilfe der **Mann-Whitney-Statistik** herleiten.[609] Die Mann-Whitney-Statistik ist definiert als:

$$U(a,b,c) = \frac{1}{h_{1\bullet} h_{0\bullet}} \sum_{(D,ND)} u_{D,ND}$$

mit:

$$u_{D,ND} = \begin{cases} a, \text{falls} & P_D > P_{ND} \\ b, \text{falls} & P_D = P_{ND} \\ c, \text{falls} & P_D < P_{ND} \end{cases}$$

und

P_D = Insolvenzwahrscheinlichkeit eines insolventen Unternehmens

P_{ND} = Insolvenzwahrscheinlichkeit eines solventen Unternehmens

(D,ND) = Anzahl aller Paare solventer und insolventer Unternehmen

608 Vgl. HOSMER, D. W. JR./LEMESHOW, S./STURDIVANT, R. X., Applied logistic regression, S. 177.

609 Die Mann-Whitney-Statistik bzw. die normierte Differenz zweier Mann-Whitney-Statistiken folgt asymptotisch einer Normalverteilung. Aus diesem Grund lassen sich mithilfe der Beziehung zwischen der Mann-Whitney-Statistik und der AUC Konfidenzintervalle für die AUC ermitteln. Außerdem lassen sich dadurch die Unterschiede der AUC zweier Modelle, welche auf die gleiche Datenbasis angewendet werden, statistisch testen. Vgl. DEUTSCHE BUNDESBANK, Monatsbericht September 2003, S. 74; TASCHE, D., Rating and probability of default validation, S. 39–41. Vgl. zur Übersicht der Varianzschätzung der AUC CLEVES, M. A., Estimating the variance of the curve.

Es wird für jede Kombinationsmöglichkeit eines insolventen Unternehmens und eines solventen Unternehmens betrachtet, in welchem Verhältnis deren geschätzten Insolvenzwahrscheinlichkeiten zueinander stehen. Hat das insolvente Unternehmen eine höhere Insolvenzwahrscheinlichkeit, erhält diese Kombination den Wert a. Entsprechen sich die Insolvenzwahrscheinlichkeiten, erhält die Kombination den Wert b und ansonsten den Wert c. Aus diesen Werten wird das arithmetische Mittel berechnet. Bei der AUC werden die Werte $a = 1$, $b = 0{,}5$ und $c = 0$ verwendet. Hierdurch gilt die Beziehung:[610]

$$\begin{aligned} \text{AUC} &= \text{U}(1{,}0{,}5{,}0) \\ &= \text{P}(\text{P}_\text{D} > \text{P}_\text{ND}) + 0{,}5 * \text{P}(\text{P}_\text{D} = \text{P}_\text{ND}) \end{aligned}$$

Zur Interpretation dieser Gleichung werden zufällig ein solventes und ein insolventes Unternehmen ausgewählt und nach folgender Regel klassifiziert:

- Es wird das Unternehmen als insolvent klassifiziert, welches eine höhere Insolvenzwahrscheinlichkeit hat.
- Bei gleicher Insolvenzwahrscheinlichkeit erfolgt die Klassenzuordnung nach dem Zufallsprinzip.

Nach dieser Klassifizierungsregel erfolgt eine richtige Klassenzuordnung mit der Wahrscheinlichkeit $\text{P}(\text{P}_\text{D} > \text{P}_\text{ND}) + 0{,}5 * \text{P}(\text{P}_\text{D} = \text{P}_\text{ND})$, was dem AUC-Wert entspricht. Bei metrischen Insolvenzwahrscheinlichkeiten beträgt die Wahrscheinlichkeit 0, dass beide Unternehmen die gleiche Insolvenzwahrscheinlichkeit aufweisen. Somit kann die **AUC als die Wahrscheinlichkeit** interpretiert werden, dass ein zufällig ausgewähltes insolventes Unternehmen eine höhere geschätzte Insolvenzwahrscheinlichkeit aufweist als ein zufällig ausgewähltes solventes Unternehmen.[611] Eine Alternative zur ROC-Kurve zur Bestimmung der Klassifikationsgüte ist die **CAP-Kurve** (engl.: *cumulative accuracy profile*).[612] Bei der CAP-Kurve werden im ersten Schritt alle betrachteten Unternehmen nach absteigender Insolvenzwahrscheinlichkeit geordnet. Im zweiten Schritt wird auf der Abszisse jeder kumulative Anteil

610 Für den Beweis vgl. ENGELMANN, B./HAYDEN, E./TASCHE, D., Power of rating systems, S. 9.

611 Vgl. HAYDEN, E., Accounting-based rating system, S. 87.

612 Vgl. REICHLING, P./BIETKE, D./HENNE, A., Praxishandbuch Risikomanagement und Rating, S. 118–120. ENGELMANN bezeichnet die CAP- und die ROC-Kurve als die beiden wichtigsten und die in der Praxis am häufigsten verwendeten Messgrößen für die Klassifikationsgüte. Vgl. ENGELMANN, B., Rating's discriminative power, S. 271.

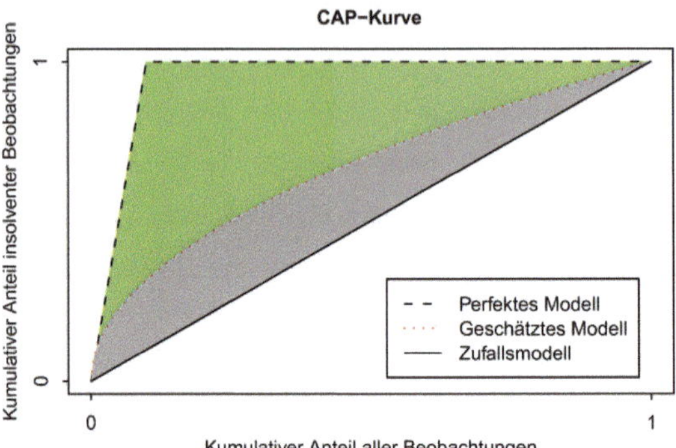

Abb. 6.4: CAP-Kurve

aller Unternehmen und auf der Ordinate jeweils der entsprechende kumulative Anteil aller insolventen Unternehmen abgetragen. Dies ist in Abb. 6.4 dargestellt. Enthalten bspw. die 20% Unternehmen mit der größten geschätzten Insolvenzwahrscheinlichkeit 80% der tatsächlich insolventen Unternehmen, verläuft die CAP-Kurve durch den Punkt (0,2|0,8).[613] Ein Modell ist umso trennschärfer, je weiter links oben die CAP-Kurve verläuft.[614] Dann würden die insolventen Unternehmen durch die höchsten Insolvenzwahrscheinlichkeiten abgebildet. Die CAP-Kurve eines Zufallsmodells entspricht der Winkelhalbierenden. Im Unterschied zur ROC-Kurve verläuft die optimale CAP-Kurve allerdings nicht durch den Punkt (0|1). Dies ist nicht möglich, da z. B. bei einem Insolvenzanteil von 10% mindestens 10% der Unternehmen mit der größten Insolvenzwahrscheinlichkeit ausgewählt werden müssen, um alle tatsächlich insolventen Unternehmen auszuwählen. In diesem Fall würde die CAP-Kurve des perfekten Modells vom Ursprung steil zum Punkt (0,1|1) ansteigen und dann parallel zur Abszisse zum Punkt (1|1) verlaufen. Bei einem theoretischen Verlauf durch den Punkt (0|1) könnten keine insolventen Unternehmen im Datensatz enthalten sein.[615] Somit ist der Verlauf der CAP-Kurve auch abhängig von der a-priori-Insolvenzwahrscheinlichkeit im Datensatz. Dies muss beim Vergleich von CAP-Kurven basierend auf unterschiedlichen Datenbeständen berücksichtigt werden.[616]

613 Vgl. Deutsche Bundesbank, Monatsbericht September 2003, S. 71.

614 Das gilt ebenso für die ROC-Kurve. Die CAP-Kurve verläuft allerdings flacher als die korrespondierende ROC-Kurve. Vgl. Henking, A./Bluhm, C./Fahrmeir, L., Kreditrisikomessung, S. 220–221.

615 Die Fläche unterhalb der Winkelhalbierenden beträgt ebenfalls nicht 0,5. Bei dem Insolvenzanteil von 10% steigt die CAP-Kurve jedes Modells spätestens ab dem Punkt (0,9|0) an, sodass der Punkt (1|0) nicht erreicht wird.

616 Vgl. Tasche, D., Rating and probability of default validation, S. 30.

Aus den beschriebenen Beziehungen lässt sich wiederum mit der **AR** (engl.: *accuracy ratio*)[617] ein globales Gütemaß ableiten. Dieses setzt die Verbesserung der Klassifikation des geschätzten Modells zum Zufallsmodell in Relation mit der Verbesserung der Klassifikation des perfekten Modells zum Zufallsmodell. Die AR ist gegeben durch:

$$\mathrm{AR} = \frac{\mathrm{A_m}}{\mathrm{A_p}}$$

mit:

$$\mathrm{A_m} = \text{Fläche zwischen geschätzten Modell und Zufallsmodell}$$
$$\mathrm{A_p} = \text{Fläche zwischen perfekten Modell und Zufallsmodell}$$

In Abb. 6.4 wird $\mathrm{A_m}$ durch die graue Fläche dargestellt. $\mathrm{A_p}$ entspricht der grauen Fläche zzgl. der grünen Fläche. Die AR kann theoretisch Werte zwischen -1 und 1 annehmen, wobei hohe Werte für eine hohe Trennschärfe stehen.[618] Beim Maximalwert von 1 entsprechen sich die Flächen des geschätzten und des perfekten Modells. Bei Werten kleiner als 0 hat das Modell eine schlechtere Trennung als das Zufallsmodell. Somit sind bei geschätzten Modellen Werte zwischen 0 und 1 für die AR zu erwarten. Laut ÖSTERREICHISCHER NATIONALBANK/FINANZMARKTAUFSICHT werden in multivariaten Praxismodellen basierend auf den GLM (i. d. R.) Werte für die AR zwischen 0,6 und 0,7 erreicht, wenn ausschließlich quantitative Kennzahlen verwendet werden. Durch die Hinzunahme qualitativer Faktoren kann dies auf 0,7 bis 0,8 gesteigert werden.[619]

Die CAP-Kurve steht im engen **Zusammenhang** mit der ROC-Kurve. Die AR und AUC lassen sich als lineare Funktion des jeweils anderen Kriteriums darstellen:[620]

$$\mathrm{AR} = 2 * \mathrm{AUC} - 1$$

617 Synonym: Gini-Koeffizient.

618 Vgl. DEUTSCHE BUNDESBANK, Monatsbericht September 2003, S. 71.

619 Vgl. ÖSTERREICHISCHE NATIONALBANK/FINANZMARKTAUFSICHT, Ratingmodelle und -validierung, S. 114. HENKING/BLUHM/FAHRMEIR beschreiben einen Richtwert für einen 1-Jahres-Prognosehorizont von 0,6. Vgl. HENKING, A./BLUHM, C./FAHRMEIR, L., Kreditrisikomessung, S. 228.

620 Vgl. DEUTSCHE BUNDESBANK, Monatsbericht September 2003, S. 73. Für den mathematischen Beweis vgl. ENGELMANN, B., Rating's discriminative power, S. 290; HAYDEN, E., Accounting-based rating system, S. 91–93.

622 ROC der Modellschätzungen

In Abschnitt 612 wurde bereits angesprochen, dass eine Modellgüte abhängig von der verwendeten Datenbasis ist. So beschreibt die DEUTSCHE BUNDESBANK, dass ein **Modellvergleich** notwendigerweise auf der **gleichen Datenbasis** erfolgen muss.[621] ENGELMANN bezeichnet den Vergleich der AUC-Werte für verschiedene Datensätze als bedeutungslos.[622] Deshalb können die in dieser Analyse erreichten AUC-Werte nur begrenzt mit den Richtwerten für die AUC/AR der ÖSTERREICHISCHEN NATIONALBANK/FINANZMARKTAUFSICHT aus Abschnitt 621 verglichen werden. Unterschiedliche Stichprobengrößen[623] und a-priori-Insolvenzwahrscheinlichkeiten müssten berücksichtigt werden, wobei die Werte der ÖSTERREICHISCHEN NATIONALBANK/FINANZMARKTAUFSICHT nicht bekannt sind.[624] Die a-priori-Insolvenzwahrscheinlichkeit resultiert auch aus der Definition des Negativkriteriums und dem Prognosezeitraum. Die angeführten Werte der ÖSTERREICHISCHEN NATIONALBANK/FINANZMARKTAUFSICHT beziehen sich auf einen 12-Monate-Prognosehorizont. Eine längerfristige Prognose, wie sie in dieser Analyse durchgeführt wird, ist häufig schwieriger. So ermitteln REICHLING/BIETKE/HENNE für das Z-Score-Modell von ALTMAN bei einem dreijährigen Prognosehorizont eine geringere Insolvenz-Trefferquote als ein Zufallsmodell.[625] Im Gegenzug führt ein starkes Ausfallkriterium, wie in dieser Analyse die Insolvenz, tendenziell zu höheren Werten der AUC.[626]

Gütemaß	AUC Lernstichprobe	AUC Validierungsstichprobe
GAM.opt	0,748	0,716
GLM.ver	0,731	0,706
GAM.ver	0,747	0,720
GLM.opt	0,731	0,708

Tab. 6.3: AUC der Modellschätzungen

621 Vgl. DEUTSCHE BUNDESBANK, Monatsbericht September 2003, S. 63.
622 Vgl. ENGELMANN, B., Rating's discriminative power, S. 289.
623 Wird die vorliegende Analyse z. B. auf einer zufälligen Teilstichprobe der Größe n=200 vorgenommen, kann die AUC der Lernstichprobe gegenüber den Werten aus Tab. 6.3 auf $\approx$ 0,85–0,95 gesteigert werden.
624 HENKING/BLUHM/FAHRMEIR beschreiben Möglichkeiten zur Vermeidung dieses Problems. Vgl. HENKING, A./BLUHM, C./FAHRMEIR, L., Kreditrisikomessung, S. 210–211.
625 Vgl. REICHLING, P./BIETKE, D./HENNE, A., Praxishandbuch Risikomanagement und Rating, S. 100.
626 Vgl. HENKING, A./BLUHM, C./FAHRMEIR, L., Kreditrisikomessung, S. 228; SCHUHMACHER, M., Mittelstandsrating, S. 143.

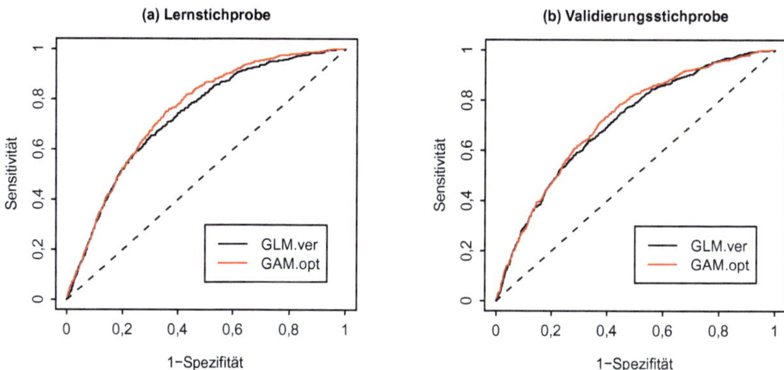

Abb. 6.5: ROC-Kurven der Modelle GAM.opt und GLM.ver

Aus diesen Gründen sollten die etwas geringeren Gütemaße aus Tab. 6.3 nicht überbewertet werden. Von größerer Bedeutung ist das Verhältnis der AUC zwischen den Modellen. Die AUC der GAM liegen stets über der AUC des Vergleichsmodells. Das gilt sowohl für die Lern- als auch die Validierungsstichprobe. Die Unterschiede der erzielten AUC sind relativ gering, allerdings sind sie signifikant (Lernstichprobe p-value<0,001; Validierungsstichprobe p-value<0,05).[627] Bei den GAM nimmt die Güte der Validierungsstichprobe gegenüber der Güte der Lernstichprobe etwas mehr ab. Insgesamt sinkt allerdings die AUC der Validierungsstichprobe bei allen vier Modellen nicht übermäßig. Diese Erkenntnis zeigt, dass sich die vorherigen Ergebnisse auch auf Daten außerhalb der Lernstichprobe übertragen lassen.

In den Abb. 6.5 und 6.6 sind die ROC-Kurven der vier Modelle abgetragen. Für geringe Werte der $1 - SP$ lassen sich bei der Lernstichprobe als auch bei der Validierungsstichprobe kaum Unterschiede zwischen den korrespondierenden Modellen erkennen. Erst ab einem Wert von ca. 0,25 übersteigen die ROC-Kurven der GAM die Kurven der entsprechenden GLM. Das bedeutet in der vorliegenden Analyse, dass erst ab einem höheren Fehler 2. Art die GAM relevante Vorteile hinsichtlich der Klassifikation aufweisen. Da allerdings der Fehler 1. Art häufig als der bedeutsamere Fehler angesehen wird[628], weisen die GAM höher liegende ROC-Abschnitte in den relevanteren Bereichen auf. Wird z. B. der Schwellenwert

627 Vgl. zum verwendeten Signifikanztest DELONG, E. R./DELONG, D. M./CLARKE-PEARSON, D. L., Comparing AUC.

628 Vgl. ausführlich Abschnitt 631.

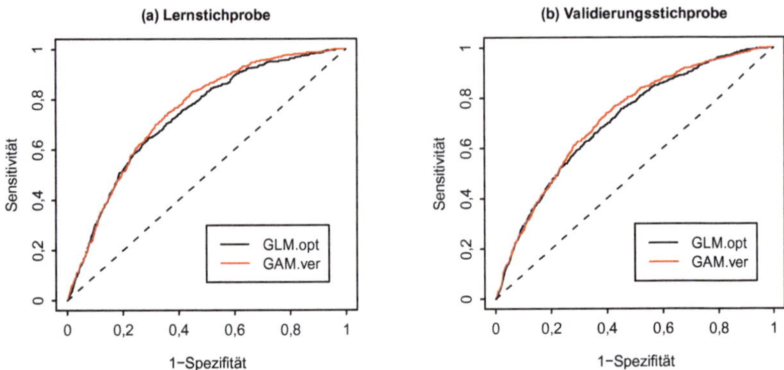

Abb. 6.6: ROC-Kurven der Modelle GLM.opt und GAM.ver

so bestimmt, dass der Fehler 1. Art auf den Wert 0,2 festgelegt wird (SE=0,8)[629], weisen die GAM stets kleinere Fehler 2. Art $(1-\text{SP})$ auf. Um dies zu verdeutlichen, sind in Tab. 6.4 die **partiellen AUC**[630] für verschiedene Bereiche der $1-\text{SP}$ aufgelistet. Hieran wird deutlich, dass die größten (relativen) Differenzen im mittleren Bereich der $1-\text{SP}$ auftreten. Im niedrigen Bereich sind die Unterschiede marginal.

Lernstichprobe						
1 − SP	0,0–0,2	0,2–0,4	0,4–0,6	0,6–0,8	0,8–1,0	Summe
GAM.opt	0,056	0,133	0,171	0,190	0,198	0,748
GLM.ver	0,055	0,128	0,164	0,187	0,197	0,731
GAM.ver	0,056	0,133	0,170	0,190	0,198	0,747
GLM.opt	0,056	0,128	0,164	0,187	0,197	0,731
Validierungsstichprobe						
1 − SP	0,0–0,2	0,2–0,4	0,4–0,6	0,6–0,8	0,8–1,0	Summe
GAM.opt	0,053	0,122	0,162	0,183	0,196	0,716
GLM.ver	0,053	0,118	0,157	0,182	0,197	0,706
GAM.ver	0,054	0,123	0,163	0,184	0,196	0,720
GLM.opt	0,053	0,118	0,157	0,182	0,197	0,708

Tab. 6.4: Partielle AUC

629 Vgl. Abschnitt 621.
630 Vgl. WALTER, S. D., Partial AUC.

623 Hosmer-Lemeshow-Test

Beim Hosmer-Lemeshow-Test wird über die Einteilung der Beobachtungen in Bonitätsgruppen auf Unterschiede zwischen den wahren und den prognostizierten Werten der abhängigen Variable getestet. Im ersten Schritt werden die Beobachtungen anhand ihrer prognostizierten **Insolvenzwahrscheinlichkeiten geordnet**. Auf Basis dieser Ordnung werden anschließend die Beobachtungen in z Gruppen unterteilt. Die Gruppengrenzen können äquidistant (gleicher Abstand zwischen den Gruppengrenzen) oder auf Basis der Quantile (gleiche Gruppengröße) festgelegt werden. Unabhängig davon, enthält die erste Gruppe die Beobachtungen mit den geringsten (alternativ höchsten) Insolvenzwahrscheinlichkeiten und die z-te Gruppe[631] die Beobachtungen mit den höchsten (alternativ niedrigsten) Insolvenzwahrscheinlichkeiten. Die **Teststatistik** lautet:

$$\mathrm{HL} = \sum_{q=1}^{z} \frac{(\mathrm{I_q} - \mathrm{n_q}\bar{\pi}_q)^2}{\mathrm{n_q}\bar{\pi}_q(1-\bar{\pi}_q)}$$

mit:

$\mathrm{n_q}$ = Beobachtungsanzahl der Gruppe q

$\bar{\pi}_q$ = Durchschnittswahrscheinlichkeit (prognostiziert) der Gruppe q

$\mathrm{I_q}$ = Summe der Insolvenzen der Gruppe q

Bei großen Differenzen zwischen den beobachteten absoluten Häufigkeiten ($\mathrm{I_q}$) und den vorhergesagten absoluten Häufigkeiten ($\mathrm{n_q}\bar{\pi}_q$) der Insolvenzen innerhalb der Gruppen nimmt die Teststatistik einen großen Wert an. Dies spricht gegen die folgende **Nullhypothese**: Die Differenz zwischen den beobachteten und prognostizierten Werten beträgt 0. Die Teststatistik folgt approximativ einer χ^2-Verteilung mit $z-2$ Freiheitsgraden.[632]

631 Die Gruppenanzahl z=10 wird meist in den Publikationen von HOSMER/LEMESHOW verwendet. Vgl. z.B. HOSMER, D. W. JR./LEMESHOW, S./STURDIVANT, R. X., Applied logistic regression, S. 157. HAYDEN verwendet ebenfalls 10 Gruppen. Vgl. HAYDEN, E., Estimation of a rating model, S. 23. HAYDEN in einer anderen Untersuchung sowie SCHUHMACHER verwenden hingegen 20 Gruppen. HAYDEN beschreibt außerdem die bessere Eignung einer Gruppeneinteilungen durch die Quantile. Vgl. HAYDEN, E., Accounting-based rating system, S. 50–51; SCHUHMACHER, M., Mittelstandsrating, S. 123–124.

632 Vgl. BACKHAUS, K. U. A., Multivariate Analysemethoden, S. 274; SCHUHMACHER, M., Mittelstandsrating, S. 122–123. Vgl. für alternative Tests RAUHMEIER, R., PD-validation.

	Lernstichprobe	Validierungsstichprobe
GAM.opt	0,004	0,051
GAM.ver	0,001	0,166
GLM.opt	0,032	0,253
GLM.ver	0,035	0,110

Tab. 6.5: Hosmer-Lemeshow-Test (p-values)

In dieser Untersuchung wird der Hosmer-Lemeshow-Test mit jeweils zehn Gruppen auf Basis der Quantile durchgeführt. Die Ergebnisse aus Tab. 6.5 zeigen, dass bei jedem Modell bzgl. der **Lernstichprobe** die Nullhypothese zu einem gängigen Signifikanzniveau verworfen werden kann. Das bedeutet, dass die Differenz zwischen den prognostizierten und den beobachteten Werten nicht 0 beträgt. Aufgrund dessen wird im folgenden Abschnitt die Kalibrierung grafisch näher analysiert. Hierbei sollen durch die grafische Gegenüberstellung der prognostizierten und der beobachteten Werte mögliche systematische Verzerrungen dargestellt werden.

624 Kalibrierung

Ein Modell ist kalibriert, wenn die tatsächliche Insolvenzrate einer Gruppe von Unternehmen deren mittlerer prognostizierter Insolvenzwahrscheinlichkeit entspricht.[633] Ist z. B. bekannt, dass in einer Gruppe von Unternehmen innerhalb des betrachteten Zeitraums 5% insolvent werden, wäre eine undifferenzierte Zuordnung der Insolvenzwahrscheinlichkeit von 5% zu jedem der Unternehmen eine **kalibrierte Prognose**. Diese Prognose würde jedoch keine zusätzlichen Erkenntnisse schaffen. „Kalibrierung ist eine notwendige, aber keine hinreichende Bedingung für eine ‚gute' Wahrscheinlichkeitsprognose."[634] Zusätzliche Erkenntnisse generiert das Modell durch seine **Trennschärfe**. Die Trennschärfe beschreibt das „Spreizen" der geschätzten Wahrscheinlichkeiten. Sie würde z. B. steigen, wenn die o. g. Gruppe in zwei Gruppen geteilt würde, mit den zugeordneten Insolvenzwahrscheinlichkeiten 2,5% und 7,5%. Das Modell wäre wiederum kalibriert, falls diese Insolvenzwahrscheinlichkeiten mit den tatsächlichen Insolvenzraten der Gruppen übereinstimmen. Ein maximal trennscharfes Modell ordnet jeder Beobachtung eine Insolvenzwahrscheinlichkeit von 0% oder 100% zu.[635]

633 Vgl. DALDRUP, A., Rating, S. 98.
634 KRÄMER, W., Kreditausfall-Prognosen, S. 396.
635 Vgl. KRÄMER, W., Kreditausfall-Prognosen, S. 396.

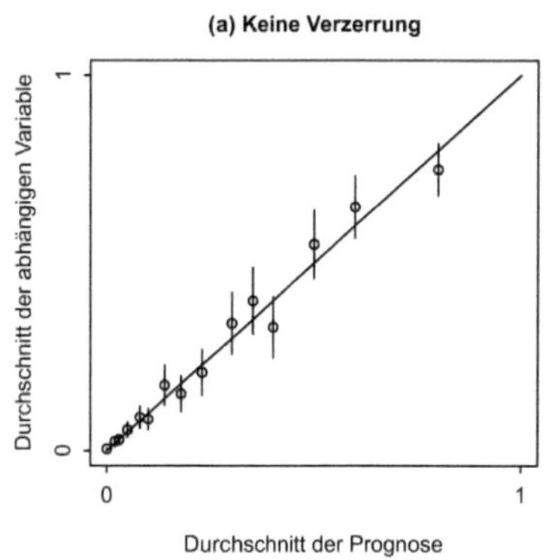

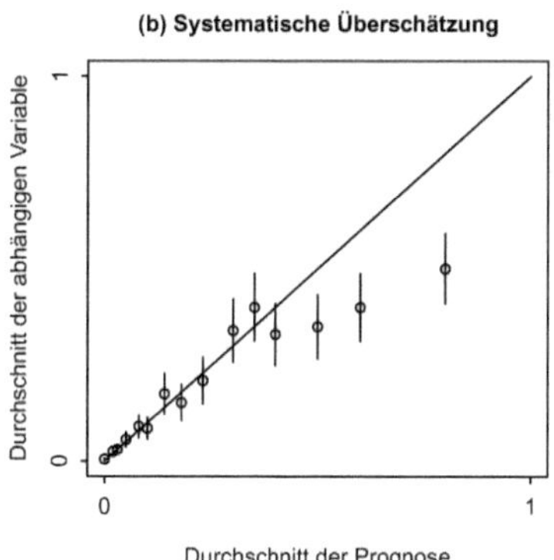

Abb. 6.7: Grafische Analyse der Kalibrierung

GLM und GAM sind i. d. R. nicht maximal trennscharf. Die maximale Trennschärfe wird erst durch die Verwendung der Klassifikationsregel (6.2) geschaffen. Hierdurch werden die Unternehmen in zwei Klassen eingeteilt mit einer Insolvenzprognose von 0% bzw. einer Insolvenzprognose von 100%. Ein solches Modell wäre in der Praxis allerdings nicht mehr kalibriert. Dies wäre nur möglich, wenn tatsächlich innerhalb der Klassen 0% bzw. 100% der Unternehmen insolvent würden. In der Regel weisen allerdings Insolvenzprognosen einen Fehler 1. Art und eine Fehler 2. Art über 0% auf.[636]

Es lässt sich allerdings die Kalibrierung der GLM und der GAM vor der Verwendung der Klassifikationsregel (6.2) analysieren. Dadurch können systematische Über- und Unterschätzungen der Insolvenzwahrscheinlichkeiten erkannt werden. Bei den in dieser Arbeit betrachteten Modellen besteht die formale Bedingung für ein kalibriertes Modell darin, dass $\hat{y}_i = E(y_i|\hat{y}_i)$ gelten muss.[637] Eine Möglichkeit, die **Kalibrierung grafisch** zur überprüfen, wird von FOSTER/STINE beschrieben.[638] Hierbei werden im ersten Schritt alle Beobachtungen nach steigender Insolvenzwahrscheinlichkeit geordnet. Im zweiten Schritt werden diese geordneten Beobachtungen in disjunkte Gruppen gleicher Größe unterteilt. Innerhalb dieser Gruppen werden anschließend die tatsächlichen Insolvenzraten den mittleren geschätzten

636 Vgl. Abschnitt 621.
637 Vgl. SCHWARZ, A., Lokale Scoring-Modelle, S. 36.
638 Vgl. FOSTER, D. P./STINE, R. A., Variable selection in data mining, S. 309. Ein geringfügig modifiziertes Verfahren verwenden HARTMANN-WENDELS, T. U. A., Entwicklung eines Ratingsystems, S. 16–17. Vgl. für spezifische Tests der Kalibrierung TASCHE, D., Rating and probability of default validation, S. 32–35.

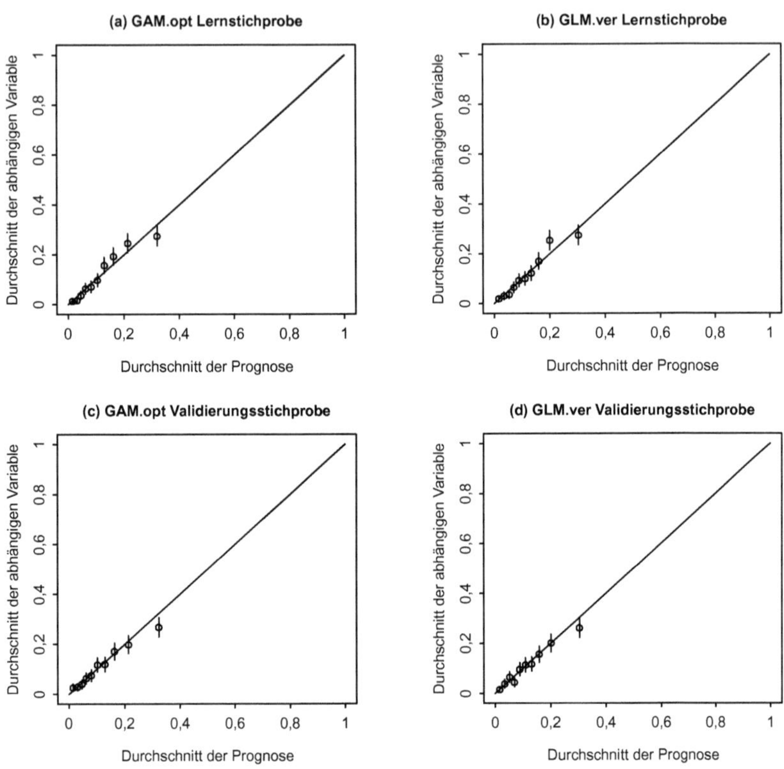

Abb. 6.8: Kalibrierung der Modelle GAM.opt und GLM.ver

Insolvenzwahrscheinlichkeiten gegenübergestellt. Die tatsächliche Insolvenzrate der Gruppe k wird berechnet durch:

$$p_{1,k} = \frac{h_{1,k}}{n_k}$$

Hierbei ist n_k die Anzahl aller Beobachtungen in der Gruppe k und $h_{1,k}$ die entsprechende Anzahl der insolventen Beobachtungen in dieser Gruppe. Der arithmetische Mittelwert der Insolvenzwahrscheinlichkeiten in der Gruppe k ergibt sich aus:

$$\bar{\hat{\pi}}_k = \frac{1}{n_k} \sum_{i \in k} \hat{\pi}_i$$

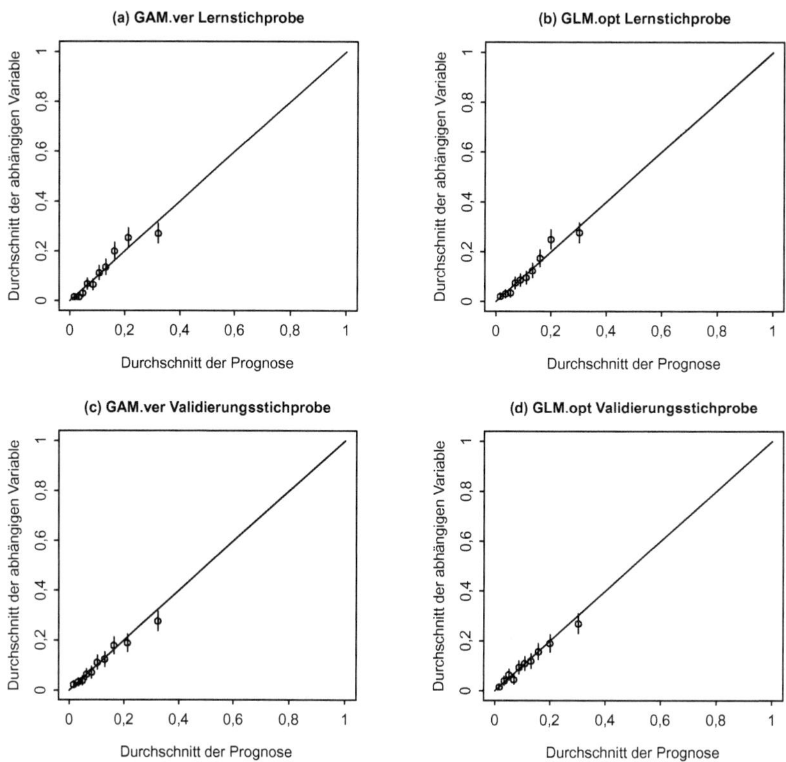

Abb. 6.9: Kalibrierung der Modelle GAM.ver und GLM.opt

Zur grafischen Überprüfung der Kalibrierung werden diese Mittelwerte der einzelnen Gruppen auf der Abszisse und die entsprechenden tatsächlichen Insolvenzraten auf der Ordinate abgetragen. Zusätzlich werden ausgehend von den gruppenspezifischen Insolvenzraten die zweifachen Standardfehlerintervalle als vertikale Linien eingezeichnet. Dies ist in Abb. 6.7 beispielhaft dargestellt. Ein Modell ist kalibriert, wenn größtenteils die **Intervalle die Diagonale schneiden**. Somit kann das Modell aus Abb. 6.7 (a) als kalibriert angesehen werden. Für das Modell aus 6.7 (b) liegen hingegen die Intervalle der Gruppen mit großen geschätzten Insolvenzwahrscheinlichkeiten unterhalb der Diagonalen. Somit überschätzt dieses Modell systematisch die hohen Insolvenzwahrscheinlichkeiten. Eine solche Überprüfung folgt den Bestimmungen der SolvV a. F. Sie schrieb vor, dass ein Kreditinstitut „[...] für jede Ratingstufe regelmäßig die realisierten Ausfallraten mit den geschätzten Ausfallwahrscheinlichkeiten vergleichen und, falls die realisierten Ausfallraten außerhalb des für die jeweilige Ratingstufe erwarteten Intervalls liegen, die Gründe für diese Abweichung besonders analysieren [...]"[639] muss. Außerdem wurde explizit gefordert, dass ein Ratingmodell innerhalb des IRBA-Ansatzes keine systematischen Fehler aufweisen darf.[640]

In den Abb. 6.8 und 6.9 sind die Ergebnisse der Kalibrierung für die Stichproben abgebildet. Zur Analyse der Kalibrierung werden analog zum Hosmer-Lemeshow-Test[641] zehn Gruppen gebildet. Insgesamt weisen die vier Modelle nur geringe Verzerrungen bzgl. der Prognose auf. Bei den **GLM** ist eine **Unterschätzung** der Prognose für das zweithöchste Prognoseintervall der Lernstichprobe zu erkennen. Bei der Validierungsstichprobe tritt diese Verzerrung hingegen nicht auf. Da es sich dabei um die Ergebnisse eines multivariaten Modells handelt, ist es schwierig eine einzelne Variable als Grund für eine Verzerrung zu identifizieren. Es liegt allerdings die Vermutung nahe, dass die Verzerrung bei der Lernstichprobe durch die Schätzung des Einflusses der Eigenkapitalquote getrieben wird. Das 10%- bzw. 20%-Quantil dieser Variable in der Lernstichprobe liegt bei $-2{,}25$ bzw. $-1{,}04$. Innerhalb dieses Wertebereichs schneidet die lineare Funktion das Konfidenzband[642] des Splines nach unten. Außerdem tritt die Verzerrung nicht mehr auf, wenn die entsprechenden GLM ohne die Variable KNZ1c geschätzt werden. Des Weiteren überschätzen die GLM bzgl. der Validierungsstichprobe das Risiko einer mittleren Kategorie (Kat. 4) geringfügig.

Bei den **GAM** ist bei der Lernstichprobe eine geringe **Überschätzung** der Insolvenzwahrscheinlichkeit in der zweiten Kategorie vorhanden. Eine weitere Überschätzung tritt in der höchsten Risikokategorie beider Stichproben auf. Dies ist etwas überraschend, da bei jedem Spline einzeln betrachtet, dieser in den hohen Risikobereichen kaum oberhalb der entsprechenden linearen Funktion liegt. Einzig beim Alter liegen die Splines beider GAM bei sehr jungen Unternehmen oberhalb der entsprechenden linearen Funktion. Der Zusammenhang lässt sich erklären, wenn die Anzahl der Risikokategorien erhöht wird. Eine Erhöhung auf 20 Kategorien zeigt zwar weiterhin eine Überschätzung durch die GAM, sie tritt dann allerdings auch bei den GLM auf. Bezüglich der vorherigen Risikokategorie wird das Risiko durch beide Modelltypen nicht oder nur leicht verzerrt, allerdings wird es durch die GLM tendenziell etwas geringer eingeschätzt. Aufgrund der Aggregation der Risikokategorien wird

639 § 147 Abs. 2 Satz 1 SolvV. a. F.
640 Vgl. § 118 S. 3 SolvV a. F.
641 Vgl. Abschnitt 623.
642 In den Abb. des Abschnitts 52 sind die Konfidenzbänder abgebildet. Die entsprechenden Konfidenzintervalle werden ebenso unterschritten.

bei der Verwendung von nur zehn Kategorien die Risikoüberschätzung der risikoreichsten Unternehmen bei den GLM ausgeglichen.

63 Modellbeurteilung unter Berücksichtigung der Fehlerkosten

631 Konzept der kostenorientierten Klassifikationsanalyse

In den Verfahren zur Klassifikationsbewertung aus Abschnitt 62 werden beide Fehlerarten ungewichtet berücksichtigt. In der Regel ist jedoch der Fehler 1. Art als der **gewichtigere Fehler** anzusehen.[643] Die Kosten C(1) des Fehlers 1. Art bestehen bei einer Kreditvergabe hauptsächlich aus ausgefallenen Tilgungen und Zinszahlungen. Hierbei sind der Zeitpunkt des Kreditausfalls und die tatsächliche Ausfallhöhe abzüglich der Kreditbesicherungen zu berücksichtigen.[644] Die Kosten C(0) des Fehlers 2. Art sind die entgangenen Gewinne für den abgelehnten Kredit (Opportunitätskosten).[645] Dies enthält auch entgangene Gewinne aus verbundenen Geschäften, welche durch die Kreditablehnung nicht zustande kommen.[646] Da der Kreditbetrag bei Ablehnung in eine alternative Anlage investiert werden kann, sind die Gewinne durch die Alternativanlage zu berücksichtigen.[647] In der wissenschaftlichen Literatur

643 Vgl. OEHLER, A./UNSER, M., Finanzwirtschaftliches Risikomanagement, S. 225; TAKAHASHI, K./KUROKAWA, Y./WATASE, K., Corporate bankruptcy prediction, S. 233; WILSON, R./SHARDA, R., Bankruptcy prediction, S. 555. ALPARSLAN/BÄCHSTÄDT/GELDERMANN geben als Bandbreite in der Praxis für den Fehler 1. Art 5–10% und für den Fehler 2. Art 30% an, was wiederum die größere Bedeutung des Fehlers 1. Art in der Praxis widerspiegelt. Vgl. ALPARSLAN, A./BÄCHSTÄDT, K.-H./GELDERMANN, A., Systeme und Kriterien des Finanzratings, S. 101. Ein allgemeingültiges Verhältnis beider Kosten für alle Unternehmen ist aufgrund unterschiedlicher Kostenstrukturen nicht möglich. Vgl. TRUECK, S./RACHEV, S. T., Rating based modeling of credit risk, S. 30.

644 Vgl. UTHOFF, C., Erfolgsoptimale Kreditwürdigkeitsprüfung, S. 32–36. Vgl. ausführlich zur LGD Abschnitt 221.

645 Vgl. BAETGE, J./KIRSCH, H.-J./THIELE, S., Bilanzanalyse, S. 541–542. BAETGE verwendet ein zweistufiges System. Alle als insolvent klassifizierten Unternehmen werden von einem Kreditsachbearbeiter erneut geprüft. Zu C(0) müssen die Sachbearbeiterkosten addiert werden bzw. bei einer richtigen Klassifikationsänderung besteht C(0) aus den Sachbearbeiterkosten. Vgl. BAETGE, J., Empirische Methoden, S. 12–17.

646 Dies gilt besonders im Handel. Vgl. zu Absatzkrediten AHLERT, D., Absatzkredite.

647 Vgl. UTHOFF, C., Erfolgsoptimale Kreditwürdigkeitsprüfung, S. 32–36.

wird davon ausgegangen, dass i. d. R. die Kosten C(1) die Kosten C(0) übersteigen.[648] Eine Umfrage von GÜNTHER/GRÜNING zeigt, dass diese Meinung ebenfalls in der Praxis vertreten ist.[649] Entsprechen sich die Kosten C(0) und C(1) nicht, wird die Kostenfunktion als **asymmetrische Kostenfunktion** bezeichnet.[650]

Es ist nicht das Ziel der Klassifikation, die absolute Häufigkeit der Fehlklassifikationen zu minimieren. Vielmehr sollen durch die Entscheidungsregel die aus Fehlklassifikationen resultierenden **Kosten minimiert** werden.[651] Die a-posteriori-Wahrscheinlichkeiten für die Klassen werden mit den entsprechenden Kosten C(0) und C(1) gewichtet. Ein Unternehmen wird der Klasse 1 (insolvent) zugeordnet, falls die a-posteriori-Insolvenzwahrscheinlichkeit, gewichtet mit den Kosten C(1), die a-posteriori-Solvenzwahrscheinlichkeit, gewichtet mit den Kosten C(0), nicht unterschreitet. Somit ergibt sich die folgende Entscheidungsregel:

$$\hat{y}_i = \begin{cases} 1, \text{falls} & C(1) * P(1|\mathbf{x}_i) \geq C(0) * P(0|\mathbf{x}_i) \\ 0, \text{falls} & C(1) * P(1|\mathbf{x}_i) < C(0) * P(0|\mathbf{x}_i) \end{cases}$$

Die Entscheidungsregel lässt sich durch Umformen leichter interpretieren. Die Zuordnung zur Klasse 1 erfolgt, wenn die folgende Beziehung gilt:

$$\begin{aligned} & C(1) * P(1|\mathbf{x}_i) \geq C(0) * P(0|\mathbf{x}_i) \\ \Leftrightarrow & \frac{P(1|\mathbf{x}_i)}{P(0|\mathbf{x}_i)} \geq \frac{C(0)}{C(1)} \\ \Leftrightarrow & \frac{P(1|\mathbf{x}_i)}{1 - P(1|\mathbf{x}_i)} \geq \frac{C(0)}{C(1)} \\ \Leftrightarrow & P(1|\mathbf{x}_i) \geq \frac{C(0)}{C(0) + C(1)} \end{aligned} \tag{6.5}$$

648 Vgl. BAETGE, J., Empirische Methoden, S. 12–17; BAETGE, J./KIRSCH, H.-J./THIELE, S., Bilanzanalyse, S. 540; FEIDICKER, M., Kreditwürdigkeitsprüfung, S. 198; ÖSTERREICHISCHE NATIONALBANK/FINANZMARKTAUFSICHT, Ratingmodelle und -validierung, S. 108; UTHOFF, C., Erfolgsoptimale Kreditwürdigkeitsprüfung, S. 36; YANG, Z. R./PLATT, M. B./PLATT, H. D., Bankruptcy prediction, S. 73.

649 Vgl. GÜNTHER, T./GRÜNING, M., Insolvenzprognoseverfahren, S. 55.

650 Vgl. BONNE, T., Kostenorientierte Klassifikationsanalyse, S. 42–43.

651 Vgl. KRAUSE, C., Kreditwürdigkeitsprüfung mit Neuronalen Netzen, S. 6. ALPARSLAN/BÄCHSTÄDT/GELDERMANN beschreiben ebenfalls das Bestreben, den Fehler 1. Art zu minimieren. Vgl. ALPARSLAN, A./BÄCHSTÄDT, K.-H./GELDERMANN, A., Systeme und Kriterien des Finanzratings, S. 101. Da dies zu einer Ablehnung aller Kreditanträge führen würde, wird diesem Ansatz in der vorliegenden Analyse nicht gefolgt.

Die Gleichung (6.5) zeigt, dass sich die **kostenoptimale Entscheidungsregel** aus dem Kostenverhältnis bestimmen lässt. Die absolute Höhe der Kosten hat hierfür keine Bedeutung.[652] Außerdem wird deutlich, dass eine intuitive Klassifikation als insolvent ab einer Insolvenzwahrscheinlichkeit von 50% nur bei gleichen Kosten vorzunehmen ist.[653] Da i. d. R. bei der Insolvenzprognose $C(1) > C(0)$ gilt, liegt der optimale Trennwert auf Basis von (6.5) unter 50%.[654]

Die Konzepte der **kostenoptimalen Entscheidungsregel** und der **ROC-Kurven** lassen sich auch zur Ermittlung des kostenoptimalen Schwellenwerts **kombinieren**. Die Gesamtkosten der Fehlklassifikation ergeben sich durch:

$$K = h_{01} * C(0) + h_{10} * C(1)$$

Dabei werden die absoluten Häufigkeiten der Fehlklassifikationen h_{01} und h_{10} aus der Tab. 6.2 verwendet. Die Gesamtkosten lassen sich durch Umformen im Hinblick auf die Elemente der ROC-Kurve auch darstellen als:

$$\begin{aligned} K &= \frac{h_{01}}{h_{0\bullet}} * h_{0\bullet} * C(0) + \frac{h_{10}}{h_{1\bullet}} * h_{1\bullet} * C(1) \\ &= (1 - SP) * h_{0\bullet} * C(0) + (1 - SE) * h_{1\bullet} * C(1) \end{aligned}$$

Somit sind die **Gesamtkosten** abhängig von der SE aus (6.3) und der SP aus (6.4). Wird die SE bzw. die $1 - SP$ gesucht, welche die Gesamtkosten minimiert, wird im ersten Schritt K nach einem der beiden Kriterien differenziert.[655] Die Differenzierung nach 1-SP ergibt:

$$\frac{\partial K}{\partial (1 - SP)} = h_{0\bullet} * C(0) - \frac{\partial SE}{\partial (1 - SP)} * h_{1\bullet} * C(1) \qquad (6.6)$$

---

652 Vgl. BONNE, T., Kostenorientierte Klassifikationsanalyse, S. 44.

653 Ein Trennwert von 50% wird von BACKHAUS U. A. als standardmäßig bezeichnet. Vgl. BACKHAUS, K. U. A., Multivariate Analysemethoden, S. 271.

654 Vgl. LAITINEN, T./KANKAANPÄÄ, M., Failure prediction methods, S. 70. Abweichend dazu FLETCHER, D./GOSS, E., Forecasting with neural networks, S. 161.

655 Die Minimierung beider Kriterien führt zu gleichen Ergebnissen. Vgl. BONNE, T., Kostenorientierte Klassifikationsanalyse, S. 101.

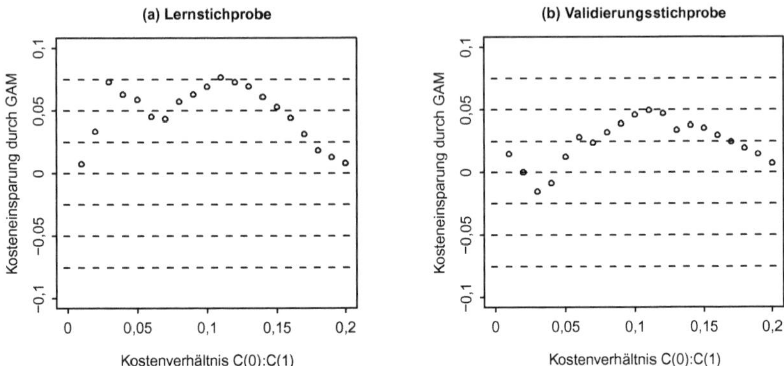

Abb. 6.10: Kostenvergleich der Modelle GAM.opt und GLM.ver

Im zweiten Schritt erfolgt das Nullsetzen und das Umformen von (6.6). Daraus ergibt sich folgende Beziehung:

$$\frac{\partial \mathrm{SE}}{\partial(1-\mathrm{SP})}=\frac{\mathrm{h}_{0\bullet}*\mathrm{C}(0)}{\mathrm{h}_{1\bullet}*\mathrm{C}(1)}$$

Das **Kostenminimum** besteht somit an dem Punkt der ROC-Kurve, an dem die Steigung $(\mathrm{h}_{0\bullet}*\mathrm{C}(0))/(\mathrm{h}_{1\bullet}*\mathrm{C}(1))$ beträgt. Hieraus lässt sich die kostenminimale SE bzw. $1-\mathrm{SP}$ und wiederum der kostenminimale Schwellenwert bestimmen.[656]

632 Fehlklassifikationskosten der Modellschätzungen

Auf Basis der Erläuterungen des vorherigen Abschnitts 631 werden die Kosten i. S. d. kostengewichteten Fehlklassifikation für die GAM und die entsprechenden GLM für verschiedene **Kostenverhältnisse** C(0):C(1) gebildet. Dabei gibt z. B. der Wert 0,2 des Kostenverhältnisses an, dass die Kosten C(1) des gewichtigeren Fehlers 1. Art fünfmal so hoch sind, wie die Kosten C(0) des Fehlers 2. Art. Die absolute Höhe ist dabei in dieser Analyse ohne

656 Alternativ kann anstatt der Minimierung der Gesamtkosten auch der Deckungsbeitrag maximiert werden. Beides führt zum gleichen Ergebnis. Der Deckungsbeitrag sind die durch die Klassifikation vermiedenen Verluste $\mathrm{DB}=\mathrm{h}_{11}*\mathrm{C}(1)-\mathrm{h}_{01}*\mathrm{C}(0)$ bzw. aus der Klassifikation resultierenden Gewinne $\mathrm{DB}=\mathrm{h}_{00}*\mathrm{C}(0)-\mathrm{h}_{10}*\mathrm{C}(1)$. Vgl. BONNE, T., Kostenorientierte Klassifikationsanalyse, S. 100; SCHWARZ, A., Lokale Scoring-Modelle, S. 34.

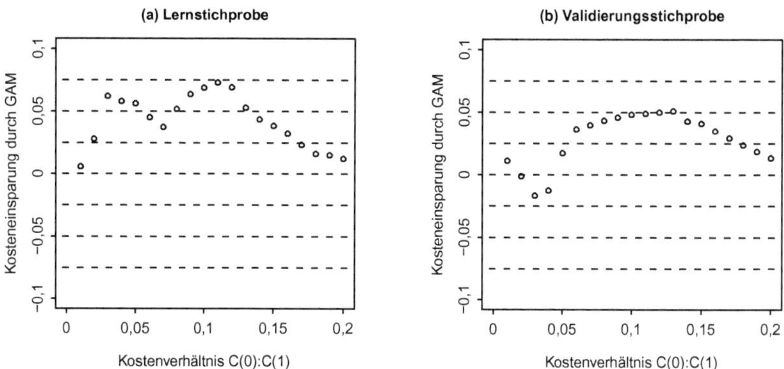

Abb. 6.11: Kostenvergleich der Modelle GAM.ver und GLM.opt

Bedeutung. Die Kostenverhältnisse und die relativen Differenzen der Fehlklassifikationskosten sind in den Abb. 6.10 und 6.11 abgebildet. Dabei muss beachtet werden, dass für jedes Modell und für jedes Kostenverhältnis separat der kostenminimierende Schwellenwert ermittelt wird. Dieser muss nicht notwendigerweise bei beiden zu vergleichenden Modellen übereinstimmen.

Die **Kostendifferenz** beider Modellarten ist abhängig von dem jeweiligen Kostenverhältnis. Bezüglich der in dieser Untersuchung verwendeten Kostenverhältnisse 0,01–0,2 weisen die GAM fast durchgängig niedrigere Kosten aus Fehlklassifikationen auf.[657] Die Kosteneinsparung beträgt beim Modell GAM.opt (GAM.ver) bis zu ≈7,7% (≈7,3%) für die Lernstichprobe. Dabei wird die maximale Kosteneinsparung bei dem Kostenverhältnis 0,11 erzielt.[658] Die Ergebnisse der Lernstichprobe sind auch auf die Validierungsstichprobe übertragbar, wobei die maximale Kosteneinsparung mit ≈5,0% (≈5,1%) geringer ausfällt.

Für das Kostenverhältnis 0,11 sind die **Fehler 1. Art** und die **Fehler 2. Art** separat in der Tab. 6.6 aufgeführt. Aufgrund des Kostenverhältnisses und der damit einhergehenden größeren

657 Verursacht der Fehler 2. Art relativ zum Fehler 1. Art höhere Kosten, gleichen sich die Gesamtkosten beider Vergleichsmodelle an. Dies liegt allerdings nicht an den nichtlinearen Effekten, sondern an der Struktur der Daten. Für höhere Kostenverhältnisse konvergiert der Fehler 1. Art bei allen Modellen gegen 100%. Es ist i. S. d. Kostenminimierung bei den vorliegenden Daten und höheren Kostenrelationen sinnvoll, alle Unternehmen als solvent zu klassifizieren. Ein Grund dafür sind die unterschiedlichen a-priori-Wahrscheinlichkeiten beider Klassen. Höhere Kostenverhältnisse (>0,2) dürften allerdings nicht praxisrelevant sein.

658 BLEIER schlägt die Gewichtung 1:11 für die Kostenarten vor, was annähernd dem Bereich entspricht, in dem die größte relative Kostendifferenz dieser Untersuchung auftritt. Vgl. BLEIER, E., Insolvenzfrüherkennung, S. 167.

Bedeutung des Fehlers 1. Art liegt er relativ betrachtet jeweils niedriger als der Fehler 2. Art. Die in der Tab. dargestellten relativen Fehler ergeben sich auch aus den AUC-Kurven der Abb. 6.5 und 6.6. Die $1 - SE$ ist dabei der relative Fehler 1. Art. Die $1 - SP$ ist wiederum der relative Fehler 2. Art. Dadurch lässt sich mithilfe der AUC zu jedem relativen Fehler der korrespondierende Fehler anderer Art ermitteln.

Lernstichprobe				
Modell	Fehler 1. Art		Fehler 2. Art	
	abs.	(rel.)	abs.	(rel.)
GAM.opt	110	(18,06%)	1.983	(43,32%)
GLM.ver	89	(14,61%)	2.422	(52,91%)
GAM.ver	103	(16,91%)	2.053	(44,84%)
GLM.opt	94	(15,44%)	2.371	(51,79%)
Validierungsstichprobe				
Modell	Fehler 1. Art		Fehler 2. Art	
	abs.	(rel.)	abs.	(rel.)
GAM.opt	104	(18,06%)	2.261	(49,06%)
GLM.ver	135	(23,44%)	2.147	(46,67%)
GAM.ver	135	(23,44%)	1.954	(42,39%)
GLM.opt	139	(24,13%)	2.082	(45,16%)

Tab. 6.6: Fehlklassifikationen

64 Kapitelzusammenfassung

Im vorangegangenen Kapitel sollte die Relevanz der nichtlinearen Effekte in Form der Güteverbesserung durch die GAM analysiert werden. Dies sollte zur Beantwortung der zweiten Fragestellung der vorliegenden Arbeit führen. Die Verwendung unterschiedlicher Gütemaße ergab die folgenden Erkenntnisse:

- Das R^2 nach NAGELKERKE kann in der vorliegenden Untersuchung durch die Berücksichtigung der nichtlinearen Effekte um bis zu $\approx$19% erhöht werden.

- Neben der Log-Likelihood berücksichtigen das AIC und das BIC auch die Modellkomplexität. Da sie bei den GAM größer ist als bei den GLM, sind die Werte der AIC der GAM jeweils nur geringfügig niedriger (höhere Güte). Beim BIC wird für große Stichproben die Modellkomplexität stärker gewichtet als beim AIC. Dadurch sind die

Werte des BIC der GAM sogar höher (niedrigere Güte) als bei den entsprechenden Vergleichsmodellen.

- Beide GAM weisen signifikant höhere Werte für die AUC auf als ihr entsprechendes GLM. Das gilt auch für die Validierungsstichprobe, wobei die Unterschiede bei dieser Stichprobe geringer sind.

- In den praxisrelevanteren höheren Bereichen der SE übersteigen die ROC-Kurven der GAM die ROC-Kurven der GLM. In den Bereichen mit einer niedrigeren SE gleichen sich die ROC-Kurven an.

- Beim Hosmer-Lemeshow-Test kann die Nullhypothese bzgl. der Lernstichprobe jeweils verworfen werden. Dies deutet auf eine systematische Verzerrung der Prognose hin. Die grafische Gegenüberstellung der prognostizierten und der beobachteten Insolvenzraten zeigt allerdings nur sehr geringe Verzerrungen.

- Die unterschiedlichen Kosten des Fehlers 1. Art und des Fehlers 2. Art werden mit Kostenfunktionen bzw. -verhältnissen berücksichtigt. Es kann davon ausgegangen werden, dass der Fehler 1. Art dabei bedeutsamer ist. Für die relevanten Kostenverhältnisse sind in dieser Analyse deutlich geringere Fehlerkosten bei den GAM bzgl. der Lernstichprobe vorhanden. Dies gilt auch für die Validierungsstichprobe, wobei die Abweichung der Fehlerkosten beider Modellarten etwas geringer ist.

Basierend auf den vorangegangenen Erkenntnissen lässt sich folgende **Kernaussage des sechsten Kapitels** treffen: Es gibt deutliche Hinweise auf eine Güteverbesserung durch die Berücksichtigung nichtlinearer Zusammenhänge. Die Verbesserung kann allerdings nicht bei allen Gütemaßen gezeigt werden bzw. fällt teilweise nur gering aus, weshalb die zweite Forschungsfrage nicht vollständig positiv beantwortet werden kann. Indes sind die größten Güteverbesserungen bei den relevanteren Gütemaßen bzw. Bereichen zu verzeichnen.

7 Zusammenfassung und Ausblick

Die vorliegende Arbeit beschäftigte sich mit ökonometrischen Modellen zur Prognose von Unternehmensinsolvenzen auf der Grundlage von Jahresabschlussdaten. Das Ziel der Arbeit bestand darin, mittels einer empirischen Vorgehensweise zu untersuchen, ob die Berücksichtigung nichtlinearer Zusammenhänge in den Modellen aus ökonomischen Gesichtspunkten sinnvoll ist. Dabei sollte das Vorhandensein und die ökonomische Interpretierbarkeit nichtlinearer Zusammenhänge beurteilt werden. Außerdem sollte analysiert werden, ob durch die Berücksichtigung nichtlinearer Effekte die Modellgüte relevant steigt.

Dabei führte der **theoretische Teil** der Untersuchung zu den folgenden Erkenntnissen:

1. Das Kreditrisiko ist ein Teil des allgemeinen Bankenrisikos und besteht in einer Differenz des erwarteten und des realisierten Zahlungsstroms aus der Kreditvergabe. Die erwarteten Verluste gehören dabei nicht zum Kreditrisiko. Einzig die darüber hinausgehenden unerwarteten Verluste stellen das Kreditrisiko dar.

2. Eine zentrale Determinante des Kreditrisikos ist die PD des Schuldners. Diese wird mit Scoring- bzw. Ratingmodellen quantifiziert. Eine systematische Verzerrung der geschätzten PD aufgrund der Nichtbeachtung nichtlinearer Zusammenhänge wirkt sich unmittelbar auf die Eigenkapitalunterlegung und die kalkulierten Standardrisikokosten aus.

3. Die Modellklasse der GLM zur Insolvenz-/Ausfallprognose hat den Vorteil, dass sich der Erwartungswert der abhängigen Variable direkt als Wahrscheinlichkeit für den Eintritt eines Ereignisses interpretieren lässt. Bei den GAM wird der lineare Prädiktor der GLM auf einen additiven Prädiktor erweitert. Dies kann mit Polynom-Splines erfolgen, bei welchen separate Polynome für die verschiedenen Intervalle der erklärenden Variable

geschätzt werden. Die einzelnen Polynome gehen glatt ineinander über. Das Problem der Wahl der Intervallgrenzen wird durch die Verwendung von P-Splines gelöst, bei denen viele Intervalle gebildet und Abweichungen der einzelnen Polynome als Strafterm in die (Log-)Likelihood-Schätzung integriert werden. Die Glattheit des Splines wird dann über einen einzelnen Parameter gesteuert, welcher wiederum durch verschiedene Gütekriterien optimiert werden kann.

Aus dem **empirischen Teil** der vorliegenden Arbeit lassen sich folgende Ergebnisse zusammenfassen, die sich aus den **Voruntersuchungen** ergaben und nicht die zentralen Forschungsfragen beantworten:

4. Innerhalb eines Teilgebiets der Jahresabschlussanalyse sind die Kennzahlen hoch korreliert. Zwischen den Teilgebieten treten nur geringe Korrelationen auf. Dies wird bestätigt durch die Ergebnisse der Clusteranalyse und des Varianz-Inflations-Faktors.

5. Bei der univariaten Analyse basierend auf dem Median-Test sowie dem z-Test verstößt keine Kennzahl gegen die getroffene Arbeitshypothese.

6. In den multivariaten Modellen weisen haftungsbeschränkte Unternehmen c. p. eine signifikant höhere Insolvenzwahrscheinlichkeit auf als haftungsunbeschränkte Unternehmen.

7. Gegenüber dem Handel als Referenzkategorie weisen das Baugewerbe und das verarbeitende Gewerbe c. p. ein signifikant höheres Insolvenzrisiko auf. Kommunikationsunternehmen haben demgegenüber c. p. ein signifikant geringeres Insolvenzrisiko.

8. In allen Modellen werden stets die Jahresabschlusskennzahlen auf Basis der Devianzoptimierung ausgewählt, welche am umfangreichsten bereinigt sind. Dies zeigt die bilanzanalytische Bedeutung der Kennzahlenkorrekturen um bestimmte Jahresabschlusspositionen aufgrund ihres wirtschaftlichen Charakters oder ihrer bilanzpolitischen Manipulierbarkeit auf.

9. Die verwendeten Kennzahlen der Finanz-, Vermögens- und Erfolgsanalyse sowie die Unternehmensgröße und das Unternehmensalter haben einen signifikanten Effekt auf die Insolvenzwahrscheinlichkeit in Übereinstimmung mit den jeweiligen Arbeitshy-

pothesen. Für die Umschlagdauer der Forderungen und die Aufwandsstruktur kann in dieser Analyse kein signifikanter Effekt nachgewiesen werden.

Bezüglich der **zentralen Forschungsfragen** dieser Arbeit wurden folgende Ergebnisse aus der empirischen Analyse erzielt:

10. Die nichtlinearen Zusammenhänge bestehen in einem konstanten Auslaufen der Funktionen für die oberen Bereiche der Eigenkapitalquote, der Gesamtkapitalrendite und des Alters sowie für die unteren Bereiche der Eigenkapitalquote, der Sachanlagenintensität und des Umsatzes als Größenproxy.

11. In den mittleren Bereichen mit vielen Beobachtungen verlaufen die geschätzten Funktionen weitestgehend linear. Auch für die Randbereiche können lineare Funktionsverläufe angenommen werden. Diese haben allerdings eine geringere Steigung als in den mittleren Kennzahlenbereichen. Diese Strukturen können durch einfache Splines vom Grad 1 mit 1 bis 2 Knoten abgebildet werden.

12. Die Verwendung des AdaBoost-Algorithmus führt zu den gleichen Ergebnissen bzgl. der Form der nichtlinearen Effekte.

13. Die Modelle mit der Berücksichtigung der nichtlinearen Effekte weisen ein deutlich höheres R^2 nach NAGELKERKE auf. Die höhere Likelihood wird indes durch die Berücksichtigung der größeren Modellkomplexität egalisiert. Das AIC der GAM ist jeweils nur geringfügig besser (niedriger). Bezüglich des BIC erzielen die GLM aufgrund der stärkeren Gewichtung der Modellkomplexität gegenüber dem AIC sogar eine höhere Güte.

14. Die AUC steigt durch die Berücksichtigung der Nichtlinearitäten nur geringfügig. Die Veränderung ist aber stets signifikant.

15. Die Nullhypothese des Hosmer-Lemeshow-Tests kann bei jedem Modell bzgl. der Lernstichprobe verworfen werden. Eine grafische Überprüfung der Kalibrierung zeigt indes nur geringfügige Verzerrungen.

16. Unter der Berücksichtigung, dass der Fehler 1. Art i. d. R. höhere Kosten verursacht als der Fehler 2. Art, weisen die GAM in den relevanten Kostenbereichen deutlich niedrigere Gesamtkosten auf. Durch die Berücksichtigung der nichtlinearen Zusammenhänge können in dieser Analyse die Kosten durch Fehlklassifikationen bis zu 7,7% gesenkt werden.

17. Die Ergebnisse der AUC und der kostengewichteten Fehlklassifikationsanalyse sind auch auf die Validierungsstichprobe übertragbar. Die Unterschiede zwischen den GLM und den GAM werden allerdings geringer.

Insgesamt konnte in der vorliegenden Arbeit die Existenz der nichtlinearen Zusammenhänge belegt sowie ihre Form dargestellt und ökonomisch interpretiert werden. Während die **erste Fragestellung** somit positiv beantwortet werden kann, gilt dies nicht vollumfänglich für die **zweite Fragestellung**. Die unterschiedlichen Gütemaße verbesserten sich (mit Ausnahme des BIC) durch die Berücksichtigung der Nichtlinearitäten unterschiedlich stark. Die größten Güteverbesserungen traten indes bei den relevanteren Gütemaßen bzw. unter den realistischeren Annahmen, wie die größere Bedeutung des Fehlers 1. Art, auf.

Die Erkenntnisse dieser Untersuchung werden durch die Definition der abhängigen Variable etwas eingeschränkt. Während in der empirischen Analyse die Insolvenz als Kriterium verwendet wurde, ist die Definition eines Ausfalls gemäß den Baseler Eigenkapitalvereinbarungen weiter gefasst. Außerdem beruht diese Ausfalldefinition auf einem kürzeren Prognosehorizont von einem Jahr. Eine Übertragbarkeit der vorliegenden Ergebnisse auf diese Ausfalldefinition kann nicht mit Sicherheit bestätigt werden. Eine weitere **Limitation** besteht bzgl. der fehlenden qualitativen Modellvariablen. Beispielsweise könnte die Managementqualität einen Einfluss auf die Modellgüte haben und in einem Zusammenhang mit der Eigenkapitalquote, der Rendite und der Größe eines Unternehmens stehen. Die dritte und wohl bedeutendste Einschränkung der Ergebnisse besteht in der Beobachtungsanzahl an den Kennzahlenrändern. In diesen Bereichen wurden die nichtlinearen Zusammenhänge identifiziert. Gleichzeitig sind in diesen Bereichen vergleichsweise wenige Beobachtungen vorhanden, wodurch die Konfidenzbänder der Splines weiter werden. In diesem Zusammenhang ist die negative Steigung des Splines des Unternehmensalters bei hohen Kennzahlenwerten in anderen Stichproben nicht in dieser Stärke zu erkennen. Die Limitationen hinsichtlich der Definition der abhängigen Variable, der fehlenden qualitativen Variablen und der Beobachtungsanzahl an den

Kennzahlenrändern bilden einen möglichen Ansatzpunkt für weiterführende Forschungsarbeiten.

Weiterhin könnten Erweiterungen der nichtlinearen Zusammenhänge in zweierlei Hinsicht **weiterführende Forschungserkenntnisse** liefern. Der erste Ansatzpunkt besteht dabei nicht in der nichtlinearen Modellierung einer einzelnen PD, sondern in der Modellierung nichtlinearer Zusammenhänge zwischen einzelnen Risikopositionen. Eine Lösung besteht in der Verwendung von **Copulas**, die solche nichtlinearen Abhängigkeiten abbilden können[659] und für die bereits erste Forschungsarbeiten bestehen.

Der zweite Ansatzpunkt besteht in der Erweiterung der GAM, z. B. durch **mehrdimensionale Splines**. Dadurch können nichtlineare Abhängigkeiten zwischen den einzelnen Kennzahlen und ihr gemeinsamer Einfluss auf die PD berücksichtigt werden. Die in dieser Arbeit aufgestellten Arbeitshypothesen gelten bei manchen Kennzahlen nur in Abhängigkeit anderer Kennzahlen. Beispielsweise kann eine niedrige Eigenkapitalquote wegen des Leverage-Effekts auch Vorteile haben, falls gleichzeitig die Gesamtkapitalrendite über dem Fremdkapitalzinssatz liegt. Außerdem generieren junge Unternehmen in der ersten Zeit häufig einen geringen Umsatz und/oder eine niedrige Rendite. ALTMAN/SABATO/WILSON beschreiben, dass wiederum kleine Unternehmen aufgrund der möglichen Kundenbindung mehr Handelskredite vergeben.[660] Somit werden z. B. die Eigenkapitalquote, die Umschlagdauer der Forderungen, die Unternehmensrendite und die Unternehmensgröße in bestimmten Bereichen von Kennzahlen anderer Analysebereiche beeinflusst.[661]

Bei den beschriebenen Erweiterungen muss ebenfalls die **Kosten-Nutzen-Relation** eines Insolvenzprognosemodells beurteilt werden. Durch die Erweiterungen wird das System noch komplexer und die zusätzliche Modellgüte muss der zusätzlichen Komplexität standhalten. Da sich schon in der vorliegenden Untersuchung teilweise nur geringe Gütesteigerungen ergaben, kann für eine weitere Modellerweiterung mit mehrdimensionalen Splines zumindest angezweifelt werden, ob diese Bedingung erfüllt werden kann.

659 Vgl. CHING, W.-K./SIU, T.-K./LI, L.-M., Markov chain model, S. 84–85; WEISS, G. N. F., Copula-Funktionen, S. 17. Einen Überblick über Copulas gibt BERG, D., Statistical analysis of credit risk, S. 2–12.
660 Vgl. ALTMAN, E. I./SABATO, G./WILSON, N., The value of non-financial information, S. 110.
661 Vgl. hierzu SOBEHART, J. R./STEIN, R. M., Moody's public firm risk model, S. 11.

Anhang

Verwendete Einheitsbilanz und -GuV

Bilanzsumme

Ausstehende Einlagen

Aufwendungen für die Ingangsetzung und Erweiterung des Geschäftsbetriebs

Anlagevermögen

Immaterielle Vermögensgegenstände

Konzessionen, gewerbliche Schutz-

und ähnliche Rechte und Werte sowie Lizenzen

Geschäfts- oder Firmenwert

Geleistete Anzahlungen

Sonstige immaterielle Vermögensgegenstände

Sachanlagen

Grundstücke, grundstücksgleiche Rechte und Bauten

einschließlich der Bauten auf fremden Grundstücken

Technische Anlagen und Maschinen

Andere Anlagen, Betriebs- und Geschäftsausstattung

Geleistete Anzahlungen und Anlagen im Bau

Sonstige Sachanlagen

Finanzanlagen

Anteile an verbundenen Unternehmen

Ausleihungen an Gesellschafter

Ausleihungen an verbundene Unternehmen

Beteiligungen

Ausleihungen an Unternehmen, mit denen ein Beteiligungsverhältnis besteht

Wertpapiere des Anlagevermögens

Sonstige Ausleihungen und Finanzanlagen

Umlaufvermögen

Vorräte

Roh-, Hilfs- und Betriebsstoffe

Unfertige Erzeugnisse, unfertige Leistungen

Fertige Erzeugnisse, Waren

Sonstige Vorräte

Erhaltene Anzahlungen auf Bestellungen (offen aktivisch abgesetzt)

Geleistete Anzahlungen

Forderungen und sonstige Vermögensgegenstände

Davon in den Forderungen und sonstigen Vermögensgegenständen

Verrechnete Wertberichtigungen

Forderungen aus Lieferungen und Leistungen

Forderungen gegen Gesellschafter

Einzahlungsverpflichtungen persönlich haftender

Gesellschafter und Kommanditisten

Forderungen gegen verbundene Unternehmen

Forderungen gegen Unternehmen, mit denen ein Beteiligungsverhältnis besteht

Sonstige Forderungen und Vermögensgegenstände

Wertpapiere des Umlaufvermögens

Anteile an verbundenen Unternehmen

Eigene Anteile

Sonstige Wertpapiere des Umlaufvermögens

Kassenbestand, Bundesbankguthaben, Guthaben bei Kreditinstituten und Schecks

Aktiver Rechnungsabgrenzungsposten

Abgrenzungsposten für latente Steuern

Sonstige Aktiva

Bilanzsumme

- Eigenkapital (ggf. negativer Wert)
- Sonderposten mit Rücklageanteil
- Sonstige Sonderposten
- Rückstellungen
  - Rückstellungen für Pensionen und ähnliche Verpflichtungen
  - Steuerrückstellungen
  - Sonstige Rückstellungen
- Verbindlichkeiten
  - Anleihen
  - Verbindlichkeiten gegenüber Kreditinstituten
  - Erhaltene Anzahlungen
  - Verbindlichkeiten aus Lieferungen und Leistungen
  - Verbindlichkeiten aus der Annahme gezogener Wechsel und der Ausstellung eigener Wechsel
  - Verbindlichkeiten gegenüber Gesellschaftern
  - Verbindlichkeiten gegenüber verbundenen Unternehmen
  - Verbindlichkeiten gegenüber Unternehmen, mit denen ein Beteiligungsverhältnis besteht
  - Sonstige Verbindlichkeiten
- Passiver Rechnungsabgrenzungsposten
- Sonstige Passiva

- Jahresüberschuss/-fehlbetrag
  - Ergebnis der gewöhnlichen Geschäftstätigkeit
    - Betriebsergebnis
      - Rohergebnis
        - Gesamtleistung
          - Umsatzerlöse
          - Erhöhung oder Verminderung des Bestandes an fertigen und unfertigen Erzeugnissen
          - Andere aktivierte Eigenleistungen
        - Materialaufwand
        - Sonstige betriebliche Erträge
      - Personalaufwand
      - Abschreibungen
      - Sonstige betriebliche Aufwendungen
    - Finanz- und Beteiligungsergebnis
      - Netto-Beteiligungsergebnis
      - Netto-Zinsergebnis
  - Außerordentliches Ergebnis und Steuern

Empirische Ergänzungen zu Kapitel 4

	2000	2001	2002	2003	2004	2005	2006	2007
Handel	86	227	526	859	1.174	1.530	1.660	1.983
Verarbeitendes Gewerbe	87	218	431	719	960	1.186	1.171	1.348
Baugewerbe	105	222	466	711	919	1.082	1.066	1.364
Grundstückswesen	25	37	81	138	198	243	263	314
Verkehrswesen	29	58	126	214	300	367	396	487
Kommunikation	18	35	61	88	115	133	166	217
Gesundheitswesen	5	6	12	18	31	46	62	74
Versorger	18	33	52	68	102	127	136	150
Gastgewerbe	5	7	20	31	51	65	66	92
Sonstige	39	105	244	415	619	755	819	1.194

Tab. A.1: Beobachtungsanzahl (Stand Abschnitt 442)

	2000	2001	2002	2003	2004	2005	2006	2007
Handel	0,12	0,13	0,13	0,14	0,15	0,14	0,16	0,15
Verarbeitendes Gewerbe	0,11	0,12	0,14	0,15	0,16	0,18	0,18	0,20
Baugewerbe	0,07	0,06	0,06	0,07	0,06	0,07	0,09	0,10
Grundstückswesen	0,08	0,20	0,16	0,20	0,20	0,20	0,26	0,22
Verkehrswesen	−0,01	0,04	0,05	0,03	0,05	0,05	0,08	0,09
Kommunikation	0,09	0,13	0,15	0,19	0,20	0,21	0,19	0,23
Gesundheitswesen	0,18	0,22	0,18	0,23	0,15	0,22	0,25	0,25
Versorger	0,32	0,26	0,26	0,27	0,21	0,24	0,23	0,23
Gastgewerbe	−0,22	−0,02	−0,13	−0,14	0,07	0,05	0,03	0,04
Sonstige	0,16	0,14	0,14	0,11	0,14	0,14	0,16	0,15

Tab. A.2: Median KNZ1a (Stand Abschnitt 442)

	2000	2001	2002	2003	2004	2005	2006	2007
Handel	0,13	0,17	0,16	0,17	0,19	0,20	0,21	0,19
Verarbeitendes Gewerbe	0,16	0,16	0,19	0,22	0,23	0,25	0,25	0,27
Baugewerbe	0,07	0,08	0,07	0,09	0,09	0,11	0,13	0,13
Grundstückswesen	0,06	0,14	0,19	0,27	0,22	0,23	0,29	0,24
Verkehrswesen	0,01	0,06	0,05	0,05	0,10	0,08	0,12	0,10
Kommunikation	0,10	0,14	0,16	0,20	0,23	0,26	0,25	0,32
Gesundheitswesen	0,20	0,26	0,18	0,24	0,26	0,26	0,30	0,28
Versorger	0,45	0,33	0,31	0,29	0,25	0,31	0,34	0,29
Gastgewerbe	0,03	0,04	−0,09	−0,14	0,09	0,01	0,08	0,02
Sonstige	0,19	0,17	0,14	0,13	0,15	0,19	0,22	0,19

Tab. A.3: Median KNZ1b (Stand Abschnitt 442)

	2000	2001	2002	2003	2004	2005	2006	2007
Handel	0,14	0,17	0,17	0,19	0,20	0,22	0,23	0,21
Verarbeitendes Gewerbe	0,16	0,17	0,20	0,23	0,24	0,27	0,27	0,28
Baugewerbe	0,08	0,08	0,07	0,09	0,09	0,11	0,14	0,13
Grundstückswesen	0,08	0,21	0,20	0,28	0,24	0,25	0,31	0,26
Verkehrswesen	0,01	0,06	0,06	0,05	0,10	0,09	0,13	0,11
Kommunikation	0,11	0,18	0,22	0,22	0,30	0,33	0,31	0,39
Gesundheitswesen	0,23	0,29	0,23	0,25	0,27	0,29	0,30	0,31
Versorger	0,46	0,34	0,31	0,30	0,26	0,33	0,35	0,31
Gastgewerbe	0,05	0,04	−0,09	−0,14	0,09	0,01	0,08	0,02
Sonstige	0,26	0,19	0,15	0,14	0,17	0,22	0,24	0,21

Tab. A.4: Median KNZ1c (Stand Abschnitt 442)

	2000	2001	2002	2003	2004	2005	2006	2007
Handel	0,20	0,19	0,18	0,17	0,17	0,18	0,18	0,18
Verarbeitendes Gewerbe	0,33	0,28	0,30	0,32	0,31	0,31	0,29	0,27
Baugewerbe	0,16	0,16	0,14	0,15	0,16	0,18	0,18	0,17
Grundstückswesen	0,50	0,48	0,77	0,72	0,75	0,80	0,79	0,71
Verkehrswesen	0,66	0,59	0,51	0,51	0,53	0,53	0,52	0,45
Kommunikation	0,14	0,15	0,13	0,12	0,13	0,13	0,15	0,13
Gesundheitswesen	0,77	0,69	0,58	0,66	0,74	0,69	0,67	0,58
Versorger	0,81	0,78	0,78	0,74	0,65	0,63	0,63	0,59
Gastgewerbe	0,29	0,93	0,75	0,70	0,51	0,57	0,59	0,43
Sonstige	0,29	0,20	0,25	0,25	0,25	0,26	0,24	0,22

Tab. A.5: Median KNZ2a (Stand Abschnitt 442)

	2000	2001	2002	2003	2004	2005	2006	2007
Handel	0,15	0,17	0,14	0,14	0,14	0,14	0,15	0,15
Verarbeitendes Gewerbe	0,27	0,25	0,26	0,29	0,29	0,27	0,25	0,24
Baugewerbe	0,14	0,14	0,12	0,12	0,13	0,15	0,16	0,15
Grundstückswesen	0,50	0,48	0,76	0,71	0,69	0,72	0,72	0,66
Verkehrswesen	0,62	0,54	0,46	0,50	0,51	0,51	0,51	0,44
Kommunikation	0,10	0,10	0,07	0,08	0,09	0,09	0,08	0,08
Gesundheitswesen	0,64	0,68	0,52	0,60	0,73	0,62	0,59	0,47
Versorger	0,81	0,76	0,75	0,72	0,63	0,56	0,56	0,54
Gastgewerbe	0,29	0,90	0,74	0,65	0,43	0,49	0,50	0,39
Sonstige	0,24	0,17	0,17	0,17	0,17	0,18	0,17	0,16

Tab. A.6: Median KNZ2b (Stand Abschnitt 442)

	2000	2001	2002	2003	2004	2005	2006	2007
Handel	0,19	0,18	0,17	0,16	0,16	0,17	0,17	0,17
Verarbeitendes Gewerbe	0,30	0,28	0,30	0,32	0,31	0,30	0,28	0,27
Baugewerbe	0,16	0,16	0,13	0,15	0,15	0,17	0,18	0,17
Grundstückswesen	0,61	0,48	0,80	0,78	0,78	0,80	0,79	0,75
Verkehrswesen	0,65	0,57	0,50	0,52	0,53	0,54	0,53	0,48
Kommunikation	0,13	0,17	0,10	0,10	0,11	0,12	0,13	0,12
Gesundheitswesen	0,77	0,69	0,58	0,66	0,74	0,71	0,67	0,54
Versorger	0,83	0,80	0,80	0,77	0,67	0,65	0,63	0,59
Gastgewerbe	0,29	0,93	0,76	0,69	0,55	0,56	0,60	0,40
Sonstige	0,29	0,19	0,24	0,23	0,23	0,24	0,23	0,21

Tab. A.7: Median KNZ2c (Stand Abschnitt 442)

	2000	2001	2002	2003	2004	2005	2006	2007
Handel	0,15	0,17	0,14	0,15	0,14	0,15	0,15	0,15
Verarbeitendes Gewerbe	0,27	0,26	0,27	0,30	0,29	0,28	0,26	0,25
Baugewerbe	0,14	0,14	0,12	0,13	0,14	0,16	0,16	0,15
Grundstückswesen	0,50	0,48	0,80	0,76	0,70	0,74	0,73	0,67
Verkehrswesen	0,63	0,57	0,46	0,51	0,51	0,52	0,51	0,46
Kommunikation	0,11	0,15	0,08	0,10	0,09	0,10	0,09	0,09
Gesundheitswesen	0,64	0,69	0,53	0,60	0,74	0,65	0,59	0,52
Versorger	0,82	0,78	0,79	0,77	0,66	0,61	0,57	0,58
Gastgewerbe	0,29	0,93	0,75	0,69	0,52	0,56	0,58	0,40
Sonstige	0,24	0,18	0,19	0,18	0,19	0,19	0,18	0,17

Tab. A.8: Median KNZ2d (Stand Abschnitt 442)

	2000	2001	2002	2003	2004	2005	2006	2007
Handel	0,21	0,21	0,19	0,18	0,18	0,19	0,20	0,19
Verarbeitendes Gewerbe	0,33	0,32	0,34	0,34	0,34	0,33	0,31	0,30
Baugewerbe	0,18	0,18	0,15	0,15	0,16	0,19	0,20	0,19
Grundstückswesen	0,82	0,49	0,90	0,89	0,87	0,85	0,88	0,82
Verkehrswesen	0,66	0,61	0,53	0,55	0,57	0,58	0,57	0,54
Kommunikation	0,13	0,17	0,13	0,13	0,13	0,16	0,15	0,14
Gesundheitswesen	0,87	0,79	0,71	0,67	0,77	0,78	0,72	0,65
Versorger	0,87	0,86	0,84	0,83	0,74	0,69	0,69	0,66
Gastgewerbe	0,41	0,95	0,80	0,79	0,66	0,74	0,73	0,51
Sonstige	0,36	0,26	0,29	0,27	0,28	0,28	0,27	0,25

Tab. A.9: Median KNZ2e (Stand Abschnitt 442)

	2000	2001	2002	2003	2004	2005	2006	2007
Handel	0,16	0,19	0,16	0,16	0,16	0,17	0,17	0,17
Verarbeitendes Gewerbe	0,31	0,30	0,30	0,32	0,32	0,31	0,28	0,28
Baugewerbe	0,15	0,17	0,13	0,14	0,15	0,17	0,17	0,17
Grundstückswesen	0,60	0,49	0,90	0,89	0,77	0,80	0,80	0,77
Verkehrswesen	0,66	0,61	0,52	0,55	0,55	0,57	0,55	0,50
Kommunikation	0,11	0,17	0,11	0,12	0,12	0,14	0,11	0,11
Gesundheitswesen	0,73	0,79	0,64	0,67	0,77	0,73	0,67	0,57
Versorger	0,87	0,85	0,83	0,81	0,70	0,67	0,61	0,63
Gastgewerbe	0,41	0,95	0,79	0,79	0,61	0,72	0,70	0,51
Sonstige	0,30	0,21	0,24	0,23	0,22	0,23	0,21	0,20

Tab. A.10: Median KNZ2f (Stand Abschnitt 442)

	2000	2001	2002	2003	2004	2005	2006	2007
Handel	0,08	0,08	0,07	0,07	0,06	0,06	0,06	0,06
Verarbeitendes Gewerbe	0,11	0,10	0,10	0,09	0,09	0,09	0,09	0,09
Baugewerbe	0,11	0,11	0,12	0,10	0,09	0,09	0,11	0,10
Grundstückswesen	0,02	0,01	0,03	0,02	0,03	0,02	0,01	0,02
Verkehrswesen	0,12	0,10	0,09	0,10	0,09	0,09	0,09	0,09
Kommunikation	0,15	0,11	0,11	0,11	0,10	0,11	0,11	0,11
Gesundheitswesen	0,13	0,12	0,08	0,08	0,10	0,08	0,08	0,09
Versorger	0,12	0,14	0,10	0,10	0,11	0,11	0,13	0,12
Gastgewerbe	0,06	0,00	0,00	0,00	0,00	0,00	0,00	0,01
Sonstige	0,10	0,09	0,10	0,09	0,09	0,08	0,09	0,09

Tab. A.11: Median KNZ3a (Stand Abschnitt 442)

	2000	2001	2002	2003	2004	2005	2006	2007
Handel	0,08	0,08	0,07	0,07	0,06	0,06	0,06	0,06
Verarbeitendes Gewerbe	0,11	0,11	0,10	0,10	0,09	0,09	0,09	0,09
Baugewerbe	0,11	0,12	0,13	0,12	0,11	0,10	0,12	0,11
Grundstückswesen	0,02	0,01	0,03	0,02	0,03	0,02	0,01	0,02
Verkehrswesen	0,12	0,10	0,09	0,10	0,09	0,09	0,09	0,09
Kommunikation	0,15	0,11	0,11	0,11	0,10	0,11	0,11	0,11
Gesundheitswesen	0,13	0,12	0,08	0,08	0,10	0,08	0,08	0,09
Versorger	0,12	0,14	0,10	0,10	0,12	0,11	0,13	0,12
Gastgewerbe	0,06	0,00	0,00	0,00	0,00	0,00	0,00	0,01
Sonstige	0,10	0,09	0,10	0,09	0,09	0,08	0,09	0,09

Tab. A.12: Median KNZ3b (Stand Abschnitt 442)

	2000	2001	2002	2003	2004	2005	2006	2007
Handel	0,01	0,01	0,01	0,01	0,01	0,01	0,01	0,01
Verarbeitendes Gewerbe	0,01	0,01	0,02	0,01	0,02	0,02	0,02	0,03
Baugewerbe	0,01	0,01	0,01	0,01	0,01	0,02	0,02	0,02
Grundstückswesen	0,00	0,03	0,03	0,03	0,03	0,03	0,05	0,03
Verkehrswesen	0,00	0,01	0,01	0,02	0,02	0,02	0,02	0,02
Kommunikation	0,00	0,01	0,01	0,01	0,01	0,02	0,02	0,03
Gesundheitswesen	0,00	0,01	0,01	0,03	0,02	0,02	0,02	0,03
Versorger	0,03	0,04	0,04	0,04	0,03	0,04	0,04	0,03
Gastgewerbe	0,03	0,00	0,00	0,01	0,04	0,05	0,04	0,03
Sonstige	0,01	0,01	0,01	0,01	0,02	0,02	0,03	0,03

Tab. A.13: Median KNZ4a (Stand Abschnitt 442)

	2000	2001	2002	2003	2004	2005	2006	2007
Handel	0,06	0,07	0,06	0,06	0,08	0,08	0,09	0,08
Verarbeitendes Gewerbe	0,07	0,06	0,07	0,07	0,08	0,08	0,09	0,11
Baugewerbe	0,03	0,04	0,05	0,05	0,06	0,07	0,09	0,08
Grundstückswesen	0,04	0,04	0,04	0,04	0,04	0,04	0,04	0,04
Verkehrswesen	0,05	0,08	0,10	0,13	0,13	0,12	0,11	0,11
Kommunikation	0,03	0,05	0,06	0,08	0,07	0,07	0,08	0,10
Gesundheitswesen	0,03	0,03	0,03	0,04	0,02	0,03	0,03	0,04
Versorger	0,06	0,06	0,05	0,05	0,07	0,08	0,08	0,07
Gastgewerbe	0,22	0,03	0,04	0,09	0,15	0,20	0,13	0,12
Sonstige	0,05	0,05	0,06	0,06	0,08	0,07	0,09	0,09

Tab. A.14: Median KNZ4b (Stand Abschnitt 442)

	2000	2001	2002	2003	2004	2005	2006	2007
Handel	0,02	0,02	0,02	0,02	0,02	0,03	0,03	0,03
Verarbeitendes Gewerbe	0,03	0,03	0,04	0,03	0,04	0,04	0,04	0,05
Baugewerbe	0,02	0,02	0,02	0,02	0,02	0,03	0,04	0,04
Grundstückswesen	0,15	0,09	0,15	0,16	0,15	0,16	0,16	0,15
Verkehrswesen	0,04	0,05	0,04	0,05	0,05	0,05	0,05	0,05
Kommunikation	0,01	0,01	0,02	0,03	0,03	0,03	0,03	0,04
Gesundheitswesen	0,01	0,03	0,03	0,06	0,03	0,04	0,03	0,03
Versorger	0,11	0,09	0,11	0,08	0,07	0,08	0,07	0,07
Gastgewerbe	0,04	0,08	0,04	0,04	0,05	0,09	0,07	0,05
Sonstige	0,03	0,03	0,03	0,03	0,04	0,04	0,05	0,05

Tab. A.15: Median KNZ4c (Stand Abschnitt 442)

	2000	2001	2002	2003	2004	2005	2006	2007
Handel	0,06	0,07	0,06	0,07	0,08	0,08	0,09	0,08
Verarbeitendes Gewerbe	0,07	0,06	0,07	0,07	0,08	0,09	0,09	0,11
Baugewerbe	0,03	0,04	0,05	0,05	0,06	0,07	0,09	0,08
Grundstückswesen	0,04	0,04	0,04	0,04	0,04	0,04	0,05	0,04
Verkehrswesen	0,05	0,09	0,10	0,13	0,14	0,12	0,12	0,12
Kommunikation	0,03	0,06	0,06	0,08	0,07	0,07	0,09	0,10
Gesundheitswesen	0,03	0,03	0,03	0,04	0,02	0,03	0,03	0,04
Versorger	0,06	0,06	0,05	0,06	0,08	0,08	0,08	0,07
Gastgewerbe	0,22	0,03	0,04	0,09	0,15	0,21	0,14	0,12
Sonstige	0,05	0,05	0,06	0,07	0,08	0,08	0,10	0,10

Tab. A.16: Median KNZ4d (Stand Abschnitt 442)

	2000	2001	2002	2003	2004	2005	2006	2007
Handel	0,03	0,03	0,04	0,04	0,04	0,04	0,04	0,04
Verarbeitendes Gewerbe	0,08	0,06	0,08	0,07	0,07	0,07	0,07	0,08
Baugewerbe	0,04	0,05	0,05	0,05	0,05	0,06	0,06	0,06
Grundstückswesen	0,24	0,22	0,29	0,30	0,31	0,31	0,29	0,27
Verkehrswesen	0,15	0,13	0,11	0,13	0,12	0,11	0,10	0,09
Kommunikation	0,06	0,05	0,06	0,06	0,06	0,05	0,06	0,07
Gesundheitswesen	0,08	0,07	0,12	0,13	0,11	0,11	0,09	0,09
Versorger	0,23	0,22	0,22	0,20	0,15	0,16	0,14	0,15
Gastgewerbe	0,08	0,20	0,10	0,12	0,10	0,13	0,09	0,07
Sonstige	0,08	0,08	0,08	0,08	0,08	0,08	0,09	0,09

Tab. A.17: Median KNZ4e (Stand Abschnitt 442)

	2000	2001	2002	2003	2004	2005	2006	2007
Handel	0,12	0,12	0,12	0,13	0,14	0,14	0,15	0,14
Verarbeitendes Gewerbe	0,16	0,13	0,16	0,14	0,16	0,16	0,17	0,19
Baugewerbe	0,09	0,10	0,09	0,10	0,11	0,13	0,16	0,14
Grundstückswesen	0,05	0,07	0,07	0,08	0,08	0,08	0,08	0,08
Verkehrswesen	0,24	0,30	0,29	0,33	0,32	0,29	0,29	0,28
Kommunikation	0,13	0,16	0,19	0,22	0,21	0,17	0,20	0,21
Gesundheitswesen	0,07	0,07	0,09	0,10	0,10	0,10	0,08	0,11
Versorger	0,15	0,15	0,14	0,14	0,16	0,17	0,16	0,17
Gastgewerbe	0,34	0,16	0,13	0,22	0,28	0,45	0,25	0,25
Sonstige	0,16	0,15	0,16	0,16	0,19	0,18	0,20	0,20

Tab. A.18: Median KNZ4f (Stand Abschnitt 442)

	2000	2001	2002	2003	2004	2005	2006	2007
Handel	6,89	7,03	6,52	5,87	5,95	6,25	6,56	5,70
Verarbeitendes Gewerbe	1,58	1,58	1,65	1,60	1,56	1,69	1,80	1,82
Baugewerbe	1,76	1,50	1,35	1,38	1,41	1,52	1,61	1,55
Grundstückswesen	4,07	4,00	3,58	3,82	3,85	3,35	3,36	2,69
Verkehrswesen	1,01	0,46	0,30	0,30	0,31	0,37	0,38	0,47
Kommunikation	1,42	0,97	1,09	1,07	1,02	1,15	1,35	1,02
Gesundheitswesen	0,35	0,28	0,11	0,13	0,28	0,20	0,19	0,20
Versorger	6,22	4,04	2,85	2,62	2,73	2,85	2,81	2,62
Gastgewerbe	0,80	1,10	0,80	0,94	1,02	1,00	0,85	0,83
Sonstige	0,86	0,79	0,83	0,65	0,76	0,73	0,75	0,61

Tab. A.19: Median KNZ5a (Stand Abschnitt 442)

	2000	2001	2002	2003
Handel	1.059.792	1.390.150	1.331.036	1.125.460
Verarbeitendes Gewerbe	1.987.284	2.411.382	2.096.564	1.985.371
Baugewerbe	909.428	803.361	706.698	665.000
Grundstückswesen	6.802.910	6.830.000	5.719.000	3.746.762
Verkehrswesen	499.005	805.988	526.400	464.531
Kommunikation	700.839	706.108	822.006	839.388
Gesundheitswesen	45.279.000	19.965.500	8.880.500	9.098.500
Versorger	16.622.500	24.124.000	15.520.000	14.727.500
Gastgewerbe	91.247	603.064	406.935	329.447
Sonstige	386.000	827.000	584.326	492.840
	2004	2005	2006	2007
Handel	938.624	1.079.515	1.228.743	985.518
Verarbeitendes Gewerbe	1.759.906	1.929.522	2.239.809	2.141.722
Baugewerbe	576.624	571.092	592.983	512.173
Grundstückswesen	3.061.306	3.146.000	3.536.732	2.171.366
Verkehrswesen	563.760	636.489	817.396	771.838
Kommunikation	677.709	878.097	578.237	322.007
Gesundheitswesen	10.812.000	7.095.805	7.608.500	5.890.000
Versorger	8.992.000	9.801.000	7.013.821	7.647.500
Gastgewerbe	140.652	183.162	182.919	181.396
Sonstige	481.567	475.396	590.440	416.617

Tab. A.20: Median KNZ6a (Stand Abschnitt 442)

	2000	2001	2002	2003
Handel	2.979.544	4.223.465	3.569.123	3.305.730
Verarbeitendes Gewerbe	3.508.485	4.213.713	3.963.718	3.602.219
Baugewerbe	1.602.431	1.553.501	1.339.270	1.395.169
Grundstückswesen	3.122.168	2.851.084	2.531.394	1.794.104
Verkehrswesen	1.246.950	1.765.397	1.399.892	1.104.383
Kommunikation	1.747.804	1.669.144	2.090.000	2.158.217
Gesundheitswesen	16.790.000	14.484.500	7.832.000	8.915.500
Versorger	13.544.500	14.047.000	9.647.000	12.142.500
Gastgewerbe	765.552	411.637	457.852	534.877
Sonstige	914.368	1.247.930	972.613	1.015.437
	2004	**2005**	**2006**	**2007**
Handel	3.093.733	3.706.721	4.216.549	2.990.076
Verarbeitendes Gewerbe	3.421.634	3.789.354	4.639.725	4.217.000
Baugewerbe	1.263.896	1.156.277	1.383.431	1.062.414
Grundstückswesen	1.381.770	1.451.254	1.435.000	985.808
Verkehrswesen	1.241.946	1.461.226	1.881.717	1.730.592
Kommunikation	2.044.267	2.216.000	1.537.171	844.900
Gesundheitswesen	10.085.000	7.867.500	8.592.000	7.368.500
Versorger	10.064.500	9.756.000	7.635.937	7.778.000
Gastgewerbe	438.726	588.707	391.914	373.077
Sonstige	989.335	956.744	1.051.000	760.168

Tab. A.21: Median KNZ6b (Stand Abschnitt 442)

	2000	2001	2002	2003
Handel	998.092	1.382.270	1.316.280	1.101.631
Verarbeitendes Gewerbe	1.713.530	2.264.313	2.007.950	1.870.065
Baugewerbe	909.017	789.280	700.839	649.739
Grundstückswesen	6.802.908	6.825.000	5.717.000	3.681.949
Verkehrswesen	499.005	805.988	507.749	456.340
Kommunikation	663.476	678.431	772.707	765.931
Gesundheitswesen	45.279.000	19.858.000	8.844.500	9.066.000
Versorger	16.207.500	23.913.000	14.456.500	11.676.500
Gastgewerbe	91.247	603.064	394.557	329.447
Sonstige	386.000	812.168	548.822	469.523
	2004	2005	2006	2007
Handel	917.854	1.055.443	1.211.563	965.516
Verarbeitendes Gewerbe	1.673.447	1.876.040	2.149.739	2.078.820
Baugewerbe	561.528	565.183	585.649	498.923
Grundstückswesen	3.061.306	3.146.000	3.518.073	2.116.783
Verkehrswesen	555.830	614.788	757.738	730.479
Kommunikation	654.562	787.173	534.652	318.590
Gesundheitswesen	10.794.000	6.698.476	7.566.500	5.615.000
Versorger	7.573.000	9.277.000	6.680.764	7.471.500
Gastgewerbe	140.652	179.578	178.879	179.318
Sonstige	472.062	448.661	551.157	400.808

Tab. A.22: Median KNZ6c (Stand Abschnitt 442)

	2000	2001	2002	2003
Handel	906.080	1.225.000	1.202.177	1.021.366
Verarbeitendes Gewerbe	1.519.092	2.023.702	1.840.000	1.811.490
Baugewerbe	795.431	758.996	664.986	600.588
Grundstückswesen	5.890.363	6.356.000	4.911.124	3.376.505
Verkehrswesen	485.461	742.274	491.937	401.140
Kommunikation	572.721	501.472	756.796	631.954
Gesundheitswesen	42.923.000	17.148.000	7.518.000	8.758.000
Versorger	15.864.000	21.161.000	12.746.500	9.615.000
Gastgewerbe	80.649	584.098	365.760	304.109
Sonstige	371.000	702.000	450.659	414.805
	2004	2005	2006	2007
Handel	823.940	948.188	1.095.957	860.688
Verarbeitendes Gewerbe	1.560.827	1.747.908	2.015.463	1.961.403
Baugewerbe	528.361	511.713	505.328	446.903
Grundstückswesen	2.774.228	2.941.640	3.200.998	1.991.860
Verkehrswesen	533.303	564.609	717.863	671.204
Kommunikation	544.135	685.953	466.189	287.912
Gesundheitswesen	10.380.000	6.221.592	6.894.500	4.658.000
Versorger	6.456.906	8.091.000	5.754.442	5.618.500
Gastgewerbe	124.035	149.142	142.801	157.415
Sonstige	387.000	387.000	470.967	351.041

Tab. A.23: Median KNZ6d (Stand Abschnitt 442)

	2000	2001	2002	2003	2004	2005	2006	2007
Handel	9	11	12	12	13	13	14	14
Verarbeitendes Gewerbe	10	11	13	13	13	15	15	15
Baugewerbe	8	9	9	10	10	11	12	12
Grundstückswesen	10	11	13	12	13	14	15	15
Verkehrswesen	7	8	9	10	11	11	11	12
Kommunikation	7,5	6	7	8	9	10	9	8
Gesundheitswesen	10	10	11	12	13	14	15	14
Versorger	9	10	11	12	10,5	12	12	13
Gastgewerbe	7	6	6,5	10	6	6	7	9,5
Sonstige	7	6	7	8	8	8	9	9

Tab. A.24: Median KNZ7a (Stand Abschnitt 442)

Empirische Ergänzungen zu Kapitel 5

Kennzahl (kategorisiert)	Branche	Haftungs-beschränkung	Kennzahl (kategorisiert)	Branche	Haftungs-beschränkung
Branche	–	0,20	KNZ4a	0,16	0,39
KNZ1a	0,26	0,30	KNZ4b	0,18	0,36
KNZ1b	0,26	0,27	KNZ4c	0,17	0,36
KNZ1c	0,29	0,27	KNZ4d	0,18	0,36
KNZ2a	0,32	0,23	KNZ4e	0,17	0,36
KNZ2b	0,35	0,24	KNZ4f	0,20	0,34
KNZ2c	0,34	0,22	KNZ5a	0,42	0,08
KNZ2d	0,35	0,24	KNZ6a	0,19	0,28
KNZ2e	0,39	0,21	KNZ6b	0,21	0,28
KNZ2f	0,37	0,23	KNZ6c	0,18	0,27
KNZ3a	0,30	0,09	KNZ6d	0,18	0,26
KNZ3b	0,30	0,10	KNZ7a	0,23	0,09

Tab. A.25: Kontingenzkoeffizienten (Lernstichprobe)

Kennzahl	VIF (komplett)	VIF (außerhalb)	Kennzahl	VIF (komplett)	VIF (außerhalb)
KNZ1a	4,26	1,10	KNZ4a	5,28	1,04
KNZ1b	34,75	1,17	KNZ4b	65,67	1,05
KNZ1c	33,45	1,19	KNZ4c	16,55	1,05
KNZ2a	25,84	1,44	KNZ4d	76,09	1,04
KNZ2b	108,15	1,45	KNZ4e	10,31	1,21
KNZ2c	432,97	1,43	KNZ4f	12,52	1,13
KNZ2d	525,61	1,45	KNZ5a	1,09	1,09
KNZ2e	396,98	1,45	KNZ6a	215,97	1,17
KNZ2f	398,17	1,46	KNZ6b	3,32	1,17
KNZ3a	7,44	1,11	KNZ6c	246,23	1,17
KNZ3b	8,08	1,20	KNZ6d	36,22	1,22
			KNZ7a	1,10	1,10

Tab. A.26: Varianz-Inflations-Faktoren (Lernstichprobe)

	KNZ1a	KNZ1b	KNZ1c	KNZ2a	KNZ2b	KNZ2c	KNZ2d	KNZ2e	KNZ2f
KNZ1a	1								
KNZ1b	0,85	1							
KNZ1c	0,84	0,98	1						
KNZ2a	−0,03	−0,03	−0,04	1					
KNZ2b	−0,04	−0,01	−0,02	0,93	1				
KNZ2c	−0,02	−0,02	−0,03	0,98	0,95	1			
KNZ2d	−0,04	−0,03	−0,04	0,94	0,99	0,96	1		
KNZ2e	0,01	0,01	0,02	0,96	0,93	0,98	0,94	1	
KNZ2f	−0,01	−0,01	0,00	0,92	0,97	0,94	0,98	0,96	1
KNZ3a	0,02	0,03	0,01	−0,19	−0,18	−0,20	−0,18	−0,22	−0,20
KNZ3b	0,03	0,04	0,01	−0,18	−0,17	−0,19	−0,18	−0,23	−0,22
KNZ4a	0,09	0,12	0,13	0,06	0,07	0,06	0,06	0,08	0,08
KNZ4b	−0,06	−0,01	0,00	0,04	0,05	0,04	0,05	0,05	0,06
KNZ4c	0,05	0,08	0,09	0,13	0,14	0,12	0,13	0,14	0,15
KNZ4d	−0,05	−0,02	−0,01	0,04	0,04	0,03	0,04	0,05	0,06
KNZ4e	0,05	0,08	0,08	0,33	0,34	0,32	0,34	0,33	0,35
KNZ4f	−0,04	−0,02	0,01	0,13	0,12	0,12	0,13	0,17	0,18
KNZ5a	0,03	0,02	0,02	−0,11	−0,09	−0,11	−0,09	−0,11	−0,09
KNZ6a	0,14	0,15	0,13	0,07	0,07	0,07	0,06	0,06	0,05
KNZ6b	0,13	0,14	0,12	−0,02	−0,02	−0,01	−0,02	−0,03	−0,03
KNZ6c	0,14	0,16	0,14	0,07	0,07	0,07	0,06	0,06	0,05
KNZ6d	0,14	0,15	0,12	0,08	0,08	0,08	0,07	0,05	0,04
KNZ7a	0,05	0,07	0,06	0,05	0,04	0,05	0,04	0,04	0,03

	KNZ3a	KNZ3b	KNZ4a	KNZ4b	KNZ4c	KNZ4d	KNZ4e	KNZ4f	KNZ5a
KNZ3a	1								
KNZ3b	0,90	1							
KNZ4a	0,01	−0,01	1						
KNZ4b	−0,07	−0,08	0,73	1					
KNZ4c	0,03	0,01	0,89	0,75	1				
KNZ4d	−0,07	−0,09	0,73	0,99	0,75	1			
KNZ4e	0,02	0,00	0,76	0,60	0,90	0,60	1		
KNZ4f	−0,11	−0,14	0,66	0,91	0,68	0,92	0,62	1	
KNZ5a	−0,03	−0,02	−0,03	0,01	−0,06	0,01	−0,11	−0,03	1
KNZ6a	0,00	0,03	−0,06	−0,12	−0,02	−0,13	0,02	−0,15	0,08
KNZ6b	−0,05	0,01	−0,09	−0,07	−0,09	−0,08	−0,12	−0,11	0,20
KNZ6c	0,00	0,04	−0,06	−0,12	−0,02	−0,13	0,02	−0,15	0,08
KNZ6d	0,01	0,09	−0,07	−0,13	−0,02	−0,13	0,01	−0,17	0,07
KNZ7a	−0,04	−0,02	−0,01	−0,05	−0,01	−0,05	−0,02	−0,08	−0,02

	KNZ6a	KNZ6b	KNZ6c	KNZ6d	KNZ7a
KNZ6a	1				
KNZ6b	0,80	1			
KNZ6c	1,00	0,80	1		
KNZ6d	0,97	0,79	0,98	1	
KNZ7a	0,27	0,24	0,27	0,27	1

Tab. A.27: Korrelationsmatrix (Lernstichprobe)

Kennzahl	y=0 (n=4.578)			y=1 (n=609)			Prüfgröße	
	$\bar{x}$	SD	$n_{<M}$	$\bar{x}$	SD	$n_{<M}$	PG_M	PG_z
KNZ1a	−0,16	2,66	2.194	−0,82	2,60	399	66,46***	−5,92***
KNZ1b	−0,14	2,07	2.161	−0,89	2,17	432	120,98***	−8,02***
KNZ1c	−0,05	2,18	2.158	−0,86	2,25	435	126,74***	−8,33***
KNZ2a	0,19	0,93	2.232	−0,02	0,86	361	23,76***	−5,52***
KNZ2b	0,30	1,13	2.232	0,04	0,98	361	23,76***	−6,06***
KNZ2c	0,21	0,97	2.233	−0,01	0,88	360	22,92***	−5,68***
KNZ2d	0,28	1,11	2.236	0,04	0,97	357	20,51***	−5,66***
KNZ2e	0,17	0,93	2.226	−0,07	0,82	367	29,07***	−6,69***
KNZ2f	0,25	1,06	2.232	−0,01	0,90	361	23,76***	−6,68***
KNZ3a	0,23	1,00	2.317	0,38	1,16	276	6,04*	3,06**
KNZ3b	0,27	1,09	2.311	0,43	1,27	282	3,77	2,89**
KNZ4a	0,85	3,23	2.215	−0,10	3,12	378	40,20***	−6,97***
KNZ4b	0,66	2,16	2.196	−0,03	1,93	397	63,68***	−8,20***
KNZ4c	0,48	1,79	2.217	−0,03	1,68	376	38,05***	−6,92***
KNZ4d	0,67	2,17	2.201	0,00	2,00	392	56,98***	−7,62***
KNZ4e	0,35	1,28	2.219	−0,05	1,12	374	35,95***	−8,23***
KNZ4f	0,49	1,53	2.200	−0,03	1,31	393	58,29***	−9,05***
KNZ5a	1,13	3,71	2.301	0,96	3,13	292	1,16	−1,20
KNZ6a	2,01	4,92	2.273	0,93	2,98	320	1,79	−7,65***
KNZ6b	1,90	4,59	2.271	0,81	2,69	322	2,28	−8,51***
KNZ6c	2,03	4,98	2.267	0,91	2,92	326	3,44	−8,08***
KNZ6d	2,16	5,23	2.271	1,11	3,35	322	2,28	−6,70***
KNZ7a	0,21	0,95	2.170	−0,08	0,73	370	41,29***	−8,89***

$\bar{x}$	arithmetischer Mittelwert
SD	Standardabweichung
n	Stichprobengröße
$n_{<M}$	Stichprobengröße mit Wert kleiner als der Median der Gesamtdaten
PG_M	Prüfgröße Mediantest
PG_z	Prüfgröße z-Test
Signifikanz	*** p-value<0,001, ** p-value<0,01, * p-value<0,05

Tab. A.28: Analytische Mittelwertvergleiche (Lernstichprobe)

Variable	Koef.	SF	Variable	Koef.	SF
Konstante	−2.19***	0.11	KNZ1c (u. Ab.)	0.53***	0.10
			KNZ1c	−0.56***	0.08
			KNZ1c (o. Ab.)	0.47**	0.16
Verarbeitendes Gewerbe	0.31*	0.13	KNZ2f	−0.07	0.06
Baugewerbe	0.73***	0.13	KNZ2f (o. Ab.)	−0.97*	0.44
Grundstückswesen	−0.41	0.33	KNZ3a	0.07	0.04
Verkehrswesen	0.35	0.20	KNZ4f	−0.30***	0.06
Kommunikation	−1.45**	0.60	KNZ4f (o. Ab.)	0.31**	0.11
Gesundheitswesen	−0.89	0.73	KNZ5a	−0.01	0.01
Versorger	−0.86	0.53	KNZ6b	0.14	0.09
Gastgewerbe	−0.10	0.64	KNZ6b (o. Ab.)	−0.23*	0.10
Sonstige	0.07	0.16	KNZ7a	−0.71***	0.11
Haftung=1	−0.73***	0.16	KNZ7a (o. Ab.)	0.71***	0.19

*** p-value<0,001, ** p-value<0,01, * p-value<0,05 (LR-Test)
u. Ab.: unterer Abschnitt
o. Ab.: oberer Abschnitt

Tab. A.29: Modellschätzung GAM.opt des Abschnitts 53

Variable	Koef.	SF	Variable	Koef.	SF
Konstante	−2.22***	0.11	KNZ1c (u. Ab.)	0.53***	0.10
			KNZ1c	−0.56***	0.08
Verarbeitendes Gewerbe	0.34**	0.13	KNZ1c (o. Ab.)	0.47**	0.16
Baugewerbe	0.74***	0.13	KNZ2e	−0.16**	0.06
Grundstückswesen	−0.40	0.33	KNZ3a	0.06	0.04
Verkehrswesen	0.38	0.20	KNZ4f	−0.29***	0.06
Kommunikation	−1.43**	0.60	KNZ4f (o. Ab.)	0.30**	0.11
Gesundheitswesen	−0.87	0.73	KNZ5a	−0.01	0.01
Versorger	−0.83	0.53	KNZ6b	0.14	0.09
Gastgewerbe	−0.06	0.64	KNZ6b (o. Ab.)	−0.23*	0.10
Sonstige	0.06	0.16	KNZ7a	−0.71***	0.11
Haftung=1	−0.74***	0.16	KNZ7a (o. Ab.)	0.71***	0.19

*** p-value<0,001, ** p-value<0,01, * p-value<0,05 (LR-Test)
u. Ab.: unterer Abschnitt
o. Ab.: oberer Abschnitt

Tab. A.30: Modellschätzung GAM.ver des Abschnitts 53

Variable	GAM.opt	GAM.ver	GLM.opt	GLM.ver
Verarbeitendes Gewerbe	–	–	–	–
Baugewerbe	0,120	0,120	0,130	0,130
Grundstückswesen	–	–	–	–
Verkehrswesen	–	–	–	–
Kommunikation	–	–	0,010	0,010
Gesundheitswesen	–	–	–	–
Versorger	–	–	–	–
Haftung=1	0,110	0,110	0,130	0,130
KNZ1c	0,260	0,260	0,190	0,190
KNZ2e	–	0,060	0,080	–
KNZ2f	0,080	–	–	0,080
KNZ3a	–	–	–	–
KNZ4f	0,130	0,140	0,160	0,160
KNZ5a	–	–	–	–
KNZ6b	0,130	0,130	0,130	0,130
KNZ7a	0,170	0,180	0,170	0,170

Tab. A.31: Auswahlhäufigkeiten im Boosting-Algorithmus (100 Iterationsschritte)

Variable	GAM.opt	GAM.ver	GLM.opt	GLM.ver
Verarbeitendes Gewerbe	0,024	0,032	0,040	0,040
Baugewerbe	0,092	0,096	0,112	0,112
Grundstückswesen	0,012	0,012	0,012	0,008
Verkehrswesen	–	–	–	–
Kommunikation	0,064	0,064	0,076	0,076
Gesundheitswesen	–	–	–	–
Versorger	0,036	0,036	0,044	0,044
Haftung=1	0,108	0,112	0,140	0,136
KNZ1c	0,196	0,200	0,132	0,136
KNZ2e	–	0,068	0,068	–
KNZ2f	0,104	–	–	0,072
KNZ3a	0,008	0,012	0,012	0,016
KNZ4f	0,100	0,104	0,108	0,104
KNZ5a	–	–	–	–
KNZ6b	0,128	0,132	0,136	0,136
KNZ7a	0,128	0,132	0,120	0,120

Tab. A.32: Auswahlhäufigkeiten im Boosting-Algorithmus (250 Iterationsschritte)

Variable	GAM.opt	GAM.ver	GLM.opt	GLM.ver
Verarbeitendes Gewerbe	0,030	0,034	0,056	0,056
Baugewerbe	0,066	0,066	0,092	0,092
Grundstückswesen	0,036	0,038	0,052	0,052
Verkehrswesen	0,010	0,016	0,012	0,012
Kommunikation	0,064	0,066	0,092	0,090
Gesundheitswesen	0,010	0,010	0,020	0,020
Versorger	0,050	0,050	0,074	0,074
Haftung=1	0,084	0,090	0,130	0,128
KNZ1c	0,162	0,170	0,104	0,104
KNZ2e	–	0,056	0,068	–
KNZ2f	0,100	–	–	0,060
KNZ3a	0,042	0,042	0,030	0,032
KNZ4f	0,106	0,112	0,074	0,104
KNZ5a	0,034	0,040	–	–
KNZ6b	0,096	0,098	0,122	0,120
KNZ7a	0,110	0,112	0,086	0,088

Tab. A.33: Auswahlhäufigkeiten im Boosting-Algorithmus (500 Iterationsschritte)

Variable	Koef.		Variable	Koef.	
	GLM.ver	GLM.opt		GLM.ver	GLM.opt
Konstante	−1,008	−1,008	KNZ1c	−0,060	−0,060
Verarbeitendes Gewerbe	–	–	KNZ2e	–	−0,049
Baugewerbe	0,168	0,167	KNZ2f	−0,042	–
Grundstückswesen	–	–	KNZ3a	–	–
Verkehrswesen	–	–	KNZ4f	−0,074	−0,074
Kommunikation	−0,026	−0,026	KNZ5a	–	–
Gesundheitswesen	–	–	KNZ6b	−0,014	−0,014
Versorger	–	–	KNZ7a	−0,121	−0,121
Gastgewerbe	–	–			
Sonstige	–	–			
Haftung=1	−0,159	−0,159			

Tab. A.34: Geschätzte Koeffizienten GLM.opt/GLM.ver auf Basis des AdaBoost-Algorithmus mit 100 Iterationen

Variable	Koef.		Variable	Koef.	
	GLM.ver	GLM.opt		GLM.ver	GLM.opt
Konstante	−1,008	−1,008	KNZ1c	−0,079	−0,078
Verarbeitendes Gewerbe	0,053	0,053	KNZ2e	–	−0,077
Baugewerbe	0,262	0,261	KNZ2f	−0,069	–
Grundstückswesen	−0,022	−0,033	KNZ3a	0,008	0,006
Verkehrswesen	–	–	KNZ4f	−0,092	−0,094
Kommunikation	−0,348	−0,350	KNZ5a	–	–
Gesundheitswesen	–	–	KNZ6b	−0,026	−0,026
Versorger	−0,192	−0,193	KNZ7a	−0,160	−0,159
Gastgewerbe	–	–			
Sonstige	–	–			
Haftung=1	−0,295	−0,302			

Tab. A.35: Geschätzte Koeffizienten GLM.opt/GLM.ver auf Basis des AdaBoost-Algorithmus mit 250 Iterationen

Variable	Koef.		Variable	Koef.	
	GLM.ver	GLM.opt		GLM.ver	GLM.opt
Konstante	−1,008	−1,008	KNZ1c	−0,089	−0,088
Verarbeitendes Gewerbe	0,101	0,100	KNZ2e	–	−0,092
Baugewerbe	0,311	0,310	KNZ2f	−0,083	–
Grundstückswesen	−0,189	−0,192	KNZ3a	0,022	0,020
Verkehrswesen	0,021	0,021	KNZ4f	−0,101	−0,102
Kommunikation	−0,560	−0,570	KNZ5a	–	–
Gesundheitswesen	−0,112	−0,114	KNZ6b	−0,033	−0,033
Versorger	−0,432	−0,433	KNZ7a	−0,179	−0,177
Gastgewerbe	–	–			
Sonstige	–	–			
Haftung=1	−0,381	−0,387			

Tab. A.36: Geschätzte Koeffizienten GLM.opt/GLM.ver auf Basis des AdaBoost-Algorithmus mit 500 Iterationen

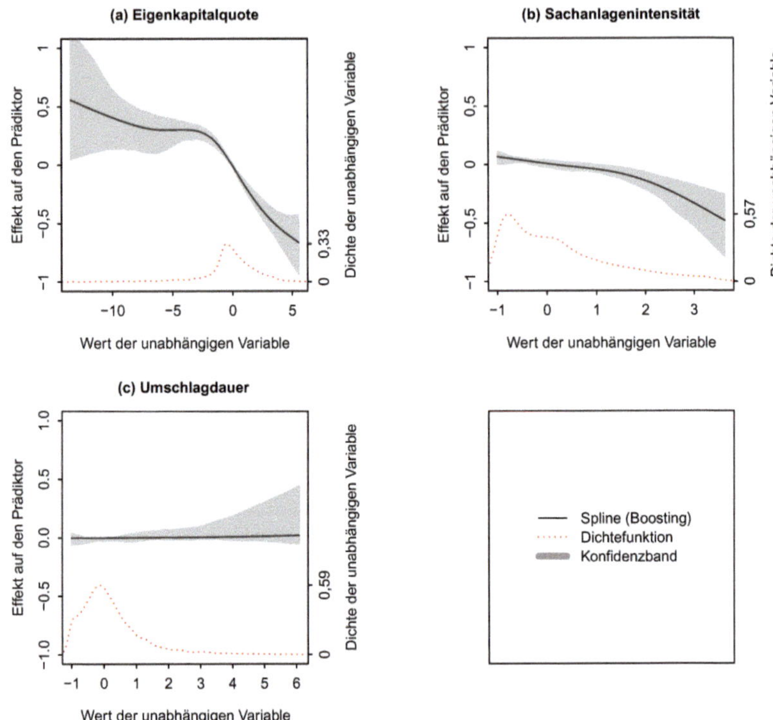

Abb. A.1: Splineverläufe des Modells GAM.opt auf Basis des AdaBoost-Algorithmus mit 250 Iterationen (Teil 1)

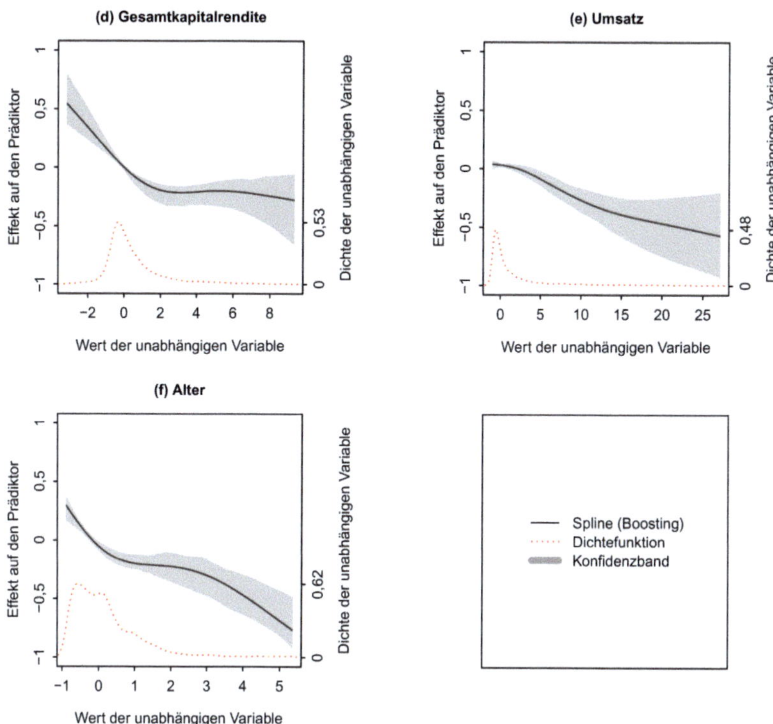

Abb. A.2: Splineverläufe des Modells GAM.opt auf Basis des AdaBoost-Algorithmus mit 250 Iterationen (Teil 2)

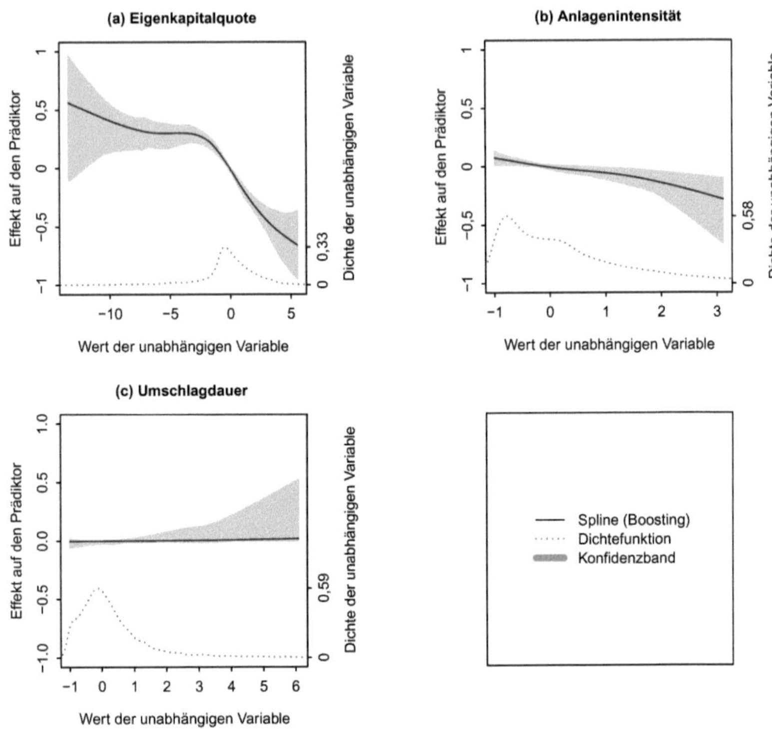

Abb. A.3: Splineverläufe des Modells GAM.ver auf Basis des AdaBoost-Algorithmus mit 250 Iterationen (Teil 1)

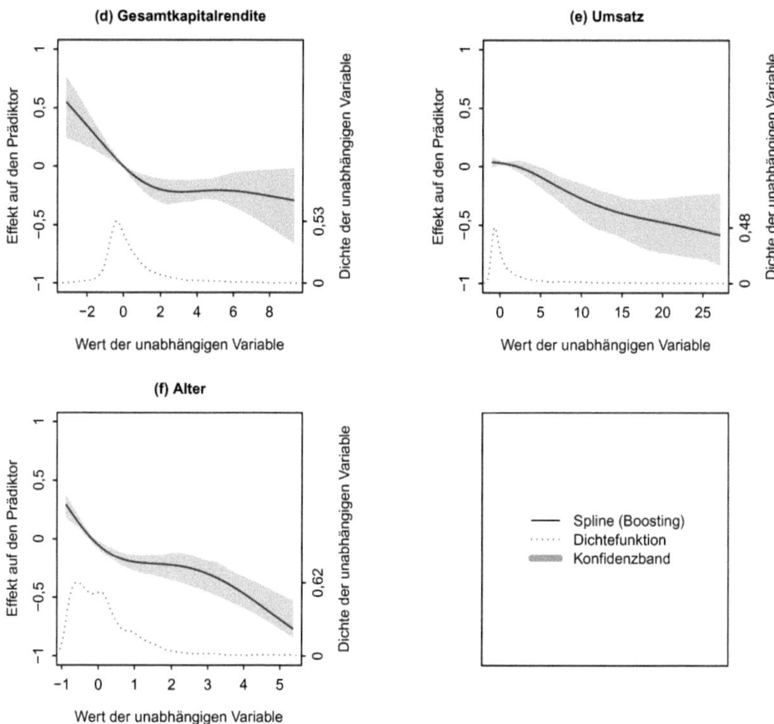

Abb. A.4: Splineverläufe des Modells GAM.ver auf Basis des AdaBoost-Algorithmus mit 250 Iterationen (Teil 2)

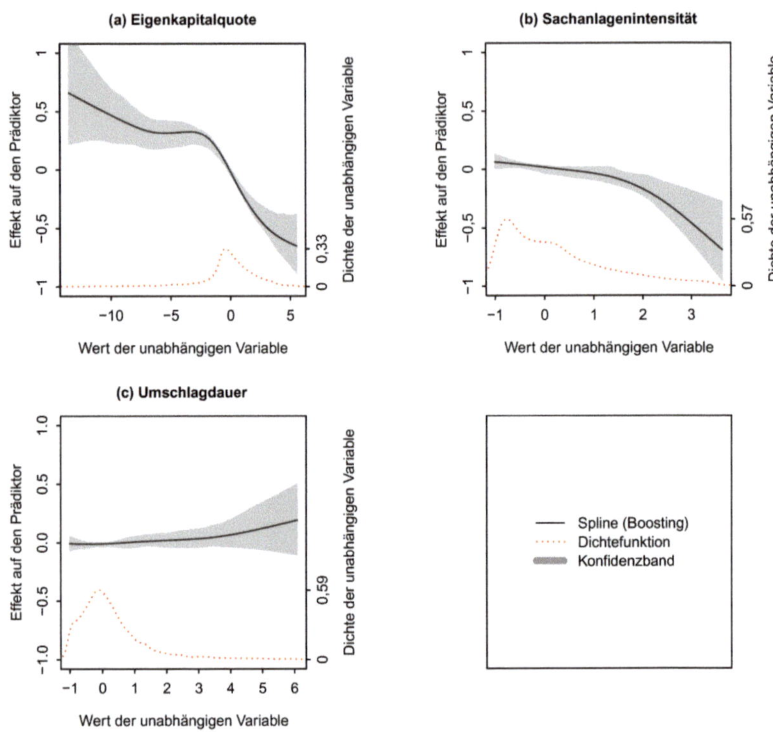

Abb. A.5: Splineverläufe des Modells GAM.opt auf Basis des AdaBoost-Algorithmus mit 500 Iterationen (Teil 1)

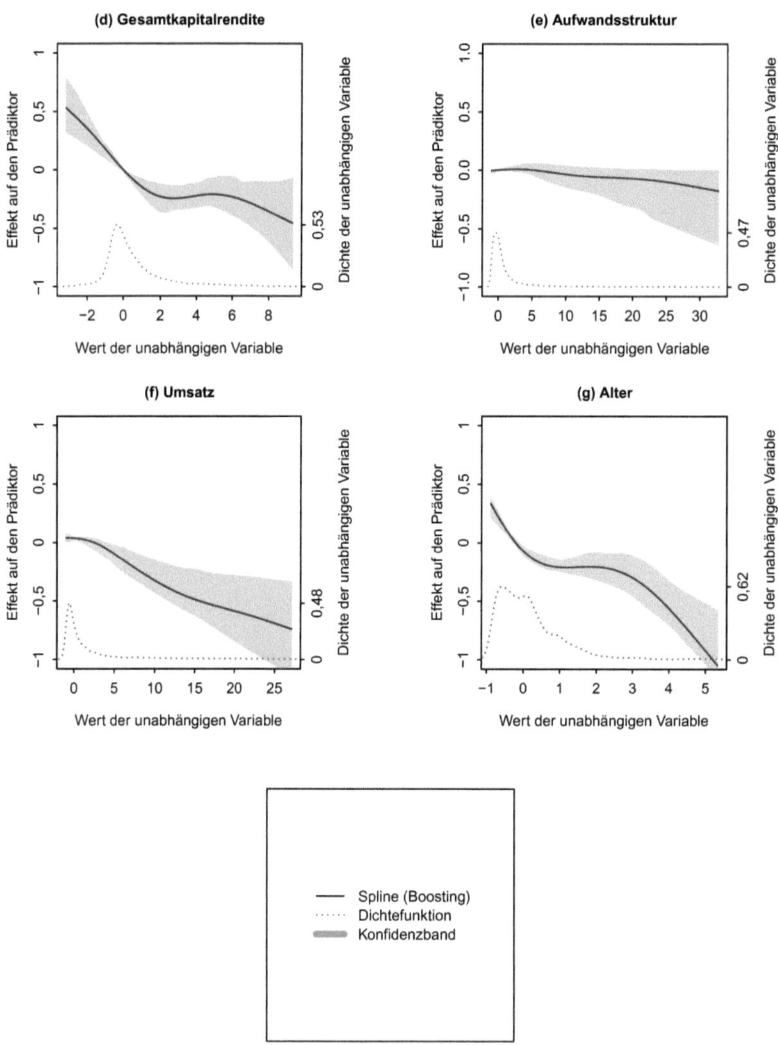

Abb. A.6: Splineverläufe des Modells GAM.opt auf Basis des AdaBoost-Algorithmus mit 500 Iterationen (Teil 2)

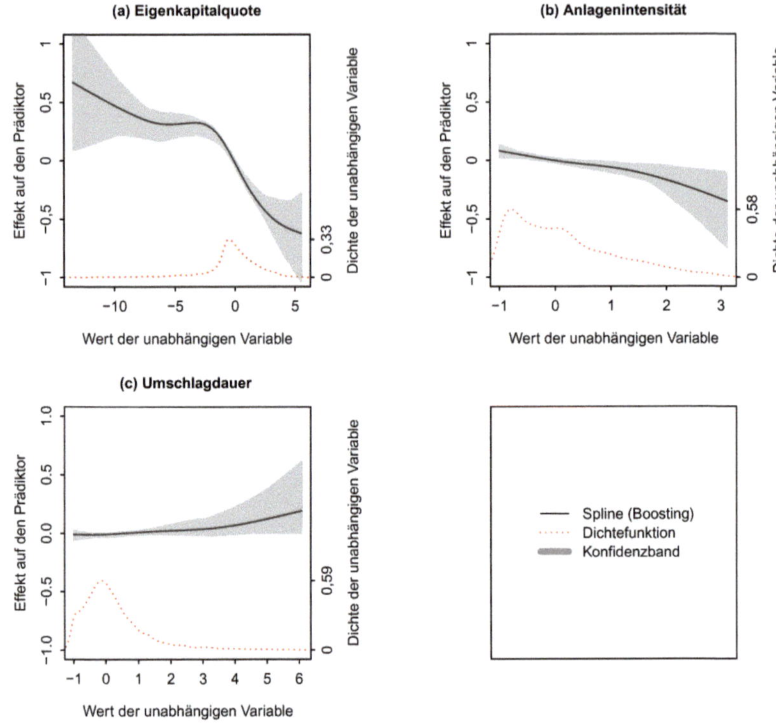

Abb. A.7: Splineverläufe des Modells GAM.ver auf Basis des AdaBoost-Algorithmus mit 500 Iterationen (Teil 1)

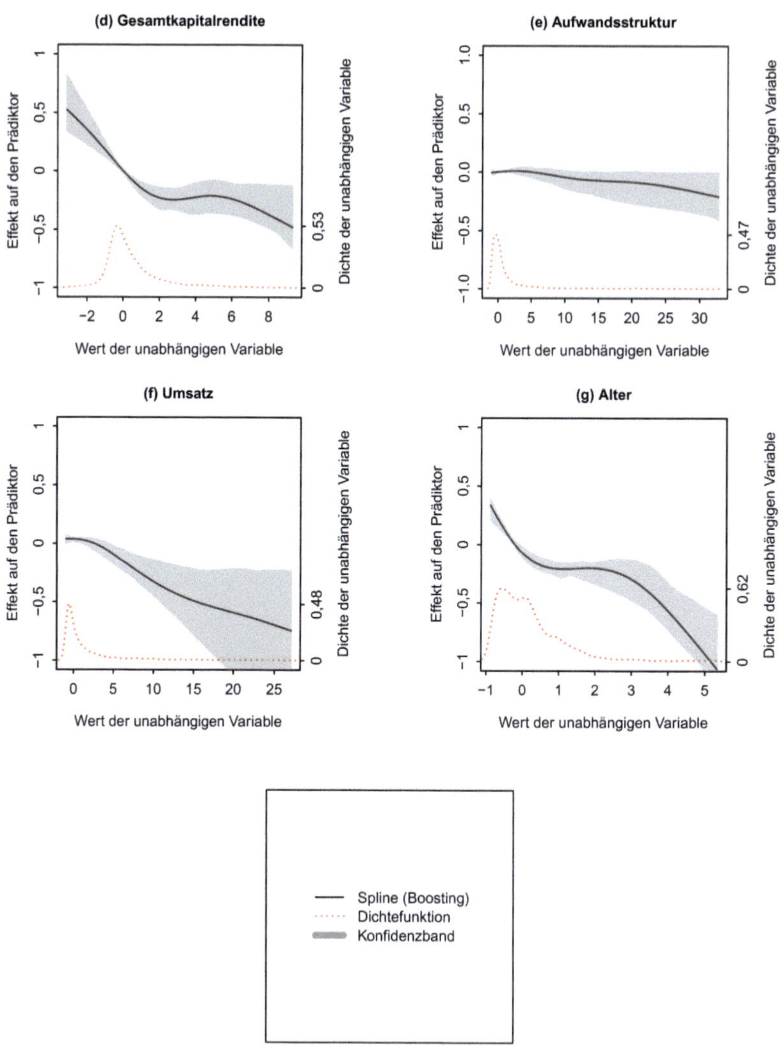

Abb. A.8: Splineverläufe des Modells GAM.ver auf Basis des AdaBoost-Algorithmus mit 500 Iterationen (Teil 2)

Modell	$R^2_{Nagelkerke}$	AUC Lern-stichprobe	AUC Validierungs-stichprobe
GAM.opt (Referenzmodell)	0,149	0,748	0,716
GAM.opt des Abschnitts 53	0,150	0,749	0,719
GAM.opt des Abschnitts 54 (100 IS)	0,136	0,737**	0,718
GAM.opt des Abschnitts 54 (250 IS)	0,165	0,745	0,718
GAM.opt des Abschnitts 54 (500 IS)	0,177	0,748	0,716
GAM.ver (Referenzmodell)	0,148	0,747	0,720
GAM.ver des Abschnitts 53	0,148	0,747	0,725**
GAM.ver des Abschnitts 54 (100 IS)	0,135	0,736**	0,720
GAM.ver des Abschnitts 54 (250 IS)	0,163	0,745	0,722
GAM.ver des Abschnitts 54 (500 IS)	0,175	0,748	0,721

IS: Iterationsschritte

*** p-value<0,001, ** p-value<0,01, * p-value<0,05

(Test auf Unterschied zur AUC des jeweiligen Referenzmodells aus Abschnitt 52. Vgl. zum verwendeten Signifikanztest DELONG, E. R./DELONG, D. M./CLARKE-PEARSON, D. L., Comparing AUC.)

Tab. A.37: Gegenüberstellung der Modellgüten

Literaturverzeichnis

AHLERT, D., Absatzförderung durch Absatzkredite an Abnehmer: Theorie und Praxis der Absatzkreditpolitik (1972), Wiesbaden [Absatzkredite].

AKAIKE, H., Information theory and an extension of the maximum likelihood principle (1973), in: Proceedings of the Second International Symposium on Information Theory, hrsg. v. Petrov, B. N./Csaki, F., Budapest, S. 267–281 [Information theory].

ALFÒ, M./CAIAZZA, S./TROVATO, G., Extending a logistic approach to risk modeling through semiparametric mixing (2005), in: Journal of Financial Services Research, 28 (1–3), S. 163–176 [Extending a logistic approach].

ALP, Ö. S./BÜYÜKBEBECI, E./ÇEKIÇ, A. I./ÖZKURT, F. Y./TAYLAN, P./WEBER, G.-W., CMARS and GAM & CQP: Modern optimization methods applied to international credit default prediction (2010), in: Journal of Computational and Applied Mathematics, 235 (16), S. 4639–4651 [CMARS and GAM & CQP].

ALPARSLAN, A./BÄCHSTÄDT, K.-H./GELDERMANN, A., Systeme und Kriterien des Finanzratings (2007), in: Finanzrating: Gestaltungsmöglichkeiten zur Verbesserung der Bonität, hrsg. v. Achleitner, A.-K./Everling, O./Niggemann, K. A., Wiesbaden, S. 95–121 [Systeme und Kriterien des Finanzratings].

ALTMAN, E. I., Predicting financial distress of companies: Revisiting the z-score and the zeta models (2002), in: Bankruptcy, Credit Risk and High Yield Junk Bonds, hrsg. v. Altman, E. I., Oxford, S. 7–37 [Predicting financial distress].

ALTMAN, E. I., Financial ratios, discriminant analysis and the prediction of corporate bankruptcy (1968), in: Journal of Finance, 23 (4), S. 589–609 [Financial ratios].

ALTMAN, E. I./HALDEMAN, R. G./NARAYANAN, P., Zeta™ analysis: A new model to identify bankruptcy risk of cooperations (1977), in: Journal of Banking and Finance, 1 (1), S. 29–54 [Zeta analysis].

ALTMAN, E. I./LEVALEE, M. Y., Business failure classification in Canada (1981), in: Journal of Business Administration, 12 (2), S. 147–164 [Business failure classification].

ALTMAN, E. I./MARCO, G./VARETTO, F., Corporate distress diagnosis: Comparisons using linear discriminant analysis and neural networks (the italian experience) (1994), in: Journal of Banking and Finance, 18 (3), S. 505–529 [Corporate distress diagnosis].

ALTMAN, E. I./MARGAINE, M./SCHLOSSER, M./VERNIMMEN, P., Financial and statistical analysis for commercial loan: A french experience (1974), in: Journal of Financial and Quantitative Analysis, 9 (2), S. 195–211 [Financial and statistical analysis].

ALTMAN, E. I./NARAYANAN, P., An international survey of business failure classification models (1997), in: Financial Markets, Institutions & Instruments, 6 (2), S. 1–57 [Business failure classification models].

ALTMAN, E. I./SABATO, G./WILSON, N., The value of non-financial information in small and medium-sized enterprise risk management (2010), in: Journal of Credit Risk, 6 (2), S. 95–127 [The value of non-financial information].

ALTMAN, E. I./SAUNDERS, A., Credit risk measurement: Developments over the last 20 years (1998), in: Journal of Banking and Finance, 21 (12), S. 1721–1742 [Credit risk measurement].

AMEMIYA, T., Advanced econometrics (1986), Basil [u. a.] [Advanced econometrics].

AMEMIYA, T., Qualitative response models: A survey (1981), in: Journal of Economic Literature, 19 (4), S. 483–536 [Qualitative response models].

ANANDARAJAN, M./LEE, P./ANANDARAJAN, A., Bankruptcy prediction of financially stressed firms: An examination of the predictive accuracy of artificial neural networks (2001), in: International Journal of Intelligent Systems in Accounting, Finance & Management, 10 (2), S. 69–81 [Bankruptcy prediction].

ANDERS, U./SZCZESNY, A., Prognose von Insolvenzwahrscheinlichkeiten mit Hilfe logistischer neuronaler Netzwerke: Eine Untersuchung von kleinen und mittleren Unternehmen (1998), in: ZfbF, 50 (10), S. 892–915 [Prognose von Insolvenzwahrscheinlichkeiten].

ANDERSSON, A./VANINI, P., Credit-migration risk modeling (2010), in: Journal of Credit Risk, 6 (1), S. 3–30 [Credit-migration risk modeling].

ANDO, T., Penalized optimal scoring for the classification of multi-dimensional functional data (2009), in: Statistical Methodology, 6 (6), S. 565–576 [Penalized optimal scoring].

ANDRESS, H.-J./HAGENAARS, J. A./KÜHNEL, S., Analyse von Tabellen und kategorialen Daten: Log-lineare Modelle, latente Klassenanalyse, logistische Regression und GSK-Ansatz (1997), Berlin [u. a.] [Analyse von Tabellen und kategorialen Daten].

ARMINGER, G./ENACHE, D./BONNE, T., Analyzing credit risk data: A comparison of logistic discrimination, classification tree analysis, and feedforward networks (1997), in: Computational Statistics, 12 (2), S. 293–310 [Analyzing credit risk data].

ATIYA, A. F., Bankruptcy prediction for credit risk using neural networks: A survey and new result (2001), in: IEEE Transactions on Neural Network, 12 (4), S. 929–935 [Bankruptcy prediction using neural networks].

VON AUER, L., Ökonometrie: Eine Einführung (2013), Berlin [u. a.], 6. Aufl. [Ökonometrie].

BACK, B./LAITINEN, T./KAISA, S./VAN WENZEL, M., Choosing bankruptcy predictors using discriminant analysis, logit analysis, and genetic algorithms (1996), Technical Report

1996/40, Turku Centre for Computer Science, University of Turku/Åbo Akademi University. [Choosing bankruptcy predictors].

BACKHAUS, K./ERICHSON, B./PLINKE, W./WEIBER, R., Multivariate Analysemethoden: Eine anwendungsorientierte Einführung (2011), Berlin [u. a.], 13. Aufl. [Multivariate Analysemethoden].

BAESENS, B./TIONO, R./MUES, C./VANTHIENEN, J., Using neural network rule extraction and decision tables for credit-risk evaluation (2003), in: Management Science, 49 (3), S. 312–329 [Credit-risk evaluation].

BAESENS, B./VAN GESTEL, T./VIAENE, S./STEPANOVA, M./SUYKENS, J./VANTHIENEN, J., Benchmarking state-of-the-art classification algorithms for credit scoring (2003), in: Journal of the Operational Research Society, 54 (6), S. 627–635 [Benchmarking classification algorithms].

BAETGE, J., Früherkennung von Unternehmenskrisen anhand von Abschlusskennzahlen (2003), in: Corporate Governance, Internationale Rechnungslegung und Unternehmensanalyse im Zentrum aktueller Entwicklungen: Tagungsband zur 2. Hamburger Revisions-Tagung, hrsg. v. Freidank, C.-C./Schreiber, O. R./Lentfer, T., Hamburg, S. 205–234 [Früherkennung von Unternehmenskrisen].

BAETGE, J., Empirische Methoden zur Früherkennung von Unternehmenskrisen (1998), in: Vorträge N 432, Nordrhein-Westfälische Akademie der Wissenschaften (Natur-, Ingenieur- und Wirtschaftswissenschaften) [Empirische Methoden].

BAETGE, J., Rating von Unternehmen anhand von Bilanzen (1994), in: Die Wirtschaftsprüfung, 47 (1), S. 1–10 [Rating].

BAETGE, J./BEUTER, H. B./FEIDICKER, M., Kreditwürdigkeitsprüfung mit Diskriminanzanalyse (1992), in: Die Wirtschaftsprüfung, 45 (24), S. 749–761 [Kreditwürdigkeitsprüfung].

BAETGE, J./VON KEITZ, I./WÜNSCHE, B., Bilanzbonitäts-Rating von Unternehmen (2007), in: Handbuch Rating, hrsg. v. Büschgen, H. E./Everling, O., Wiesbaden, 2. Aufl., S. 475–496 [Bilanzbonitäts-Rating].

BAETGE, J./KIRSCH, H.-J./THIELE, S., Übungsbuch Bilanzen und Bilanzanalyse: Aufgaben und Fallstudien mit Lösungen (2010), Düsseldorf, 4. Aufl. [Übungsbuch Bilanzen und Bilanzanalyse].

BAETGE, J./KIRSCH, H.-J./THIELE, S., Bilanzanalyse (2004), Düsseldorf, 2. Aufl. [Bilanzanalyse].

BAETGE, J./KRAUSE, C./MERTENS, P., Zur Kritik an der Klassifikation von Unternehmen mit Neuronalen Netzen und Diskriminanzanalysen: Stellungnahme zum Beitrag von Anton Burger (1994), in: ZfB, 64 (9), S. 1181–1191 [Kritik an den Klassifikationsmethoden].

BAETGE, J./MANOLOPOLOUS, P. R., Bilanz-Ratings zur Beurteilung der Unternehmensbonität: Entwicklung und Einsatz des BBR Baetge-Bilanz-Rating® im Rahmen des Benchmarking (1999), in: Die Unternehmung, 53 (5), S. 351–371 [Bilanz-Ratings].

BAETGE, J./UTHOFF, C., Entwicklung eines Bonitätsindexes auf der Basis von Wirtschaftsauskünften der Vereine Creditreform mit Künstlichen Neuronalen Netzen (1998), in: Data mining: Theoretische Aspekte und Anwendungen, hrsg. v. Nakhaeizadeh, G., Heidelberg, S. 289–308 [Entwicklung eines Bonitätsindexes].

BALCAEN, S./OOGHE, H., 35 years of studies on business failure: An overview of the classic statistical methodologies and their related problems (2006), in: British Accounting Review, 38 (1), S. 63–93 [Studies on business failure].

BALCAEN, S./OOGHE, H., Alternative methodologies in studies on business failure: Do they produce better results than the classical statistical methods? (2004), Working Paper 2004/249, University of Gent [Alternative methodologies].

BAMBERG, G./BAUR, F./KRAPP, M., Statistik (2012), München [u. a.], 17. Aufl. [Statistik].

BARNETT, V./LEWIS, T., Outliers in statistical data (1984), Chichester [u. a.], 2. Aufl. [Outliers in statistical data].

BARTH, T./BARTH, D./NASSADIL, J./WERNER, F., Jahresabschlussanalyse mit Bilanzkennzahlen (2014), Konstanz [u. a.] [Jahresabschlussanalyse mit Bilanzkennzahlen].

BASELER AUSSCHUSS FÜR BANKENAUFSICHT, Charta (2013) [Charta].

BASELER AUSSCHUSS FÜR BANKENAUFSICHT, Rahmenregelung für den Umgang mit national systemrelevanten Banken (2012) [National systemrelevante Banken].

BASELER AUSSCHUSS FÜR BANKENAUFSICHT, Global systemrelevante Banken: Bewertungsmethodik und Anforderungen an die zusätzliche Verlustabsorptionsfähigkeit (2011) [Global systemrelevante Banken].

BASELER AUSSCHUSS FÜR BANKENAUFSICHT, Basel III: Ein globaler Regulierungsrahmen für widerstandsfähigere Banken und Bankensysteme (2010) [Basel III].

BASELER AUSSCHUSS FÜR BANKENAUFSICHT, Internationale Konvergenz der Kapitalmessung und Eigenkapitalanforderungen: Überarbeitete Rahmenvereinbarung (2004) [Neue Baseler Eigenkapitalvereinbarung].

BASELER AUSSCHUSS FÜR BANKENBESTIMMUNGEN UND -ÜBERWACHUNGEN, Internationale Konvergenz der Eigenkapitalmessung und Eigenkapitalanforderungen (1988) [Baseler Eigenkapitalvereinbarung].

BAUER, F., Datenanalyse mit SPSS (1986), Berlin [u. a.], 2. Aufl. [Datenanalyse mit SPSS].

BAUER, T. K./FERTIG, M./SCHMIDT, C. M., Empirische Wirtschaftsforschung: Eine Einführung (2009), Berlin [u. a.] [Empirische Wirtschaftsforschung].

BAXMANN, U. G., „Nach dem Risiko ist vor dem Risiko“: Risikomanagement als permanente Herausforderung für die Kreditwirtschaft (2009), in: Risikomanagement, hrsg. v. Baxmann, U. G., Frankfurt (Main), S. 1–24 [Risikomanagement].

BEAVER, W. H., Market prices, financial ratios, and the prediction of failure (1968), in: Journal of Accounting Research, 6 (2), S. 179–192 [Financial ratios].

BEAVER, W. H., Financial ratios as predictors of failure (1966), in: Empirical Research in Accounting: Selected Studies, Supplement to Journal of Accounting Research, 4, S. 71–111 [Predictors of failure].

BECCHETTI, L./SIERRA, J., Bankruptcy risk and productive efficiency in manufacturing firms (2003), in: Journal of Banking and Finance, 27 (11), S. 2099–2120 [Bankruptcy risk].

BECK, N./JACKMAN, S., Beyond linearity by default: Generalized additive models (1998), in: American Journal of Political Sciene, 42 (2), S. 596–627 [Beyond linearity by default].

BECK, S., Insolvenz – Materiellrechtlicher Teil (2014), in: Handbuch des Wirtschafts- und Steuerstrafrechts, hrsg. v. Wabnitz, H.-B./Janovsky, T., München, 4. Aufl. [Insolvenz].

BECKER, G., Ansatzpunkte zur Optimierung des Ratings (2010), in: Debitorenrating: Bonität von Geschäftspartnern richtig einschätzen, hrsg. v. Becker, G. S./Everling, O., Wiesbaden, S. 147–160 [Ratingoptimierung].

BECKER, P./PEPPMEIER, A., Bankbetriebslehre (2013), Herne, 9. Aufl. [Bankbetriebslehre].

BEERMANN, K., Prognosemöglichkeiten von Kapitalverlusten mit Hilfe von Jahresabschlüssen (1976) [Prognose von Kapitalverlusten].

BELLOVARY, J./GIACOMINO, D./AKERS, M., A review of bankruptcy prediction studies: 1930 to present (2007), in: Journal of Financial Education, 33 (4), S. 1–43 [Bankruptcy prediction studies].

BEMMANN, M., Entwicklung und Validierung eines stochastischen Simulationsmodells für die Prognose von Unternehmensinsolvenzen (2007), Dresden [Simulationsmodell für die Insolvenzprognose].

BEN-AKIVA, M. E./LERMAN, S. R., Discrete choice analysis: Theory and application to travel demand (1985), Massachusetts [Discrete choice analysis].

BERG, D., Statistical analysis of credit risk: Topics in default and dependence modelling (2008), unpublished Ph. D. thesis University of Oslo [Statistical analysis of credit risk].

BERG, D., Bankruptcy prediction by generalized additive models (2007), in: Applied Stochastic Models for Business and Industry, 23 (2), S. 129–143 [Bankruptcy prediction].

BERNET, B./WESTERFELD, S., KMU-Ratingmodelle und Ratingqualität: Auswirkungen der Ratingarchitektur auf die ex-ante Risikoklassifikation von KMU-Kreditkontrakten (2008), in: ZfB, 78 (10), S. 1011–1031 [KMU-Ratingmodelle und Ratingqualität].

BEUTELSPACHER, A., Lineare Algebra: Eine Einführung in die Wissenschaft der Vektoren, Abbildungen und Matrizen (2014), Wiesbaden, 8. Aufl. [Lineare Algebra].

BILDERBEEK, J., An empirical study of the predictive ability of financial ratios in the Netherlands (1979), in: ZfbF, 49 (5), S. 388–407 [The predictive ability of financial ratios].

BINDER, U., Schnelleinstieg Controlling (2013), Freiburg, 5. Aufl. [Schnelleinstieg Controlling].

BINDER, U./TUTZ, G., A comparison of methods for the fitting of generalized additive models (2008), in: Statistics and Computing, 18 (1), S. 87–99 [Fitting of GAM].

BLACK, F./COX, J. C., Valuing corporate securities: Some effects on bond indenture provisions (1976), in: Journal of Finance, 31 (2), S. 351–367 [Valuing corporate securities].

BLEIER, E., Insolvenzfrüherkennung mittels praktischer Anwendung der Diskriminanzanalyse (1985), Wien, 2. Aufl. [Insolvenzfrüherkennung].

BLÖCHLINGER, A., The next generation of default prediction models (2012), Working Paper, Zurich Cantonal Bank [Default prediction models].

BLOCHWITZ, S./EIGERMANN, J., Effiziente Kreditrisikobeurteilung durch Diskriminanzanalyse mit qualitativen Merkmalen (1999), in: Handbuch Kreditrisikomodelle und Kreditderivate: Quantifizierung und Management von Kreditrisiken, Strategien mit Kreditderivaten, bankaufsichtliche Anforderungen, hrsg. v. Eller, R./Gruber, W./Reif, M., Stuttgart, S. 3–22 [Effiziente Kreditrisikobeurteilung].

BLOCHWITZ, S./HOHL, S., Validation of banks' internal rating systems: A supervisory perspective (2011), in: The Basel II Risk Parameters: Estimation, Validation, Stress Testing – with Applications to Loan Risk Management, hrsg. v. Engelmann, B./Rauhmeier, R., Berlin [u. a.], 2. Aufl., S. 247–267 [Validation of internal rating systems].

BLOCHWITZ, S./MARTIN, M. R. W./WEHN, C. S., Statistical approaches to PD validation (2011), in: The Basel II Risk Parameters: Estimation, Validation, Stress Testing – with Applications to Loan Risk Management, hrsg. v. Engelmann, B./Rauhmeier, R., Berlin [u. a.], 2. Aufl., S. 293–309 [Statistical approaches to PD validation].

BLUM, M. P., Failing company discriminant analysis (1974), in: Journal of Accounting Research, 12 (1), S. 12–25 [Failing company discriminant analysis].

BÖTTGER, M./GUTHOFF, A./HEIDORN, T., Loss Given Default Modelle zur Schätzung von Recovery Rates (2008), Working Paper 2008/96, Frankfurt School of Finance & Management [LGD-Modelle].

BOHLEY, P., Statistik: Einführendes Lehrbuch für Wirtschafts- und Sozialwissenschaftler (2000), Oldenbourg, 7. Aufl. [Statistik].

BONNE, T., Kostenorientierte Klassifikationsanalyse (2000), Lohmar [u. a.] [Kostenorientierte Klassifikationsanalyse].

BREIDENBACH, S./OHLIGER, T., Berücksichtigung von Nichtlinearitäten im Konzept der Incremental Risk Charge (2012), in: Zeitschrift für das gesamte Kreditwesen, 65 (2), S. 86–89 [Incremental risk charge].

BRÖSEL, G., Bilanzanalyse: Unternehmensbeurteilung auf der Basis von HGB- und IFRS-Abschlüssen (2014), Berlin, 15. Aufl. [Bilanzanalyse].

BRÜDERL, J./PREISENDÖRFER, P./ZIEGLER, R., Survival chances of newly founded business organizations (1992), in: American Sociological Review, 57 (2), S. 227–242 [Survival chances].

BUCHER, B., Länderrating und sein Einfluss auf die Kundenbeurteilung (2010), in: Debitorenrating: Bonität von Geschäftspartnern richtig einschätzen, hrsg. v. Becker, G. S./Everling, O., Wiesbaden, S. 94–107 [Länderrating].

BÜHLMANN, P./HOTHORN, T., Boosting algorithms: Regularization, prediction and model fitting (2007), in: Statistical Science, 22 (4), S. 477–505 [Boosting algorithms].

BUREAU VAN DIJK ELECTRONIC PUBLISHING, Dafne-Datenbank, Hanauer Landstraße 175–179, 60314 Frankfurt am Main [Dafne-Datenbank].

BURKHARD, J./DE GIORGI, E., An intensity-based non-parametric default model for residential mortgage portfolios (2006), in: Journal of Risk, 8 (4), S. 57–95 [Non-parametric default model].

BUSCHMEIER, A., Ratingagenturen: Wettbewerb und Transparenz auf dem Ratingmarkt (2011), Wiesbaden [Ratingagenturen].

BUSSHARDT, H., Kommentar zu § 18 InsO (2014), in: Insolvenzordnung (InsO): Kommentar, hrsg. v. Braun, E., München, 6. Aufl. [§ 18 InsO].

BUSSIEK, J./FRALING, R./HESSE, K., Unternehmensanalyse mit Kennzahlen: Informationsbeschaffung, Potential-Analyse, Jahresabschluß, Arten von Kennzahlen, Kennzahlensysteme, Ergänzende Darstellungsformen, Bilanzkritische und erfolgskritische Kennzahlen (1993), Wiesbaden [Unternehmensanalyse].

CASEY, C./BARTCZAK, N., Using operating cash flow data to predict financial distress: Some extensions (1985), in: Journal of Accounting Research, 23 (1), S. 384–401 [Using operating cash flow data to predict financial distress].

CHEN, S./HÄRDLE, W./MORO, R., Estimation of default probabilities with support vector machines (2006), Discussion Paper SFB 649 2007/35, Humboldt-Universität Berlin [Estimation of default probabilities].

CHENG, K. F./CHU, C. K./HWANG, R.-C., Predicting bankruptcy using the discrete-time semiparametric hazard model (2010), in: Quantitative Finance, 10 (9), S. 1055–1066 [Predicting bankruptcy].

CHING, W.-K./SIU, T.-K./LI, L.-M., An improved multivariate Markov chain model for credit risk (2009), in: Journal of credit risk, 5 (4), S. 83–106 [Markov chain model].

CLAVERO RASERO, B., Statistical aspects of setting up a credit rating system (2006), unveröffentlichte Dissertation TU Kaiserslautern [Setting up a credit rating system].

CLEFF, T., Deskriptive Statistik und moderne Datenanalyse: Eine computergestützte Einführung mit Excel, PASW (SPSS) und STATA (2012), 2. Aufl. [Deskriptive Statistik und moderne Datenanalyse].

CLEVES, M. A., Comparative assessment of three common algorithms for estimating the variance of the area under the nonparametric receiver operating characteristic curve (2002), in: The Stata Journal, 2 (3), S. 280–289 [Estimating the variance of the curve].

COATS, P. K./FANT, L. F., Recognizing financial distress patterns using a neural network tool (1993), in: Financial Management, 22 (3), S. 142–155 [Financial distress patterns].

COENENBERG, A. G./HALLER, A./SCHULTZE, W., Jahresabschluss und Jahresabschlussanalyse: Betriebswirtschaftliche, handelsrechtliche, steuerrechtliche und internationale Grundlagen – HGB, IAS/IFRS, US-GAAP, DRS (2014), Stuttgart, 23. Aufl. [Jahresabschluss und Jahresabschlussanalyse].

COX, D. R./SNELL, E. J., Analysis of binary data (1989), Boca Raton [u. a.], 2. Aufl. [Analysis of binary data].

CRAMER, J. S., Robustness of logit analysis: Unobserved heterogeneity and mis-specified disturbances (2007), in: Oxford Bulletin of Economics and Statistics, 69 (4), S. 545–555 [Omitted Variables].

CRASSELT, N./KIRSTEN, A. S./PELLENS, B., Bedeutung von Ratingkennzahlen für die Investitions- und Finanzplanung (2007), in: Jahrbuch für Controlling und Rechnungswesen, hrsg. v. Seicht, G., Wien, S. 99–113 [Bedeutung von Ratingkennzahlen].

CRASSELT, N./THIELE, S./OHLIGER, T., Das BilMoG vor dem Hintergrund der Baseler Eigenkapitalvereinbarung (Basel II) (2010), hrsg. v. Fink, C./Schultze, W./Winkeljohann, N., Stuttgart , S. 433–452 [BilMoG vor dem Hintergrund von Basel II].

CREDITREFORM, Insolvenzen in Deutschland: Jahr 2014 (2014) [Insolvenzen in Deutschland].

CREDITREFORM RATING AG, Creditreform Bilanzrating: Das Rating-System der Creditreform Rating AG (2009) [Creditreform Bilanzrating].

DAKOVIC, R./CZADO, C./BERG, D., Bankruptcy prediction in Norway: A comparison study (2007), in: Applied Economic Letters, 17 (17), S. 1739–1746 [Bankruptcy prediction in Norway].

DALDRUP, A., Konzeption eines integrierten IV-Systems zur ratingbasierten Quantifizierung des regulatorischen und ökonomischen Eigenkapitals im Unternehmenskreditgeschäft unter Berücksichtigung von Basel II (2007), Göttingen [Eigenkapitalquantifizierung].

DALDRUP, A., Rating, Ratingsysteme und ratingbasierte Kreditrisikoquantifizierung (2006), Working Paper 2006/17, Institut für Wirtschaftsinformatik, Georg-August-Universität Göttingen [Rating].

DE BOOR, C., Splinefunktionen (1990), Basel [u. a.] [Splinefunktionen].

DEAKIN, E. B., Distributions of financial accounting ratios (1976), in: The Accounting Review, 51 (1), S. 90–96 [Distributions of financial accounting ratios].

DEAKIN, E. B., A discriminant analysis of predictors of business failure (1972), in: Journal of Accounting Research, 10 (1), S. 167–179 [Predictors of business failure].

DELONG, E. R./DELONG, D. M./CLARKE-PEARSON, D. L., Comparing the areas under two or more correlated receiver operating characteristic curves: A nonparametric approach (1988), in: Biometrics, 44 (3), S. 837–845 [Comparing AUC].

DEUTSCHE BUNDESBANK, Monatsbericht Juni 2013 (2013), 65 (6) [Monatsbericht Juni 2013].

DEUTSCHE BUNDESBANK, Monatsbericht September 2003 (2003), 55 (9) [Monatsbericht September 2003].

DEUTSCHE BUNDESBANK, Monatsbericht Januar 2002 (2002), 54 (1) [Monatsbericht Januar 2002].

DICKERSON, O. D./KAWAJA, M., The failure rates of business (1967), in: The Financing of Small Business: A Current Assessment, hrsg. v. Pfeffer, I., New York, S. 82–94 [The failure rates of business].

DIMITRAS, A. I./ZANAHKIS, S. H./ZOPOUNNIDIS, C., A survey of business failures with an emphasis on prediction methods and industrial applications: Theory and methodology (1996), in: European Journal of Operational Research, 90 (5), S. 487–513 [Survey of business failures].

DOLIĆ, D., Statistik mit R: Eine Einführung für Wirtschafts- und Sozialwissenschaftler (2004), München [Statistik mit R].

DREGER, C./KOSFELD, R./ECKEY, H.-F., Ökonometrie: Grundlagen – Methoden – Beispiele (2014), Wiesbaden, 5. Aufl. [Ökonometrie].

DRUKARCZYK, J./SCHÜLER, A., Die Eröffnungsgründe der InsO: Zahlungsunfähigkeit, drohende Zahlungsunfähigkeit und Überschuldung (2000), in: Kölner Schrift zur Insolvenzordnung: Das neue Insolvenzrecht in der Praxis, hrsg. v. Arbeitskreis für Insolvenz- und Schiedsgerichtswesen e. V., Herne [u. a.], 2. Aufl., S. 95–139 [Die Eröffnungsgründe der InsO].

ECKES, T./ROSSBACH, H., Clusteranalysen (1980), Stuttgart [u. a.] [Clusteranalysen].

EDMISTER, R. O., An empirical test of financial ratio analysis for small business failure prediction (1972), in: Journal of Financial and Quantitative Analysis, 7 (2), S. 1147–1193 [Empirical test of financial ratio analysis].

EHRMANN, H., Risikomanagement in Unternehmen: Mit Basel III (2012), Herne, 2. Aufl. [Risikomanagement in Unternehmen].

EILERS, P. H. C./MARX, B. D., Flexible smoothing with B-splines and penalties (1996), in: Statistical Science, 11 (2), S. 89–102 [Flexible smoothing].

EISENBEIS, R., Pitfalls in the application of discriminant analysis in business, finance and economics (1977), in: Journal of Finance, 32 (3), S. 875–900 [Discriminant analysis].

ELBRACHT, H. C., Statistische Methoden zur Quantifizierung und Schätzung des Loss Given Default (2011), Lohmar [u. a.] [LGD].

EMERY, K./OU, S., Corporate default and recovery rates: 1920–2008 (Moody's) (2009) [Corporate default and recovery rates].

ENACHE, D., Künstliche neuronale Netze zur Kreditwürdigkeitsüberprüfung von Konsumentenkrediten (1998), Lohmar [u. a.] [Künstliche neuronale Netze].

ENGELMANN, B., Measures of a rating's discriminative power: Applications and limitations (2011), in: The Basel II Risk Parameters: Estimation, Validation, Stress Testing – with Applications to Loan Risk Management, hrsg. v. Engelmann, B./Rauhmeier, R., Berlin [u. a.], 2. Aufl., S. 269–291 [Rating's discriminative power].

ENGELMANN, B./HAYDEN, E./TASCHE, D., Measuring the discriminative power of rating systems (2003), Discussion Paper (Series 2) 2003/1, Deutsche Bundesbank [Power of rating systems].

ERLENMAIER, U., The shadow rating approach: Experience from banking practice (2011), in: The Basel II Risk Parameters: Estimation, Validation, Stress Testing – with Applications to Loan Risk Management, hrsg. v. Engelmann, B./Rauhmeier, R., Berlin [u. a.], 2. Aufl., S. 37–74 [The shadow rating approach].

ERNSTE, H., Angewandte Statistik in Geografie und Umweltwissenschaften (2011), Zürich [Angewandte Statistik].

ESCOTT, P./GLORMANN, F./KOCAGIL, A. E., Moody's RiskCalc™ für nicht börsennotierte Unternehmen: Das Deutsche Modell (2001) [Moody's RiskCalc™ für nicht börsennotierte Unternehmen].

ESTRELLA, A./PARK, S./PERISTIANI, S., Capital ratios and credit ratings as predictors of bank failures (2000), in: Economic Policy Review, 6 (2), S. 33–52 [Predictors of bank failures].

EVERETT, J./WATSON, J., Small business failure and external risk factors (1998), in: Small Business Economics, 11 (4) , S. 371–390 [Small business failure].

EVERLING, O., Wesen und Bedeutung des Finanzratings (2007), in: Finanzrating: Gestaltungsmöglichkeiten zur Verbesserung der Bonität, hrsg. v. Achleitner, A.-K./Everling, O./Niggemann, K. A., Wiesbaden, S. 3–14 [Wesen und Bedeutung des Finanzratings].

FABOZZI, F. J./CHEN, R.-R./HU, S.-Y./PAN, G.-G., Tests of the performance of structural models in bankruptcy prediction (2010), in: Journal of Credit Risk, 6 (2), S. 37–78 [Performance of structural models].

FAHRMEIR, L./HAMERLE, A./TUTZ, G., Kategoriale und generalisierte lineare Regression (1996), in: Multivariate statistische Verfahren, hrsg. v. Fahrmeir, L./Hamerle, A./Tutz, G., Berlin [u. a.], 2. Aufl., S. 239–300 [Kategoriale und generalisierte lineare Regression].

FAHRMEIR, L./KAUFMANN, H./KREDLER, C., Regressionsanalyse (1996), in: Multivariate statistische Verfahren, hrsg. v. Fahrmeir, L./Hamerle, A./Tutz, G., Berlin [u. a.], 2. Aufl., S. 93–168 [Regressionsanalyse].

FAHRMEIR, L./KNEIB, T./LANG, S., Regression: Modelle, Methoden und Anwendungen (2009), Springer, 2. Aufl. [Regression].

FAHRMEIR, L./KÜNSTLER, R./PIGEOT, I./TUTZ, G., Statistik: Der Weg zur Datenanalyse (2010), Berlin [u. a.], 7. Aufl. [Statistik].

FAHRMEIR, L./TUTZ, G., Multivariate statistical modelling based on generalized linear models (2001), New York [u. a.], 2. Aufl. [Generalized linear models].

FALKENSTEIN, E./BORAL, A./CARTY, L. V., RiskCalc™ for Private Companies (2000), Moody's modelling methodology [RiskCalc].

FAN, J./GIJBELS, I., Local polynomial modelling and its applications (1996), Boca Raton [u. a.] [Local polynomial modelling].

FARAWAY, J. J., Linear models with R (2015), Boca Raton [u. a.], 2. Aufl. [Linear models with R].

FEIDICKER, M., Kreditwürdigkeitsprüfung: Entwicklung eines Bonitätsindikators, dargestellt am Beispiel von Kreditversicherungsunternehmen (1992), Düsseldorf [Kreditwürdigkeitsprüfung].

FELL, M., Kreditwürdigkeitsprüfung mittelständischer Unternehmen: Entwicklung eines neuen Ansatzes auf der Basis von Erfolgsfaktoren (1994), Wiesbaden [Kreditwürdigkeitsprüfung].

FELSCHER, K., Krisenursachen und rechnungsgestützte Früherkennung: Die Eignung ausgewählter Subsysteme des Rechnungswesens zur Diagnose von Gefährdungstatbeständen (1988), Pfaffenweiler [Krisenursachen und Früherkennung].

FERNANDES, J. E., Corporate credit risk modeling: Quantitative rating system and probability of default estimation (2005), Working Paper (SSRN) [Corporate credit risk modeling].

FIEBIGER, A., Einfluss des Ratings von Unternehmen auf die Rechnungslegung und Abschlussprüfung: Rating als Möglichkeit zur Verbesserung des Informationsgehalts des Lageberichts nach § 289 HGB (2006), unveröffentlichte Dissertation Universität Würzburg [Einfluss des Ratings].

FIEDMAN, C./SANDOW, S., Financially motivated model performance measures (2006), in: Journal of Credit Risk, 2 (2), S. 69–81 [Model performance measures].

FISCHER, A., Qualitative Merkmale in bankinternen Ratingsystemen: Eine empirische Analyse zur Bonitätsbeurteilung von Firmenkunden (2004), Bad Soden [Qualitative Merkmale in bankinternen Ratingsystemen].

FISCHER, J. H., Computergestütze Analyse der Kreditwürdigkeit auf Basis der Mustererkennung (1981), Düsseldorf [Analyse der Kreditwürdigkeit].

FITZPATRICK, P. J., A comparison of ratios of successful industrial enterprises with those of failed firms (1932), in: Certified Public Accountant, 12 (10, 11, 12), S. 598–605, 656–662 u. 727–731 [A comparison of ratios].

FLETCHER, D./GOSS, E., Forecasting with neural networks: An application using bankruptcy data (1993), in: Information & Management, 24 (3), S. 159–167 [Forecasting with neural networks].

FOSTER, D. P./STINE, R. A., Variable selection in data mining: Building a predictive model for bankruptcy (2004), in: Journal of the American Statistical Association, 99 (466), S. 303–313 [Variable selection in data mining].

FRANKE, J./HÄRDLE, W./HAFNER, C., Einführung in die Statistik der Finanzmärkte (2004), Berlin [u. a.], 2. Aufl. [Statistik der Finanzmärkte].

FRANKEN, R., Ein Vergleich des binären Logit-Modells mit künstlichen neuronalen Netzen zur Insolvenzprognose anhand relativer Bilanzkennzahlen (2007), Discussion Paper SFB 649 2007/044, Humboldt-Universität Berlin [Insolvenzprognose].

FRENCH, J. L./WAND, M. P., Generalized additive models for cancer mapping with incomplete covariates (2004), in: Biostatistics, 5 (2), S. 177–191 [Cancer mapping].

FREUND, Y., Boosting a weak learning algorithm by majority (1995), in: Information and Computation, 121 (2), S. 256–285 [Boosting a weak learning algorithm].

FREUND, Y./SCHAPIRE, R. E., A decision-theoretic generalization of on-line learning and an application to boosting (1997), in: Journal of Computer and System Sciences, 55 (1), S. 119–139 [Decision-theoretic generalization of on-line learning].

FREUND, Y./SCHAPIRE, R. E., Experiments with a new boosting algorithm (1996), in: Proceedings of the Thirteenth International Conference on Machine Learning, San Francisco [New boosting algorithm].

FREUND, Y./SCHAPIRE, R. E., A decision-theoretic generalization of on-line learning and an application to boosting (1995), in: Proceedings of the Second European Conference on Computational Learning Theory, Berlin [Generalization of on-line learning].

FRIEDMAN, J. H.: Greedy function approximation: A gradient boosting machine, in: The Annals of Statistics, 29 (5), S. 1189–1232 [Greedy function approximation].

FRIEDMAN, J. H./HASTIE, T./TIBSHIRANI, R.: Additive logistic regression: A statistical view of boosting (with discussion), in: The Annals of Statistics, 28 (2), S. 337–407 [Additive logistic regression].

FUNCK-HÜSGES, C. B., Generalisierte Lineare Modelle mit zufälligen Effekten und variierenden Koeffizienten (2001), unveröffentlichte Dissertation TU Berlin [Generalisierte Lineare Modelle].

FÜSER, K., Intelligentes Scoring und Rating (2001), Wiesbaden [Intelligentes Scoring und Rating].

GAUMERT, U., Grundsätze ordnungsgemäßen Ratings (GoR): Organisation des Kreditgeschäfts unter Berücksichtigung der Vorgaben in SolvV und MaRisk (2007), Köln, 2. Aufl. [Grundsätze ordnungsgemäßen Ratings].

GEBHARDT, G., Insolvenzprognosen aus aktienrechtlichen Jahresabschlüssen: Eine Beurteilung der Reform der Rechnungslegung durch das Aktiengesetz 1965 aus der Sicht unternehmensexterner Adressaten (1980), Wiesbaden [Insolvenzprognosen].

GEHRMANN, U./HELLRIEGEL, B./NEISS, A./FAHRMEIR, L., Analysis of the time to sustained progression in multiple sclerosis using generalised linear and additive models (2003), Discussion Paper SFB 386 2003/354, LMU München [Sustained progression in MS].

GILL, J. O., Practical financial analysis (1993), London [Practical financial analysis].

GLASSON, S., Censored regression techniques for credit scoring (2007), unpublished Ph. D. thesis RMIT University [Censored regression techniques for credit scoring].

GLEISSNER, W./FÜSER, K., Leitfaden Rating: Basel II: Rating-Strategien für den Mittelstand (2002), München [Leitfaden Rating].

GOMBOLA, M. J./HASKINS, M. E./KETZ, J. E./WILLIAMS, D. D., Cash flow in bankruptcy prediction (1987), in: Financial Management, 16 (4), S. 55–65 [Cash flow in bankruptcy prediction].

GOMBOLA, M. J./KETZ, J. E., A note on cash flow and classification patterns of financial ratios (1983), in: The Accounting Review, 58 (1), S. 105–114 [Cash flow].

GORDON, M. J./HORWITZ, B. N./MEYERS, P. T., Accounting measurements and normal growth of the firm (1966), in: Research in Accounting Measurement, hrsg. v. Jaedicke, R./Lijri, Y./Nielsen, O., Chicago, S. 221–231 [Accounting measurements and normal growth].

GRAALMANN, B., Verfahren und Prozesse des Finanzratings (2007), in: Finanzrating: Gestaltungsmöglichkeiten zur Verbesserung der Bonität, hrsg. v. Achleitner, A.-K./Everling, O./Niggemann, K. A., Wiesbaden, S. 54–79 [Verfahren und Prozesse des Finanzratings].

GRÄFER, H./SCHNEIDER, G./GERENKAMP, T., Bilanzanalyse: Traditionelle Kennzahlenanalyse des Einzeljahresabschlusses; Kapitalmarktorientierte Konzernjahresabschlussanalyse; Mit zahlreichen Abbildungen, Aufgaben und Lösungen (2012), Herne, 12. Aufl. [Bilanzanalyse].

GREEN, P. J./SILVERMAN, B. W., Nonparametric regression and generalized linear models: A roughness penalty approach (1994), London [u. a.] [Nonparametric regression].

GROSS, C./KÜSTER, M., Bankaufsichtlich anerkanntes Eigenkapital (2011), in: Basel III und MaRisk: Regulatorische Vorgaben, bankinterne Verfahren, Risikomanagement, hrsg. v. Hofmann, G., Frankfurt (Main), S. 343–366 [Bankaufsichtlich anerkanntes Eigenkapital].

GRUBER, W./PARCHERT, R., Overview of EAD estimation concepts (2006), in: The Basel II Risk Parameters: Estimation, Validation and Stress Testing, hrsg. v. Engelmann, B./Rauhmeier, R., Berlin [u. a.], S. 177–196 [EAD estimation concepts].

GÜNTER, J. R., Bankenrating: Einsatz empirisch-induktiver Ratingverfahren zur aufsichtlichen Erkennung bestandsgefährdeter Universalbanken (2009), Wiesbaden [Bankenrating].

GÜNTHER, T./GRÜNING, M., Einsatz von Insolvenzprognoseverfahren bei der Kreditwürdigkeitsprüfung im Firmenkundenbereich (2000), in: DBW, 60 (1), S. 39–59 [Insolvenzprognoseverfahren].

HÄRDLE, W., Applied nonparametric regression (1993), Cambridge [u. a.], Reprinted Edition [Applied nonparametric regression].

HÄRDLE, W./MORO, R./SCHÄFER, D., Estimating probabilities of default with support vector machines (2007), Discussion Paper SFB 649 2007/035, Humboldt-Universität Berlin [Estimating probabilities of default].

HAGGAG, M. M. M., Estimation of parametric and semiparametric logistic regression models using credit scoring data (o. J.), Working Paper, [Logistic regression models].

HAMERLE, A./KNAPP, M./WILDENAUER, N., Modelling Loss Given Default: A „point in time"-approach (2011), in: The Basel II Risk Parameters: Estimation, Validation, Stress Testing – with Applications to Loan Risk Management, hrsg. v. Engelmann, B./Rauhmeier, R., Berlin [u. a.], 2. Aufl., S. 137–150 [Modelling LGD].

HARDIN, J. W./HILBE, J. M., Generalized linear models and extensions (2012), College Station, 3. Aufl. [Generalized linear models].

HARTMANN, B., Angewandte Betriebsanalyse (1985), Freiburg, 3. Aufl. [Angewandte Betriebsanalyse].

HARTMANN-WENDELS, T., Basel II: Die neuen Vorschriften zur Eigenmittelunterlegung von Kreditrisiken (2003), Heidelberg [Basel II].

HARTMANN-WENDELS, T./LIEBEROTH-LEDEN, A./MÄHLMANN, T./ZUNDER, I., Entwicklung eines Ratingsystems für mittelständische Unternehmen und dessen Einsatz in der Praxis (2005), in: ZfbF, Sonderheft 52/2005, S. 1–29 [Entwicklung eines Ratingsystems].

HARTUNG, J./ELPELT, B., Multivariate Statistik: Lehr- und Handbuch der angewandten Statistik (2007), Müchen [u. a.], 7. Aufl. [Multivariate Statistik].

HASTIE, T./BUJA, A./TIBSHIRANI, R., Penalized discriminant analysis (1995), in: The Annals of Statistics, 23 (1), S. 73–102 [Penalized discriminant analysis].

HASTIE, T./TIBSHIRANI, R., Generalized additive models for medical research (1995), in: Statistical Methods in Medical Research, 4 (3), S. 187–196 [GAM for medical research].

HASTIE, T./TIBSHIRANI, R., Generalized additive models (1990), London [GAM].

HASTIE, T./TIBSHIRANI, R., Generalized additive models (1986), in: Statistical Sciene, 1 (3), S. 297–318 [Generalized additive models].

HATTEN, S. L., A multivariate analysis of failed and non-failed firms in the computer industry (1983), unpublished Ph. D. thesis University of Texas at Arlington [Multivariate analysis].

HAUSCHILDT, J., Erfolgs-, Finanz- und Bilanzanalyse (1996), Köln, 3. Aufl. [Bilanzanalyse].

HAWKINS, D. M., Identification of outliers (1980), London [u. a.] [Identification of outliers].

HAYDEN, E., Estimation of a rating model for corporate exposures (2011), in: The Basel II Risk Parameters: Estimation, Validation, Stress Testing – with Applications to Loan Risk Management, hrsg. v. Engelmann, B./Rauhmeier, R., Berlin [u. a.], 2. Aufl., S. 13–24 [Estimation of a rating model].

HAYDEN, E., Are credit scoring models sensitive with respect to alternative default definitions? Evidence from the austrian market (2003), Working Paper, Universität Wien [Alternative default definitions].

HAYDEN, E., Modeling an accounting-based rating system for Austrian firms (2002), unveröffentlichte Dissertation Universität Wien [Accounting-based rating system].

HAYDEN, E./HALLING, M., Statistische Methoden zur Vorhersage von Unternehmensausfällen (2004), in: Wirtschaft und Management, 1 (1), S. 73–98 [Statistische Methoden].

HAYDEN, E./PORATH, D., Statistical methods to develop rating models (2011), in: The Basel II Risk Parameters: Estimation, Validation, Stress Testing – with Applications to Loan Risk Management, hrsg. v. Engelmann, B./Rauhmeier, R., Berlin [u. a.], 2. Aufl., S. 1–12 [Statistical methods to develop rating models].

HEDDERICH, J./SACHS, L., Angewandte Statistik: Methodensammlung mit R (2012), Berlin [u. a.], 14. Aufl. [Angewandte Statistik].

HEESEN, B./GRUBER, W., Bilanzanalyse und Kennzahlen: Fallorientierte Bilanzoptimierung (2014), Wiesbaden, 4. Aufl. [Bilanzanalyse und Kennzahlen].

HEIDEN, M., Pro-forma-Berichterstattung: Reporting zwischen Information und Täuschung (2006), Berlin [Pro-forma-Berichterstattung].

HEIDER, T., Basel II, Banken, Unternehmensfinanzierung und die Schlussfolgerungen aus der Finanzkrise für „Basel III“: Mit Beispielanalyse der Mineralölindustrie (2010), Göttingen [Basel II, Banken und Unternehmensfinanzierung].

HEIDORN, T./SCHMALTZ, C./SCHRÖTER, D., Auswirkungen der neuen Basel-III-Kennzahlen auf die Liquiditätssteuerung: Net Stable Funding Ratio (2011), http://kreditwesen.de/zeitschriften/zeitschrift-fur-das-gesamte-kreditwesen/2011/04/auswirkungen-der-neuen-basel-iii-kennzahlen-auf-die-liquiditaetssteuerung-net-stable-funding-ratio/ [Stand: 26.09.15] [Basel-III-Kennzahlen und Liquiditätssteuerung].

HEIM, G., Rating-Handbuch für die Praxis: Basel II als Chance für Mittel- und Kleinbetriebe (2006), Berlin [Rating-Handbuch].

HEINKE, V. G., Bonitätsrisko und Credit Rating festverzinslicher Wertpapiere: Eine empirische Untersuchung am Euromarkt (1998), Bad Soden [Bonitätsrisko und Credit Rating].

HEITMANN, C., Beurteilung der Bestandsfestigkeit von Unternehmen mit Neuro-Fuzzy (2002), Frankfurt (Main) [Bestandsfestigkeit von Unternehmen].

HENKING, A./BLUHM, C./FAHRMEIR, L., Kreditrisikomessung: Statistische Grundlagen, Methoden und Modellierung (2006), Berlin [u. a.] [Kreditrisikomessung].

HENSLER, D. A./RUTHERFORD, R. C./SPRINGER, T. M., The survival of initial public offerings in the aftermarket (1997), in: Journal of Financial Research, 20 (1), S. 93–110 [Survival of IPOs].

HENSHER, DAVID A./JONES, STEWART, Forecasting corporate bankruptcy: Optimizing the performance of the mixed logit model (2007), in: ABACUS, 43 (3), S. 241–264 [Forecasting corporate bankruptcy].

HERFURTH, S., Die Regulierung von Ratingagenturen unter Basel II (2010), Lohmar [u. a.] [Regulierung von Ratingagenturen].

HILBE, J. M., Logistic regression models (2009), Boca Raton [u. a.] [Logistic regression models].

HILLEGEIST, S. A./KEATING, E. K./CRAM, D. P./LUNDSTEDT, K. G., Assessing the probability of bankruptcy (2004), in: Review of Accounting Studies, 9 (1), S. 5–34 [Probability of bankruptcy].

HOFNER, B., Boosting in structured additive models (2011), unveröffentlichte Dissertation LMU München [Boosting in structured additive models].

HOFNER, B./MAYR, A./ROBINZONOV, N./SCHMID, M., Model-based boosting in R: A hands-on tutorial using the R package mboost (2014), in: Computational Statistics, 29 (1–2), S. 3–35 [Model-based Boosting in R].

HONJO, Y., Business failure of new firms: An empirical analysis using a multiplicative hazards model (2000), in: International Journal of Industrial Organization, 18 (4), S. 557–574 [Business failure of new firms].

HOROWITZ, J. L., Statistical comparison of non-nested probabilistic discrete choice models (1983), in: Transportation Science, 17 (3), S. 319–350 [Comparison of discrete choice models].

HOSMER, D. W. JR./LEMESHOW, S./STURDIVANT, R. X., Applied logistic regression (2013), Hoboken, 3. Aufl. [Applied logistic regression].

HOTHORN, T./BÜHLMANN, P./KNEIB, T./SCHMID, M./HOFNER, B., Model-based boosting 2.0 (2010), in: Journal of Machine Learning Research, 11 (8), S. 2109–2113 [Model-based boosting 2.0].

HOYER, M., Entwicklung eines Ratingsystems für Inkassoforderungen: Ein Prognosemodell für die Rückzahlung zahlungsgestörter Forderungen aus Handel, Industrie und Gewerbe (2011), Wiesbaden [Ratingsystem für Inkassoforderungen].

HUBER, A. S./SIMMERT, D. B., Gestaltungsmöglichkeiten zur Verbesserung des Finanzratings (2007), in: Finanzrating: Gestaltungsmöglichkeiten zur Verbesserung der Bonität, hrsg. v. Achleitner, A.-K./Everling, O./Niggemann, K. A., Wiesbaden, S. 169–196 [Verbesserung des Finanzratings].

HUDSON, J., The age, regional, and industrial structure of company liquidations (1987), in: Journal of Business Finance and Accounting, 14 (2), S. 199–213 [Company liquidations].

HÜBLER, O., Ökonometrie (1989), Stuttgart [u. a.] [Ökonometrie].

HÜLS, D., Früherkennung insolvenzgefährdeter Unternehmen (1995), Düsseldorf [Früherkennung insolvenzgefährdeter Unternehmen].

HÜTTEMANN, P., Kreditderivate im europäischen Kapitalmarkt (1997), Wiesbaden [Kreditderivate im europäischen Kapitalmarkt].

HUIB, E., Angewandte Statistik in Geografie und Umweltwissenschaften (2011), Zürich [Angewandte Statistik].

HULL, J. C., Risikomanagement: Banken, Versicherungen und andere Finanzinstitutionen (2014), Hallbergmoos, 3. Aufl. [Risikomanagement].

HWANG, R.-C./CHENG, K. F./LEE, J. C., A semiparametric method for predicting bankruptcy (2007), in: Journal of Forecasting, 26 (5), S. 317–342 [A semiparametric method].

IZAN, H. I., Corporate distress in Australia, in: Journal of Banking and Finance, 8 (2), S. 303–320 [Corporate distress in Australia].

JACOBS, J./WEINRICH, G., Bonitätsbeurteilung kleiner Unternehmen mit nicht-linearen Klassifikationsverfahren (2002), in: DBW, 62 (4), S. 343–358 [Bonitätsbeurteilung kleiner Unternehmen].

JARROW, R. A./TURNBULL, S. M., Pricing derivatives on financial securities subject to credit risk (1995), in: Journal of Finance, 50 (1), S. 53–85 [Pricing derivatives].

JOHANNING, L./HENRICH, P./BECKER, M., Quantitatives ETF-Rating: Ansatz und Einsatzgebiete (2011), in: Exchange Traded Fund-Rating: Marktüberblick, Einsatzkriterien und Praxiseinsatz, hrsg. v. Everling, O./Kirchhoff, G. J., Köln, S. 199–216 [Quantitatives ETF-Rating].

JONES, S./HENSHER, D. A., Firm financial distress: A mixed logit model (2004), in: The Accounting Review, 79 (4), S. 1011–1038 [Firm financial distress].

JOSTARNDT, P., Financial distress, corporate restructuring and firm survival: An empirical analysis of german panel data (2007), Wiesbaden [Financial distress].

JUNG, A., Erfolgsrealisation im industriellen Anlagengeschäft: Ein Ansatz zur Operationalisierung einer zusätzlichen Angabepflicht (1990), Frankfurt (Main) [Erfolgsrealisation].

JUNG, W., § 268 (1989), in: Kommentar zum Handelsgesetzbuch, Band 3, hrsg. v. Heymann, E. (Begr.)/Emmerich, V./Herrmann, H./Honsell, T./Horn, N./Jung, W./Niehus, R. J./Otto, H./Sonnenschein, J., Berlin [u. a.], [§ 268 HGB].

KAISER, U./SZCZESNY, A., Ökonometrische Verfahren zur Modellierung von Kreditausfallwahrscheinlichkeiten: Logit- und Probit-Modelle (2003), in: ZfbF, 55 (8), S. 790–822 [Kreditausfallwahrscheinlichkeiten].

KASSBERGER, S./WENTGES, P., Die Schätzung von Ausfallwahrscheinlichkeiten von Unternehmen (1999), in: Handbuch Kreditrisikomodelle und Kreditderivate: Quantifizierung und Management von Kreditrisiken, Strategien mit Kreditderivaten, bankaufsichtliche Anforderungen, hrsg. v. Eller, R./Gruber, W./Reif, M., Stuttgart, S. 23–50 [Schätzung von Ausfallwahrscheinlichkeiten].

KASTNER, A., Die Bedeutung von unternehmensbezogenen Krisenindikatoren in der Finanzkrise (2012), in: Finanzkrise 2.0 und Risikomanagement von Banken: Regulatorische Entwicklungen – Konzepte für die Umsetzung, hrsg. v. Becker, A./Schulte-Mattler, H., Berlin, S. 101–140 [Krisenindikatoren].

KAWAKITA, M./MINAMI, M./EGUCHI, S./LENNERT-CODY, C. E., An introduction to the predictive technique AdaBoost with a comparison to generalized additive models (2005), in: Fisheries Research, 76 (3), S. 328–343 [Comparison of AdaBoost and GAM].

KEASEY, K./MCGUINESS, P., The failure of UK industrial firms for the periods 1976–1984: Logistic analysis and entropy measures (1990), in: Journal of Business Finance and Accounting, 17 (1), S. 119–135 [Failure of UK industrial firms].

KIRCHHOF, H.-P., § 17 (2006), in: Heidelberger Kommentar zur Insolvenzordnung, hrsg. v. Eickmann, D./Flessner, A./Irschlinger, F./Kirchhof H.-P./Kreft, G./Landfermann, H.-G./ Marotzke, W./Stephan, G., Heidelberg, 4. Aufl. [§ 17 der Insolvenzordnung].

KLADROBA, A., Statistische Methoden zur Erstellung und Interpretation von Rankings und Ratings (2005), Berlin [Rankings und Ratings].

KLEMENT, J., Kreditrisikohandel, Basel II und interne Märkte in Banken (2007), Wiesbaden [Kreditrisikohandel].

KLINGER, A., Hochdimensionale Generalisierte Lineare Modelle (1998), Aachen [Hochdimensionale GLM].

KNABE, M., Die Berücksichtigung von Insolvenzrisiken in der Unternehmensbewertung (2012), Lohmar [u. a.] [Insolvenzrisiken in der Unternehmensbewertung].

KNEIB, T., Mixed model based inference in structured additive regression (2006), München [Mixed model based inference].

KNIGHT, F. H., Risk, uncertainty and profit (1921), Boston [u. a.] [Risk].

KOCAGIL, A. E./IMMING, R./GLORMANN, F./ESCOTT, P., RiskCalc™ for private companies: The Austrian model (2003) [RiskCalc™].

KOMLOS, J./SÜSSMUTH, B., Empirische Ökonomie: Eine Einführung in Methoden und Anwendungen (2010), Berlin [u. a.] [Empirische Ökonomie].

KORTH, H.-M., Basel II in der Fassung des 3. Konsultationspapiers (2004), in: Rating: Basel II und die Folgen, hrsg. v. Brezski, E./Claussen, C. P./Korth, H.-M., Stuttgart [u. a.] [Basel II].

KRÄMER, W., Die Bewertung und der Vergleich von Kreditausfall-Prognosen (2003), in: Kredit und Kapital, 36 (3), S. 395–410 [Kreditausfall-Prognosen].

KRALICEK, P./BÖHMDORFER, F./KRALICEK, G., Kennzahlen für Geschäftsführer: Bilanzanalyse und Jahresabschlussszenarien; Controlling und Cash-Management; Investitionsentscheidungen und Unternehmensbewertung (2013), München, 6. Aufl. [Kennzahlen].

KRAUSE, C., Kreditwürdigkeitsprüfung mit Neuronalen Netzen (1993), Düsseldorf [Kreditwürdigkeitsprüfung mit Neuronalen Netzen].

KROON, G., Messung und Steuerung von Kreditrisiken: Empirischer Befund und Handlungsempfehlungen (2009), Wiesbaden [Messung und Steuerung von Kreditrisiken].

KÜTING, K./LAM, S./MOJADADR, M., Entwicklungstendenzen der Bilanzanalyse: Ein Erfahrungsbericht (2010), in: Der Betrieb, 63 (42), S. 2289–2298 [Entwicklungstendenzen].

KÜTING, K./WEBER, C.-P., Die Bilanzanalyse: Lehrbuch zur Beurteilung von Einzel- und Konzernabschlüssen (2001), Stuttgart, 6. Aufl. [Die Bilanzanalyse].

KÜTING, P./WEBER, C.-P., Die Bilanzanalyse: Beurteilung von Abschlüssen nach HGB und IFRS (2015), begr. v. Küting, K./Weber, C.-P., Stuttgart, 11. Aufl. [Die Bilanzanalyse].

LAITINEN, E. K., Financial predictors for different phases of the failure process (1993), in: OMEGA International Journal of Management Science, 21 (2), S. 215–228 [Financial predictors].

LAITINEN, E. K., Financial ratios and different failure processes (1991), in: Journal of Business Finance and Accounting, 18 (5), S. 649–673 [Financial ratios].

LAITINEN, T./KANKAANPÄÄ, M., Comparative analysis of failure prediction methods: The Finnish case (1999), in: The European Accounting Review, 8 (1), S. 67–92 [Failure prediction methods].

LANE, W. R./LOONEY, S. W./WANSLEY, J. W., An application of the cox proportional hazards model to bank failure (1986), in: Journal of Banking and Finance, 10 (4), S. 511–531 [Cox model and bank failure].

LEFFSON, U., Bilanzanalyse (1984), Stuttgart, 3. Aufl. [Bilanzanalyse].

LEHNER, S. W., Unternehmensanalyse: Vorschlag für ein umfassendes Informationssystem zur Beurteilung und laufenden Beobachtung des Bonitätsrisikos (1984), Wien [Unternehmensanalyse].

LEITHAUS, R., Kommentar zu § 19 InsO (2014), in: Insolvenzordnung (InsO): Kommentar, hrsg. v. Andres, D./Leithaus, R./Dahl, M., München, 3. Aufl. [§ 19 InsO].

LENNOX, C., Identifying failing companies: A re-evaluation of the logit, probit and DA approaches (1999), in: Journal of Economics and Business, 51 (4), S. 347–364 [Identifying failing companies].

LEV, B., Industry averages as targets for financial ratios (1969), in: Journal of Accounting Research, 7 (2), S. 290–299 [Industry averages].

LINCOLN, M., An empirical study of the usefulness of accounting ratios to describe levels of insolvency risk (1984), in: Journal of Banking and Finance, 8 (2), S. 321–349 [Usefulness of accounting ratios].

LINDSAY, D. H./CAMPBELL, A., A chaos approach to bankruptcy prediction (1996), in: Journal of Applied Business Research, 12 (4), S. 1–9 [A chaos approach].

LIU, S., Variable selection in semi-parametric additive models with extensions to high dimensional data and additive Cox models (2008), unpublished Ph. D. thesis North Carolina State University [Variable selection].

LOUMA, M./LAITINEN, E. K., Survival analysis as a tool for company failure prediction (1991), in: OMEGA International Journal of Management Science, 19 (6), S. 673–678 [Company failure prediction].

MADDALA, G. S., Limited-dependent and qualitative variables in econometrics (1984), Cambridge [u. a.], Reprinted Edition [Limited-dependent and qualitative variables].

MÄNNASOO, K., Determinants of firm sustainability in Estonia (2007), Working Paper 2007/4, Eesti Pank [Firm sustainability].

MARTIN, D., Early warning of bank failure: A logit regression approach (1977), in: Journal of Banking and Finance, 1 (3), S. 249–276 [Early warning of bank failure].

MAYER, K. B./GOLDSTEIN, S., The first two years: Problems of small administrations (1961), Washington, D. C. [The first two years].

MAYR, A./FENSKE, N./HOFNER, B./KNEIB, T./SCHMID,M., Generalized additive models for location, scale and shape for high dimensional data: A flexible approach based on boosting, in: Journal of the Royal Statistical Society, Series C (Applied Statistics), 61 (3), S. 403–427 [Generalized additive models].

McFadden, D., Conditional logit analysis of qualitative choice behaviour (1974), in: Frontiers in Econometrics, hrsg. v. Zarembka, P., New York [u. a.], S. 105–142 [Conditional logit analysis].

Meermeyer, M., Prognose von betriebswirtschaftlichen Zeitreihen auf Basis von Splineregressionsmodellen: Mit einem empirischen Anwendungsbeispiel aus der Warenwirtschaft (2011), Lohmar [u. a.] [Splineregressionsmodelle].

Meinel, M., Nichtparametrische, Semiparametrische und SUR-Modelle für stetige Longitudinaldaten (2006), unveröffentlichte Dissertation LMU München [Nichtparametrische, Semiparametrische und SUR-Modelle].

Merton, R. C., On the pricing of corporate debt: The risk structure of interest rates (1974), in: Journal of Finance, 29 (2) , S. 449–470 [On the pricing of corporate debt].

Messier, W. F./Hansen, J., Inducing rules for expert system development: An example using default and bankruptcy data (1988), in: Management Science, 34 (12), S. 1403–1415 [Expert system development].

Meyer, C., Betriebswirtschaftliche Kennzahlen und Kennzahlen-Systeme (2011), Sternenfels, 6. Aufl. [Betriebswirtschaftliche Kennzahlen].

Min, J. H./Lee, Y.-C., Bankruptcy prediction using support vector machine with optimal choice of kernel function parameters (2005), in: Expert Systems with Applications, 28 (4), S. 603–614 [Bankruptcy prediction using SVM].

Miu, P./Ozdemit, B., Basel requirements of downturn loss given default: Modeling and estimating probability of default and loss given default correlations (2006), in: Journal of Credit Risk, 2 (2), S. 43–68 [Basel requirements of downturn loss given default].

Mossman, C. E./Bell, G. G./Schwartz, I. M./Turtle, H., An empirical comparison of bankruptcy models (1998), in: The Financial Review, 33 (2) , S. 35–54 [Comparison of bankruptcy models].

MÜLLER, M., Estimation and testing in generalized partial linear models: A comparative study (2001), in: Statistics and Computing, 11 (4), S. 299–309 [Semiparametric extensions].

NAGELKERKE, N. J. D., A note on a general definition of the coefficient of determination (1991), in: Biometrika, 78 (3), S. 691–692 [Coefficient of determination].

NAHLIK, W., Praxis der Jahresabschlussanalyse: Recht, Risiko, Rentabilität (1989), Wiesbaden [Jahresabschlussanalyse].

NELDER, J. A./WEDDERBURN, R. W. M., Generalized linear models (1972), in: Journal of the Royal Statistical Society, Series A (General), 135 (3), S. 370–384 [Generalized linear models].

NIEHAUS, H.-J., Früherkennung von Unternehmenskrisen: Die statistische Jahresabschlussanalyse als Instrument der Abschlussprüfung (1987), Düsseldorf [Früherkennung von Unternehmenskrisen].

OBERMANN, M.-O., Bilanzpolitik und Kreditvergabeentscheidungen: Auswirkung von Kreditvergabeentscheidungen auf das rechnungslegungspolitische Verhalten von mittelständischen Unternehmen (2011), Wiesbaden [Bilanzpolitik und Kreditvergabeentscheidungen].

OEHLER, A./UNSER, M., Finanzwirtschaftliches Risikomanagement (2002), Berlin [u. a.], 2. Aufl. [Finanzwirtschaftliches Risikomanagement].

OELERICH, A., Robuste Ratingverfahren: Zur Steigerung der Prognosequalität quantitativer Ratingverfahren (2005), Wiesbaden [Robuste Ratingverfahren].

ÖSTERREICHISCHE NATIONALBANK/FINANZMARKTAUFSICHT, Ratingmodelle und -validierung (2004) [Ratingmodelle und -validierung].

OFFERMANN, C., Kreditderivate: Implikationen für das Kreditportfoliomanagement von Banken (2001), Lohmar [u. a.] [Kreditderivate].

OHLIGER, T., Rating (2011), in: Lexikon des Rechnungswesens: Handbuch der Bilanzierung und Prüfung, der Erlös-, Finanz-, Investitions- und Kostenrechnung, hrsg. v. Busse von Colbe, W./Crasselt, N./Pellens, B., München, 5. Aufl., S. 645–646 [Rating].

OHLSON, J. A., Financial ratios and the probabilistic prediction of bankruptcy (1980), in: Journal of Accounting Research, 18 (1), S. 109–131 [Prediction of bankruptcy].

OOGHE, H./JOOS, P./DE BOURDEAUDHUIJ, C., Financial distress models in Belgium: The results of a decade of empirical research (1995), in: International Journal of Accounting, 30 (3), S. 245–274 [Financial distress models].

OTT, B., Interne Kreditrisikomodelle (2001), Bad Soden [Interne Kreditrisikomodelle].

OTT, C., Der Informationsgehalt von Credit Ratings am deutschen Aktienmarkt: Eine empirische Untersuchung (2011), Wiesbaden [Informationsgehalt von Ratings].

PATILEA, V., Semiparametric regression models with applications to scoring: A review (2007), in: Communications in Statistics – Theory and Methods, 36 (14), S. 2641–2653 [Semiparametric regression models].

PENNY, K. I./JOLLIFFE, I. T., A comparison of outlier detection methods for clinical laboratory safety data (2001), in: Journal of the Royal Statistical Society, Series D (The Statistician), 50 (3), S. 295–308 [Outlier detection methods].

PEREDERIY, V., Insolvenzprognose für ukrainische, deutsche sowie nordamerikanische Unternehmen (2010), unveröffentlichte Dissertation Europa-Universität Viadrina Frankfurt (Oder) [Insolvenzprognose].

PEREDERIY, V., Insolvenzprognose anhand von ukrainischen handelsrechtlichen Abschlüssen (2006), Discussion Paper 2006/248, Europa-Universität Viadrina Frankfurt (Oder) [Insolvenzprognose ukrainischer Unternehmen].

PERLITZ, M., Die Prognose des Unternehmenswachstums aus Jahresabschlüssen deutscher Aktiengesellschaften (1973), Wiesbaden [Prognose des Unternehmenswachstums].

PERRIDON, L./STEINER, M./RATHGEBER, A. W., Finanzwirtschaft der Unternehmung (2012), München, 16. Aufl. [Finanzwirtschaft der Unternehmung].

PETER, C., Estimating Loss Given Default: Experience from banking practice (2011), in: The Basel II Risk Parameters: Estimation, Validation, Stress Testing – with Applications to Loan Risk Management, hrsg. v. Engelmann, B./Rauhmeier, R., Berlin [u. a.], 2. Aufl., S. 151–183 [Estimating LGD].

PETERL, F., Risikomanagement bei Banken: Interne Modelle, Bankenaufsicht und Auswirkungen neuer Eigenkapitalanforderungen (2002), Hamburg [Risikomanagement bei Banken].

PIELERT, M., Internes Rating als Monitoringtool des Finanzwesens: Am Beispiel der B. Braun Melsungen AG (2013), Kassel [Rating als Monitoringtool].

PIRAMUTHU, S./SHAW, M. J./GENTRY, J. A., A classification approach using multi-layer neural networks (1994), in: Decision Support Systems, 11 (5), S. 509–525 [Multi-layer neural networks].

PITT, M. A./MYUNG, I. J./ZHANG, S., Toward a method of selecting among computational models of cognition (2002), in: Psychological Review, 109 (3), S. 472–491 [Selecting among computational models].

PLATT, H. D./PLATT, M. B., A note on the use of industry-relative ratios in bankruptcy prediction (1991), in: Journal of Banking and Finance, 15 (6), S. 1183–1194 [Industry-relative ratios in bankruptcy prediction].

PLATT, H. D./PLATT, M. B., Development of a class of stable predictive variables: The case of bankruptcy prediction (1990), in: Journal of Business Finance and Accounting, 17 (1), S. 31–51 [Stable predictive variables].

PLUTO, K./TASCHE, D., Estimating probabilities of default for low default portfolios (2011), in: The Basel II Risk Parameters: Estimation, Validation, Stress Testing – with Applications to Loan Risk Management, hrsg. v. Engelmann, B./Rauhmeier, R., Berlin [u. a.], 2. Aufl., S. 75–101 [PD for low default portfolios].

PORATH, D., Scoring models for retail exposures (2011), in: The Basel II Risk Parameters: Estimation, Validation, Stress Testing – with Applications to Loan Risk Management, hrsg. v. Engelmann, B./Rauhmeier, R., Berlin [u. a.], 2. Aufl., S. 25–36 [Scoring models for retail exposures].

PORATH, D., Estimating probabilities of default for german savings banks and credit cooperatives (2006), in: SBR, 59 (3), S. 214–233 [Probabilities of default].

PROPPE, D., Endogenität und Instrumentenschätzer (2007), in: Methoden der empirischen Forschung, hrsg. v. Albers, S./Klapper, D./Konradt, U./Walter, A./Wolf, J., Wiesbaden, 2. Aufl., S. 231–244 [Endogenität und Instrumentenschätzer].

R DEVELOPMENT CORE TEAM, R: A language and environment for statistical computing (2010), R Foundation for Statistical Computing, Wien [R].

RASHID, M., Inference on logistic regression models (2008), unpublished Ph. D. thesis Bowling Green State University [Inference on logit].

RASMUSSEN, J. L., Evaluation outlier detection: Mahalanobis D squared and Comrey D (1988), in: Multivariate Behavioral Research, 23 (2), S. 189–202 [Evaluation outlier detection].

RAUHMEIER, R., PD-validation: Experience from banking practice (2011), in: The Basel II Risk Parameters: Estimation, Validation, Stress Testing – with Applications to Loan Risk Management, hrsg. v. Engelmann, B./Rauhmeier, R., Berlin [u. a.], 2. Aufl., S. 311–347 [PD-validation].

REHKUGLER, H./PODDIG, T., Bilanzanalyse (1998), München, 4. Aufl. [Bilanzanalyse].

REICHLING, P./BIETKE, D./HENNE, A., Praxishandbuch Risikomanagement und Rating: Ein Leitfaden (2007), Wiesbaden, 2. Aufl. [Praxishandbuch Risikomanagement und Rating].

REIMUND, G., Quantitative und qualitative Liquiditätsanalyse bei mittelständischen Unternehmen (1991), Frankfurt (Main) [Quantitative und qualitative Liquiditätsanalyse].

REITZ, S., Stresstests (2012), in: Handbuch MaRisk und Basel III: Neue Anforderungen an das Risikomanagement in der Bankpraxis, hrsg. v. Becker, A./Gruber, W./Wohlert, D., Frankfurt (Main), 2. Aufl., S. 327–344 [Stresstests].

RIGBY, R. A./STASINOPOULOS, D. M., Generalized additive models for location, scale and shape (2005), in: Journal of the Royal Statistical Society, Series C (Applied Statistics), 54 (3), S. 507–554 [Generalized additive models].

RÖDL, H., Kreditrisiken und ihre Früherkennung: Ein Informationssystem zur Erhaltung des Unternehmens (1979), Düsseldorf [u. a.] [Kreditrisiken und ihre Früherkennung].

ROSENBERG, E./GLEIT, A., Quantitative methods in credit management: A survey (1994), in: Operations Research, 42 (4), S. 589–613 [Quantitative methods].

SÄLZLE, R./WAGNER, N., Anforderungen an ein ETF-Rating (2011), in: Exchange Traded Fund-Rating: Marktüberblick, Einsatzkriterien und Praxiseinsatz, hrsg. v. Everling, O./Kirchhoff, G. J., Köln, S. 151–164 [Anforderungen an ein ETF-Rating].

SAUNDERS, A./ALLEN, L., Credit risk measurement in and out of the financial crisis: New approaches to value at risk and other paradigms (2010), Hoboken, 3. Aufl. [Credit risk measurement].

SCHAPIRE, R. E., The strength of weak learnability (1990), in: Machine Learning, 5 (2), S. 197–227 [The strength of weak learnability].

SCHELLBERG, B., Insolvenzprognosemodelle (1994), Stuttgart [Insolvenzprognosemodelle].

SCHIERENBECK, H., Ein Ansatz zur integrativen Quantifizierung bankbetrieblicher Ausfall- und Zinsänderungsrisiken (1988), in: Bankrisiken und Bankrecht, hrsg. v. Gerke, W., Wiesbaden, S. 43–62 [Quantifizierung bankbetrieblicher Ausfall- und Zinsänderungsrisiken].

SCHIERENBECK, H./LISTER, M./KIRMSSE, S., Ertragsorientiertes Bankmanagement: Band 2: Risiko-Controlling und integrierte Rendite-/Risikosteuerung (2008), Wiesbaden, 9. Aufl. [Ertragsorientiertes Bankmanagement].

SCHLITTGEN, R., Einführung in die Statistik: Analyse und Modellierung von Daten (2012), München, 12. Aufl. [Einführung in die Statistik].

SCHMIDLI, M., Finanzielle Qualität in der schweizerischen Elektrizitätswirtschaft: Eine empirische Untersuchung im Zeitraum von 1994 bis 2003 (2005), unveröffentlichte Dissertation Universität St. Gallen [Finanzielle Qualität].

SCHÜLER, T., Rating und Kreditvergabe an mittelständische Unternehmen (2002), Lohmar [u. a.] [Rating und Kreditvergabe an mittelständische Unternehmen].

SCHÜLLER, R., Instrumente und Kriterien des Finanzratings (2007), in: Finanzrating: Gestaltungsmöglichkeiten zur Verbesserung der Bonität, hrsg. v. Achleitner, A.-K./Everling, O./Niggemann, K. A., Wiesbaden, S. 80–94 [Instrumente und Kriterien des Finanzratings].

SCHUHMACHER, M., Rating für den deutschen Mittelstand: Neue Ansätze zur Prognose von Unternehmensausfällen (2006), Wiesbaden [Mittelstandsrating].

SCHULT, E., Bilanzanalyse: Möglichkeiten und Grenzen externer Unternehmensbeurteilung (2003), Berlin, 11. Aufl. [Bilanzanalyse].

SCHWARZ, A., Lokale Scoring-Modelle (2008), Lohmar [u. a.] [Lokale Scoring-Modelle].

SCHWARZ, A./ARMINGER, G., The basis of credit scoring: On the definition of credit default events (2010), in: Classification as a Tool for Research: Proceedings of the 11th Conference of the International Federation of Classification Societies, hrsg. v. Locarek-Junge, H./Weihs, C., Heidelberg [u. a.], S. 595–602 [The basis of credit scoring].

SCHWARZ, G. E., Estimating the dimension of a model (1978), in: The Annals of Statistics, 6 (2), S. 461–464 [Estimating the dimension of a model].

SCHWERTBERGER, T., Implizite Ausfallwahrscheinlichkeiten und deren Determinanten: Eine empirische Untersuchung US-amerikanischer Unternehmen (2009), Hamburg [Implizite Ausfallwahrscheinlichkeiten].

SCOTT, J., The probability of bankruptcy: A comparison of empirical predictions and theoretical models (1981), in: Journal of Banking and Finance, 5 (3), S. 317–344 [Probability of bankruptcy].

SERRANO-CINCA, C., Feedwork neural networks in the classification of financial information (1997), in: The European Journal of Finance, 3 (3), S. 183–202 [Feedwork neural networks].

SHIN, K.-S./LEE, T. S./KIM, H.-J., An application of support vector machines in bankruptcy prediction model (2005), in: Expert Systems with Applications, 28 (1), S. 127–135 [Bankruptcy prediction model].

SHUMWAY, T., Forecasting bankruptcy more accurately: A simple hazard model (2001), in: Journal of Business, 74 (1), S. 101–124 [Forecasting bankruptcy].

SICKING, F., Nutzen und Funktionen des Finanzratings (2007), in: Finanzrating: Gestaltungsmöglichkeiten zur Verbesserung der Bonität, hrsg. v. Achleitner, A.-K./Everling, O./ Niggemann, K. A., Wiesbaden, S. 197–223 [Nutzen und Funktionen des Finanzratings].

SOBEHART, J. R./KEENAN, S. C./STEIN, R. M., Benchmarking quantitative default risk models: A validation methodology, Moody's rating methodology (2000), [Benchmarking risk models].

SOBEHART, J. R./STEIN, R. M., Moody's public firm risk model: A hybrid approach to modeling short term default risk, Moody's rating methodology (2000), [Moody's public firm risk model].

SPÄTH, H., Spline-Algorithmen zur Konstruktion glatter Kurven und Flächen (1973), München [u. a.] [Spline-Algorithmen].

STANDARD & POOR'S, Methodology: Business risk/financial risk matrix expanded (2012) [Matrix expanded].

STANDARD & POOR'S, 2008 corporate criteria: Analytical methodology (2008) [Rating criteria].

STATISTISCHES BUNDESAMT, Klassifikation der Wirtschaftszweige: Mit Erläuterungen (2008) [Klassifikation der Wirtschaftszweige].

STEINER, M., Ertragskraftorientierter Unternehmenskredit und Insolvenzrisiko: Eine betriebswirtschaftliche und rechtliche Analyse der Insolvenzregelungsmechanismen und der Insolvenzprognosemöglichkeiten aus Gläubigersicht (1980), Stuttgart [Ertragskraftorientierter Unternehmenskredit und Insolvenzrisiko].

STINCHCOMBE, A. L., Social structure and organizations (1965), in: Handbook of Organizations, hrsg. v. March, J. G., Chicago, S. 153–193 [Social structure and organizations].

STORCH, U./WIEBE, H., Lehrbuch der Mathematik: Band 2 (Lineare Algebra) (1999), Heidelberg [u. a.], 2. Aufl. [Lineare Algebra].

TAKAHASHI, K./KUROKAWA, Y./WATASE, K., Corporate bankruptcy prediction in Japan (1984), in: Journal of Banking and Finance, 8 (2), S. 229–247 [Corporate bankruptcy prediction].

TAM, K. Y./KIANG, M. Y., Managerial applications of neural networks: The case of bank failure predictions (1992), in: Management Science, 38 (7), S. 926–947 [Applications of neural networks].

TAPLIN, R./TO, H. M./HEE, J., Modeling exposure at default, credit conversion factors and the Basel II Accord (2007), in: Journal of Credit Risk, 3 (2), S. 75–84 [Modeling EAD].

TASCHE, D., Rating and probability of default validation (2005), in: Studies on the Validation of Internal Rating Systems, hrsg. v. Baseler Ausschuss für Bankenaufsicht, Working Paper 2005/14, BIS, S. 28–59 [Rating and probability of default validation].

THABE, T., Bewertung von Kreditrisiko bei unvollständiger Information: Zahlungsunfähigkeit, optimale Kapitalstruktur und Agencykosten (2007), Wiesbaden, [Unvollständige Information].

THOMAS, L. C., A survey of credit and behavioural scoring: Forecasting financial risk of lending to consumers (2000), in: International Journal of Forecasting, 16 (2), S. 149--172 [A survey of scoring].

THUN, C., Moody's KMV RiskCalc® – ein quantitatives Finanzrating für nicht börsennotierte Unternehmen (2007), in: Finanzrating: Gestaltungsmöglichkeiten zur Verbesserung der Bonität, hrsg. v. Achleitner, A.-K./Everling, O./Niggemann, K. A., Wiesbaden, S. 125–138 [KMV RiskCalc].

TIKU, M. L./TAN, W. Y./BALAKRISHNAN, N., Robust inference (1986), New York [Robust inference].

TRAUTMANN, U./WAGNER, K., Ratingprozess aus Sicht einer Master-KAG: Verfahren, Methoden und Vorgehensweisen des Ratings (2011), in: Rating von Depotbank und Master-KAG: Anlegerschutz und Effizienzsteigerung für institutionelle Kapitalanleger, hrsg. v. Braunberger, V./Everling, O./Rieken, U., Wiesbaden [Ratingprozess].

TRUECK, S./RACHEV, S. T., Rating based modeling of credit risk: Theory and application of migration matrices (2009), Amsterdam [u. a.] [Rating based modeling of credit risk].

TUTZ, G./BINDER, U., Generalized additive modeling with implicit variable selection by likelihood-based boosting (2006), in: Biometrics, 62 (4), S. 961–971 [Boosting].

TUTZ, G., Die Analyse kategorialer Daten (2000), München [u. a.] [Analyse kategorialer Daten].

ÜBELHÖR, M./WARNS, C., Grundlagen der neuen Eigenkapitalvereinbarung (2004), in: Basel II: Auswirkungen auf die Finanzierung, Unternehmen und Banken im Strukturwandel, hrsg. v. Übelhör, M./Warns, C., Heidenau, S. 13–41 [Neue Eigenkapitalvereinbarung].

ÜBERLA, K., Faktorenanalyse: Eine systematische Einführung für Psychologen, Mediziner, Wirtschafts- und Sozialwissenschaftler (1971), Berlin [u. a.], 2. Aufl. [Faktorenanalyse].

UNTERHARNSCHEIDT, D., Bonitätsanalyse mittelständischer Unternehmen: Eine empirische Studie über die Aggregation gewichteter Kreditwürdigkeitsaspekte im Rahmen eines hierarchisch geordneten Bewertungsmodells (1987), Frankfurt (Main) [Bonitätsanalyse].

UNTERHUBER, H./DEMMLER, G./ZACHER, S., Rating als Transparenzstandard in der gesetzlichen Krankenversicherung (2014), in: Krankenversicherung im Rating: Leistungsbewertungen und Management als Schlüsselfaktoren, hrsg. v. Adolph, T./Everling, O./Metzler, M., Wiesbaden, 2. Aufl., S. 39–55 [Rating als Transparenzstandard].

URBAN, D., Logit-Analyse: Statistische Verfahren zur Analyse von Modellen mit qualitativen Response-Variablen (1993), Stuttgart [u. a.] [Logit-Analyse].

URBAN, D./MAYERL, J., Regressionsanalyse: Theorie, Technik und Anwendung (2011), Wiesbaden, 4. Aufl. [Regressionsanalyse].

UTHOFF, C., Erfolgsoptimale Kreditwürdigkeitsprüfung auf der Basis von Jahresabschlüssen und Wirtschaftsauskünften mit Künstlichen Neuronalen Netzen (1997), Stuttgart [Erfolgsoptimale Kreditwürdigkeitsprüfung].

VAN DER GOOT, T./VAN GIERSBERGEN, N./BOTMAN, M., What determines the survival of internet IPOs? (2009), in: Applied Economics, 41 (5), S. 547–561 [Survival of internet IPOs].

VAN GESTEL, T./BAESENS, B./VAN DIJCKE, P./SUYKENS, J. A. K./GARCIA, J./ALDERWEIRELD, T., Linear and non-linear credit scoring by combining logistic regression and support vector machines (2005), in: Journal of Credit Risk, 1 (4), S. 31–60 [Linear and non-linear credit scoring].

VAN GISTEREN, R., Branchenorientierte Bonitätsanalyse mit Früherkennungseigenschaften: Dargestellt am Beispiel von Hochbauunternehmen (1986), München [Branchenorientierte Bonitätsanalyse].

VANINI, U., Controlling (2009), Stuttgart [Controlling].

VETTER, M./CREMERS, H., Das IRB-Modell des Kreditrisikos im Vergleich zum Modell einer logarithmisch normalverteilten Verlustfunktion (2008), Working Paper 2008/102, Frankfurt School of Finance & Management [IRB-Modell und logarithmisch normalverteilte Verlustfunktion].

WAGENHOFER, A., Bilanzierung und Bilanzanalyse: Eine Einführung (2013), Wien, 11. Aufl. [Bilanzierung und Bilanzanalyse].

WAGNER, E., Credit Default Swaps und Informationsgehalt (2008), Wiesbaden [CDS].

WALD, A., Tests of statistical hypotheses concerning several parameters when the number of observations is large (1943), in: Transactions of the American Mathematical Society, 54 (3), S. 426–482 [Wald-Test].

WALSH, W. A./KLEIBER, P./MCCRACKEN, M., Comparison of logbook reports of incidental blue shark catch rates by Hawaii-based longline vessels to fishery observer data by application of a generalized additive model (2002), in: Fisheries Research, 58 (1), S. 79–94 [Shark catch rates].

WALTER, S. D., The partial area under the summary ROC curve (2005), in: Statistics in Medicine, 24 (13), S. 2025–2040 [Partial AUC].

WAN, Z./DEV, A., Correlation between default events and loss given default and downturn loss given default in Basel II (2007), in: Journal of Credit Risk, 3 (4), S. 69–80 [Correlation between default events and LGD].

WANG, Y./WANG, S./LAI, K. K., A new fuzzy support vector machine to evaluate credit risk (2005), in: IEEE Transactions on Fuzzy Systems, 13 (6), S. 820–831 [SVM to evaluate credit risk].

WEBER, H. K., Rentabilität, Produktivität und Liquidität: Größen zur Beurteilung und Steuerung von Unternehmen (1998), Wiesbaden, 2. Aufl. [Rentabilität, Produktivität und Liquidität].

WEBER, M., Kennzahlen: Unternehmen mit Erfolg führen (2002), Planegg, 3. Aufl. [Kennzahlen].

WEHRSPOHN, U., Marktdatenbasierte Verfahren zur Bestimmung von Ausfallwahrscheinlichkeiten (2005), in: Modernes Risikomanagement: Die Markt-, Kredit- und operationellen Risiken zukunftsorientiert steuern, hrsg. v. Romeike, F., Weinheim, S. 99–118 [Marktdatenbasierte Verfahren].

WEIBEL, P. F., Die Aussagefähigkeit von Kriterien zur Bonitätsbeurteilung im Kreditgeschäft von Banken: Eine empirische Untersuchung (1973), Bern [u. a.] [Kriterien zur Bonitätsbeurteilung].

WEINRICH, G., Kreditwürdigkeitsprognosen: Steuerung des Geschäfts durch Risikoklassen (1978), Wiesbaden [Kreditwürdigkeitsprognosen].

WEINRICH, G./JACOBS, J., Finanzanalyse und Finanzrating (2007), in: Finanzrating: Gestaltungsmöglichkeiten zur Verbesserung der Bonität, hrsg. v. Achleitner, A.-K./Everling, O./Niggemann, K. A., Wiesbaden, S. 15–53 [Finanzanalyse und Finanzrating].

WEISS, G. N. F., Über die Verwendung von Copula-Funktionen im quantitativen Risikomanagement und in der Untersuchung von Bankenkrisen (2010), unveröffentlichte Dissertation Ruhr-Universität Bochum [Copula-Funktionen].

WERNER, T./PADBERG, T., Bankbilanzanalyse: Am Beispiel börsennotierter deutscher Banken (2006), Stuttgart, 2. Aufl. [Bankbilanzanalyse].

WERNZ, J., Banksteuerung und Risikomanagement (2012), Berlin [u. a.] [Banksteuerung].

WIEBEN, H.-J., Credit Rating und Risikomanagement: Vergleich und Entwicklung der Analysekonzepte (2004), Wiesbaden [Credit Rating und Risikomanagement].

WIERICHS, G./SMETS, S., Gabler-Kompakt-Lexikon Bank und Börse: 2.000 Begriffe nachschlagen, verstehen, anwenden (2010), Wiesbaden, 5. Aufl. [Bank und Börse].

WIGINTON, J. C., A note on the comparison of logit and discriminant models of consumer credit behavior (1980), in: Journal of Financial and Quantitative Analysis, 15 (3), S. 757–770 [Comparison of logit and discriminant models].

WILCOX, J. W., A simple theory of financial ratios as predictors of failure (1971), in: Journal of Accounting Research, 9 (2), S. 389–395 [Financial ratios as predictors of failure].

WILKENS, M./BAULE, R./ENTROP, O., IRB-Ansatz in Basel II – die Behandlung erwarteter Verluste (2004), in: Zeitschrift für das gesamte Kreditwesen, 57 (14), S. 734–737 [Erwartete Verluste im IRB-Ansatz].

WILSON, R./SHARDA, R., Bankruptcy prediction using neural networks (1994), in: Decision Support Systems, 11 (5), S. 545–557 [Bankruptcy prediction].

WINKER, P., Empirische Wirtschaftsforschung und Ökonometrie (2010), Berlin [u. a.], 3. Aufl. [Empirische Wirtschaftsforschung und Ökonometrie].

WOOD, S. N., Generalized additive models: An introduction with R (2006), Boca Raton [u. a.] [Generalized additive models].

YANG, Z. R./PLATT, M. B./PLATT, H. D., Probabilistic neural networks in bankruptcy prediction (1999), in: Journal of Business Research, 44 (2), S. 67–74 [Bankruptcy prediction].

ZAVGREN, C. V., Assessing the vulnerability to failure of American industrial firms: A logistic analysis (1985), in: Journal of Business Finance and Accounting, 12 (1), S. 19–45 [Assessing the vulnerability to failure].

ZHANG, A., Statistical methods in credit risk modeling, unpublished Ph. D. thesis University of Michigan [Statistical methods].

ZHANG, G./HU, M.Y./PATUWO, B. E./INDRO, D. C., Artificial neural networks in bankruptcy prediction: General framework and cross-validation analysis (1999), in: European Journal of Operational Research, 116 (1), S. 16–32 [Bankruptcy prediction].

ZHOU, X./HUANG, J./FRIEDMAN, C./CANGEMI, R./SANDOW, S., Private firm default probabilities via statistical learning theory and utility maximization (2006), in: Journal of Credit Risk, 2 (1), S. 51–65 [Private firm default probabilities].

ZMIJEWSKI, M. E., Methodological issues related to the estimation of financial distress prediction models (1984), in: Studies on Current Econometric Issues in Accounting Research, Supplement to Journal of Accounting Research, 22, S. 59–82 [Financial distress prediction models].

ZUREK, J., Kreditrisikomodellierung: Ein multifunktionaler Ansatz zur Integration in eine wertorientierte Gesamtbanksteuerung (2009), Wiesbaden [Kreditrisikomodellierung].